清华电脑学堂

WPS Office 高级应用与设计标准教程

计算机等级考试二级·实战微课版

韩丽 张旭◎编著

清華大学出版社
北 京

内 容 简 介

本书以理论为基础，以应用为导向，用大量的实例对WPS文字处理、电子表格、演示文档三大板块进行全面讲解。全书共12章，主要内容包括WPS综合应用基础、PDF文件的查看及处理、常规文档的创建和编辑、长文档的高效编排、文档的校对与批量处理、WPS制表入门操作、公式与函数的应用、图形和图表的应用、对数据进行处理与分析、基本演示文稿的创建、动态交互式演示文稿的创建、演示文稿的放映与输出等。知识点全面覆盖《全国计算机等级考试二级WPS Office高级应用与设计》考试大纲规定的内容。

书中在讲解WPS基础知识时，安排了大量的“动手练”案例，以及“新手答疑”板块，让读者既能学会理论知识又能熟练操作，真正做到授人以渔。

本书内容讲解通俗易懂、案例选择贴合实际，图文并茂、易教易学，具有很强的指导性和可操作性。适合作为高等院校相关专业的教学用书，也适合作为初中级读者的学习用书，还适合作为办公新人入门WPS的参考用书。

图书在版编目（CIP）数据

WPS Office高级应用与设计标准教程：计算机等级考试二级：实战微课版 / 韩丽，张旭编著. —北京：清华大学出版社，2023.8
（清华电脑学堂）
ISBN 978-7-302-64239-8

Ⅰ.①W… Ⅱ.①韩… ②张… Ⅲ.①办公自动化—应用软件—教材 Ⅳ.①TP317.1

中国国家版本馆CIP数据核字（2023）第136012号

责任编辑：袁金敏
封面设计：杨玉兰
责任校对：徐俊伟
责任印制：丛怀宇

出版发行：清华大学出版社
网　　址：http://www.tup.com.cn，http://www.wqbook.com
地　　址：北京清华大学学研大厦A座　　**邮　　编：**100084
社 总 机：010-83470000　　**邮　　购：**010-62786544
投稿与读者服务：010-62776969，c-service@tup.tsinghua.edu.cn
质 量 反 馈：010-62772015，zhiliang@tup.tsinghua.edu.cn
课 件 下 载：http://www.tup.com.cn，010-83470236
印 装 者：三河市铭诚印务有限公司
经　　销：全国新华书店
开　　本：185mm×260mm　　**印　　张：**17　　**字　　数：**450千字
版　　次：2023年8月第1版　　**印　　次：**2023年8月第1次印刷
定　　价：69.80元

产品编号：102119-01

前 言

首先，感谢您选择并阅读本书。

党的二十大报告指出："加强基础研究，突出原创，鼓励自由探索"。大力推进基础软件的自主化、国产化，才能贯彻好、落实好党的二十大对信息化建设的宏观要求和整体布局。

WPS Office是目前最优秀的国产软件之一，也是应用最为广泛的办公软件。从推出至今，经过不断地更新改版，已能够很好地满足人们的日常办公需求。

本书致力于向读者介绍WPS Office的操作方法和使用技能，让读者在短时间内掌握大量实用的操作本领。书中内容不仅介绍WPS的基本应用，还对WPS文字处理、电子表格、演示文稿三大核心板块进行全面讲解。知识点的安排参照《全国计算机等级考试二级WPS Office高级应用与设计》考试大纲，从实际需求出发，让读者快速掌握WPS知识，并实现检验与应用。

内容概述

全书分为4篇，共12章，篇章结构与内容导读安排如下。

篇	章	内容导读
WPS基础篇	第1、2章	主要介绍WPS Office基本操作、文档编辑环境、WPS云办公、云共享与云协作、PDF文件的管理、PDF文件内容的查看、对PDF文件进行编辑等
WPS文字篇	第3～5章	主要介绍文档的创建、文本内容的编辑、项目符号和编号的应用、表格的应用、图片和形状的应用、查找与替换、页面布局、样式的应用、引用文档指定内容、页眉和页脚的添加、页码的添加、为文档分页、为文档分节与分栏、文档目录的提取、文档的审阅与修订、文档内容的保护、文档内容的批量处理等
WPS表格篇	第6～9章	主要介绍WPS表格基本操作、智能表格的应用、数据的录入和编辑、表格格式的设置、报表的打印、公式与函数基础知识、名称的应用、公式与函数的典型应用、图形图片的使用、图表的创建方法、组合图表的应用、数据排序、数据筛选与对比、数据汇总、数据合并与拆分、数据透视表的应用、模拟分析数据等
WPS演示篇	第10～12章	主要介绍演示文稿的创建、幻灯片的操作、文本内容的编辑、幻灯片页面元素的添加、主题与版式的创建、动画的制作、音频和视频的添加、超链接与动作的设置、演示文稿的放映与输出等

本书特色

- **理论+实操，实用性强。**本书为每个疑难知识点配备相关的实操案例，可操作性强，使读者能够学以致用。
- **结构合理，全程图解。**本书采用全程图解方式，让读者能够直观了解到每一步的具体操作。学习轻松，易上手。
- **疑难解答，及时排忧。**本书在每章结尾处安排了"新手答疑"板块，让读者学习起来没有压力。本书还安排了在线答疑服务方式，读者可以对书中有疑问的地方进行在线交流解惑。

附赠资源

- **案例素材及源文件。**附赠书中所用到的案例素材及源文件。方便读者实践学习。
- **扫码观看教学视频。**本书涉及的疑难操作均配有高清视频讲解，读者可以边看、边学。
- **考试模拟环境使用。**
- **作者在线答疑。**作者团队具有丰富的实战经验，随时随地为读者答疑解惑。在学习过程中如有任何疑问，可与作者联系交流（QQ号在本书资源包中）。

本书由韩丽、张旭编著，在编写过程中，得到了郑州轻工业大学教务处的大力支持，在此对所有老师表示感谢。在编写过程中虽力求严谨细致，但由于时间与精力有限，书中疏漏之处在所难免，望广大读者批评指正。

编　者

目录

WPS基础篇

WPS综合应用基础

PDF文件的查看及处理

WPS 文字篇

常规文档的创建和编辑

文档的校对与批量处理

WPS表格篇

WPS制表入门操作

公式与函数的应用

图形和图表的应用

对数据进行处理与分析

WPS演示篇

基本演示文稿的创建

动态交互式演示文稿的创建

演示文稿的放映与输出

WPS基础篇

第1章 WPS综合应用基础

WPS Office是一款功能强大且应用广泛的常用办公软件。支持文字文档、电子表格、演示文稿、PDF文件等多种办公文档的处理，并集成了一系列适应现代办公需求的云服务，是提升办公效率的一站式融合办公平台。本章对WPS Office的基础功能进行详细介绍。

1.1 WPS Office基本操作

WPS Office 2019将多款常用办公软件融合为一体，不管对哪个软件进行操作都需要先启动WPS Office，通过“首页”界面新建、访问以及管理文档。

1.1.1 新建文档

启动WPS Office 2019之后，会自动打开“首页”界面。后续的工作任务需要从“首页”界面开始。当想要新建各类文档时，可以在“首页”界面单击“新建”按钮，如图1-1所示。

图 1-1

当前窗口中随即打开“新建”页面，通过页面顶端的文字、表格、演示等按钮可选择要创建的文档类型。例如，想要新建文字文档，则单击“文字”按钮。WPS提供了多种创建文档的方式，用户可以根据需要新建空白文档，或创建模板文档等，如图1-2所示。

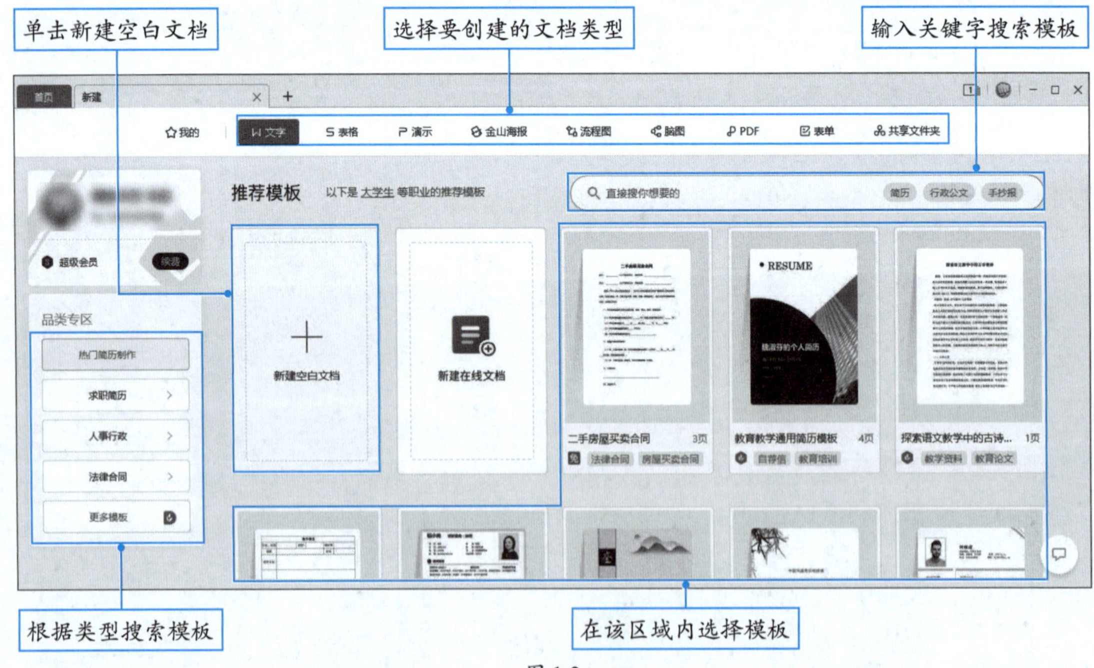

图 1-2

1.1.2 打开文档

在WPS“首页”界面单击“打开”按钮，在随后弹出的对话框中可以找到保存于计算机中的文档。另外，“首页”界面还会显示最近使用过的不同类型的文档，双击即可打开相应文档，如图1-3所示。

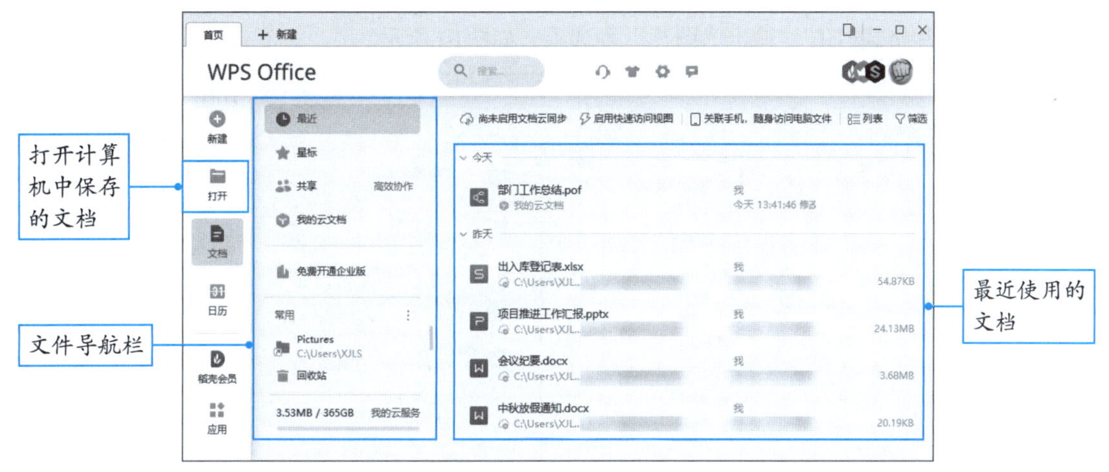

图 1-3

文件导航栏中包含最近、星标、共享、我的云文档、常用等选项，作用如下。

- **最近：** 用于显示最近打开过的文档，便于用户继续执行上次未完成的操作。“首页”界面默认显示最近打开过的文档。
- **星标：** 被标记过的文档会自动归类到星标列表，用于快速查找并打开重要的文档。
- **共享：** 自己分享给别人，或别人分享给自己的文档会自动保存在共享列表中。
- **我的云文档：** WPS为用户提供在线文档存储服务，这种在线存储的文档称为云文档。用户可跨设备访问或多人同时在线编辑云文档。
- **常用：** 为了快速打开经常使用的文件夹或团队，可以将这些常用文件夹和团队固定到该区域。

1.1.3 管理文档

在WPS“首页”界面可以对文档进行管理，例如复制、移动、分享、重命名、添加到指定位置等。

在任意文档列表中，将光标停留在文件夹或文档选项上时，该选项的右侧会显示“进入多人编辑”“分享”“星标”以及“更多操作”按钮，通过这些按钮可快速执行相应操作，如图1-4所示。

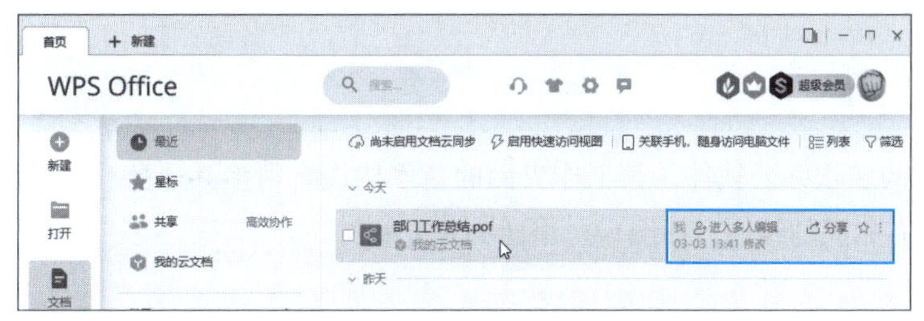

图 1-4

单击“更多操作”按钮，或右击选项，在弹出的快捷菜单中还可以执行打开、重命名、复制、复制或移动到指定文档列表、打开历史版本、添加星标、固定到“常用”等操作，如图1-5所示。

单击文档选项，窗口右侧会弹出一个窗格，窗格中会根据文档类型显示不同的选项。例如，选择的文档为演示文稿时，窗格中除了显示文件信息以及“分享”按钮，还会提供“输出为PDF”“转图片格式PPT”“输出为图片”等选项，如图1-6所示。

图 1-5

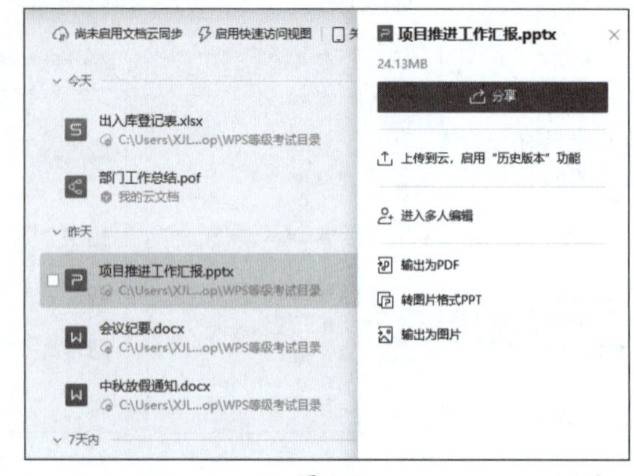

图 1-6

动手练 为文档添加星标

可以为重要的文档添加星标，以便快速查找和编辑文档内容，操作如下。

Step 01 在WPS“首页”界面打开“最近”页面，将光标移动到需要添加星标的文件选项上方，随后单击其右侧的☆图标，如图1-7所示。

Step 02 在弹出的对话框中选择文件的存储位置，单击“上传”按钮，如图1-8所示。上传成功后，在存储位置即可快速找到被添加了星标的文件。

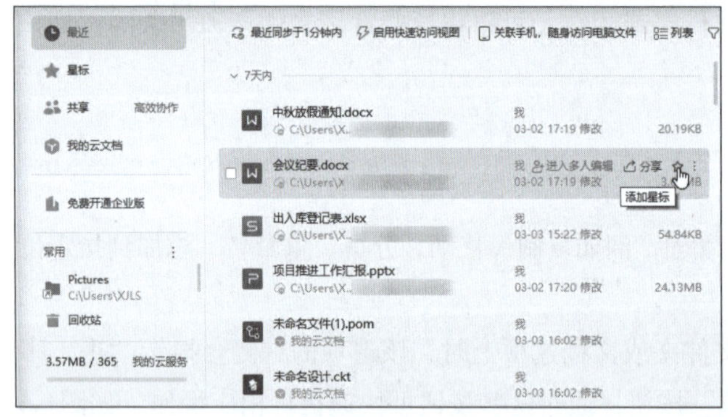

图 1-7

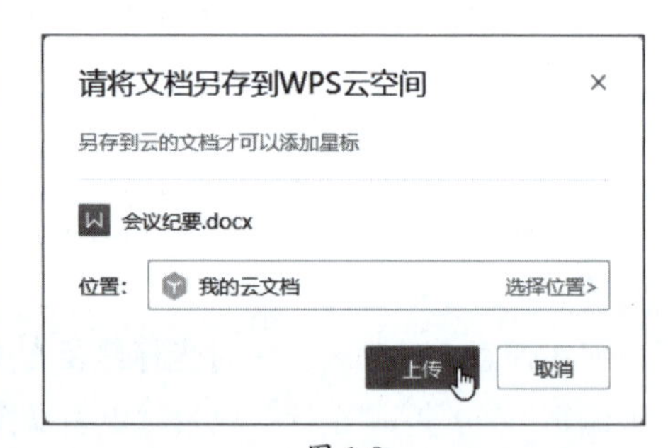

图 1-8

1.2 熟悉文档编辑环境

WPS所融合的多款办公软件，其工作界面的基本构成有很多共通处。特别是文字、表格和演示编辑界面拥有相同的结构，如图1-9～图1-11所示。

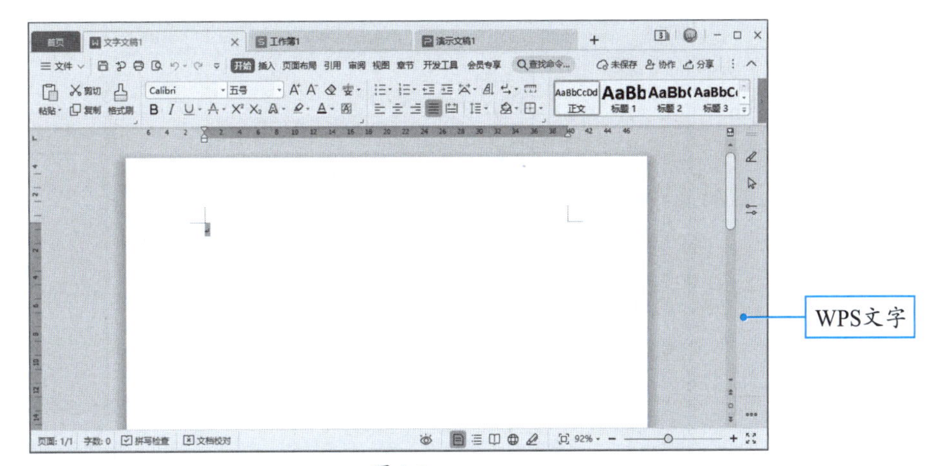

图 1-9

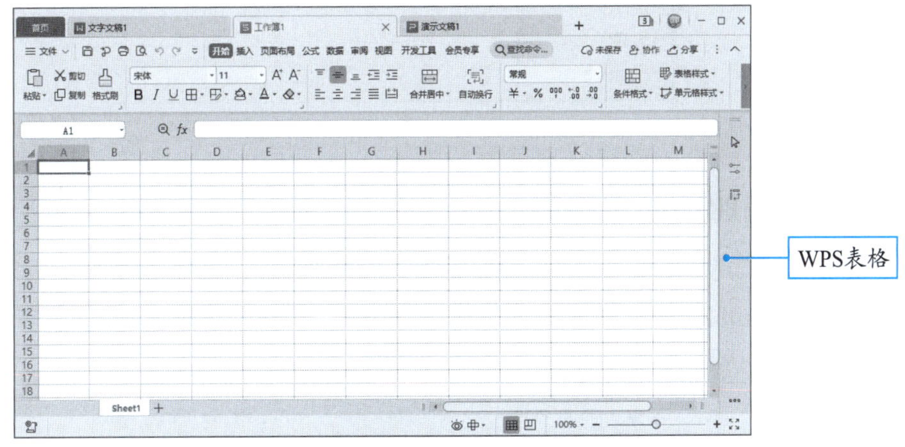

图 1-10

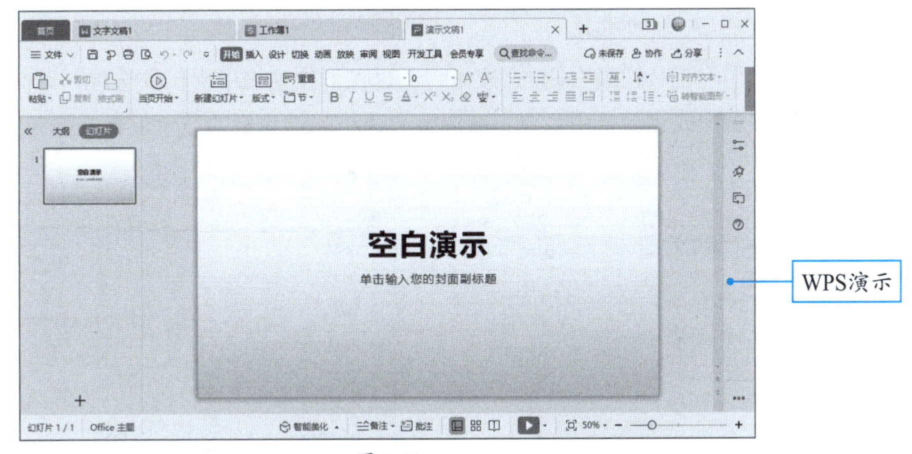

图 1-11

1.2.1 “文件”按钮

“文件”按钮位于软件界面的左上角，单击“文件”按钮，可展开文件菜单，文件菜单中包含常用的新建、打开、保存、打印等命令。另外还提供“最近使用”列表，方便用户快速打开最近使用过的文档，如图1-12所示。

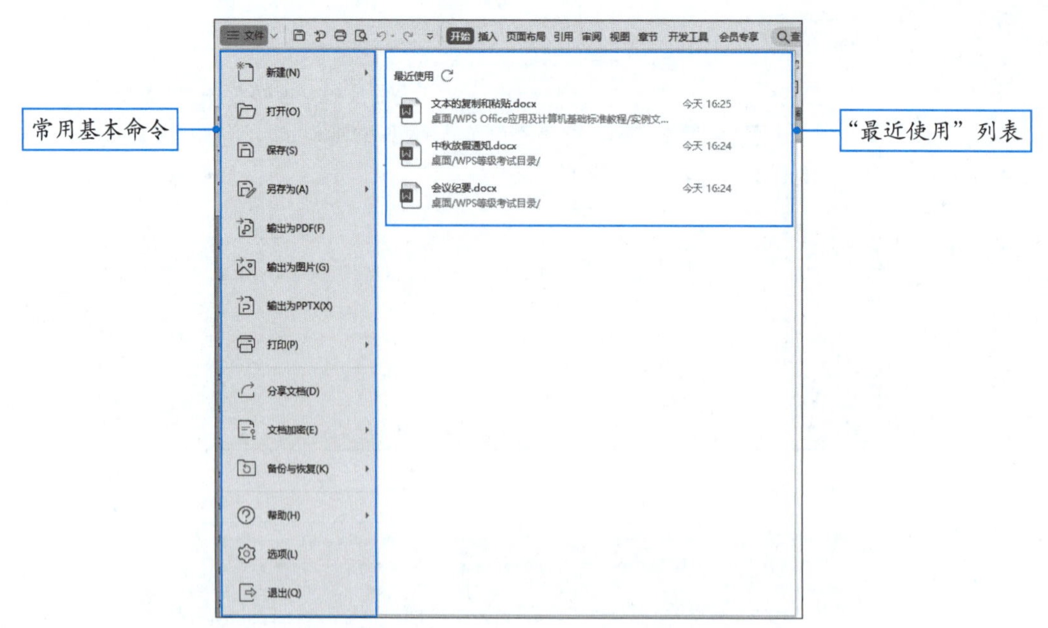

图 1-12

1.2.2 快速访问工具栏

快速访问工具栏位于“文件”按钮右侧，用于放置使用率较高的命令。该区域默认包含“保存”、“输出为PDF”、“打印”、“打印预览”、“撤销”以及“恢复”6个命令按钮，如图1-13所示。

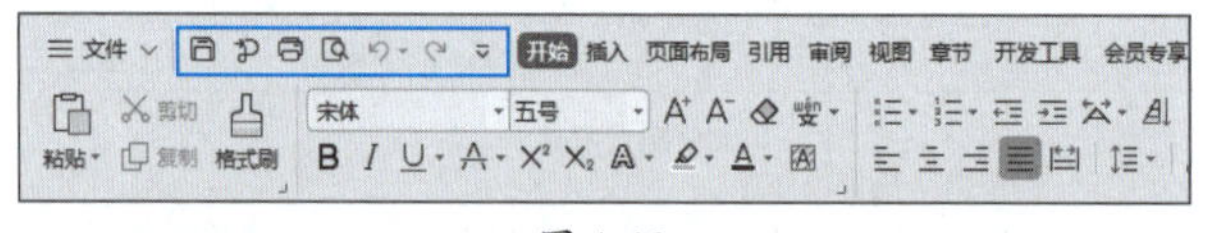

图 1-13

单击自定义访问工具栏最右侧的按钮，通过在下拉列表中提供的选项，可向“自定义快速访问工具栏”中添加或删除常用命令，或调整快速访问工具栏的显示位置，如图1-14所示。

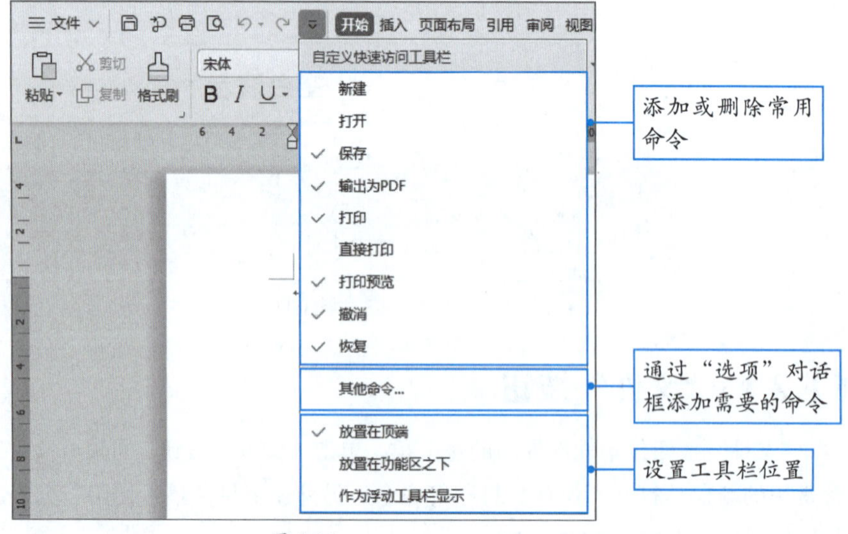

图 1-14

1.2.3 选项卡和功能区

WPS利用“选项卡”对不同功能的命令进行分类整理，放置命令的区域称为“功能区”。通过切换选项卡可以快速切换不同的功能区，如图1-15所示。

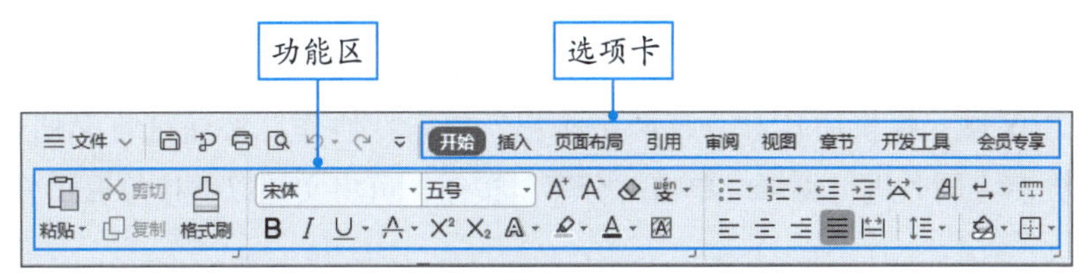

图 1-15

当对文档中的某些对象执行操作时，选项卡区域会显示针对所选对象的上下文选项卡。例如在文档中插入形状后，选中形状，便会出现“绘图工具”上下文选项卡，如图1-16所示。

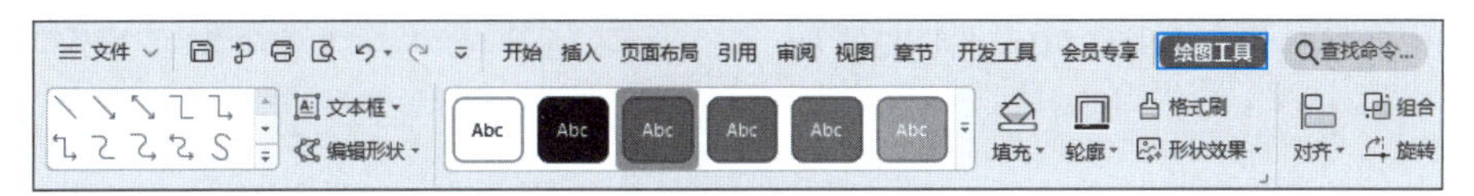

图 1-16

动手练 折叠或展开功能区

当屏幕空间不足时，可以折叠功能区，以便增加编辑区的显示范围。具体操作方法如下。

Step 01 单击窗口右上角的“^”按钮，如图1-17所示，即可隐藏功能区。

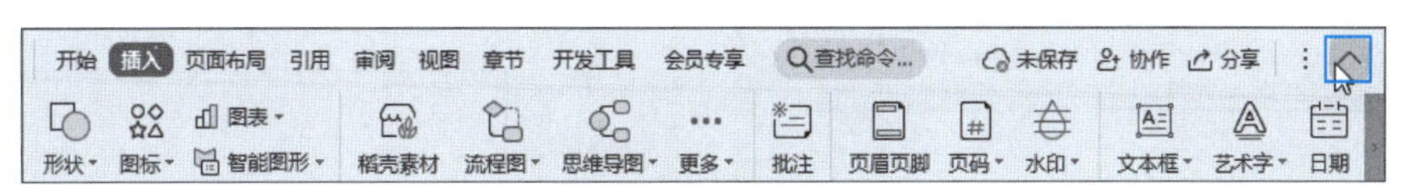

图 1-17

Step 02 功能区被折叠后，单击∨按钮可将功能区重新显示出来，如图1-18所示。

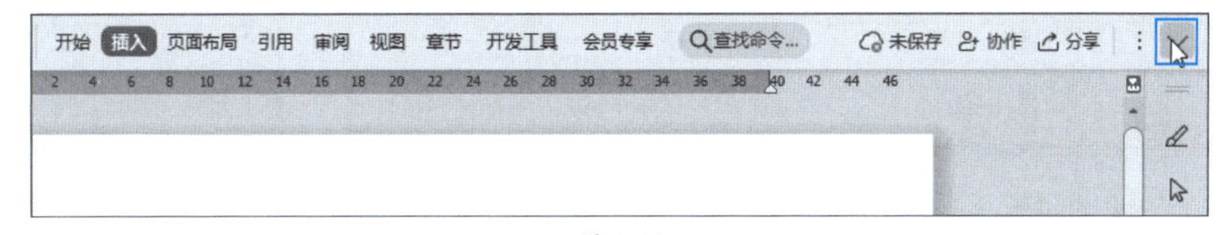

图 1-18

1.2.4 协作状态区

协作状态区由3部分组成，分别为协作成员区域、文档状态区域（按钮）以及协作入口区域，如图1-19所示。

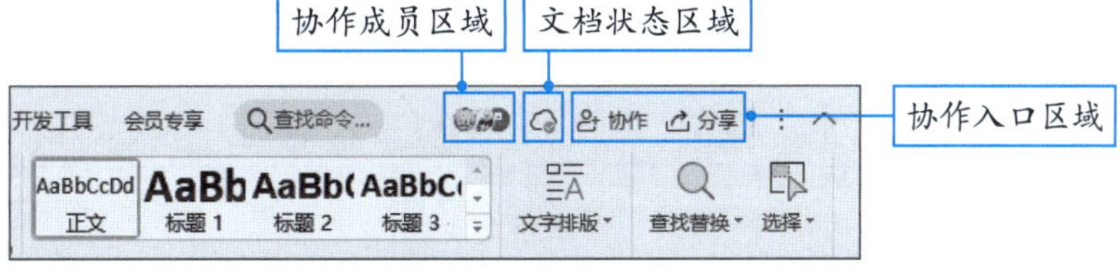

图 1-19

协作状态区的各组成部分具体说明如下。

- **协作成员区域：** 若文档已经通过WPS云文档分享出去了，此区域中会显示当前正在访问该文档的所有用户头像。
- **文档状态区域（按钮）：** 用于展示文档的云同步状态。文档状态包括未保存、未同步、已同步、被锁定、协作中、有修改、待同步、有更新以及同步异常等。
- **协作入口区域：** 提供协作和分享两个按钮。单击“协作”按钮可将文档切换到协作模式，方便多人同时进行编辑。单击“分享”按钮，可将文档以链接等形式分享给他人。

1.2.5 文档编辑区

文档编辑区域位于界面的中间，用于编辑和展示文档内容。不同的文档类型，其编辑区域的形态也有所差别，如图1-20～图1-22所示。

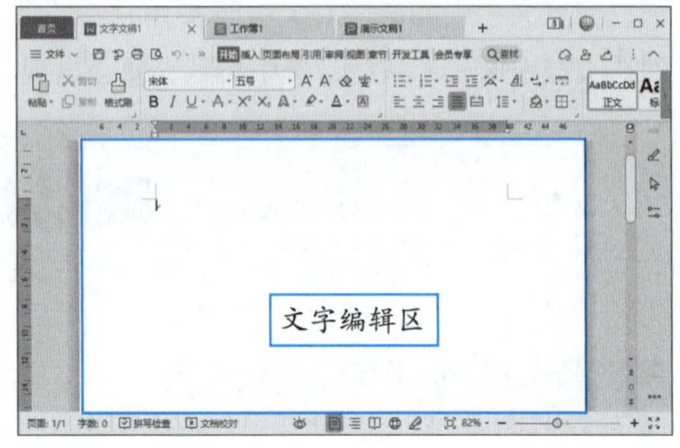

图 1-20

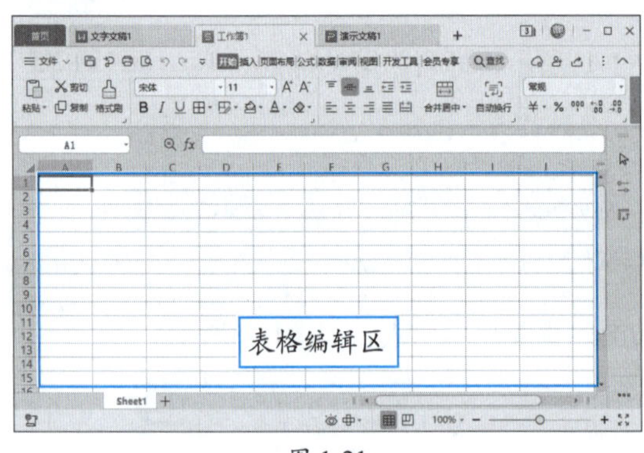

图 1-21

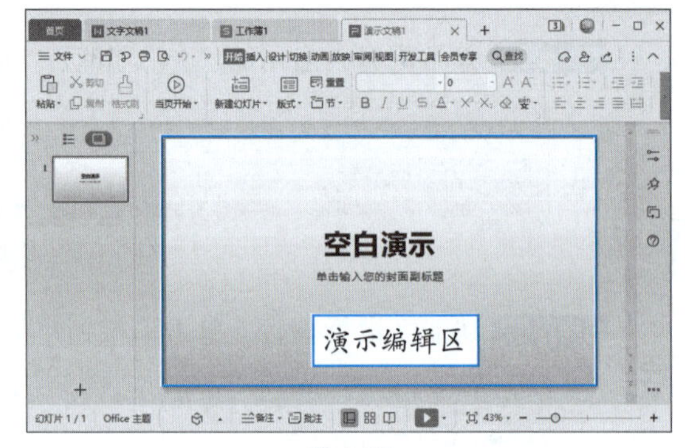

图 1-22

1.2.6 状态栏

状态栏位于窗口的最底部，用于显示文档状态信息以及存放视图的控制按钮，由状态信息区、护眼模式按钮（仅限WPS文档和WPS表格）、视图切换区以及缩放比例控制区4部分组成，如图1-23所示。

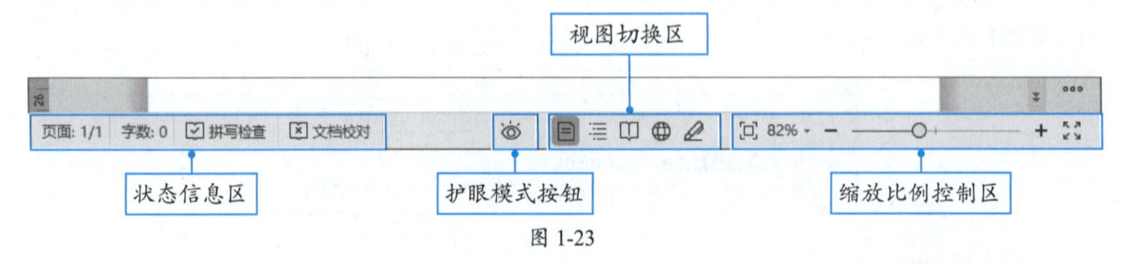

图 1-23

状态栏中各组成部分的具体说明如下。

- **状态信息区**：显示当前文档和当前操作相关的信息。
- **护眼模式按钮**：开启护眼模式，帮助用户缓解眼疲劳。
- **视图切换区**：在不同的文档视图间切换。
- **缩放比例控制区**：拖动滑杆上的缩放按钮快速调整视图的显示比例。单击按钮显示最佳比例，单击按钮全屏显示。

1.2.7 任务窗格

任务窗格位于窗口右侧，单击其中的按钮可以展开或折叠对应的窗格，如图1-24所示。单击任务窗格底部的按钮，可以打开“任务窗格设置中心”对话框，如图1-25所示。在该对话框中开启或关闭指定的功能开关，可向任务窗格中添加或删除相应的命令按钮。

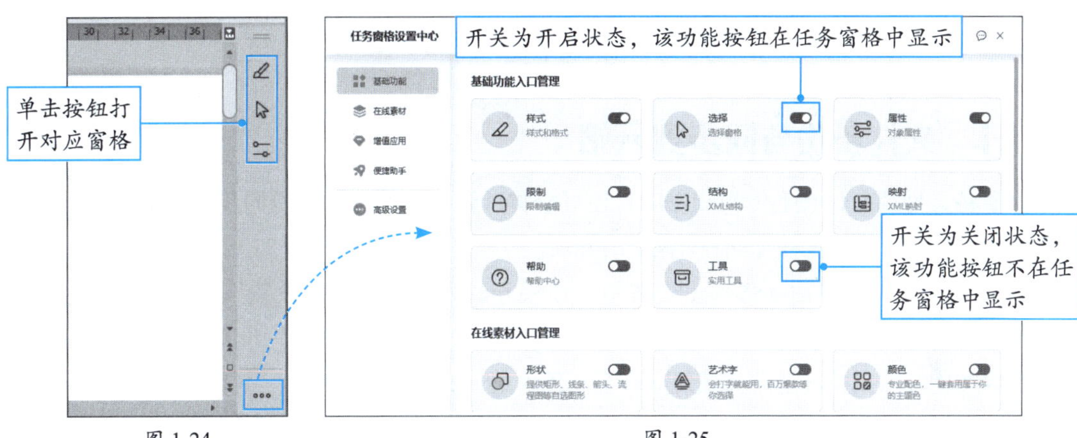

图 1-24　　图 1-25

1.3 应用WPS云办公

每个WPS账户都用于专属的云空间，云空间主要用来存储文档或其他类型的文件。在WPS“首页”界面单击“我的云服务”文字链接，如图1-26所示。打开“我的云服务”标签，在该标签中可以了解到当前账号的云空间使用情况，通过单击页面左下角的文字链接还能够了解更多云服务的相关内容，如图1-27所示。

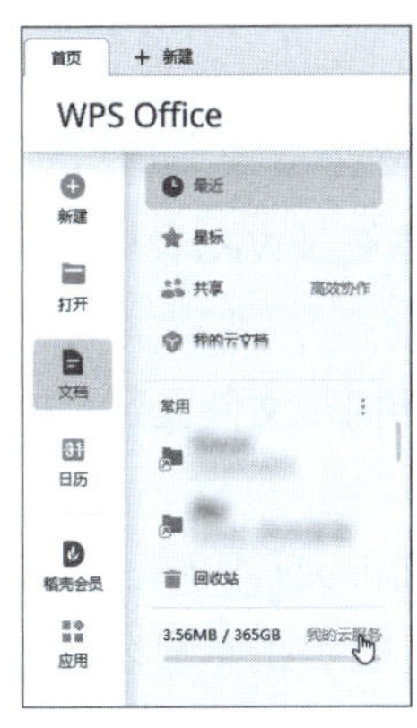

图 1-26

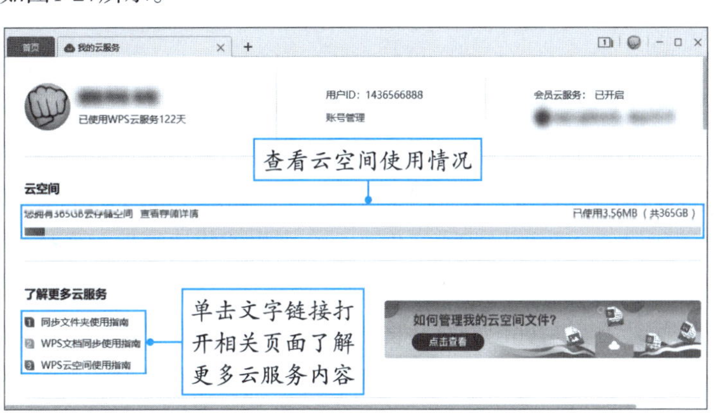

图 1-27

保存在计算机中的文件或文件夹可上传到云空间，也可以直接将新建的文档保存到云空间。在WPS“首页”界面打开“我的云文档”，单击右上角的“新建”按钮，在展开的列表中可以新建文档、新建文件夹或上传文件和文件夹到云空间，如图1-28所示。

图 1-28

1.3.1　文件备份与同步到云端

除了将文件或文件夹上传到云空间，还可以将计算机中的文件备份同步到云端，从而免去手动上传备份文件或将文件存储在U盘中的麻烦。

在WPS“首页”界面顶部单击⚙按钮，在展开的列表中选择“设置”选项，如图1-29所示。打开“设置中心”标签，在“工作环境”组中打开“文档云同步”开关，如图1-30所示。此后在WPS中查看或编辑过的文档便会被自动备份至云文档。

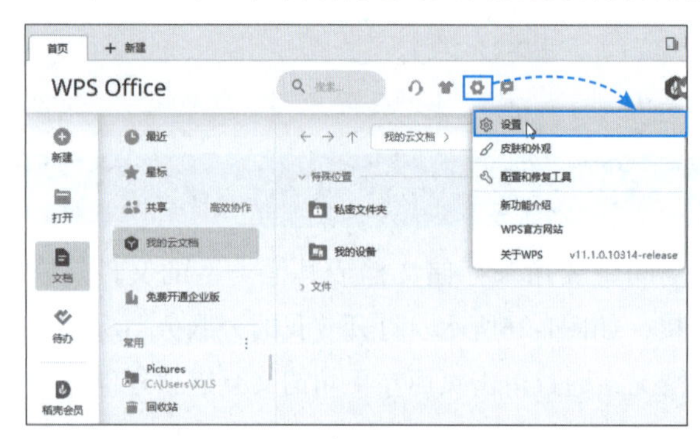

图 1-29

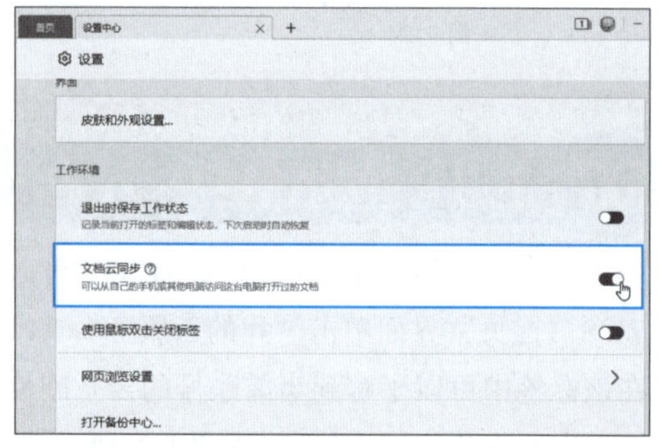

图 1-30

动手练　同步文件夹

WPS可以将计算机中的文件夹同步到WPS云空间，完成同步后只需登录WPS账号，即可在计算机或其他移动设备中查看同步文件夹中存储的全部内容。

Step 01 右击需要同步的文件夹，在弹出的快捷菜单中选择“自动同步文件夹到‘WPS云文档’”选项，如图1-31所示。

Step 02 在随后弹出的对话框中单击“立即同步”按钮，即可让文件夹与WPS云空间中的文件夹保持一致，如图1-32所示。后续的文件更新、新增或删除文件、文件的重命名等，将同步到WPS云空间。

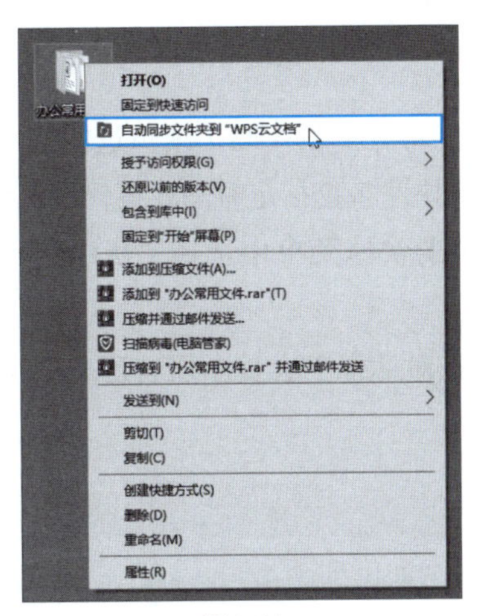

图 1-31

图 1-32

1.3.2 认识WPS网盘

WPS网盘是WPS云服务提供的云盘工具，可以用来存储和管理WPS云空间中各种类型的文档。在计算机中打开“此电脑”对话框，可以找到“WPS网盘”入口，如图1-33所示。

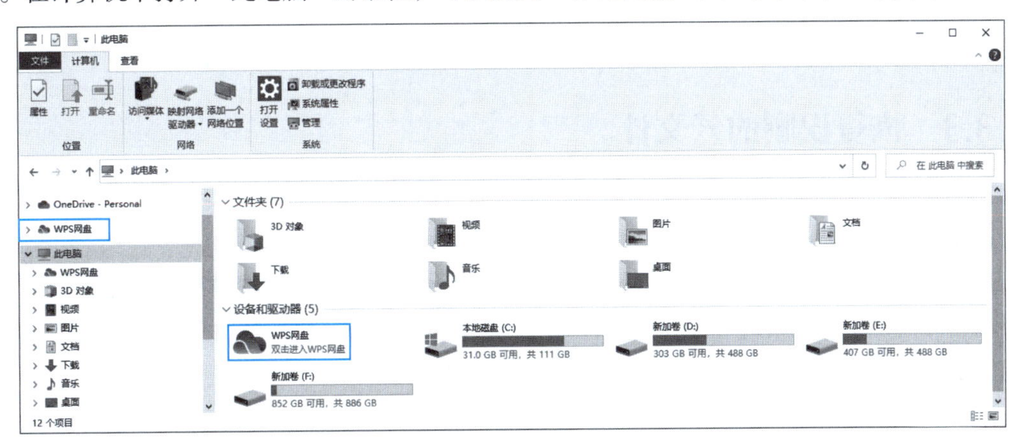

图 1-33

知识点拨

若“此电脑”对话框中不显示“WPS网盘”入口，可以在WPS“首页”界面单击“我的云服务”文字链接，如图1-34所示。打开“我的云服务”标签，在该标签中单击“WPS网盘”按钮，打开WPS网盘，如图1-35所示。

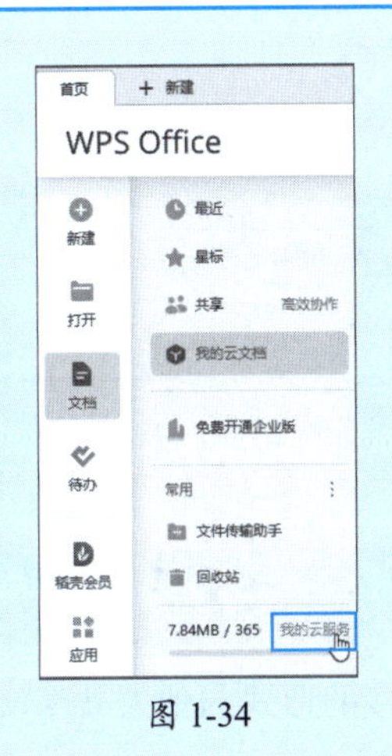

图 1-34

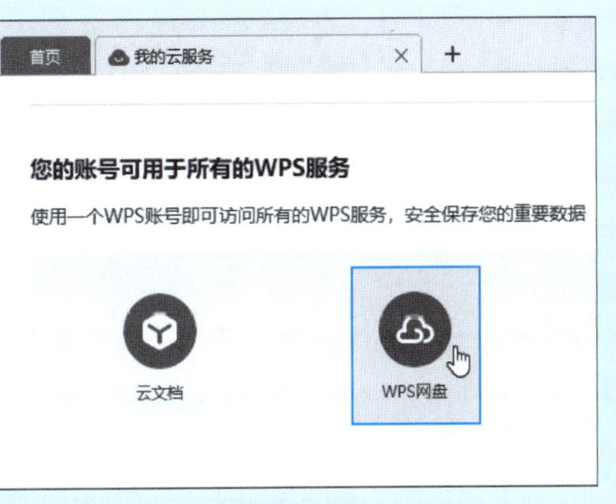

图 1-35

动手练 通过历史版本恢复数据

为了保证数据安全，WPS云文档为用户提供了数据恢复功能。在WPS中编辑过的文档会按照顺序自动保存到“历史版本”中。通过“历史版本”即可快速恢复指定时间段编辑过的版本。

Step 01 在WPS“首页”界面右击文件选项，在弹出的快捷菜单中选择“历史版本”选项，如图1-36所示。

Step 02 弹出如图1-37所示的“历史版本”对话框，该对话框中会显示所有历史版本，单击“恢复”按钮，可恢复相应历史版本。

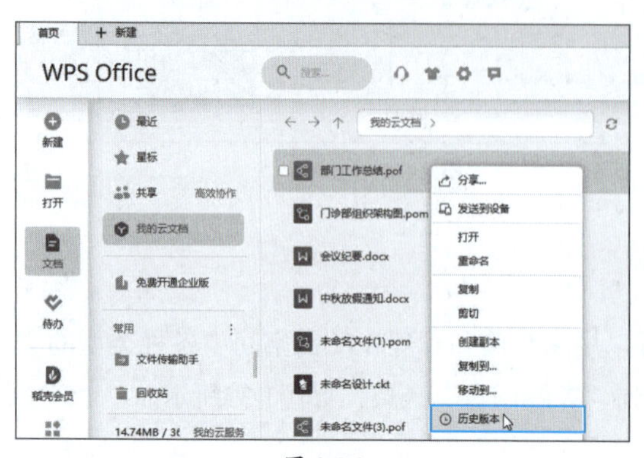

图 1-36

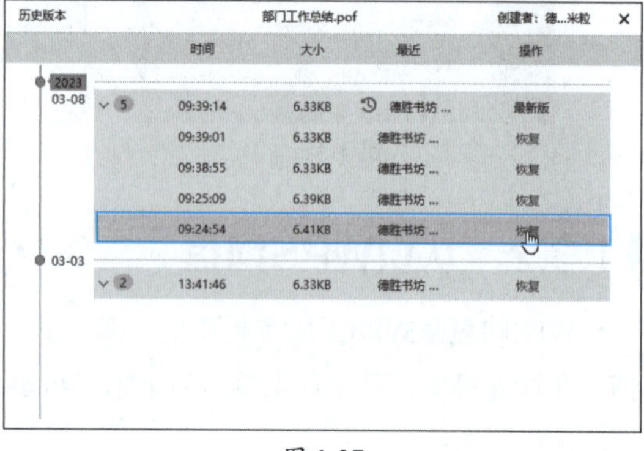

图 1-37

1.3.3 恢复误删的云文件

WPS云文件被删除后会自动进入“回收站”。若要恢复被删除的云文件，可以在“回收站”中进行操作。

在WPS“首页”界面单击“回收站”按钮，在打开的页面中可以看到被删除的云文件，右击要恢复的文件，在弹出的快捷菜单中选择“还原”选项，即可将所选文件恢复到删除之前的位置，如图1-38所示。

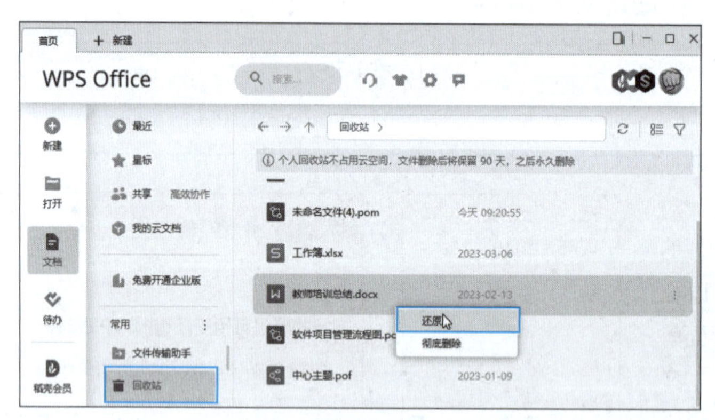

图 1-38

1.4 云共享与云协作

WPS文档可以不受时间和地点的限制，以链接的形式与他人共享文档信息。另外还可以创建团队或多人协作共同编辑同一文档，从而提高工作效率。

1.4.1 多种方法共享文档

WPS以分享的形式实现云文档的共享。共享文档的方法不止一种，下面介绍几种常用的方法。

方法一：在WPS“首页”界面选择要分享的文档，然后单击右侧的“分享”按钮进行分享，如图1-39所示。

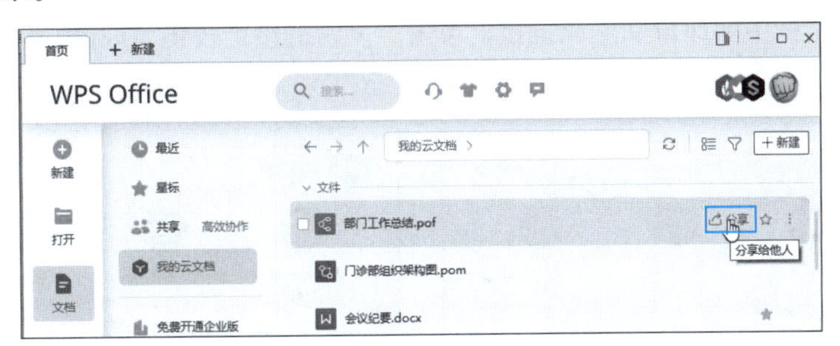

图 1-39

方法二：在WPS“首页”界面右击文档选项，在弹出的快捷菜单中选择“分享”选项进行分享，如图1-40所示。

图 1-40

方法三：在WPS“首页”界面选中并单击打开文档选项，通过单击右侧窗格中的“分享”按钮进行分享，如图1-41所示。

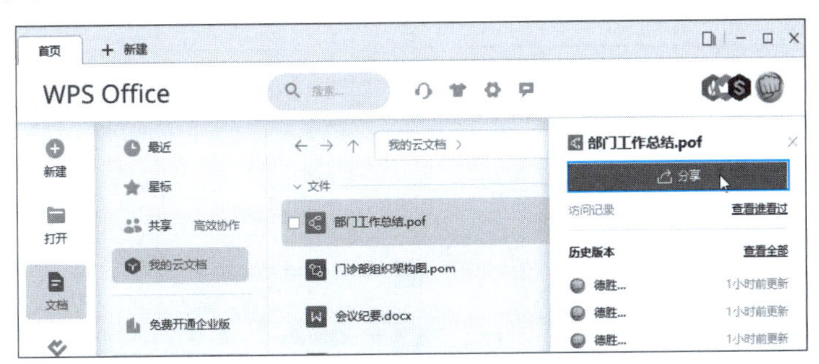

图 1-41

方法四：打开文档，单击窗口右上角的“分享”按钮进行分享，如图1-42所示。

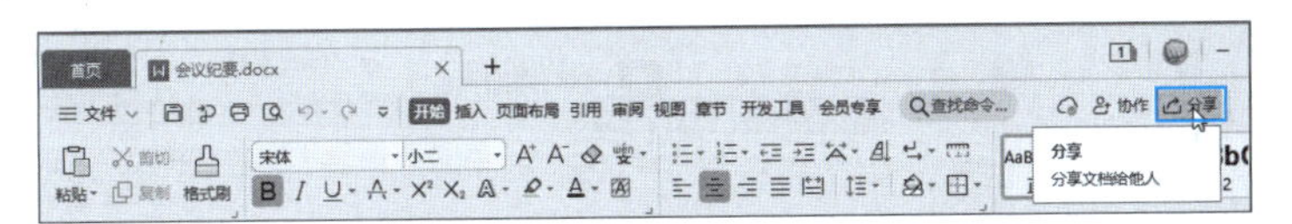

图 1-42

动手练 公开分享文档

通过上述任意一种方式执行“分享”操作，系统随即会弹出一个对话框，在对话框中可选择共享的具体方式。

Step 01 在对话框中，保持默认选中的“任何人可编辑”单选按钮，单击“创建并分享”按钮，如图1-43所示。

Step 02 对话框中随即自动生成链接，单击“复制链接”按钮，如图1-44所示。将链接发送给其他人，便可实现文件的共享。

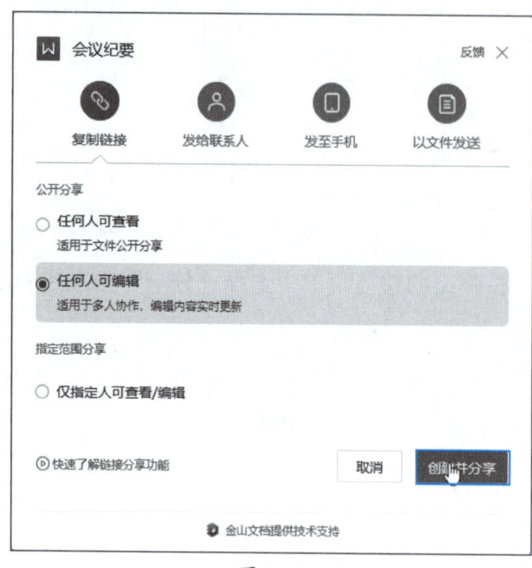

图 1-43

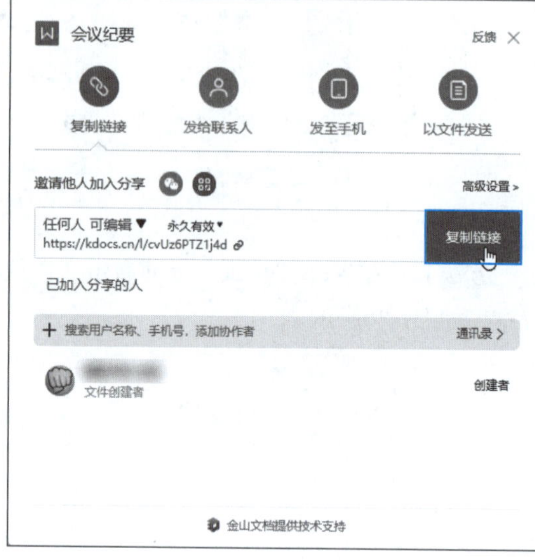

图 1-44

1.4.2 多人协作办公

当需要多人协作共同编辑一份文档时，可以启用“多人编辑”模式，然后对文档进行共享。

Step 01 在WPS“首页”界面右击需要多人编辑的文档选项，在弹出的快捷菜单中选择“加入多人编辑”选项，如图1-45所示。

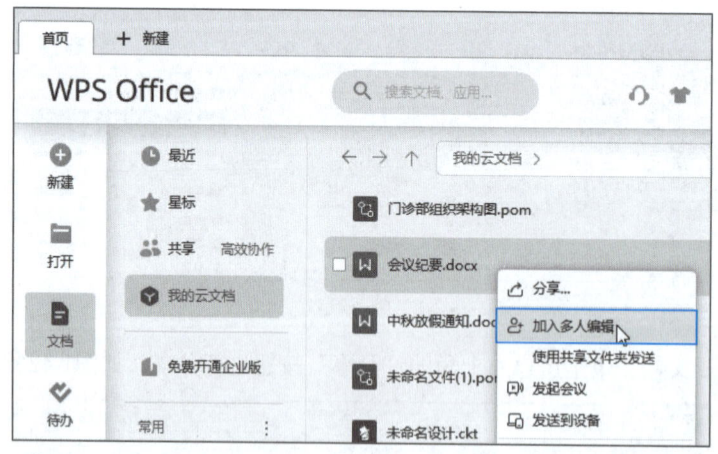

图 1-45

Step 02 文档随即进入在线编辑状态，单击窗口右上角的“分享”按钮，如图1-46所示。

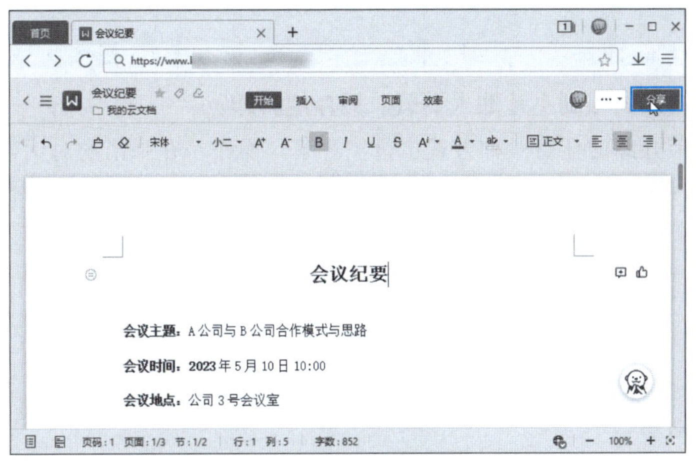

图 1-46

Step 03 在弹出的窗口中单击“复制链接”文本，并将链接发送给他人，对方打开链接后即可同时编辑该在线文档，如图1-47所示。通过当前窗口底部提供的聊天软件图标可生成相应的二维码，用户也可通过发送二维码分享当前文档，如图1-48所示。

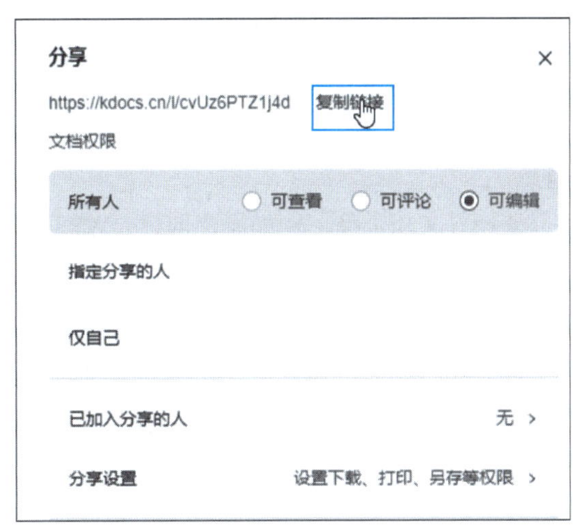

图 1-47

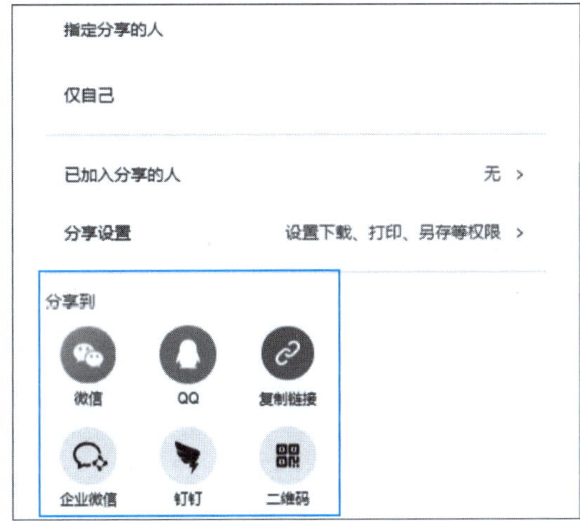

图 1-48

新手答疑

1. Q：分享文档时如何限制不让他人下载、另存或打印？

A：通过1.4.1节介绍的任意一种方式执行“分享”操作，在弹出的对话框中单击“高级设置”按钮，如图1-49所示。在随后弹出的对话框中打开“禁止查看者下载、另存和打印”开关，即可限制他人操作，如图1-50所示。

图 1-49

图 1-50

2. Q：如何新建在线文档？

A：打开“新建”标签，选择好文档类型，例如需要创建“WPS表格”的在线文档，则单击“表格”按钮，在打开的界面中单击“新建在线文档”按钮，如图1-51所示。打开“新建表格”标签，继续单击“空白表格文档”按钮，如图1-52所示，即可创建一份空白的在线文档。

图 1-51

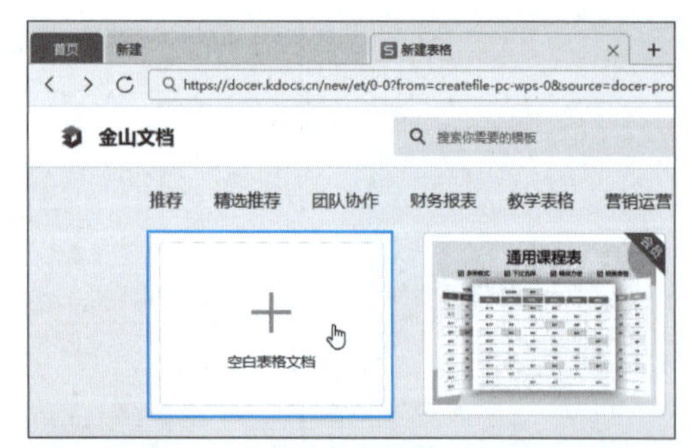

图 1-52

3. Q：当WPS窗口中打开了很多文档时，如何将指定的文档独立出来？

A：将光标移动到标签区域，并停留在指定文档标签上方，如图1-53所示。按住鼠标左键向标签区域以外的位置拖动，即可将该文档独立出来。

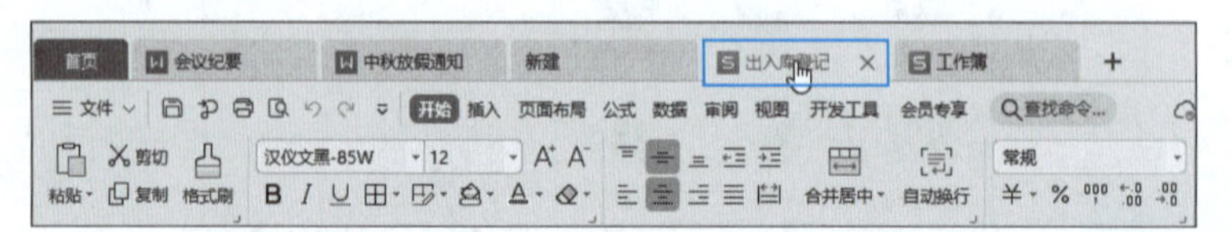

图 1-53

第2章 PDF文件的查看及处理

PDF是一种通用的文档格式，通常用于电子文件的阅读、打印、保护等。PDF文件格式可以由电子表格、文字文档、演示文稿、图片等转换而来，并且能够保存源文件的所有字体、格式、颜色和图形。本章将对WPS Office中PDF文件的应用进行详细介绍。

2.1 PDF文件的管理

WPS内置的PDF组件支持PDF文件的阅读、编辑和转换能力。下面对PDF文件的打开、创建、保护、输出及打印操作进行详细介绍。

2.1.1 打开PDF文件

打开保存在计算机中的PDF文件，可以在WPS“首页”界面单击“打开”按钮，如图2-1所示。系统随即弹出“打开文件”对话框，选择需要打开的PDF文件，单击“打开”按钮即可将其打开，如图2-2所示。

图 2-1

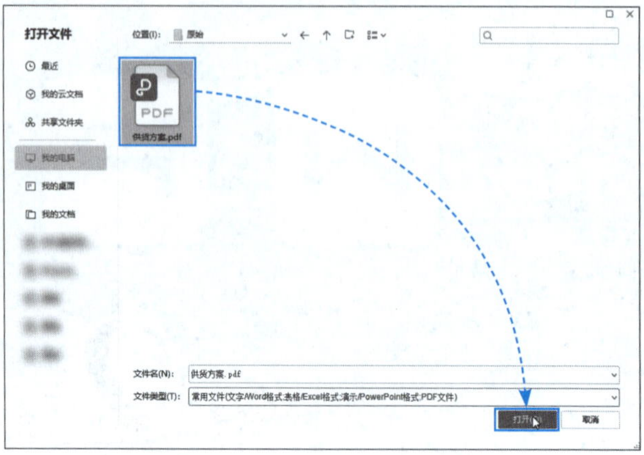

图 2-2

在不提前启动WPS的情况下，也可直接在计算机中右击WPS文件，在弹出的快捷菜单中选择“打开方式”选项，在其下级菜单中选择“WPS Office”选项，打开指定的PDF文件，如图2-3所示。

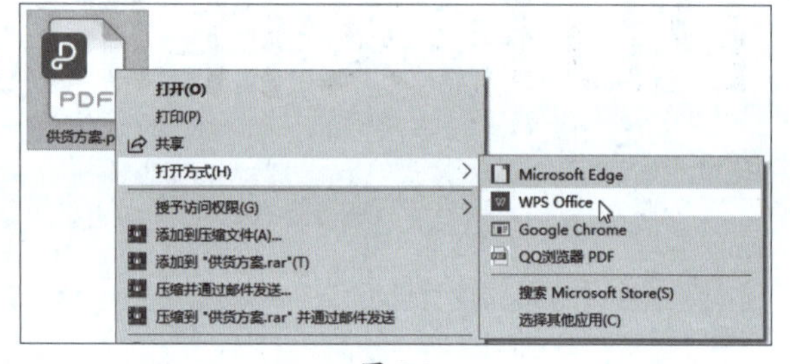

图 2-3

2.1.2 创建PDF文件

WPS提供了多种创建PDF文件的方式。在“首页”界面单击“新建”按钮，打开“新建”标签，单击“PDF”按钮，可以看到页面中包含“从文件新建PDF”“从扫描仪新建”“新建空白页”选项，用户可根据需要选择创建方式，如图2-4所示。

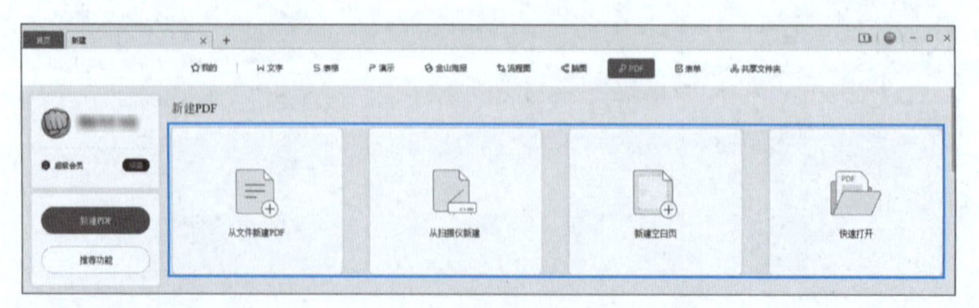

图 2-4

各创建方式的具体操作如下。

（1）从文件新建PDF

WPS可以将Office格式文件自动转换为PDF文件。单击“从文件新建PDF”按钮，在弹出的对话框中选择文件，单击“打开”按钮，所选文件随即以PDF文件形式打开。

（2）从扫描仪新建

WPS可以根据扫描仪的配置自动生成相应尺寸的PDF文件。通过扫描仪创建的PDF文件，页面内容全部为图片。若计算机已经连接了扫描仪，可以单击“从扫描仪新建”按钮，在弹出的“扫描设置”对话框中选择需要启动的扫描仪选项，单击“确定”按钮，即可扫描内容，创建PDF文件。

（3）新建空白页

WPS可以新建空白的PDF文件。单击“新建空白页”按钮，弹出如图2-5所示的对话框，单击“新建PDF文档”按钮，即可创建一份页面尺寸为A4的空白PDF文档。

图 2-5

另外，使用“推荐功能”提供的选项，还可以实现PDF转Word、PDF转Excel、PDF转PPT、PDF拆分、PDF转图片、图片转PDF等，如图2-6所示。

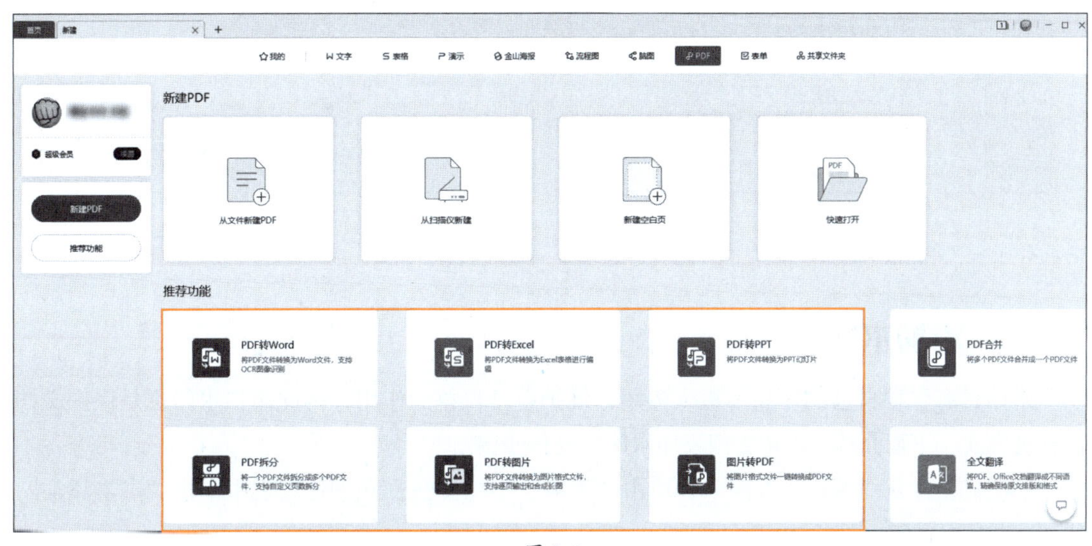

图 2-6

2.1.3 保护PDF文件

为了提高PDF文件的安全性，可以设置打开密码和文档操作权限密码。这两项密码可以同时设置，也可以单独设置。

打开“保护”选项卡，单击“文档加密”按钮，如图2-7所示。弹出“加密”对话框，勾选“设置打开密码”以及“设置编辑及页面提取密码”复选框，并输入密码，在“同时对以下功能加密”组中勾选需要加密的项目复选框，设置完成后单击“确认”按钮即可，如图2-8所示。

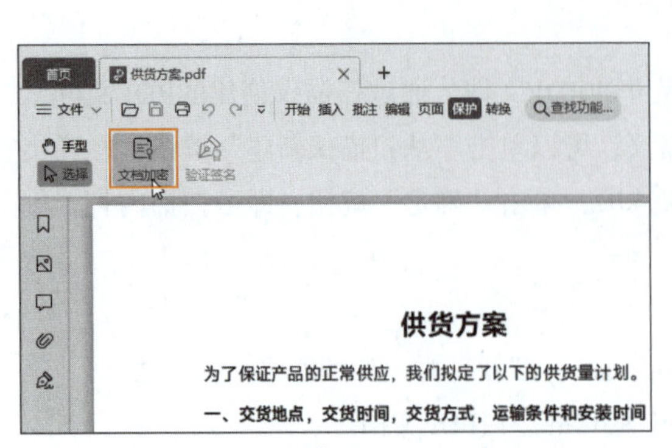

图 2-7

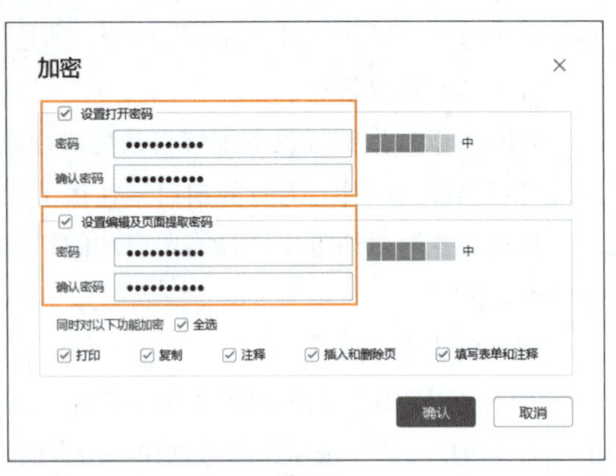

图 2-8

知识点拨

若要取消密码保护，可以在“保护”选项卡中再次单击“文档加密”按钮，在弹出的对话框中输入权限密码，单击“确认密码”按钮，如图2-9所示，弹出“加密”对话框，删除所有密码，单击“确认”按钮即可，如图2-10所示。

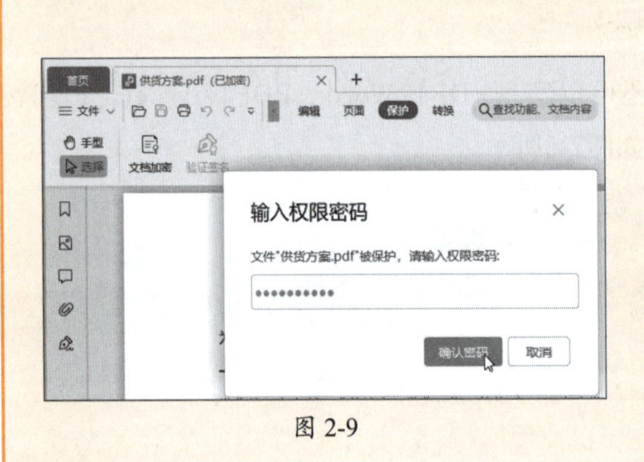

图 2-9

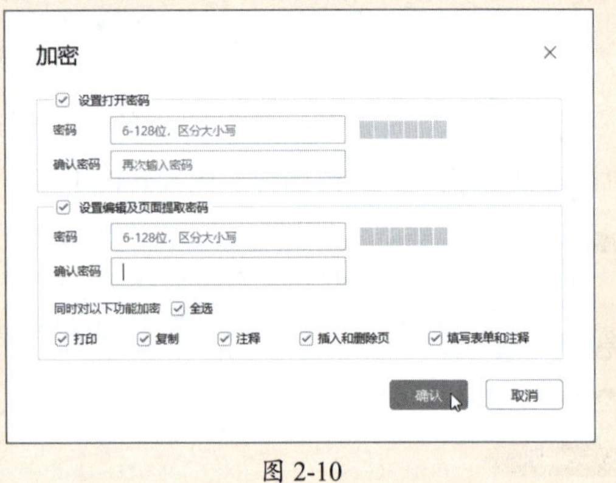

图 2-10

动手练 添加水印

水印具有保护自己的作品不被人盗用，维护自己权益的作用，因此添加水印也是保护文档的一种方式。下面介绍为PDF文档添加水印的具体步骤。

Step 01 打开“编辑”选项卡，单击“水印”下拉按钮，在下拉列表中单击“点击添加”按钮，如图2-11所示。

Step 02 弹出“添加水印”对话框，在“来源”组中的文本框中输入文字并设置好字体、字号、字体效果等，单击“确定”按钮，即可应用该文字水印，如图2-12所示。

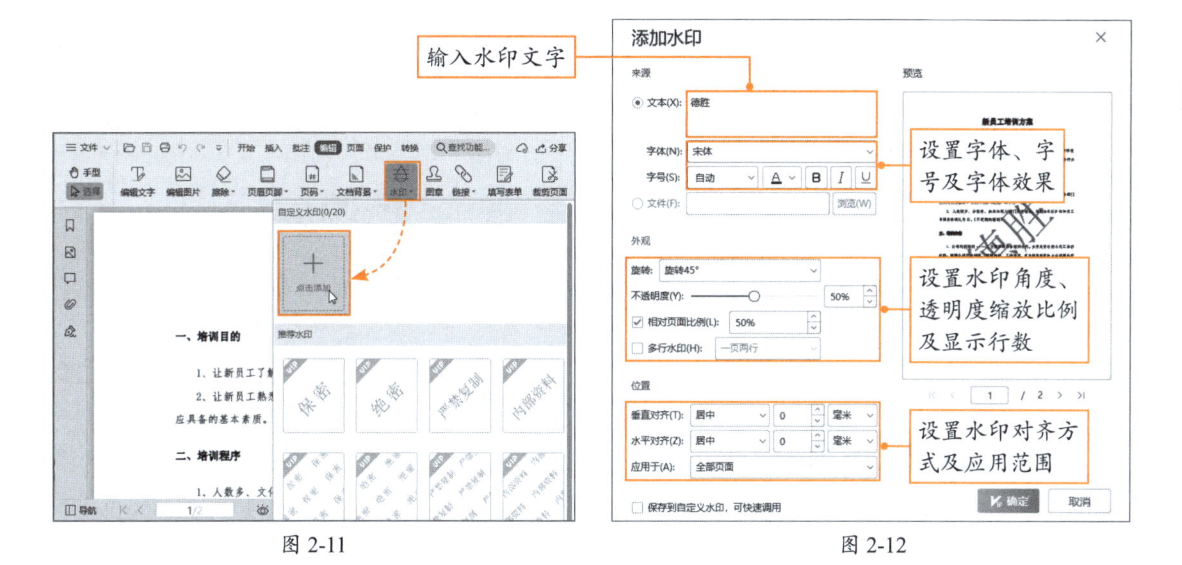

图 2-11　　图 2-12

知识点拨

除了添加文字水印，用户也可为PDF文档添加图片水印。在“添加水印”对话框中选中“文件”单选按钮，单击“浏览”按钮，如图2-13所示，在随后弹出的“打开文件”对话框中选择图片，单击“打开”按钮，即可将所选图片设置为水印。

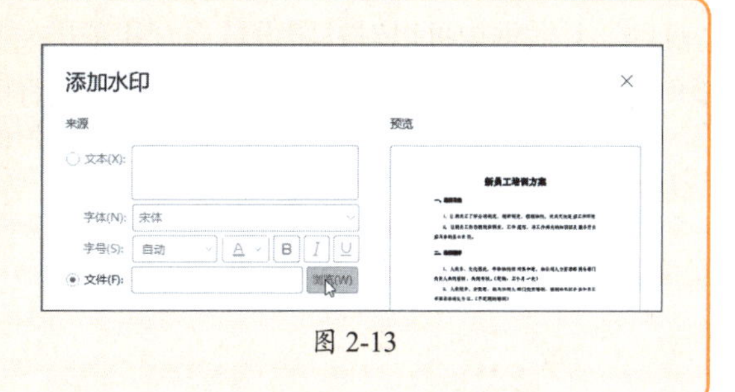

图 2-13

2.1.4 转换PDF文件

PDF文件具备不易修改的特性，因此想要自由编辑PDF文件的内容，可以将其转换为WPS格式。

单击“文件”按钮，在文件菜单中选择“导出PDF为”选项，在其下级菜单中包含Word、Excel、PPT、纯文本以及图片5个选项，用户可根据需要选择要导出的文件类型，此处选择Word选项，如图2-14所示。弹出“金山PDF转换”对话框，设置好文件保存位置，以及文件格式，单击“开始转换”按钮进行转换，如图2-15所示。转换完成后的文件会自动在WPS窗口中打开。

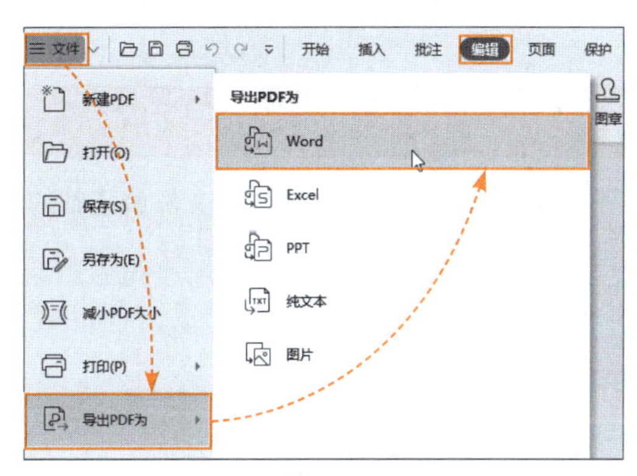

图 2-14

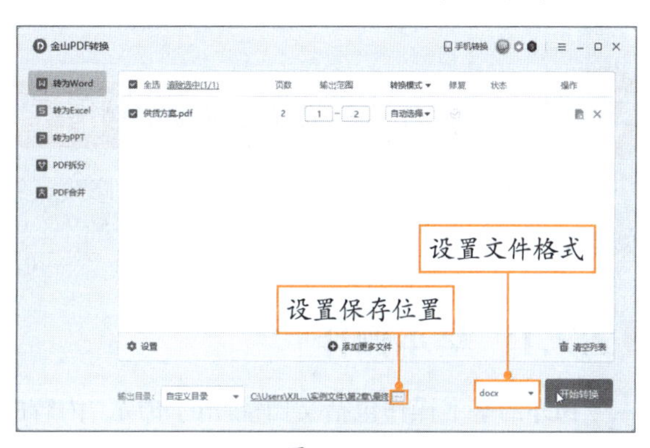

图 2-15

知识点拨

用户也可通过“转换”选项卡中提供的按钮，将PDF转换为Word、Excel、PPT、TXT以及图片，如图2-16所示。

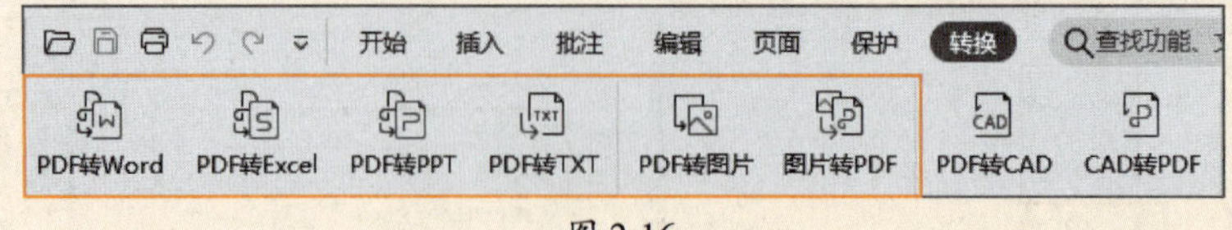

图 2-16

2.1.5 打印PDF文件

PDF文件的主要作用之一是对文档进行打印，因为PDF文件不受系统、设备、平台的限制，所以能始终保持排版的一致性。PDF文件的打印设置也很简单。

在快速访问工具栏中单击“打印”按钮，或直接按Ctrl+P组合键，如图2-17所示。在弹出的“打印”对话框中可以对打印份数、打印范围、页边距、纸张大小等进行设置，最后单击“打印”按钮，即可通过当前设备所连接的打印机打印PDF文件，如图2-18所示。

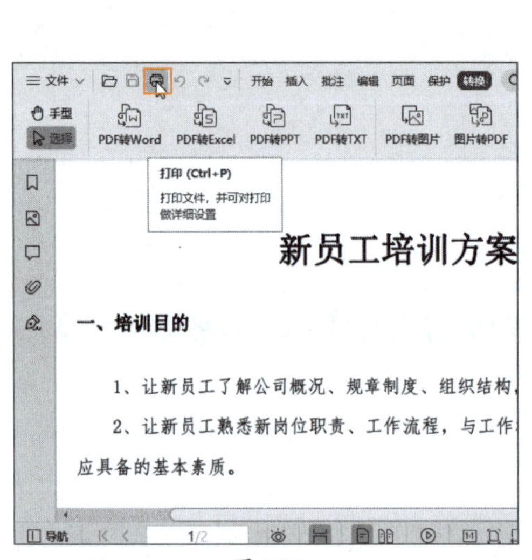

图 2-17

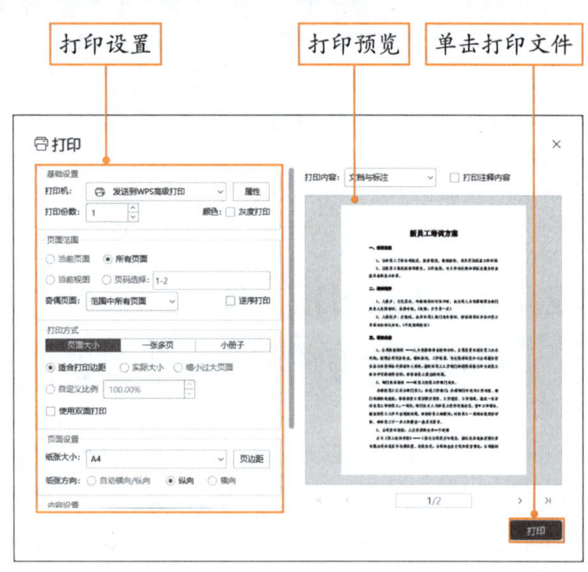

图 2-18

2.2 PDF文件内容的查看

PDF文档中的内容具有不跑版、不易修改、缩放不变形等优势，这些也是PDF文件最基础的阅读能力。

2.2.1 基本操作

PDF的基本操作包括文档视图的布局、内容的查找和复制、书签目录的显示等。

1. 文档视图的布局

WPS PDF提供了单页连续阅读、双页连续阅读、单页不连续阅读、双页不连续阅读以及独立封面阅读5种阅读模式。通过"开始"选项卡中的"单页""双页""连续阅读"三个按钮的选择，可在需要的阅读模式之间进行切换，如图2-19所示。

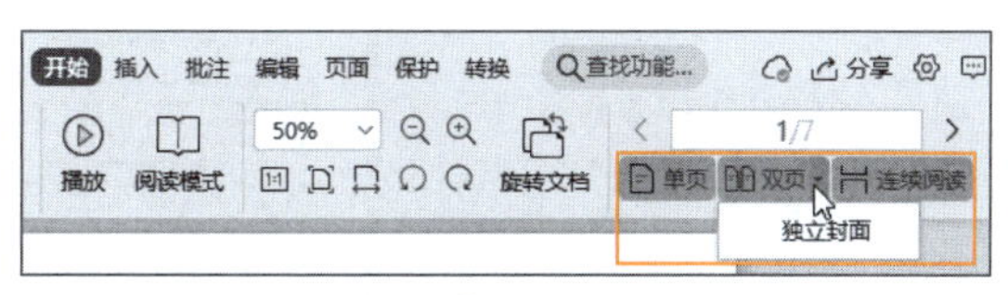

图 2-19

- **单页连续阅读：** 单页连续阅读是最常用的一种视图布局方式，所有页面按竖向一列的方式进行布局，如图2-20所示。
- **双页连续阅读：** 双页连续阅读多用于杂志、论文等前后两页内容联系性很强的文件，所有页面按竖向两列的方式进行布局，如图2-21所示。
- **独立封面阅读：** 在双页阅读模式下，遇到前后内容联系性很强的两页时，如果严格按照双页连续阅读布局，可能会出现错位阅读的情况。因此在双页阅读的基础上提供了独立封面阅读布局，如图2-22所示。
- **单页不连续阅读：** 单页不连续阅读布局一般用于页面方向为横向的PDF文件，如图2-23所示。
- **双页不连续阅读：** 在双页连续阅读的基础上，提供双页不连续阅读布局，如图2-24所示。

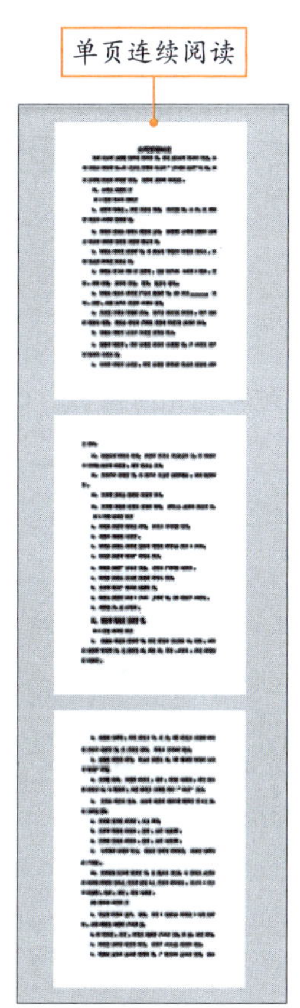

图 2-20

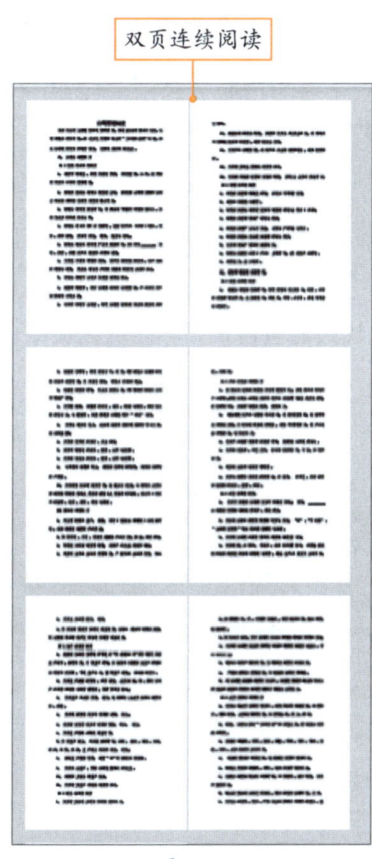

图 2-21

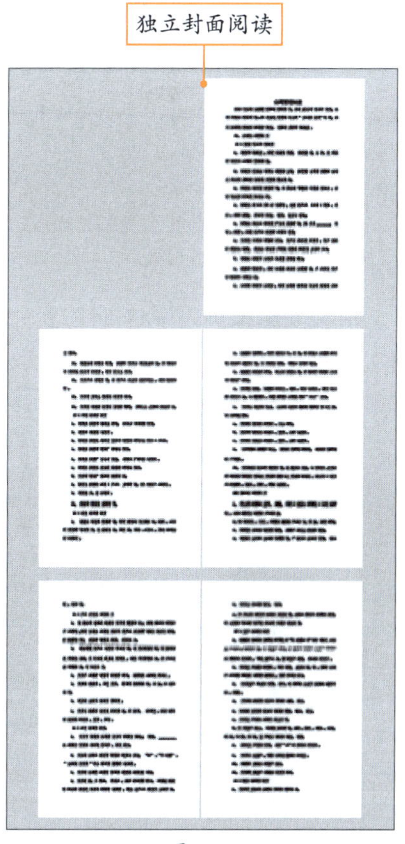

图 2-22

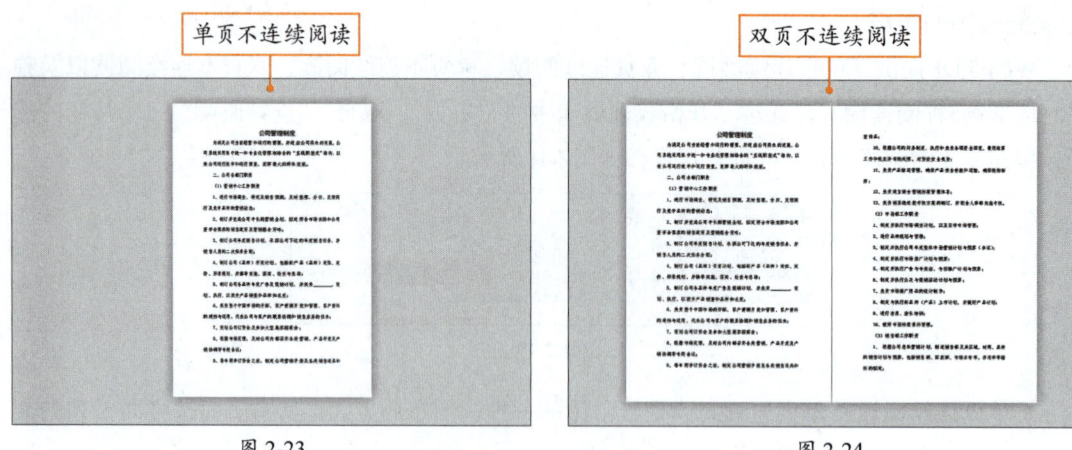

图 2-23　　　　图 2-24

2. 内容的查找和复制

PDF文档中的内容可以通过关键字进行查找，另外还可复制PDF文档中的文本或图片等。

（1）查找内容

打开“开始”选项卡，单击“查找”按钮，打开“查找”窗格，如图2-25所示。在“查找”窗格中输入关键字，单击“查找”按钮，窗格中随即显示查找到的所有内容，文档中被查找到的关键词同时被高亮显示，如图2-26所示。

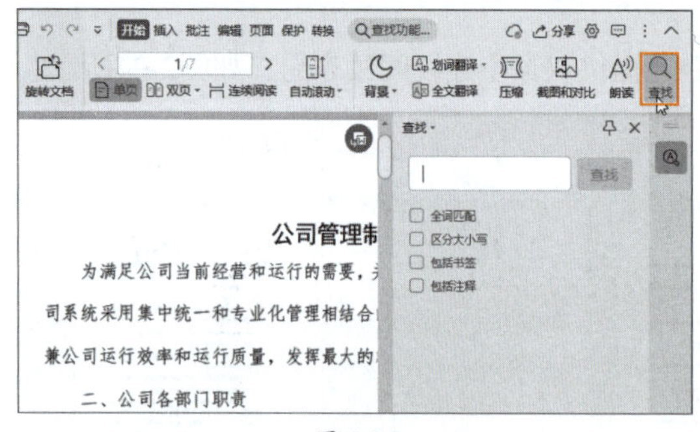

图 2-25

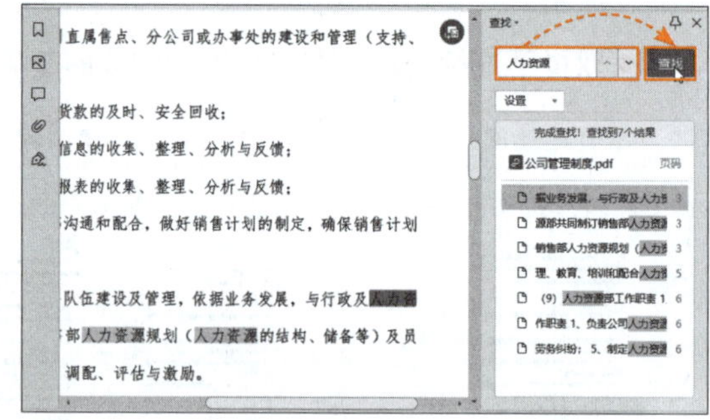

图 2-26

在查找结果列表中单击任意一个查找到的项目，文档显示区随即自动跳转到相应位置，如图2-27所示。

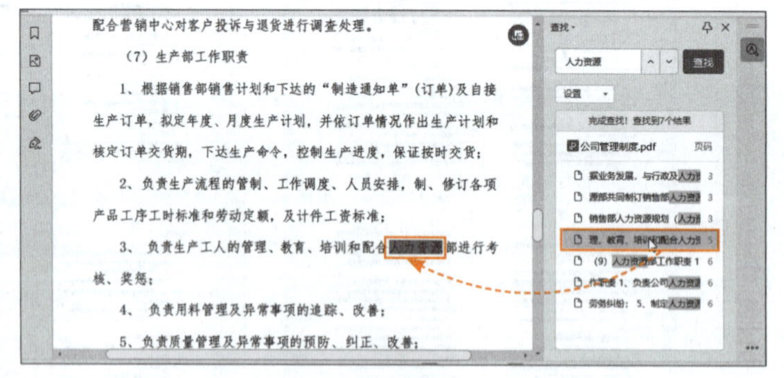

图 2-27

（2）复制内容

打开“开始”选项卡，单击“选择”按钮，进入文本和对象选择模式。选择一段文本，在自动弹出的快捷菜单中单击“复制”按钮即可复制所选文本，如图2-28所示。在文本和对象选择模式下单击选中图片，随后右击选中的图片，在弹出的快捷菜单中选择“复制”选项，可复制所选图片，如图2-29所示。

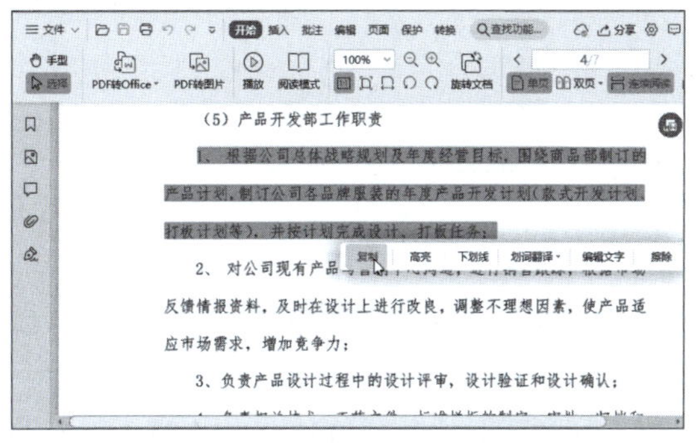

图 2-28

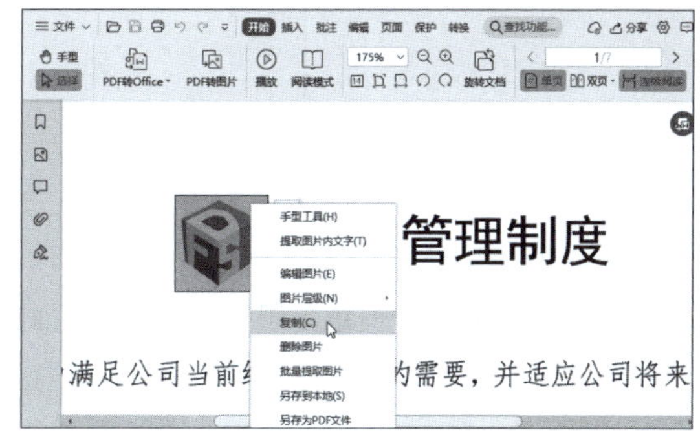

图 2-29

3. 书签目录的显示

目录是标题按照一定次序编排形成的内容导航。用户可以根据目录中的标题快速定位到指定的位置。书签则可以标记文档中的重要内容，或当前阅读位置。WPS PDF将目录和书签整合为一种功能。

单击窗口左侧的“”按钮，可打开“书签”窗格，显示出PDF文档中的所有目录，单击目录可以快速定位到页面中的相应位置，如图2-30所示。

通过单击“书签”窗格顶部的4个小按钮，可执行“展开所有书签”、“收起所有书签”、“将当前视图添加为书签”以及“删除当前书签”操作，如图2-31所示。

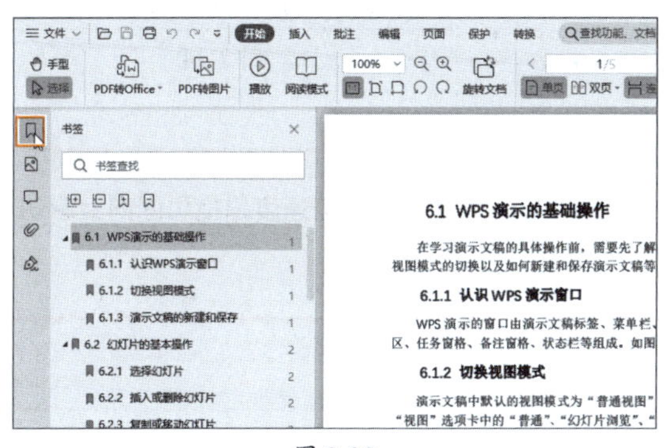

图 2-30

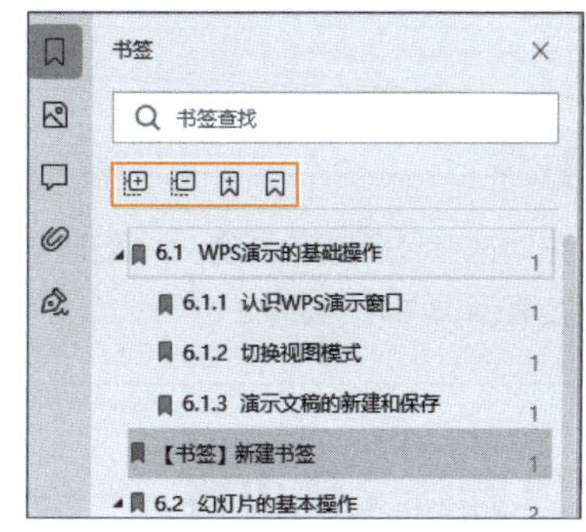

图 2-31

2.2.2 辅助功能

在查看PDF文件时，可以使用各种辅助功能以便提高阅读体验。下面对WPS PDF的常用辅助功能进行介绍。

1. 更换页面背景色

WPS PDF可以根据工作的时间段选择合适的页面背景色，以适应不同的阅读习惯，同时保护自己的眼睛。

打开“开始”选项卡，单击“背景”下拉按钮，下拉列表中包含5个选项，分别为默认、日间、夜间、护眼以及羊皮纸，如图2-32所示。

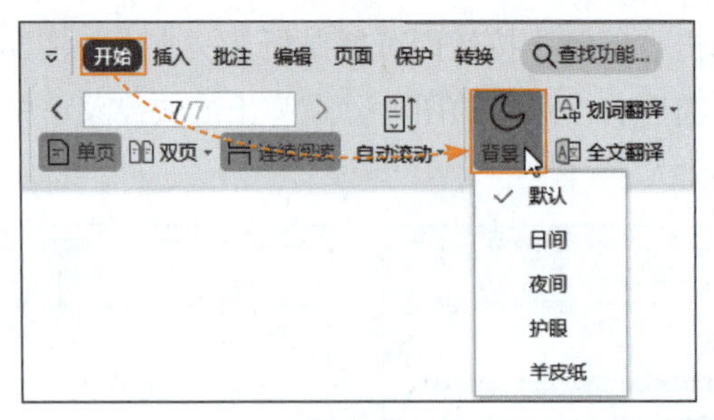

图 2-32

2. 自动滚动阅读

阅读内容较多的PDF文档时，可使用“自动滚动”功能，让页面以固定的速度滚动，以提高阅读体验。

Step 01 打开“开始”选项卡，单击“自动滚动”按钮，或按Ctrl+Shift+N组合键，页面即可按照默认的1倍速自动向下滚动，如图2-33所示。按Esc键可退出自动滚动模式。

Step 02 若要改变自动滚动的速度或滚动方向，可单击“自动滚动”下拉按钮，通过下拉列表中的选项进行选择，如图2-34所示。

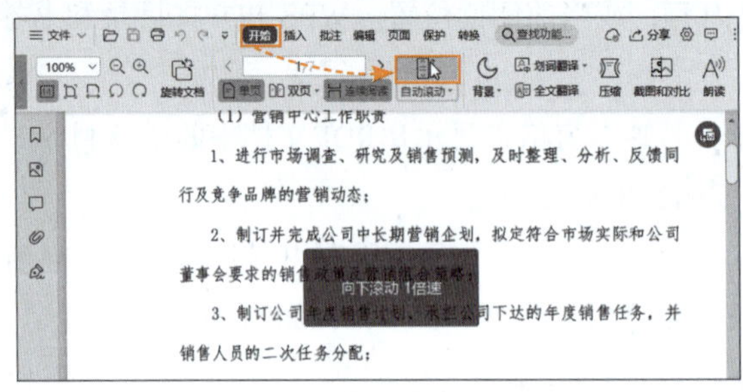

图 2-33

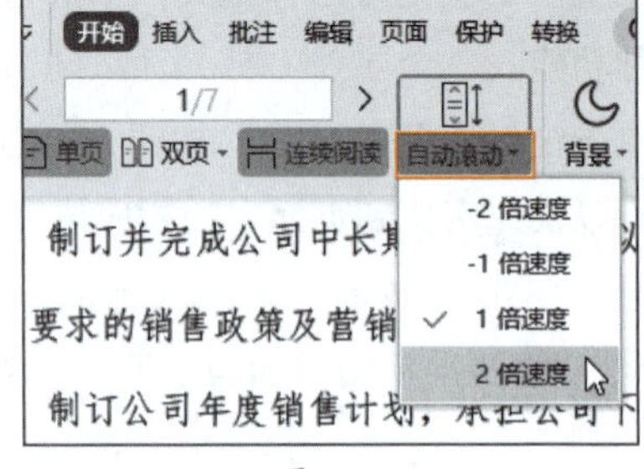

图 2-34

> **知识点拨**
>
> 滚动速度包括-2倍速度、-1倍速度、1倍速度以及2倍速度。负倍速度是指页面向上滚动，正倍速度表示页面向下滚动。

动手练 翻译文档内容

WPS PDF内置翻译引擎并且支持多种语言的互译。用户可以对文档中的内容进行翻译。

Step 01 在选择模式下选中PDF文档中的文本内容，在自动弹出的快捷菜单中单击“划词翻译”按钮，如图2-35所示。

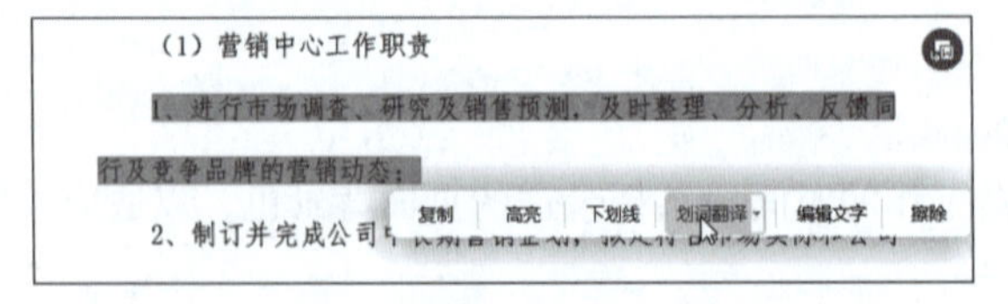

图 2-35

Step 02 窗口右侧随即自动打开“短句翻译”窗格并显示翻译结果，如图2-36所示。

Step 03 单击窗格顶部的互译语言列表，在下拉列表中可切换语言，如图2-37所示。

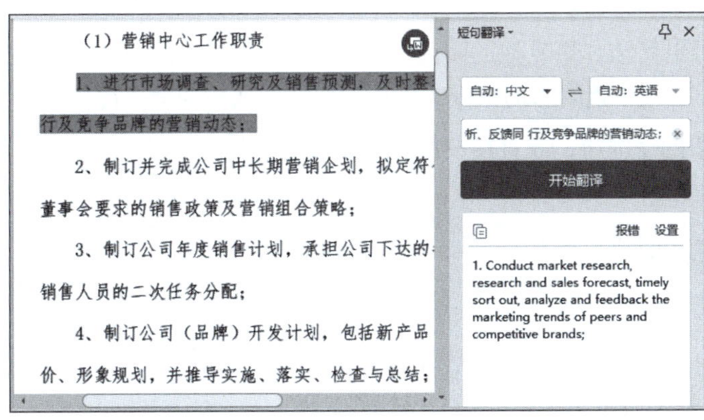

图 2-36

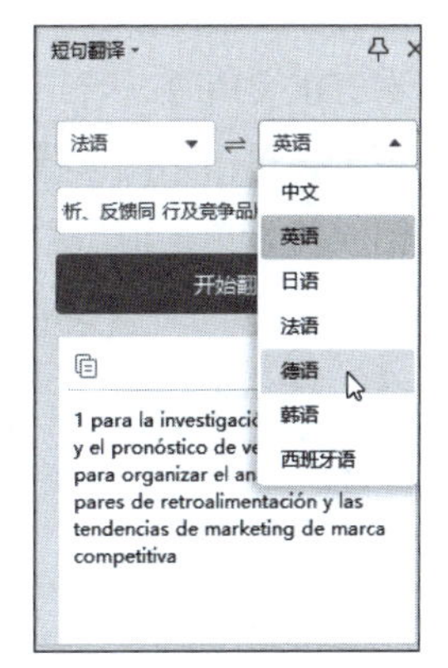

图 2-37

知识点拨

选择文本后在自动弹出的快捷菜单中单击“划词翻译”右侧的下拉按钮，弹出“划词跟随面板”按钮，单击该按钮，可开启划词翻译快捷模式，如图2-38所示。当下次再选中文本内容时，屏幕中会自动出现“划词翻译”窗口并显示翻译内容，如图2-39所示。

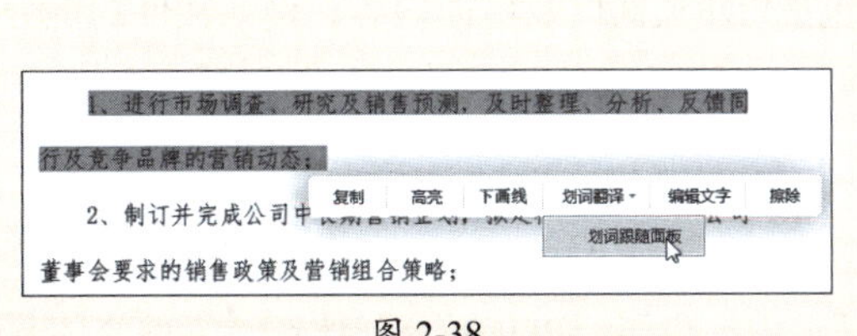

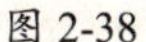

图 2-38

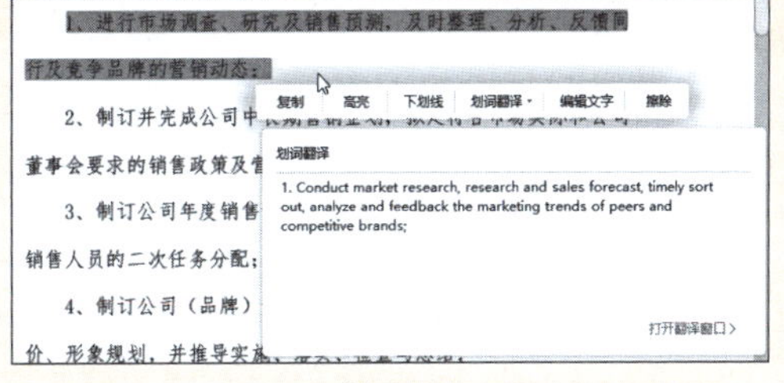

图 2-39

动手练 全文翻译

当需要翻译整篇PDF文档内容时，可使用“全文翻译”功能，下面介绍具体操作步骤。

Step 01 打开“开始”选项卡，单击“全文翻译”按钮，如图2-40所示。

Step 02 打开“全文翻译”对话框，选择翻译语言以及翻译页码，单击“立即翻译”按钮，即可开始全文翻译，如图2-41所示。

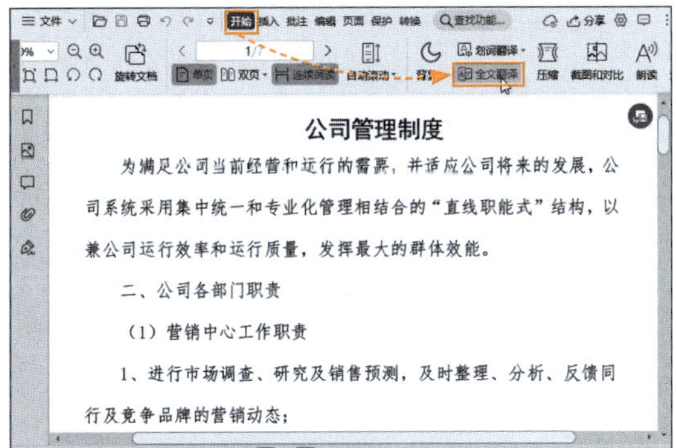

图 2-40

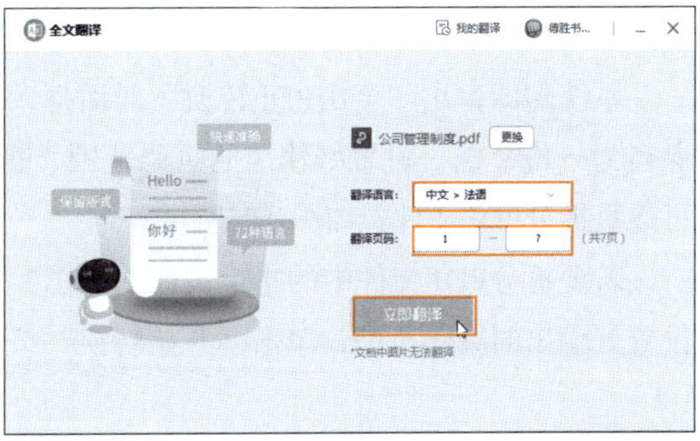

图 2-41

2.2.3 开启阅读模式

查看PDF文档时，若想获得更简洁、更专注的阅读方式，可以开启“阅读模式”。打开“开始”选项卡，单击“阅读模式”按钮，如图2-42所示。PDF文档随即切换到阅读模式。若要恢复普通视图，可以单击窗口右上角的按钮，或直接按Esc键退出，如图2-43所示。

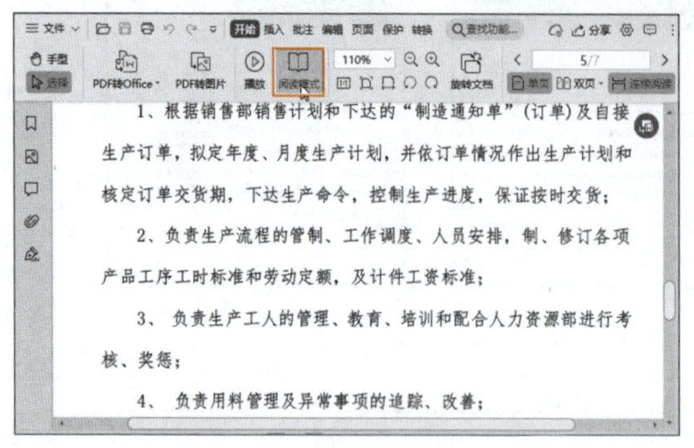

图 2-42

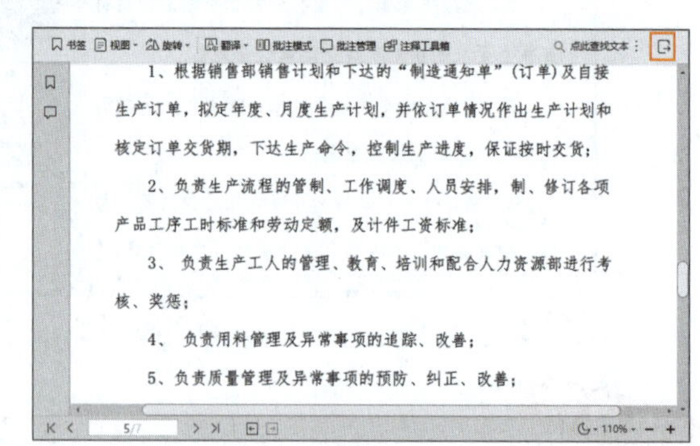

图 2-43

2.3 对PDF文件进行编辑

PDF文件也可以进行编辑，可以编辑的内容包括PDF页面以及页面内容，例如文件的拆分与合并、页面的增删和调整以及页面内容的编辑等。

2.3.1 拆分文件

PDF文件可以进行拆分或合并。“页面”选项卡中提供了“PDF拆分”按钮，下面介绍具体的操作方法。

一个PDF文件可以拆分成多个PDF文件，在拆分时可选择逐页拆分，或拆分指定页码。打开“页面”选项卡，单击“PDF拆分”按钮，如图2-44所示。

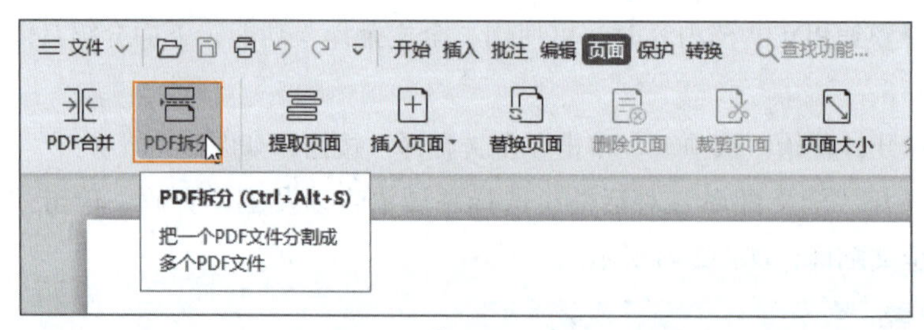

图 2-44

系统随即弹出“金山PDF转换”对话框，“拆分方式”保持默认选择“最大页数”，每隔1页保存为一份文档，设置好输出的页码范围，选择文件的保存位置，单击“开始转换”按钮，即可逐页拆分PDF文件，如图2-45所示。

若要拆分PDF文件中的指定页面，如图2-46所示，需要将拆分方式修改为“选择范围”，并设置好输出的页码范围，单击“开始转换”按钮，便可拆分指定的页码范围。

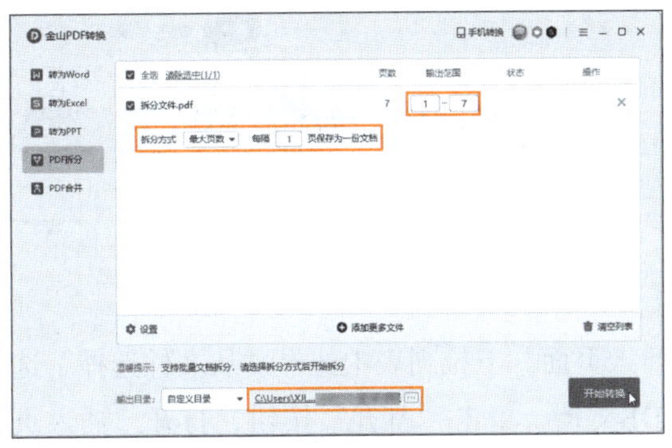

图 2-45

图 2-46

动手练 合并文件

多个PDF文件可使用WPS PDF合并为一个文件。下面介绍具体操作方法。

Step 01 打开“页面”选项卡，单击“PDF合并”按钮，如图2-47所示。

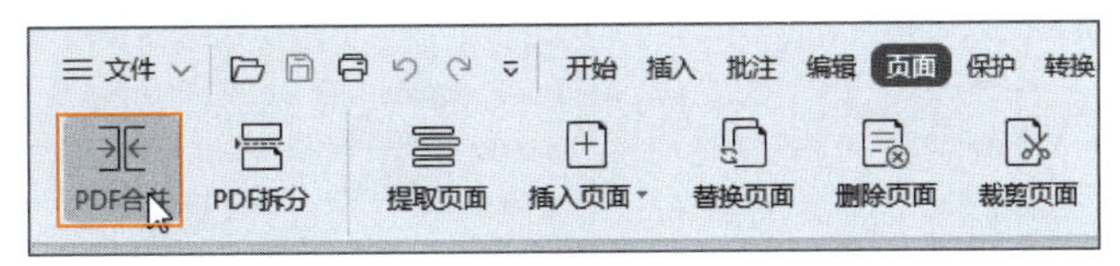

图 2-47

Step 02 弹出“金山PDF转换”对话框，单击“添加更多文件”按钮，如图2-48所示。

Step 03 在随后弹出的对话框中选择要与当前PDF文件进行合并的PDF文件，单击“打开”按钮，即可将该文件添加到对话框中。保持复选框为勾选状态，并设置好文件的保存位置，单击“开始转换”按钮，即可合并多个PDF文件，如图2-49所示。

图 2-48

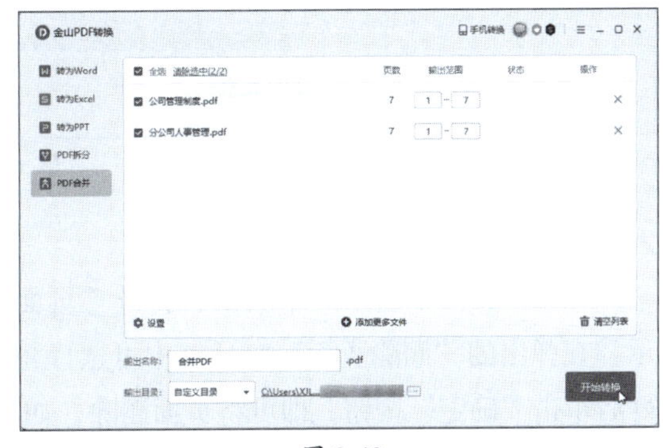

图 2-49

2.3.2 增删页面

PDF文档中可以插入或删除页面，其操作方法非常简单，下面对页面的添加和删除操作进行详细介绍。

1. 添加页面

用户可根据需要在PDF文档中插入空白页面或插入其他文件中的页面。打开“插入”选项卡，单击“插入页面”下拉按钮，下拉列表中包含“空白页”和“从文件选择”两个选项，选择“空白页”选项，如图2-50所示。

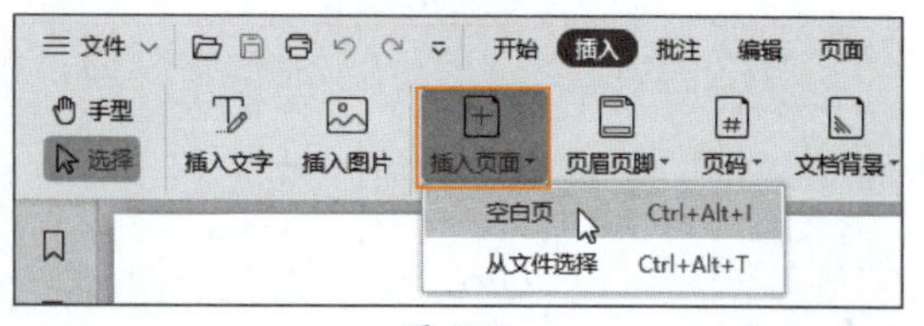

图 2-50

系统随即弹出“插入空白页”对话框，在该对话框中可以对页面大小、尺寸、方向、插入的数量、插入的位置等进行设置。设置完成后单击“确认”按钮，如图2-51所示，即可在当前PDF文档的指定位置插入指定数量的空白页面。

若要插入其他PDF文档中的页面，可以在“插入页面”下拉列表中选择“从文件选择”选项，在随后弹出的对话框中选择要插入页面的PDF文档，单击“打开”按钮，打开“插入页面”对话框。在该对话框中可设置要插入的页面范围、插入位置等，设置完成后单击“确认”按钮，如图2-52所示。所选PDF文档中的指定页面即可插入到当前PDF文档中的目标位置。

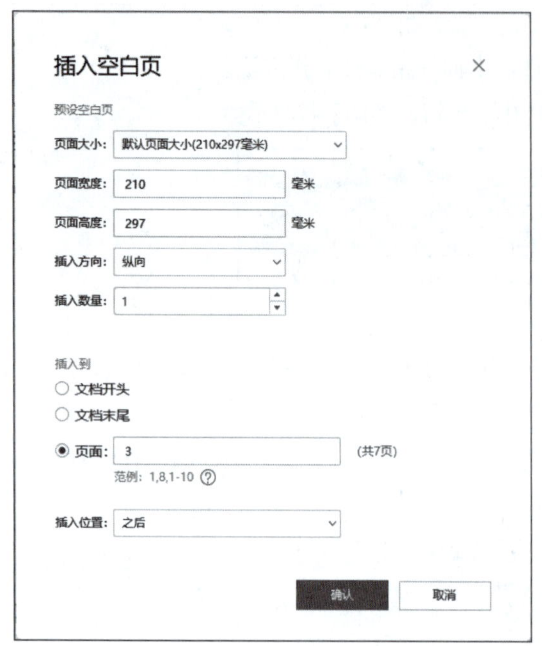

图 2-51

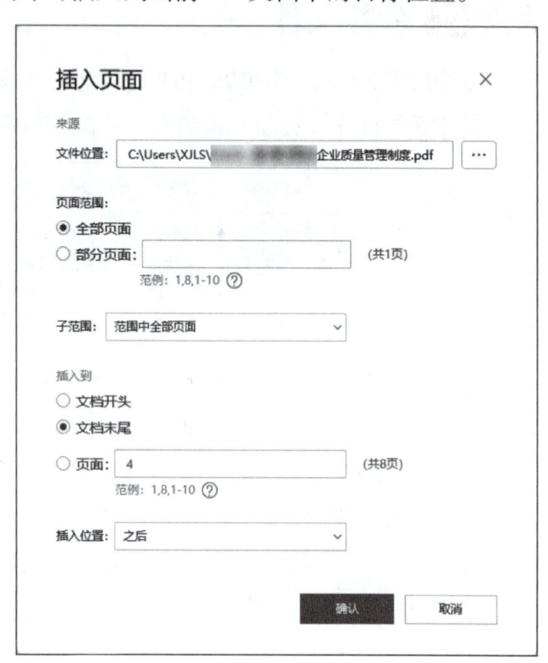

图 2-52

2. 删除页面

在PDF文档中选中一个页面，打开“页面”选项卡，单击“删除页面”按钮，如图2-53所示。在弹出的“删除页面”对话框中可选择删除当前所选页面，或删除指定范围的页面，设置好后单击“确定”按钮，即可将页面删除，如图2-54所示。

图 2-53

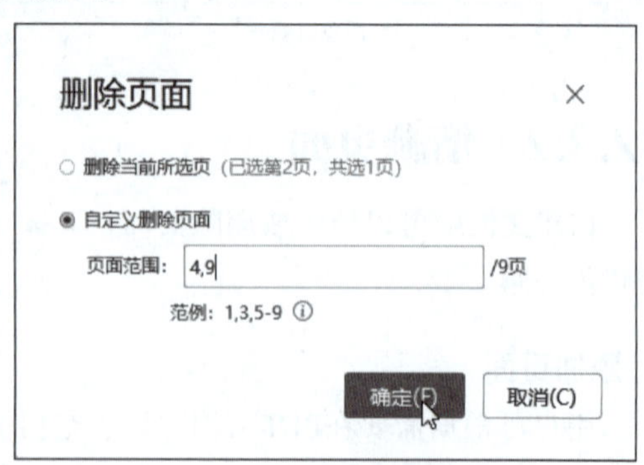

图 2-54

2.3.3 调整页面

PDF页面可以进行一系列调整，例如旋转页面、移动页面等，下面进行详细介绍。

1. 旋转页面

PDF页面可以进行顺时针或逆时针旋转，控制页面旋转的按钮在“页面”选项卡中，包括“逆时针”“顺时针”以及“旋转文档”，如图2-55所示。每单击一次按钮，旋转的角度为90°。用户可指定让某个页面旋转，也可让文档中的所有页面一起旋转。

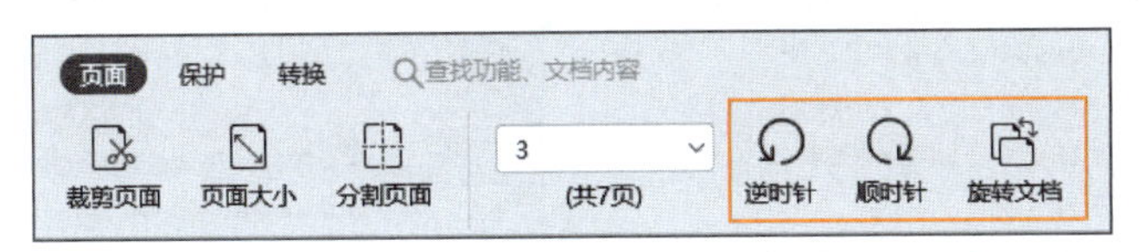

图 2-55

2. 移动页面

若需要在PDF文档中调整指定页面的显示位置，可以使用鼠标拖曳的方法直接移动页面。

首先切换到“页面”选项卡，选中需要移动位置的页面，按住鼠标左键，同时向目标位置拖动，当目标页面右侧出现红色粗实线时松开鼠标左键，即可将所选页面移动到目标页面的右侧，如图2-56所示。

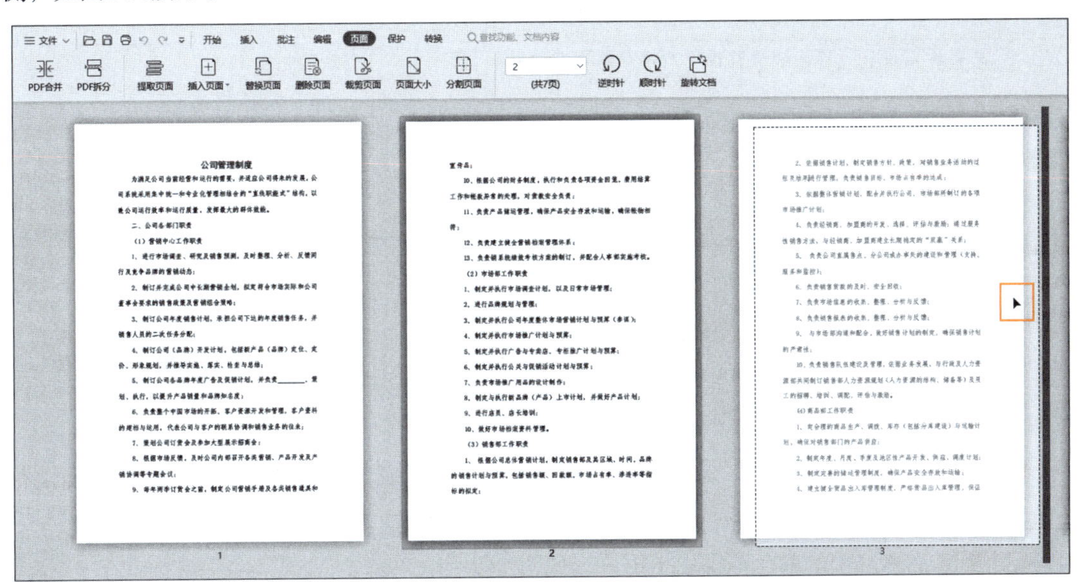

图 2-56

2.4 对PDF文件进行批注

在阅读PDF文件时，可以使用批注对文档内容进行修订、辅助说明等。下面介绍批注的使用方法。

2.4.1 突显文本内容

用户可以使用高亮显示突出重要的文本内容。WPS PDF默认的文本高亮颜色为黄色。

动手练 文本的突出显示

Step 01 在“开始”选项卡中单击“选择”按钮，进入选择模式，按住鼠标左键并拖动光标选择文本内容，松开鼠标左键后在自动弹出的快捷菜单中单击“高亮”按钮，如图2-57所示。

Step 02 所选内容随即被高亮显示，如图2-58所示。

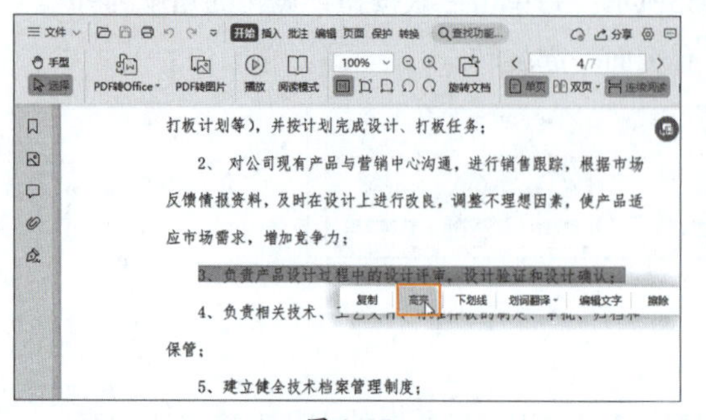

图 2-57

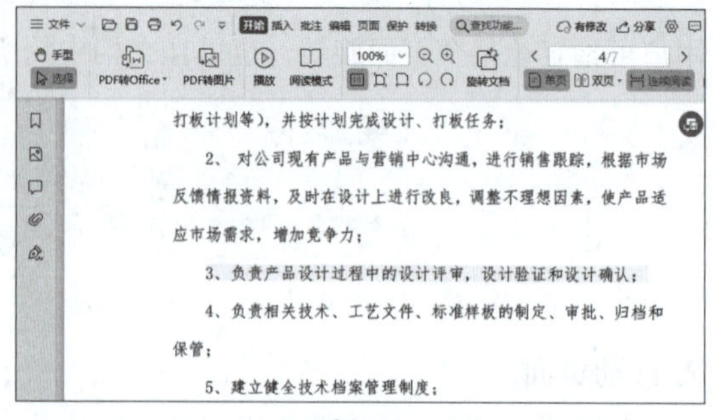

图 2-58

Step 03 右击高亮显示的文本，在弹出的快捷菜单中选择“设置批注框属性”选项，如图2-59所示。

Step 04 弹出“注释属性”对话框，单击黄色色块，如图2-60所示。

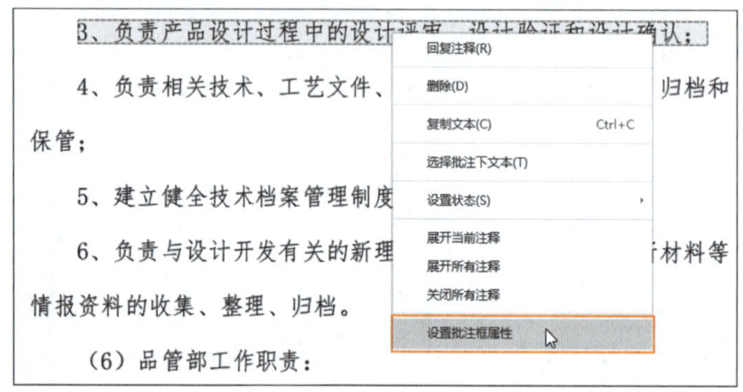

图 2-59　　图 2-60

Step 05 弹出“选择颜色”对话框，在“基本颜色”区域选择需要的颜色，单击“确定”按钮，如图2-61所示。

Step 06 高亮显示的颜色随即发生更改，如图2-62所示。

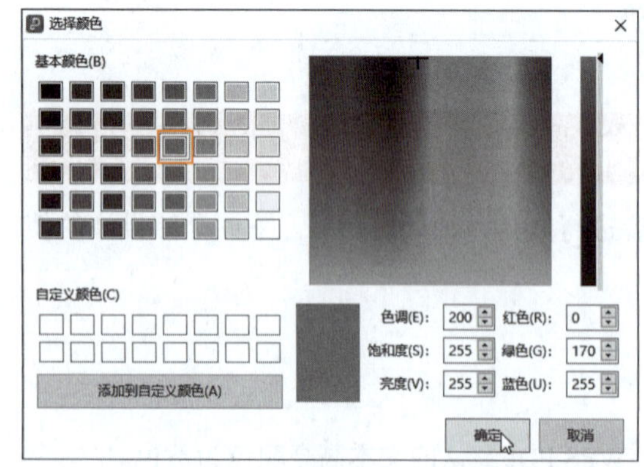

图 2-61

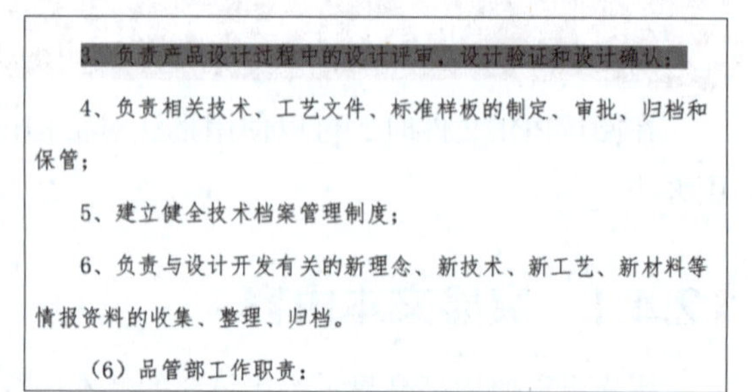

图 2-62

2.4.2 添加下画线和删除线

WPS PDF页面中的文字还可以添加下画线或删除线。下画线的作用与高亮显示类似，都是为了突出显示文本。而删除线则是起到提醒删除行为的作用。

动手练 为文本添加下画线和删除线

Step 01 选中文本内容，在弹出的快捷菜单中单击“下画线”按钮，如图2-63所示。

Step 02 所选文本下方随即被添加绿色的下画线，如图2-64所示。

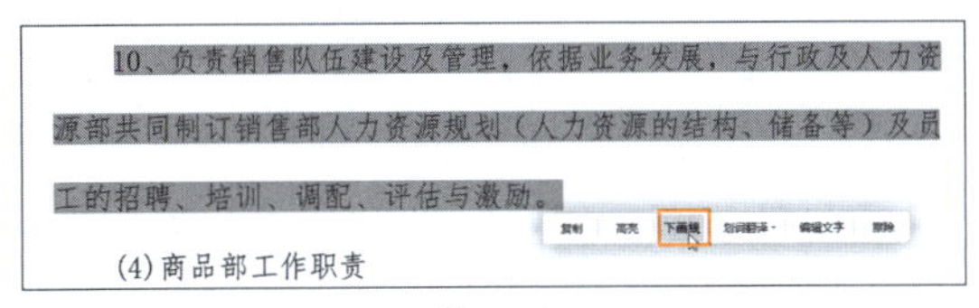

图 2-63

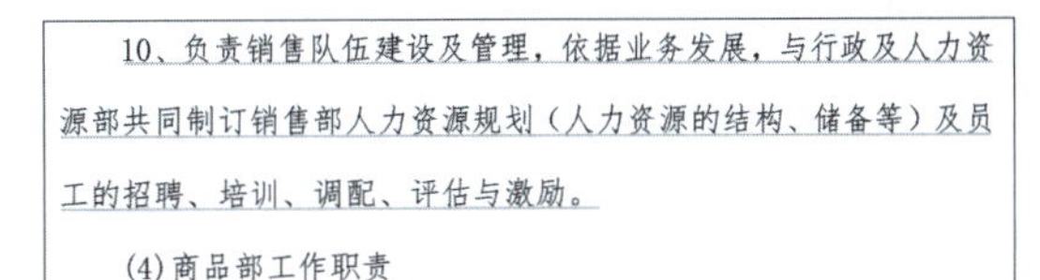

图 2-64

Step 03 选中文本内容，随后右击所选文本，在弹出的快捷菜单中选择“删除线”选项，如图2-65所示。

Step 04 所选文本框上随即被添加红色的删除线，如图2-66所示。

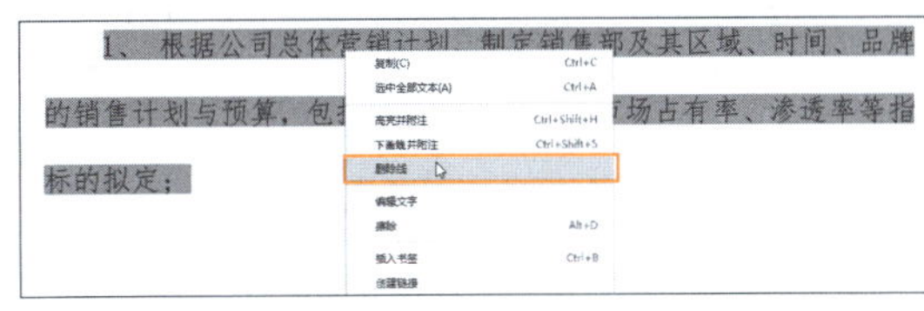

图 2-65

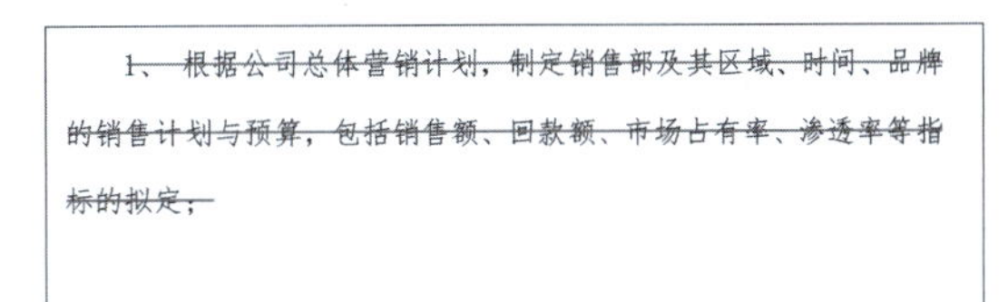

图 2-66

2.4.3 添加批注

当需要对文档中的某处内容进行解释说明时，可以添加注解。

动手练 注解功能的应用

Step 01 打开“批注”选项卡，单击“注解”按钮，如图2-67所示。

Step 02 将光标移动到需要添加注解的位置，单击即可添加注释文本框，如图2-68所示。

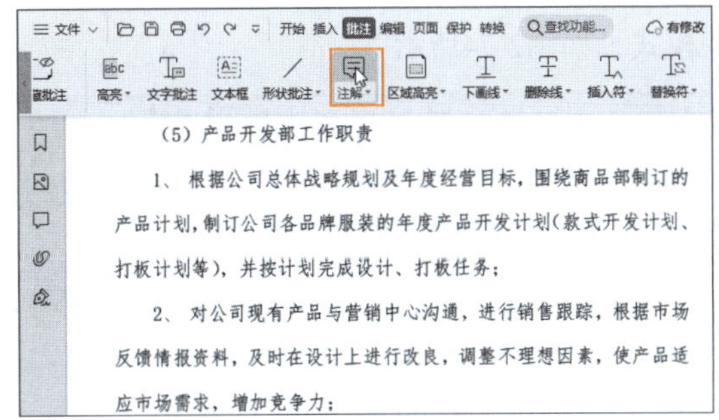

图 2-67

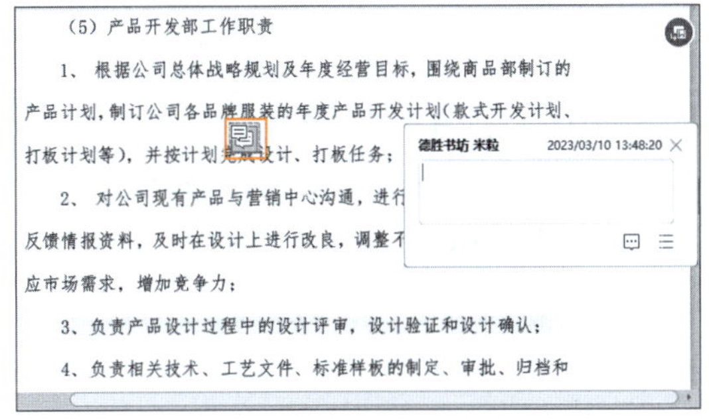

图 2-68

Step 03 在文本框中输入具体的内容即可，如图2-69所示。

Step 04 右击图标，可使用菜单中提供的选项对当前注解进行回复、删除等操作，如图2-70所示。

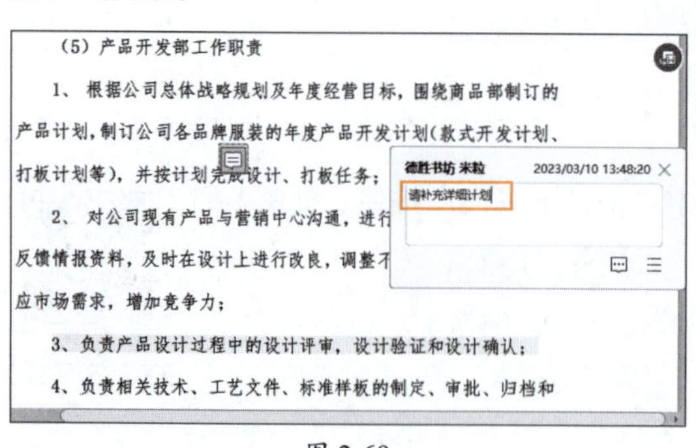

图 2-69

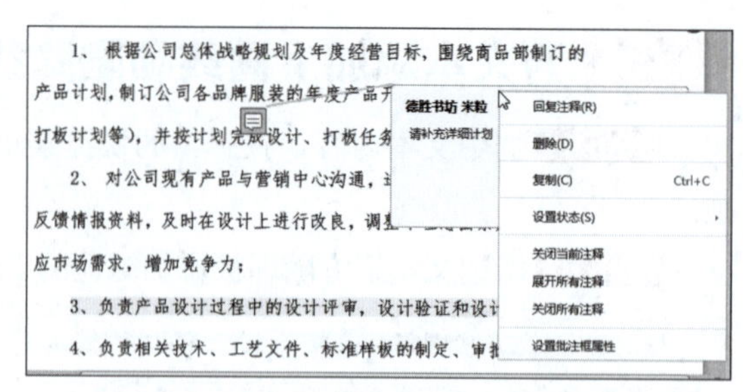

图 2-70

动手练 添加文字批注

除了使用注解，用户可以在文档的指定位置添加文字注解，对文本内容进行解释说明。

Step 01 打开“批注”选项卡，单击“文字批注”按钮，如图2-71所示。

Step 02 随即切换到文字批注模式，将光标移动到需要添加文字批注的位置，单击即可添加批注文本框，如图2-72所示。

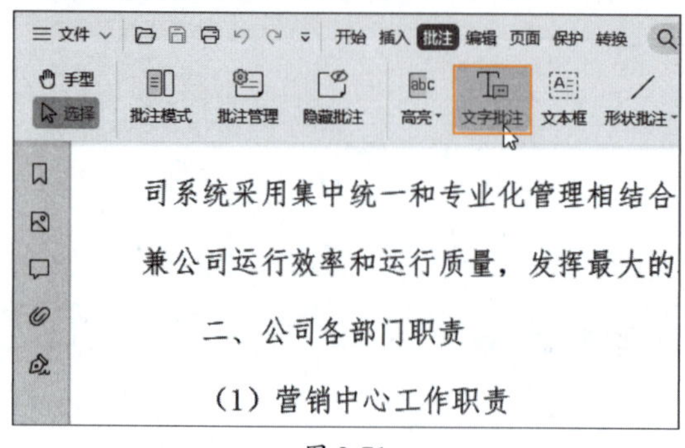

图 2-71

12、负责建立健全营销档案管理体系；

13、负责销系统绩效考核方案的制。

（2）市场部工作职责

1、制定并执行市场调查计划，以及日常市场管理；

2、进行品牌规划与管理；

3、制定并执行公司年度整体市场营销计划与预算

图 2-72

Step 03 在批注文本框中输入文本内容，如图2-73所示。

Step 04 选中批注文本框中的文本，在“批注工具”选项卡中对字体、字号以及字体颜色进行设置，单击“退出编辑”按钮可退出文字批注模式，如图2-74所示。

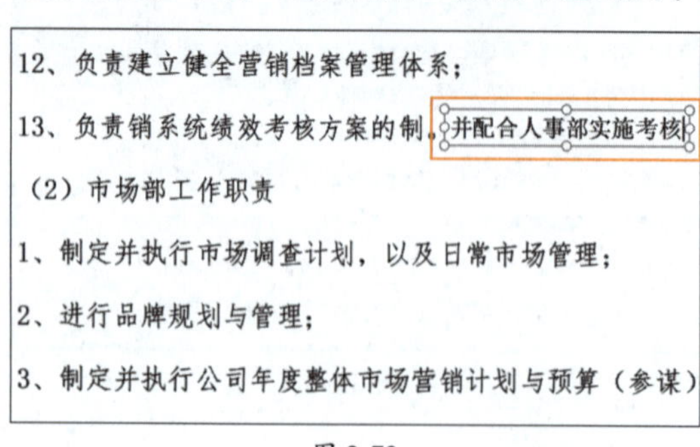

图 2-73

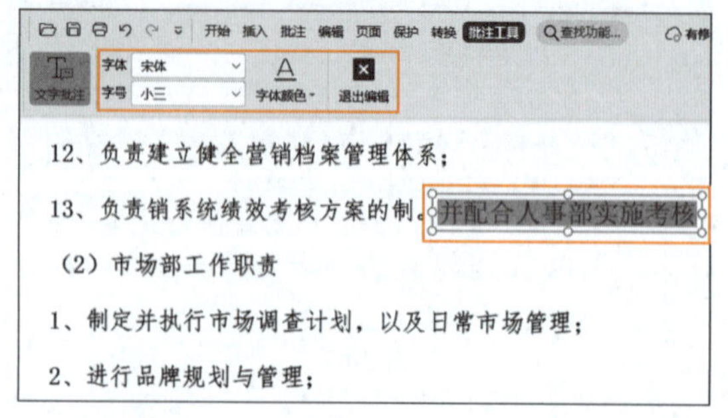

图 2-74

2.4.4 添加形状批注和手绘图形

PDF文档中还可以添加各种形状批注，以及手动绘制的图形批注，从而在页面的任意位置画线或框选。

1. 添加形状批注

WPS PDF包含7种形状批注，分别为直线、箭头、矩形、椭圆、多边形、云朵以及自定义图形，如图2-75所示。

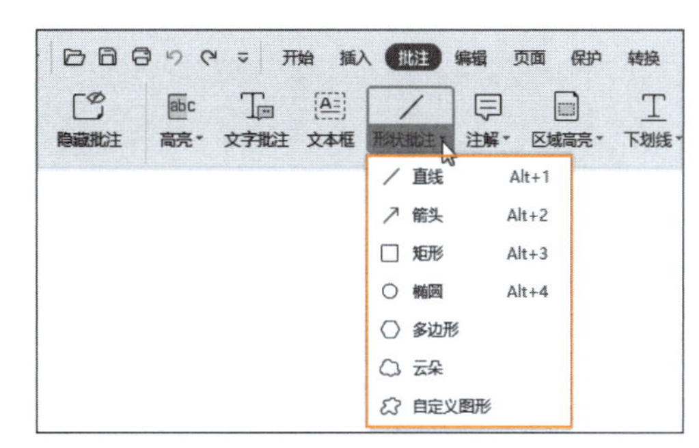

图 2-75

这7种形状批注可以分为4种类型。

- **线段类型：** 包括直线和箭头。
- **常用形状类型：** 包括矩形和圆形。
- **闭合形状：** 包括多边形和云朵。
- **自定义图形：** 自定义图形。

动手练 绘制矩形

Step 01 打开“批注”选项卡，单击“形状批注”下拉按钮，在下拉列表中选择“矩形”选项，如图2-76所示。

Step 02 将光标移动到文档页面中，按住鼠标左键同时拖动光标绘制矩形，如图2-77所示。绘制完成后松开鼠标左键即可。

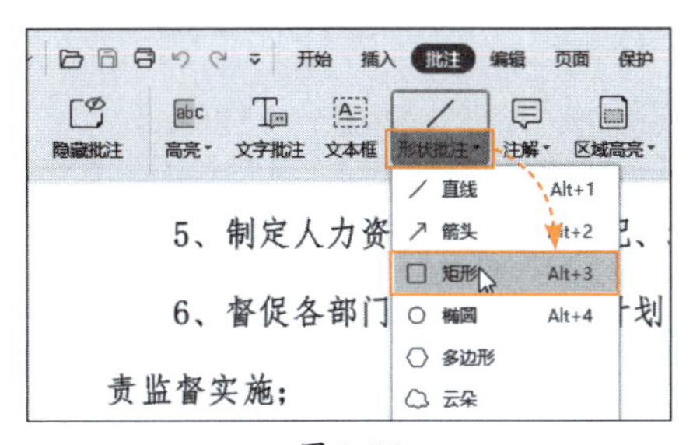

图 2-76

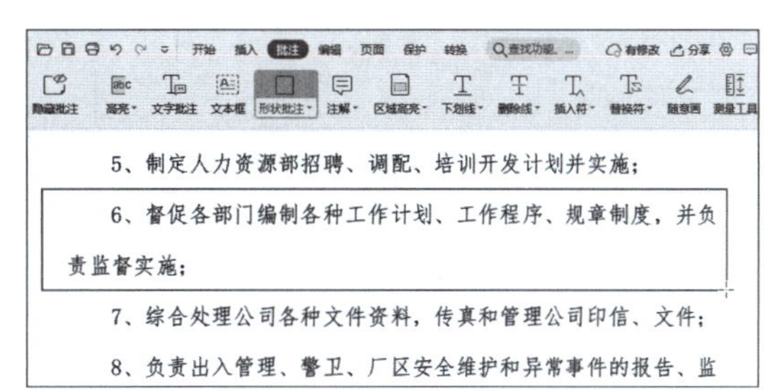

图 2-77

Step 03 选中形状，会自动显示“绘图工具”选项卡，通过该选项卡中的选项可对形状的填充颜色、边框颜色、线型、线宽等进行设置，设置完成后单击“退出编辑”按钮，可退出绘图模式，如图2-78所示。

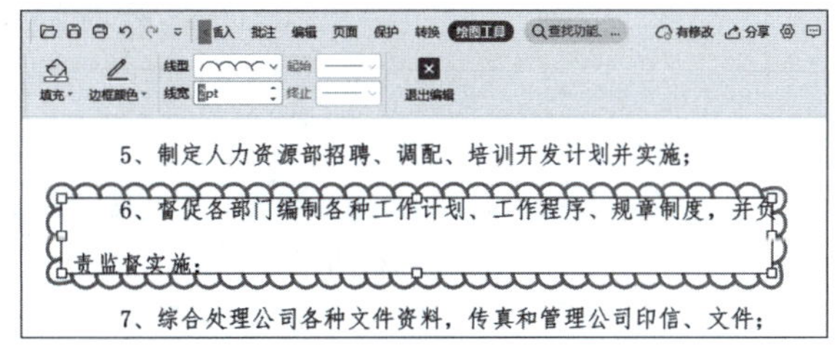

图 2-78

2. 手绘图形

WPS PDF支持“随意画”，即手绘图形。线条的类型包括曲线和直线两种。

动手练 随意绘制图形

Step 01 打开“批注”选项卡，单击“随意画”按钮，切换到随意画模式，如图2-79所示。

Step 02 将光标移动到PDF页面中，按住鼠标左键并拖动光标即可绘制形状，如图2-80所示。

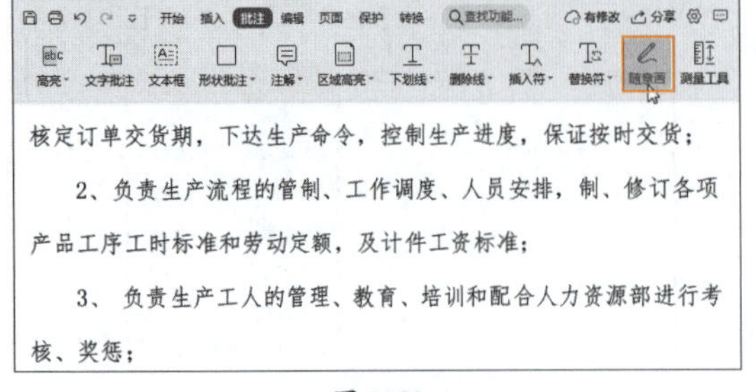

图 2-79

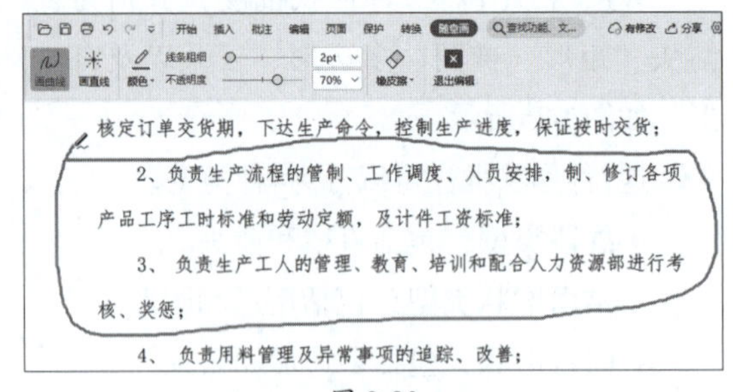

图 2-80

Step 03 若对所画图形不满意，可以单击“橡皮擦”下拉按钮。下拉列表中包含三个选项，此处选择“部分擦除”选项，如图2-81所示。

Step 04 当光标变成圆形，按住鼠标左键不放，同时拖动光标可擦除不满意的部分，如图2-82所示。

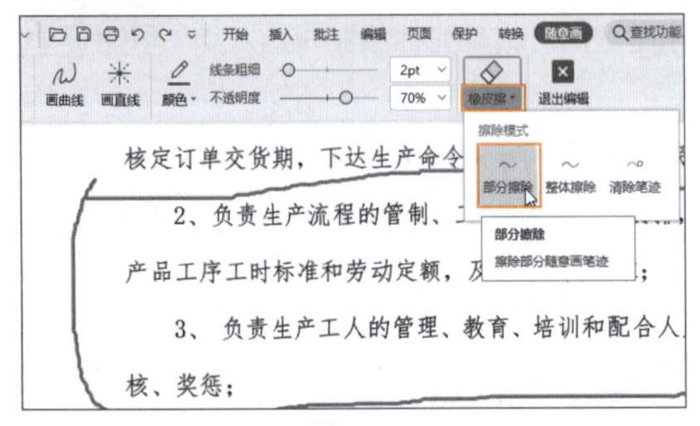

图 2-81

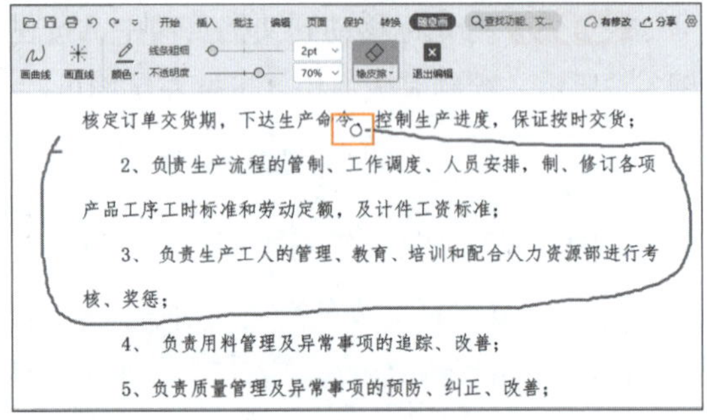

图 2-82

Step 05 在“随意画”选项卡中单击“画直线”按钮，可将线条类型切换为直线，随后设置颜色、线条粗细、不透明度等，可在页面中画出相应效果的直线，如图2-83所示。

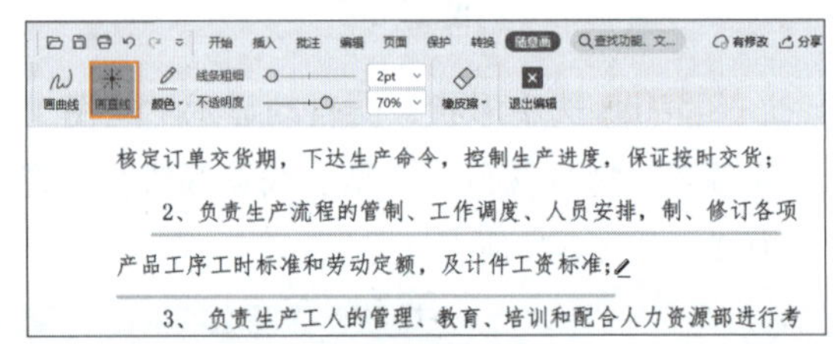

图 2-83

知识点拨

“批注”选项卡中提供了更多的相关操作按钮，用户可通过这些按钮，切换到批注模式、批注管理、隐藏批注或插入不同类型的批注等，如图2-84所示。

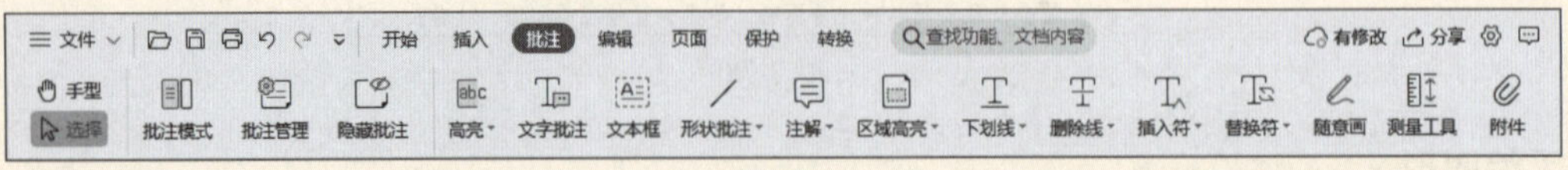

图 2-84

新手答疑

1. Q：如何取消文本高亮显示？

A：右击高亮显示的文本，在弹出的快捷菜单中选择“删除”选项，即可取消高亮显示，如图2-85所示。

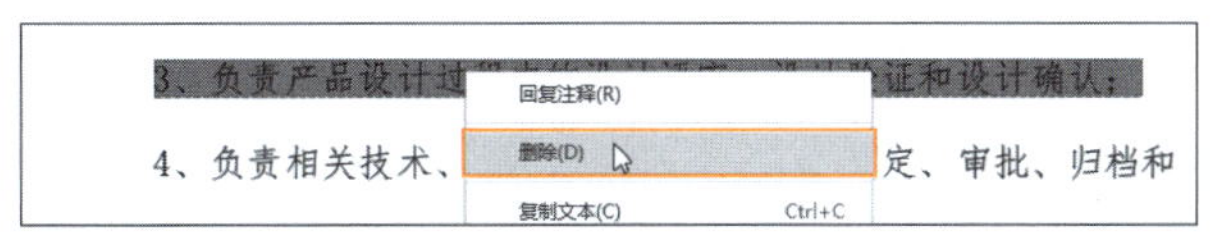

图 2-85

2. Q：如何将多张图片批量转换成一个 PDF 文件？

A：在任意PDF文档中打开“转换”选项卡，单击“图片转PDF”按钮，如图2-86所示。

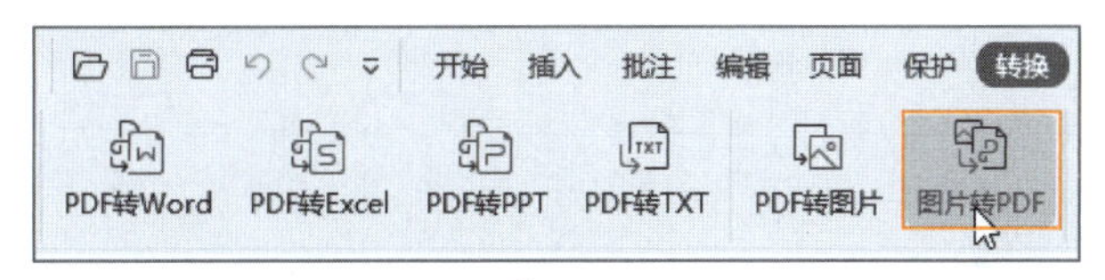

图 2-86

系统随即弹出“图片转PDF”对话框，单击对话框中间的“ ”按钮，如图2-87所示。打开“添加图片”对话框，同时选中多张图片，单击“打开”按钮，将图片添加到“图片转PDF”对话框中。

保持“合并输出”按钮为选中状态，单击“开始转换”按钮，在随后弹出的对话框中设置好文件名称以及文件的保存位置，单击“转换PDF”按钮，即可将选中的多张图片转换为一个PDF文件，如图2-88所示。

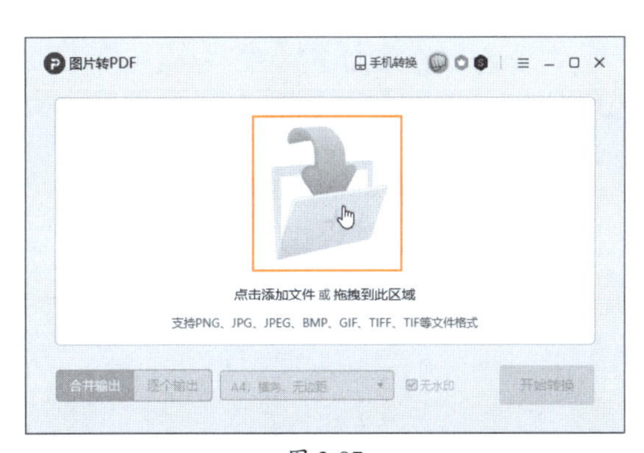

图 2-87

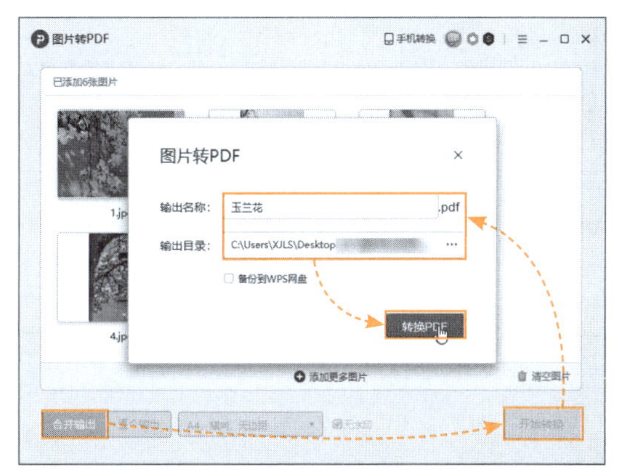

图 2-88

3. Q：如何在 PDF 文档中插入附件？

A：打开“批注”选项卡，单击“附件”按钮，如图2-89所示。在文档目标位置单击，在随后弹出的对话框中选择要插入的附件，单击“打开”按钮即可。

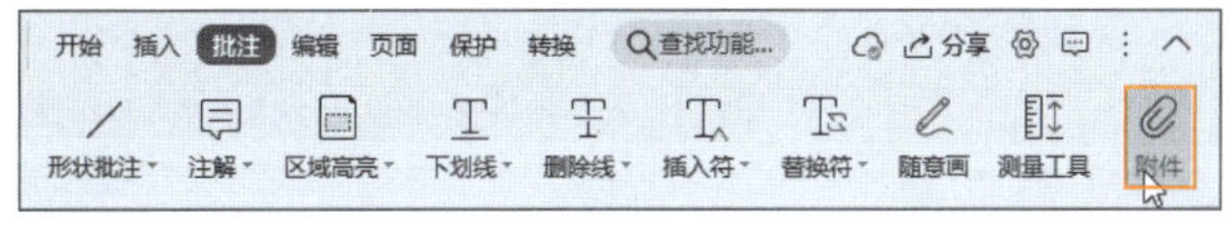

图 2-89

读书笔记

WPS 文字篇

第3章 常规文档的创建和编辑

WPS文字是一款功能强大且应用广泛的文字处理软件，能够实现文档的创建、编辑、美化、排版、批量制作、打印与输出等操作。从本章开始将对WPS常规文档的创建和编辑进行详细介绍。

3.1 文档的创建

启动WPS Office软件，打开“新建”标签后便可在“新建”页面中创建各种类型的文档。创建文档时还可根据需要创建空白文档，或创建模板文档。下面介绍具体操作方法。

3.1.1 新建空白文档

若用户需要从零开始创建文档，可新建空白文档，然后逐步完善文档内容。创建空白文档的方法不止一种，下面介绍两种常用方法。

1. 从“新建”界面创建

启动WPS Office软件，在“首页”界面单击“新建”按钮，或单击标签栏中的“新建”按钮，打开“新建”标签，如图3-1所示。在“新建”页面单击“文字”按钮，切换到相应页面，接着单击“新建空白文档”按钮，即可新建空白文字文档，如图3-2所示。

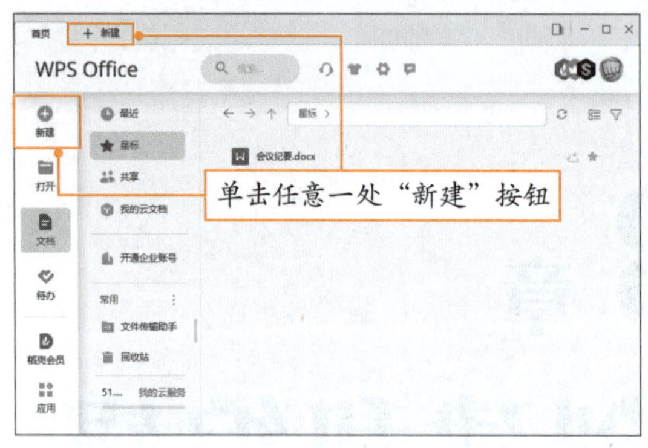

图 3-1

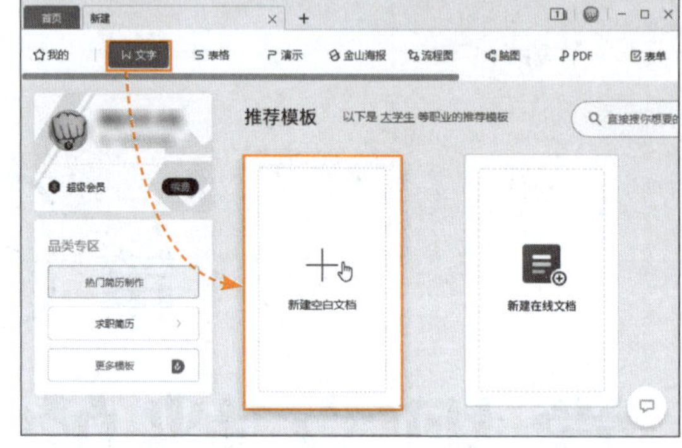

图 3-2

2. 从右键菜单新建

在桌面或指定的文件夹中右击，在弹出的快捷菜单中选择“新建”选项，下级菜单包含DOC和DOCX两种文档格式，用户可根据需要选择要创建的文档格式，此处选择“DOCX文档”选项，如图3-3所示。

当前位置随即会新建相应格式的文档。此时文档名称呈可编辑状态，如图3-4所示。用户可直接输入文字，为文档命名，如图3-5所示。

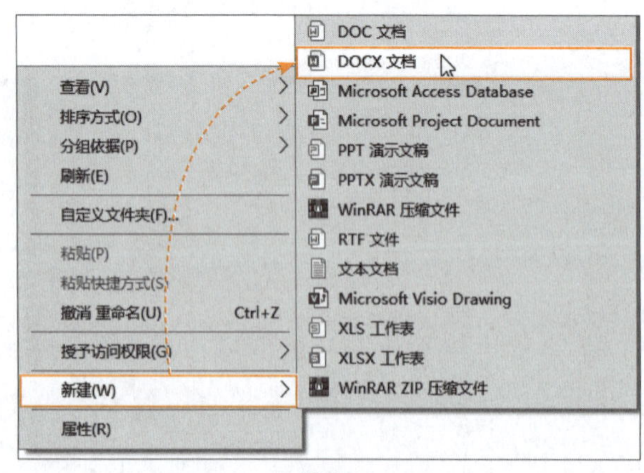

图 3-3

图 3-4

图 3-5

3.1.2 利用模板创建文档

在模板基础上创建文档，不仅能够轻松获得理想的页面版式和效果，提高文档的美观度和可读性，同时也节省了工作时间，从而提高了工作效率。

计算机在联网状态下，“新建”页面会显示大量的模板，用户可根据具体要求搜索相关的模板类型，以便缩小选择范围。打开“新建”界面，并切换到“文字”页面。WPS文字提供的模板搜索方式可分为以下几种。

- **按关键词搜索：**在搜索框中可输入关键字精确筛选模板。
- **按行业搜索：**将光标停留在“以下是大学生…等职业的推荐模板”文字中的“大学生”上方，可根据行业删选模板。
- **按文档类型搜索：**通过窗口左侧“品类专区”下面的分类也可进行各品类模板的筛选，如图3-6所示。

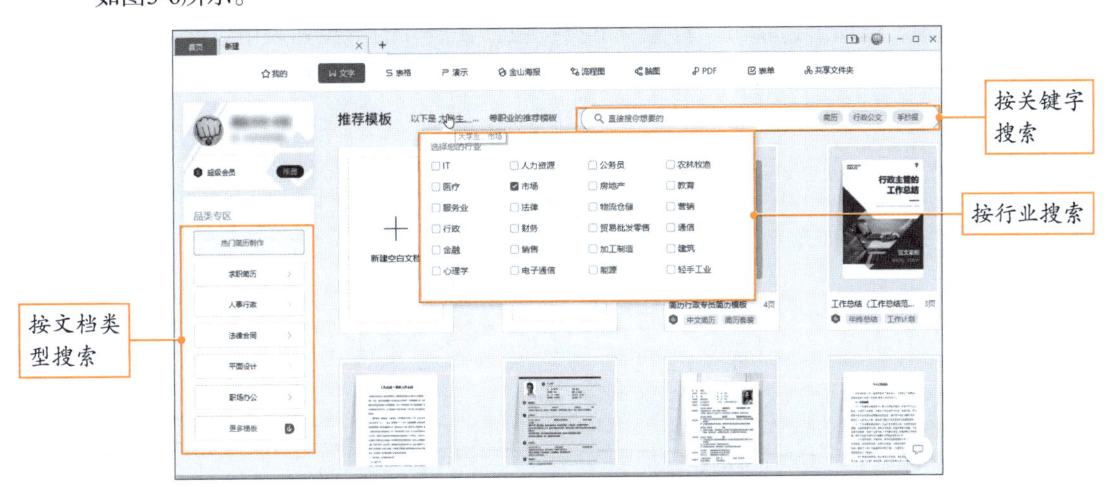

图 3-6

动手练 创建本地模板文档

WPS文字还包含少量的本地模板，下面介绍如何创建本地模板文档。

Step 01 在WPS文字中单击“文件”按钮，在下拉列表中选择“新建”选项，在其下级列表中选择“本机上的模板”选项，如图3-7所示。

Step 02 系统随即弹出“模板”对话框，该对话框中包含“常规”和“日常生活”两个选项卡，根据需要选择一个模板，单击“确定”按钮，如图3-8所示，即可创建相应模板文档。

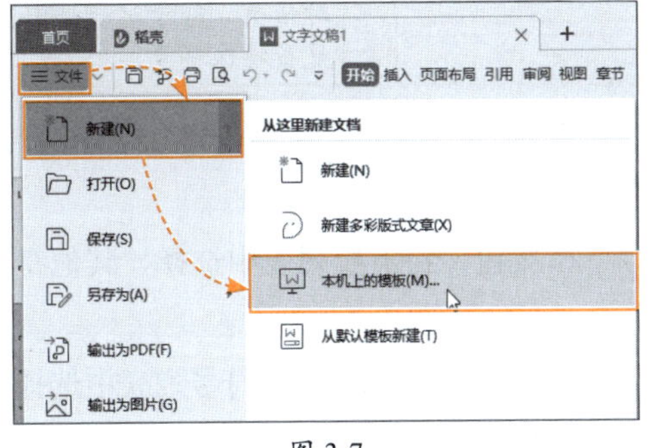

图 3-7

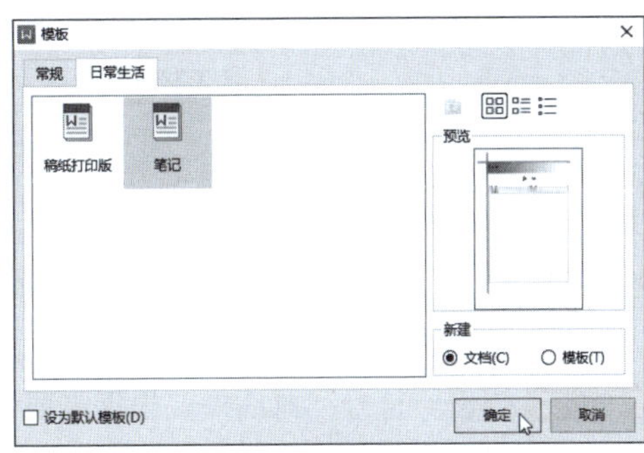

图 3-8

3.2 文本内容的编辑

在文档中输入文本内容后还需要掌握一些文本的编辑技巧，例如选择文本、复制或移动文本、编辑文本格式等。

3.2.1 输入文本内容

在文档中输入内容属于最基础的操作，在输入一些特殊内容时需要掌握一些技巧，例如输入特殊符号、公式等。

1. 输入特殊字符

一些常见符号可以通过键盘直接输入，例如<、>、?、/、@、#、$、&、*等。但键盘上包含的符号有限，使用WPS文字内置的“符号”功能可快速插入特殊符号。

打开“插入”选项卡，单击“符号”下拉按钮，在展开的下拉列表中包含近期使用的符号、自定义符号、符号大全以及其他符号4个区域，用户可在该下拉列表中选择要使用的符号，如图3-9所示。

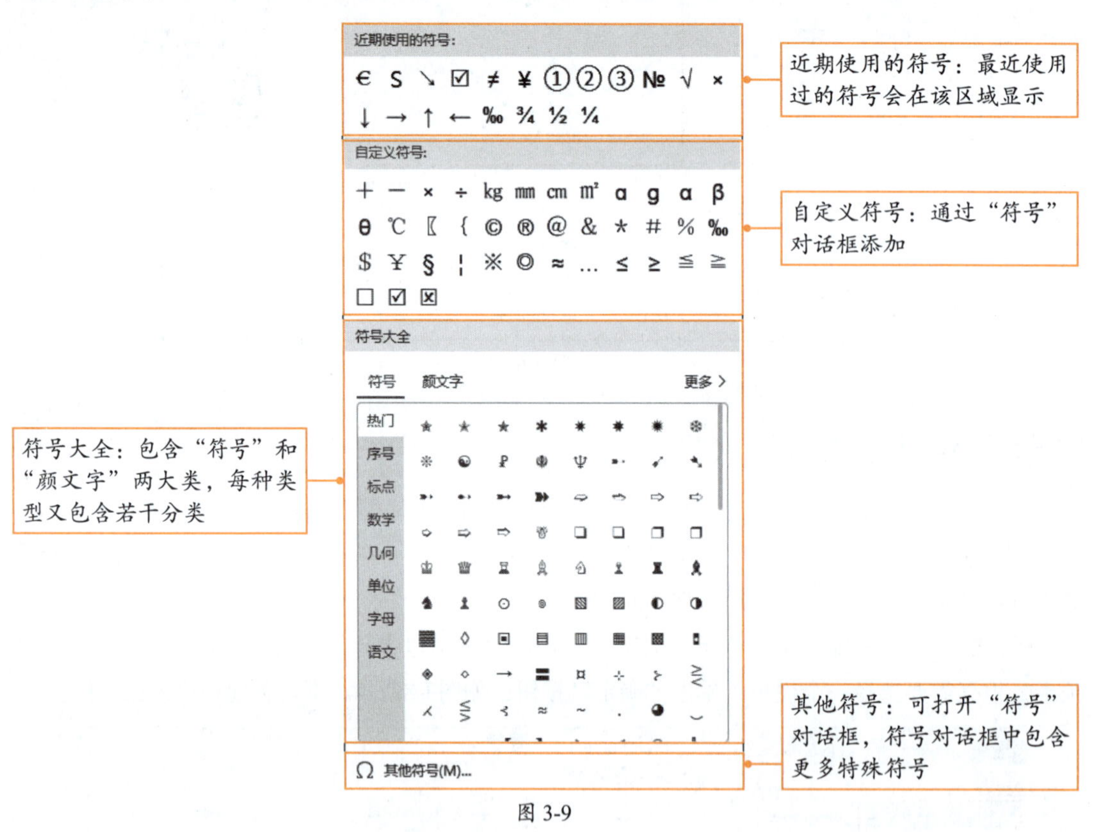

图 3-9

使用“符号”对话框插入符号的方法如下。

Step 01 打开“插入”选项卡，单击“符号”下拉按钮，在下拉列表中选择“其他符号”选项，如图3-10所示。

Step 02 弹出“符号”对话框。根据需要设置“字体”和“子集”，在符号列表中选择需要使用的符号，单击“插入”按钮，即可将该符号插入文档中，如图3-11所示。

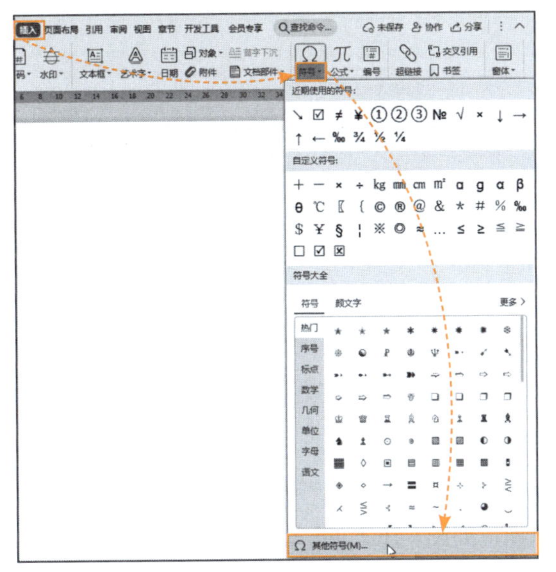

图 3-10

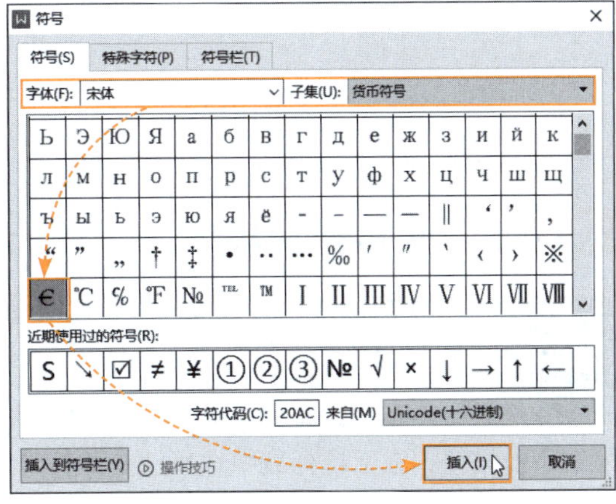

图 3-11

2. 输入公式

制作课件类内容时，经常需要插入各种数学公式。公式中通常带有很多数学符号，直接手动输入会很麻烦，此时可启用公式编辑器快速插入数学公式。

Step 01 将光标定位于要插入公式的位置，打开“插入”选项卡，单击“公式”按钮，如图3-12所示。

Step 02 随即弹出“公式编辑器-公式在 插入数学公式 中”对话框，在工具栏中单击“希腊字母（大写）”按钮，在展开的列表中选择“△”符号，将其插入文本框中，如图3-13所示。

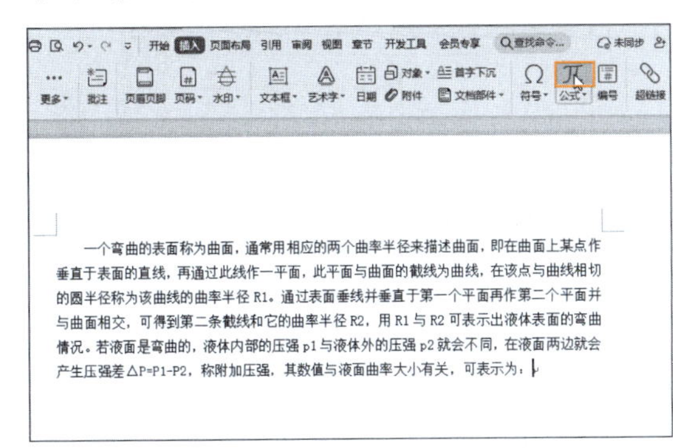

图 3-12

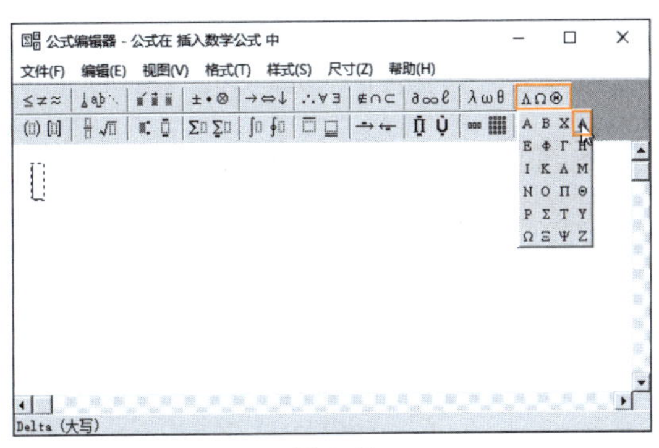

图 3-13

Step 03 通过手动输入以及在工具栏中插入格式模板和数学符号，完成公式的录入，最后单击 × 按钮，退出公式编辑器，如图3-14所示。

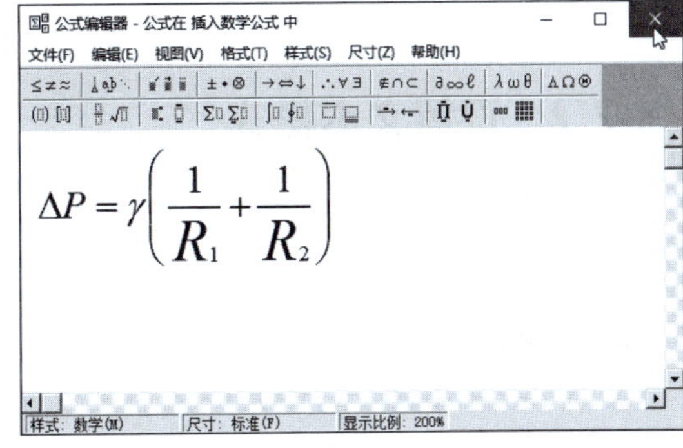

图 3-14

Step 04 文档中光标位置随即被插入编辑好的公式，如图3-15所示。

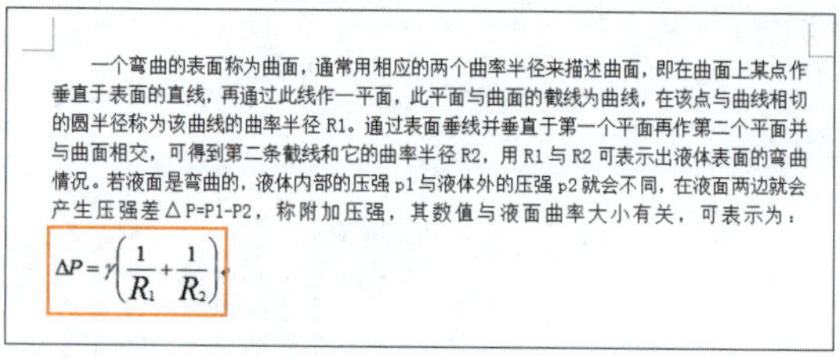

一个弯曲的表面称为曲面，通常用相应的两个曲率半径来描述曲面，即在曲面上某点作垂直于表面的直线，再通过此线作一平面，此平面与曲面的截线为曲线，在该点与曲线相切的圆半径称为该曲线的曲率半径 R1。通过表面垂线并垂直于第一个平面再作第二个平面并与曲面相交，可得到第二条截线和它的曲率半径 R2，用 R1 与 R2 可表示出液体表面的弯曲情况。若液面是弯曲的，液体内部的压强 p1 与液体外的压强 p2 就会不同，在液面两边就会产生压强差 △P=P1-P2，称附加压强，其数值与液面曲率大小有关，可表示为：

$$\Delta P=\gamma\left(\frac{1}{R_1}+\frac{1}{R_2}\right)$$

图 3-15

动手练 方框智能勾选

制作调查问卷之类的文档时通常会使用到可以打钩或打叉的方框，这类方框也可以通过“符号”对话框插入。

Step 01 将光标定位于需要插入方框的位置，打开“插入”选项卡，单击“符号”下拉按钮，在下拉列表中选择“其他符号”选项，如图3-16所示。

Step 02 弹出“符号”对话框，设置“字体”为“Wingdings 2”，随后在符号列表框中选择要使用的方框类型，此处选择☑符号，单击“插入”按钮，如图3-17所示。

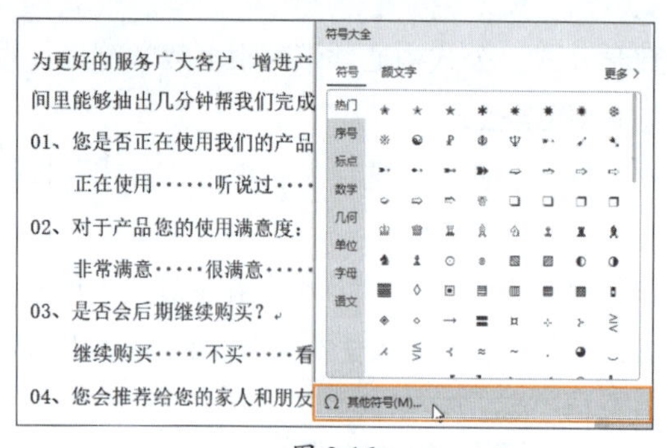

图 3-16

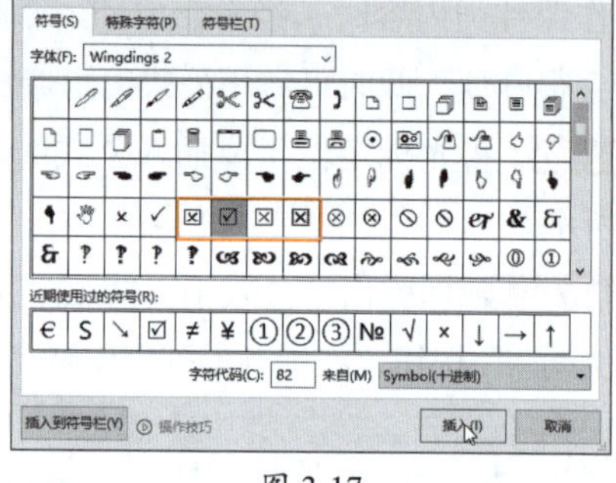

图 3-17

Step 03 光标所在位置随即被插入☑符号，如图3-18所示。

Step 04 在方框内单击，可控制对钩的显示或隐藏，如图3-19所示。

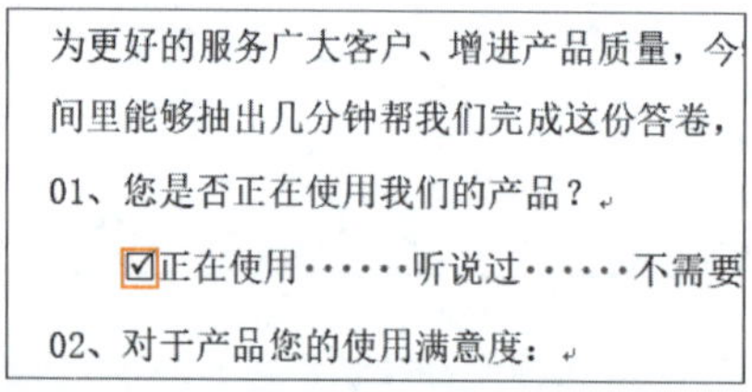

为更好的服务广大客户、增进产品质量，今
间里能够抽出几分钟帮我们完成这份答卷，
01、您是否正在使用我们的产品？
☑正在使用……听说过……不需要
02、对于产品您的使用满意度：

图 3-18

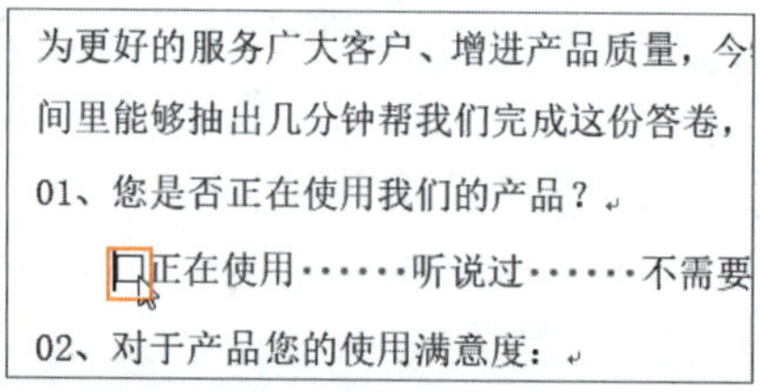

为更好的服务广大客户、增进产品质量，今
间里能够抽出几分钟帮我们完成这份答卷，
01、您是否正在使用我们的产品？
□正在使用……听说过……不需要
02、对于产品您的使用满意度：

图 3-19

3.2.2 设置文本格式

在文档中输入内容后可以对文本的字体格式以及段落对齐方式进行设置，以提高文档的可读性。

1. 设置字体格式

在WPS文字中输入文本后可根据需要设置字体格式，包括字体、字号、字体颜色以及其他字体效果。

动手练 设置字体格式

Step 01 选中要设置字体格式的文本，打开“开始”选项卡，单击“字体”下拉按钮，在下拉列表中选择需要的字体，即可将所选文本设置为相应字体，如图3-20所示。

Step 02 单击“字号”下拉按钮，在下拉列表中选择需要的字号，即可更改所选文本的字号，如图3-21所示。

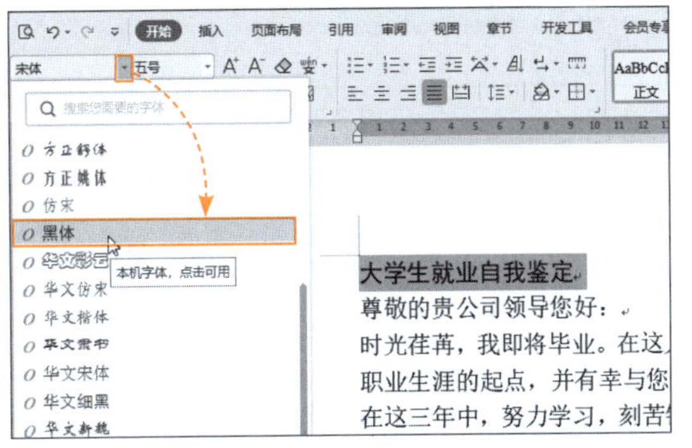

图 3-20

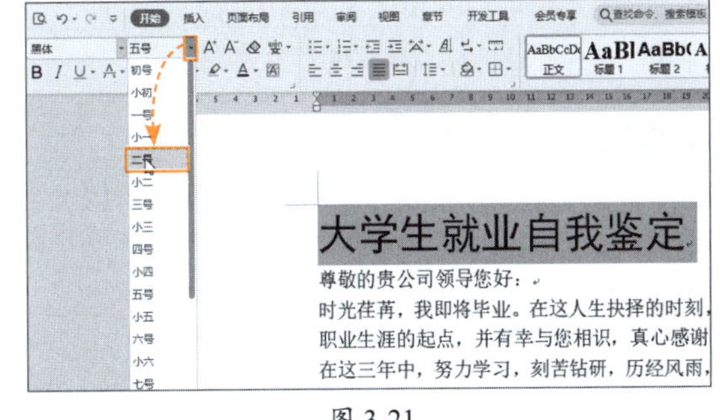

图 3-21

通过“开始”选项卡中的“加粗”“倾斜”“下画线”“字体颜色”等按钮，还可对字体的格式进行相应设置，如图3-22所示。

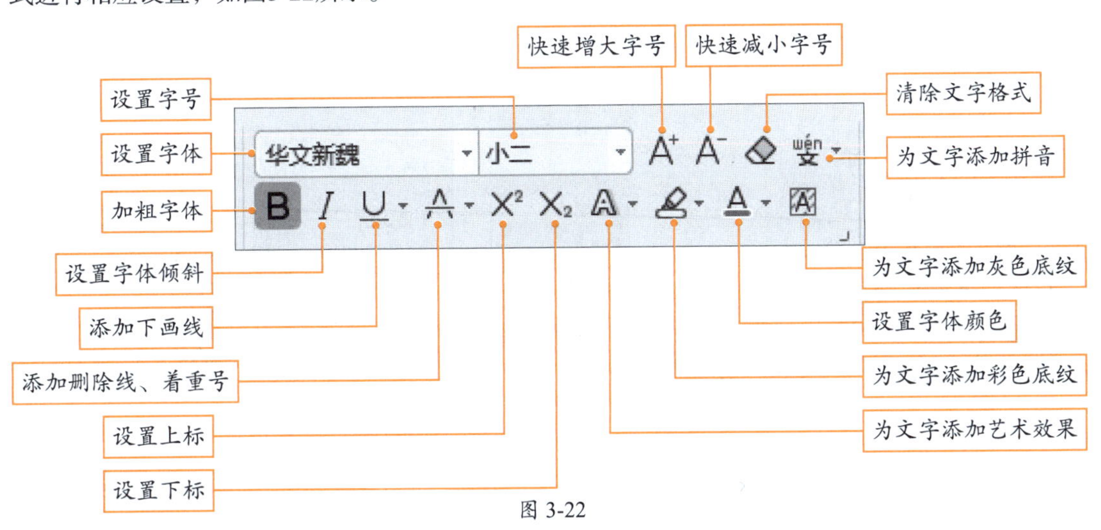

图 3-22

2. 设置段落对齐方式

文本段落的对齐方式包括左对齐、居中对齐、右对齐、两端对齐、分散对齐5种，如图3-23所示。用户可根据排版需求为段落设置合适的对齐方式。

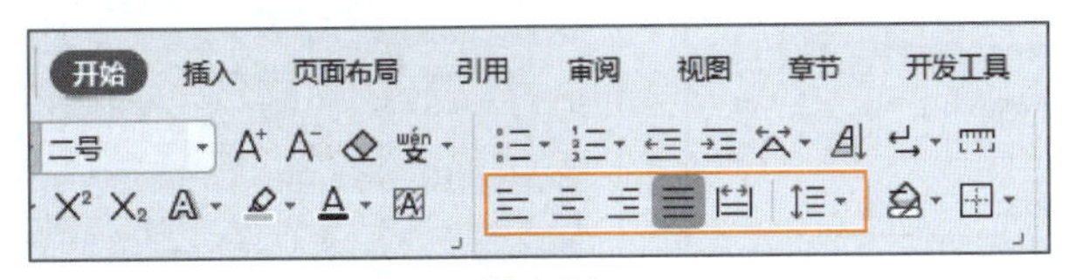

图 3-23

选中需要设置对齐方式的文本段落，此处选择标题文本，打开“开始”选项卡，单击“居中对齐”按钮，如图3-24所示。文档标题随即被设置为居中显示，如图3-25所示。

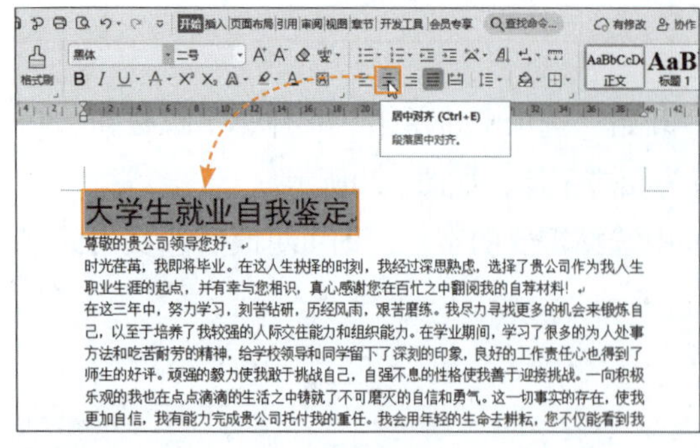

图 3-24

图 3-25

3. 设置段落缩进和间距

为了更容易判断段落及方便阅读，可以为段落设置首行缩进并适当增加段落间距以及行间距。

动手练 设置首行缩进2字符

Step 01 选中需要设置首行缩进的段落，打开“开始”选项卡，单击“段落”对话框启动器按钮，如图3-26所示。

Step 02 打开“段落”对话框，在“缩进”组中单击“特殊格式”下拉按钮，在下拉列表中选择“首行缩进”选项，如图3-27所示。

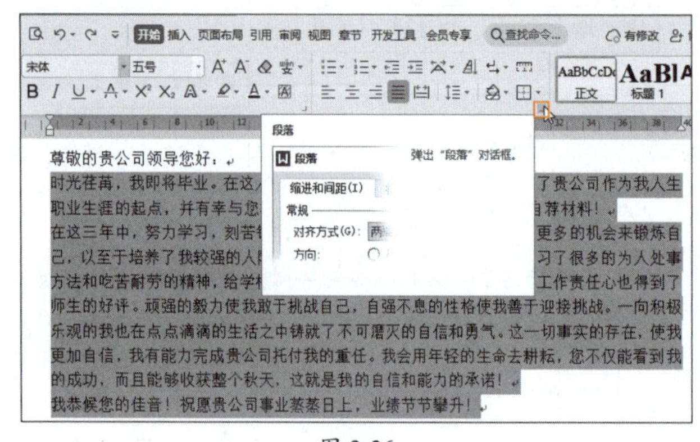

图 3-26

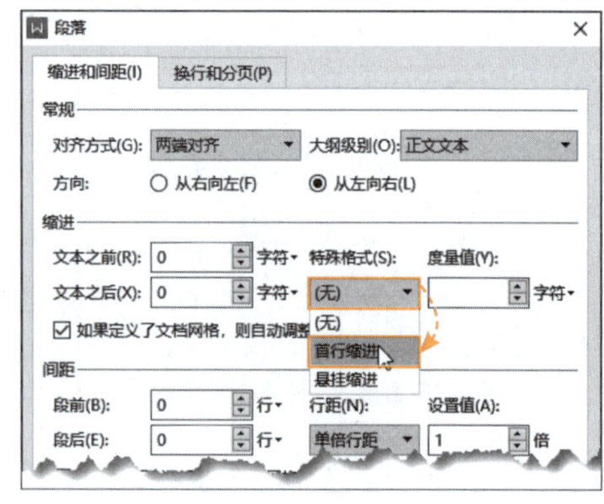

图 3-27

Step 03 随后设置“度量值”为“2”字符，如图3-28所示。设置完成后单击“确定”按钮关闭对话框。

Step 04 所选段落随即被设置为首行缩进2字符，如图3-29所示。

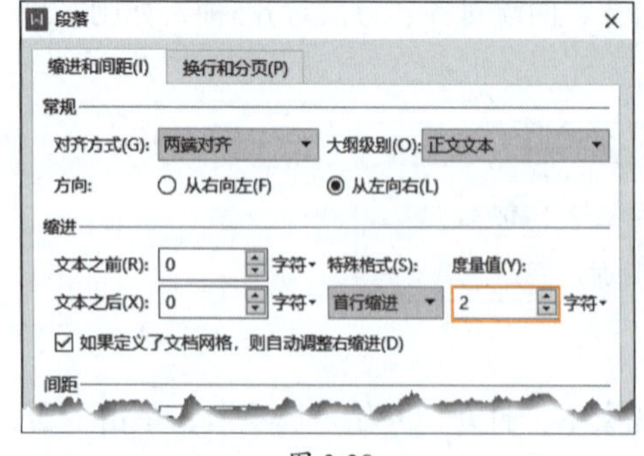

图 3-28

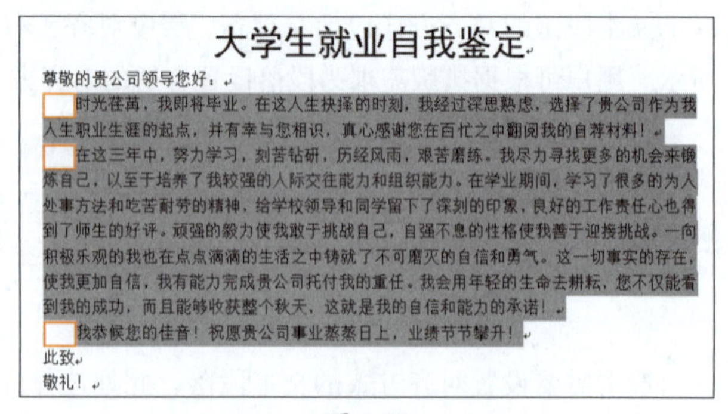

图 3-29

知识点拨

段落的缩进方式包括“首行缩进”和“悬挂缩进”两种。若要设置“悬挂缩进”，可以在“段落”对话框中的“特殊格式”下拉列表中选择“悬挂缩进”选项，并设置好缩进量，如图3-30所示。悬挂缩进的效果如图3-31所示。

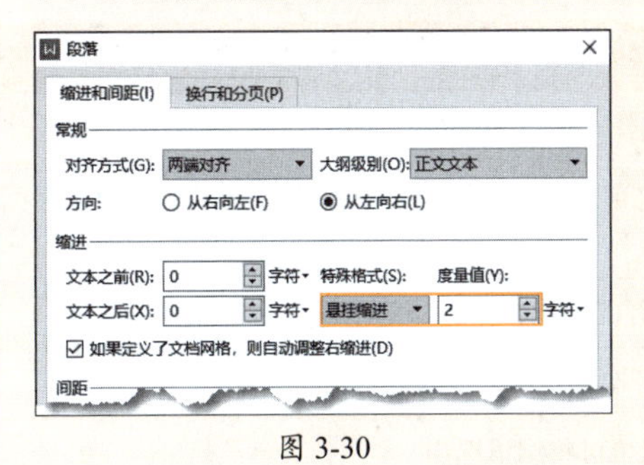

图 3-30

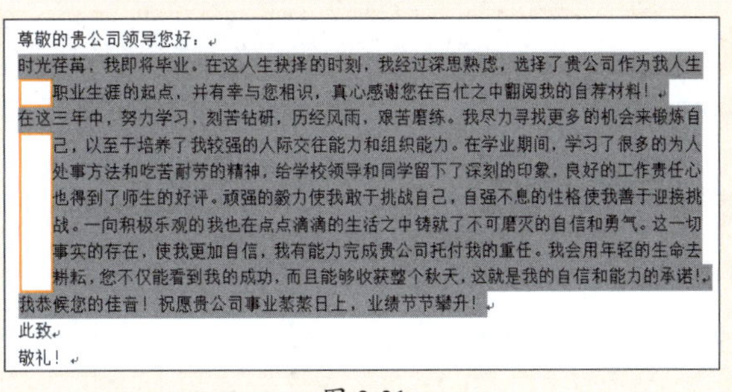

尊敬的贵公司领导您好：

时光荏苒，我即将毕业。在这人生抉择的时刻，我经过深思熟虑，选择了贵公司作为我人生职业生涯的起点，并有幸与您相识，真心感谢您在百忙之中翻阅我的自荐材料！

在这三年中，努力学习，刻苦钻研，历经风雨，艰苦磨练。我尽力寻找更多的机会来锻炼自己，以至于培养了我较强的人际交往能力和组织能力。在学业期间，学习了很多的为人处事方法和吃苦耐劳的精神，给学校领导和同学留下了深刻的印象，良好的工作责任心也得到了师生的好评。顽强的毅力使我敢于挑战自己，自强不息的性格使我善于迎接挑战。一向积极乐观的我也在点点滴滴的生活之中铸就了不可磨灭的自信和勇气。这一切事实的存在，使我更加自信，我有能力完成贵公司托付我的重任。我会用年轻的生命去耕耘，您不仅能看到我的成功，而且能够收获整个秋天，这就是我的自信和能力的承诺！

我恭候您的佳音！祝愿贵公司事业蒸蒸日上，业绩节节攀升！

此致

敬礼！

图 3-31

行和段落间距同样是在“段落”对话框中进行设置。选中需要设置间距的段落，打开“段落”对话框。在“间距”组中单击“行距”下拉按钮，下拉列表中包含6个选项，其中“单倍行距”为默认的行间距。此处选择“固定值”选项，如图3-32所示。随后在“设置值”微调框中输入具体数值，即可完成行距的设置，如图3-33所示。

在“行距”组中输入“段前”和“段后”的行数，可设置段落之间的距离，如图3-34所示。

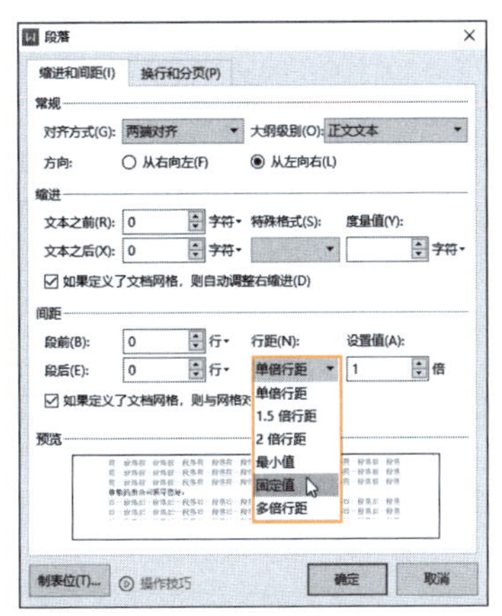

图 3-32

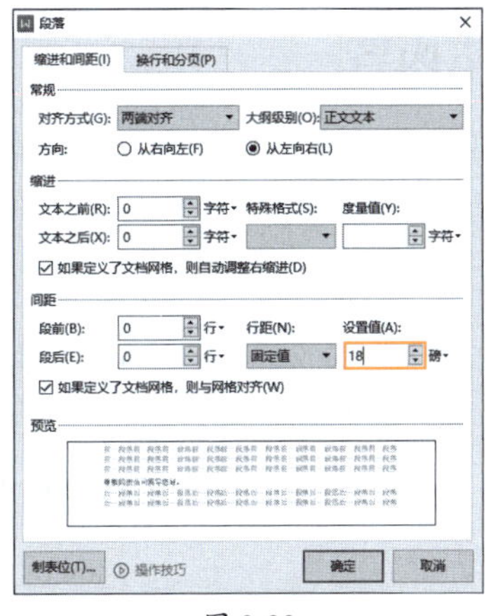

图 3-33

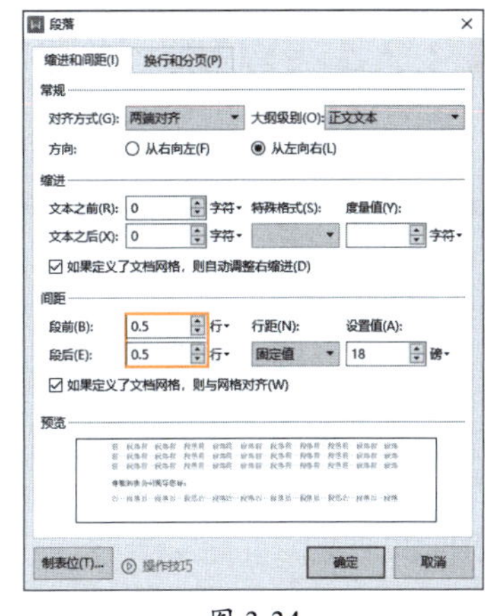

图 3-34

知识点拨

WPS文字提供了设置行距的快捷按钮，选中段落后，在“开始”选项卡中单击“行距”下拉按钮，下拉列表中包含1.0、1.5、2.0、2.5、3.0五个行距选项，用户可根据需要进行选择，如图3-35所示。

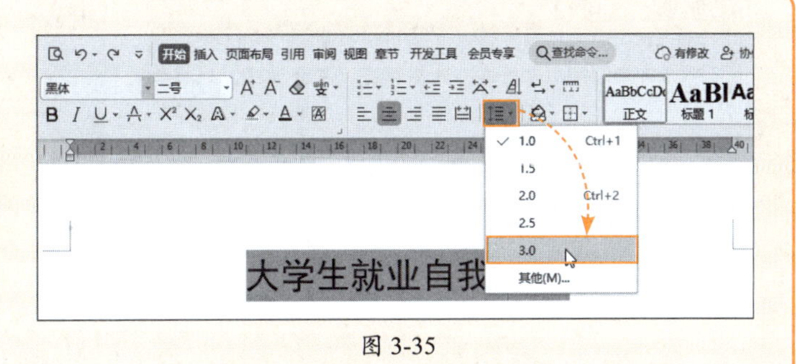

图 3-35

3.2.3 选择文本内容

对文本进行编辑之前需要将文本选中，选择文本不只有拖动选择一种方法，根据要选择的文本范围选择合适的方法，对提高工作效率通常有很大帮助，如表3-1所示。

表 3-1

选择范围	操作方法
选择小范围的连续文本	按住鼠标左键，同时拖动光标，选择小范围的连续文本
选择大范围的连续文本	将光标定位于要选择的第一个字之前，按住Shift键，在要选择的最后一个字后面单击，选择大范围的连续文本
选择不连续的多段文本	按住Ctrl键不放，依次选择不同位置的文本，可将这些不连续的文本同时选中
选择矩形区域内的文本	按住Alt键不放，同时拖动光标，可选择矩形区域内的文本
选择词语	将光标置于要选择的词语上方，双击可将词语选中
选择整行文本	将光标移动到页面左侧，光标变成形状时单击，可将光标所指的行选中。选中一行后，按住鼠标左键进行拖动，可选中连续的行
选择整段文本	将光标移动到页面左侧，光标变成形状时双击，可将光标所指的段落选中
全选文档中所有内容	将光标移动到页面左侧，光标变成形状时连续三次单击（或直接按Ctrl+A组合键），可选中文档中的所有内容

3.2.4 复制、移动文本内容

编辑文档内容时，经常会对文本执行复制和移动等基本操作。下面介绍复制和移动文本的具体操作方法。

1. 复制文本

当需要输入相同内容时不必手动重复输入，使用“复制”功能便可快速获得重复的内容。

选择需要复制的内容，打开“开始”选项卡，单击“复制”按钮，如图3-36所示。将光标定位于需要粘贴内容的位置，单击“粘贴”按钮，即可将复制的内容粘贴到目标位置，如图3-37所示。

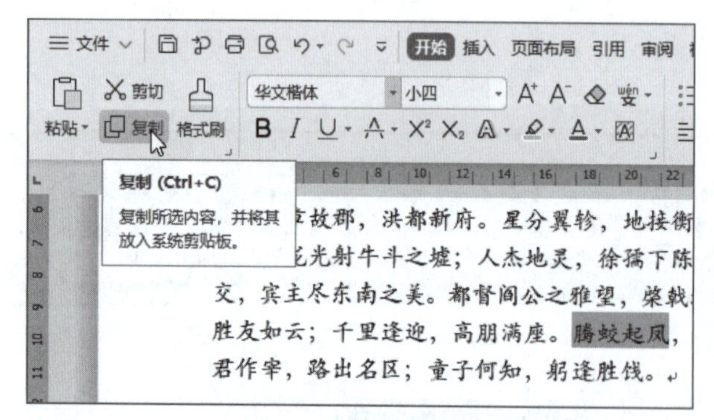

图 3-36

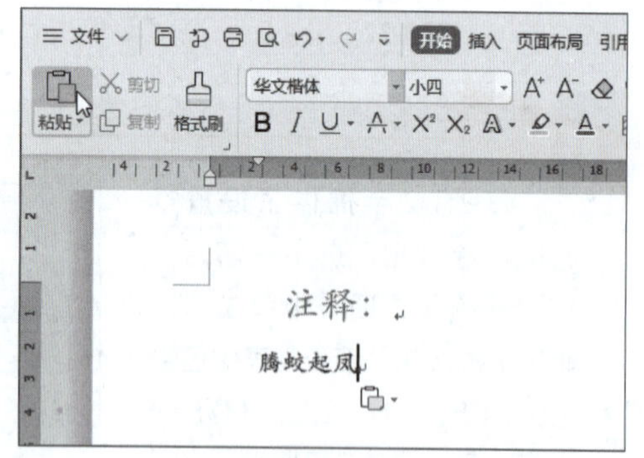

图 3-37

知识点拨

WPS文字提供多种粘贴方式。复制内容后，单击“粘贴”下拉按钮，通过下拉列表中提供的选项可以选择需要的粘贴方式，如图3-38所示。各种粘贴方式的区别如下。

- **保留源格式：** 保留原始文档格式粘贴到新文档或新位置（默认的粘贴方式）。
- **匹配当前格式：** 把要粘贴的内容按照新文档或新位置的字体、段落格式显示。
- **只粘贴文本：** 将复制的内容的格式全部去除，以默认的格式粘贴到新文档或新位置。

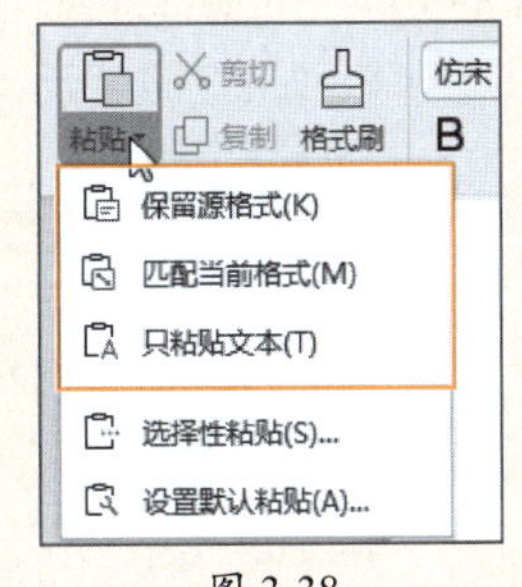

图 3-38

2. 移动文本

在WPS文字中移动文本有多种方式，用户可根据要移动到的位置选择合适的操作方法。

（1）剪切移动文本

选择需要移动的内容，打开“开始”选项卡，单击“剪切”按钮，如图3-39所示。在目标位置定位光标，在“开始”选项卡中单击“剪切”按钮，即可将复制的内容移动到目标位置，如图3-40所示。

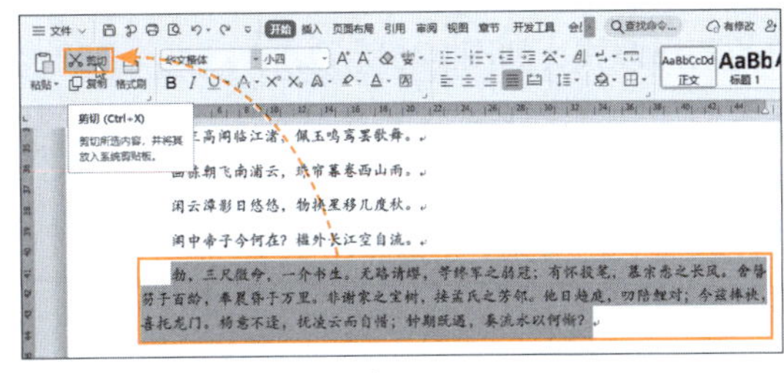

图 3-39

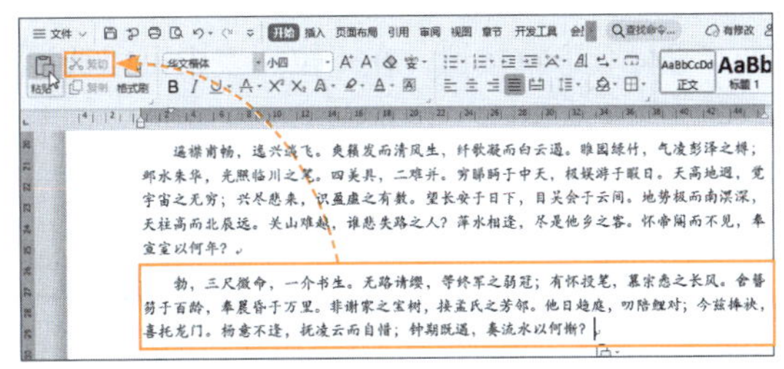

图 3-40

（2）鼠标拖动移动文本

选中需要移动位置的文本内容，将光标放在所选内容上方，按住鼠标左键，向目标位置拖动，如图3-41所示。松开鼠标左键后，所选内容即被移动到了目标位置，如图3-42所示。

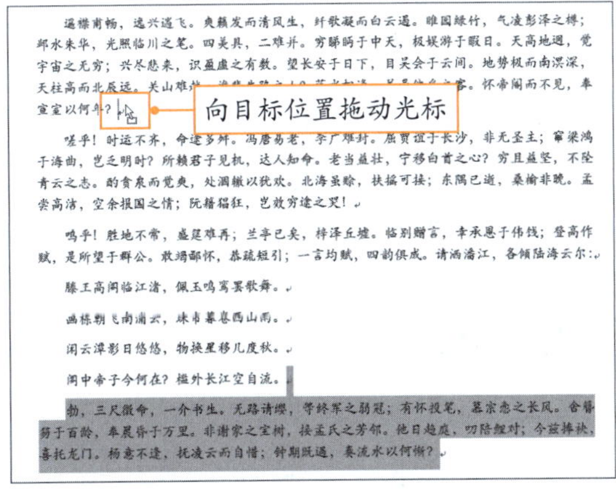

图 3-41

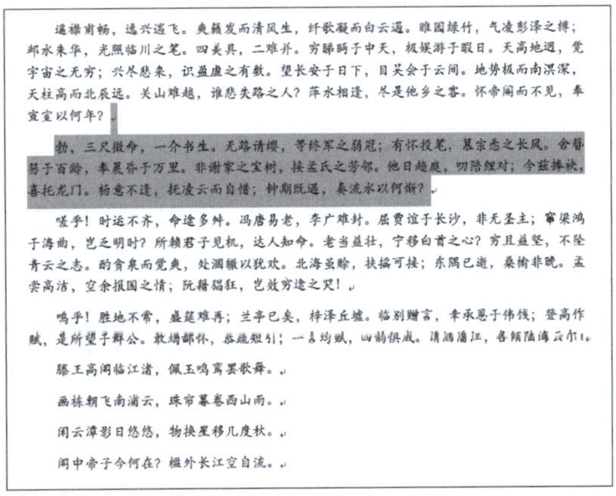

图 3-42

注意事项 移动或复制整段文本时，需要注意段前和段后回车符的选择。由于要移动至的位置没有多余的空行，在选择段落时若不选择段前的回车符，如图3-43所示，移动到目标位置后，两段内容会合并成一段，如图3-44所示。

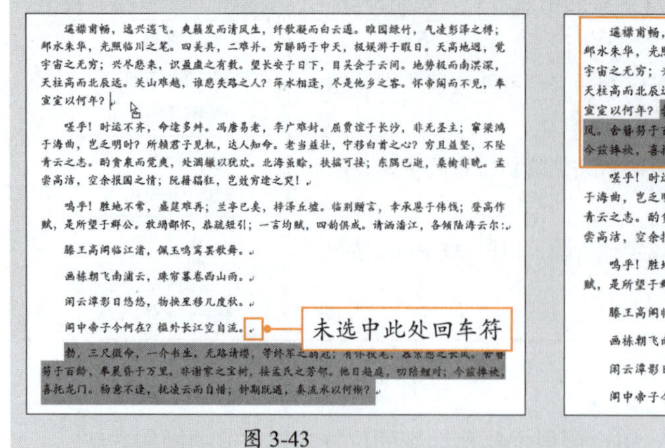

图 3-43　　图 3-44

3.2.5 文本在线翻译

WPS文字提供在线翻译功能，支持中文、英语、法语、德语、日语、韩语等多种语言的互译。翻译模式包括“短句翻译”“全文翻译”以及“划词跟随面板”。打开“审阅”选项卡，单击“翻译”下拉按钮，在下拉列表中可以选择需要的翻译模式，如图3-45所示。

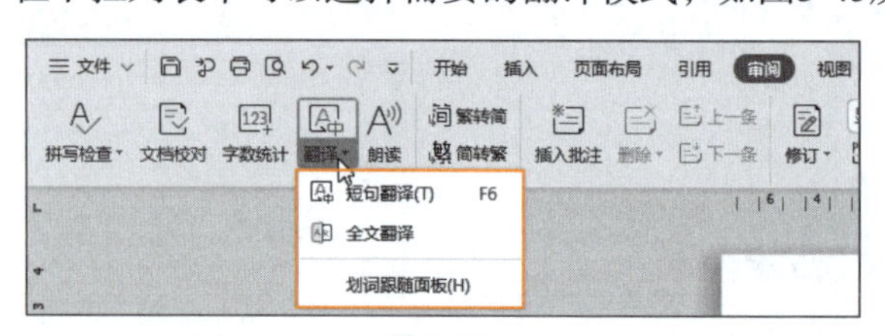

图 3-45

- **短句翻译：** 用户可以自行选择文本内容进行翻译。
- **全文翻译：** 对整篇文档进行翻译。
- **划词跟随面板：** 在所选择的文本下方显示一个活动面板，即时翻译选中的文本内容。

选择一种翻译方式后，在“翻译”窗格中可设置需要互译的两种语言，如图3-46、图3-47所示。

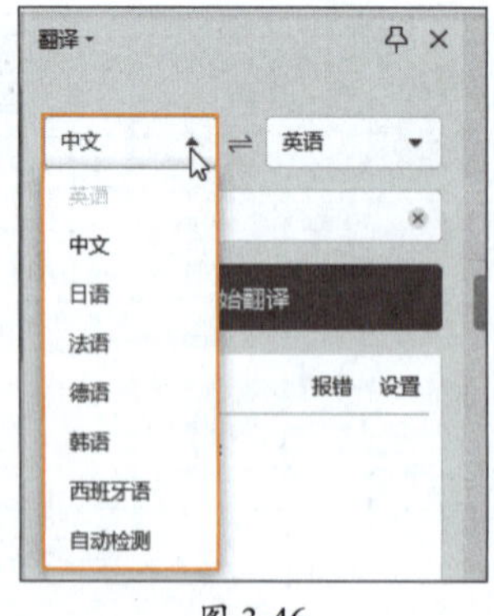

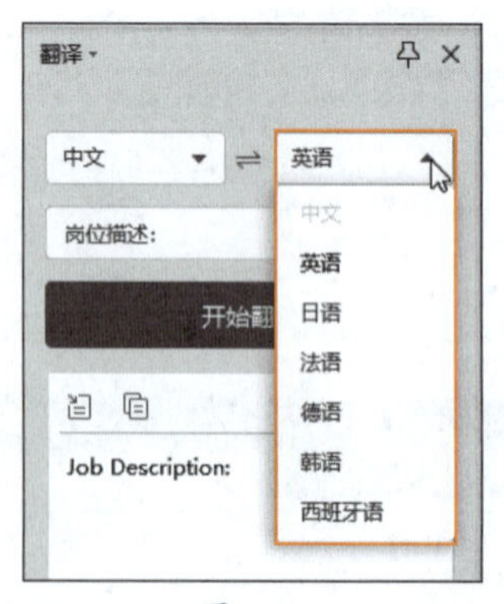

图 3-46　　图 3-47

3.3 项目符号和编号的应用

项目符号和编号的使用可以让文档内容结构清晰、层次分明更有条理，便于内容的读取和记忆。下面介绍如何在WPS文字中使用项目符号和编号。

3.3.1 添加项目符号

项目符号是位于段落首字符前面的符号，一般由点、图形、图标或图片组成。用户可以为现有内容添加项目符号，也可以在输入文本时创建项目符号列表。

选中需要添加项目符号的段落，打开“开始”选项卡，单击“插入项目符号”下拉按钮，在下拉列表中选择需要的项目符号，如图3-48所示。所选段落随即被添加相应的项目符号，如图3-49所示。

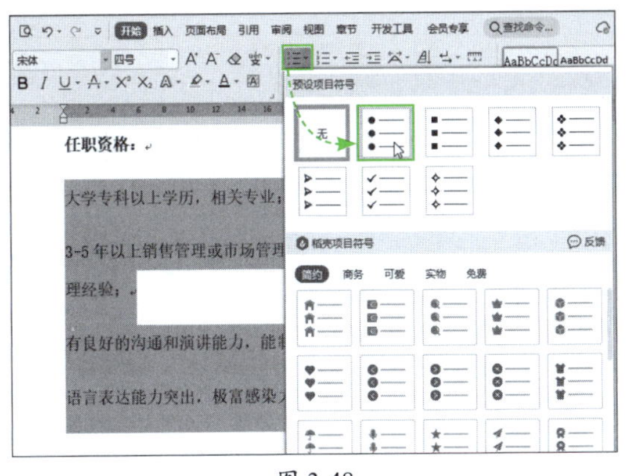

图 3-48

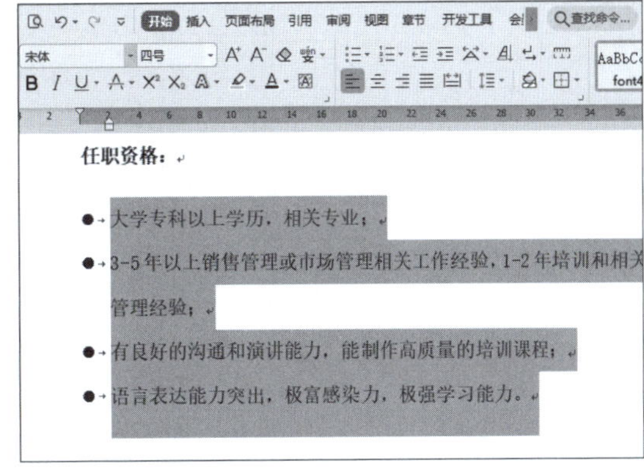

图 3-49

3.3.2 添加编号

为文档段落添加编号有助于增加文档的整体层次感和逻辑性，下面介绍添加编号的具体操作方法。

选择需要添加编号的段落，打开“开始”选项卡，单击“编号”下拉按钮，在下拉列表中选择合适的编号，如图3-50所示。所选段落随即被添加相应的编号，如图3-51所示。

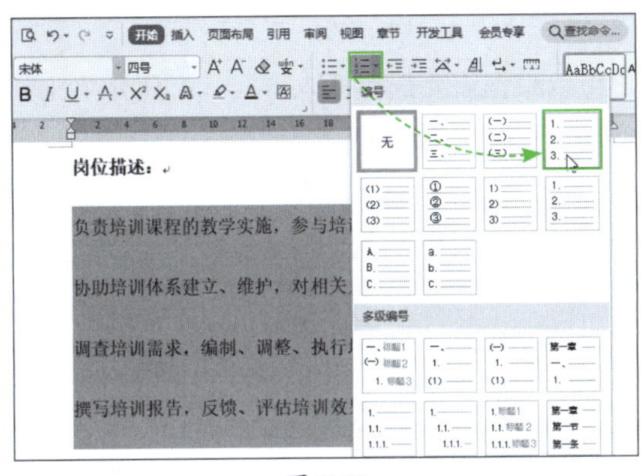

图 3-50

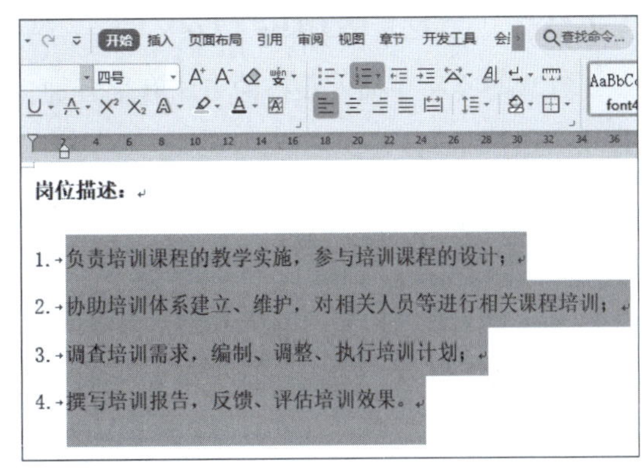

图 3-51

动手练 自定义项目编号

不管是项目符号还是编号，都可以通过自定义获得更多样式。下面以自定义编号为例进行介绍。

Step 01 在“编号”下拉列表中选择“自定义编号”选项，如图3-52所示。

Step 02 打开“项目符号和编号”对话框，单击“自定义”按钮，如图3-53所示。

Step 03 打开“自定义编号列表”对话框，在该对话框中可选择新的“编号样式”、修改“编号格式”等。设置完成后单击“确定”按钮即可，如图3-54所示。

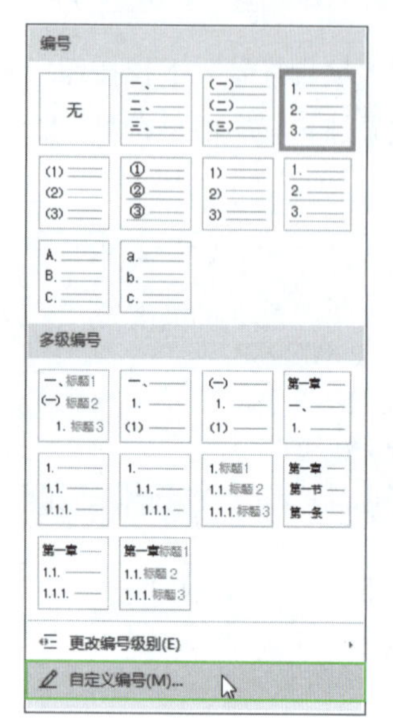

图 3-52

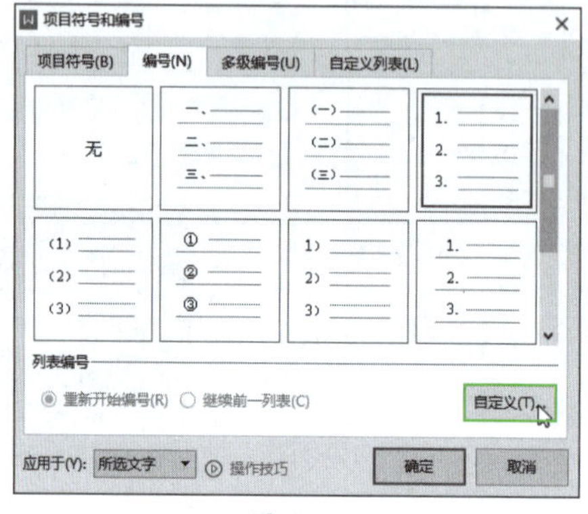

图 3-53

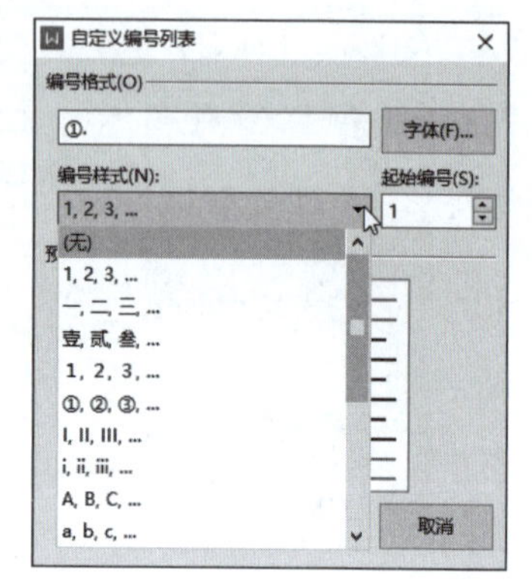

图 3-54

3.4 表格的应用

在文档中，表格是一种使用率很高的元素，表格能够整齐地罗列数据，提高文档内容的表现力。下面详细介绍WPS文字中表格的应用方法。

3.4.1 插入表格的方法

在WPS文字中插入表格的方法有很多种，用户可以根据需要选择插入方式。下面介绍比较常用的两种方法。

动手练 表格的应用

方法一：通过功能区的快捷按钮插入简易表格。

Step 01 打开“插入”选项卡，单击“表格”下拉列表最顶部的一个8行×17列的矩形区域，将光标在该区域上方滑动，如图3-55所示。

Step 02 文档中随即根据高亮显示的矩形数量快速插入相应行列数的表格，如图3-56所示。

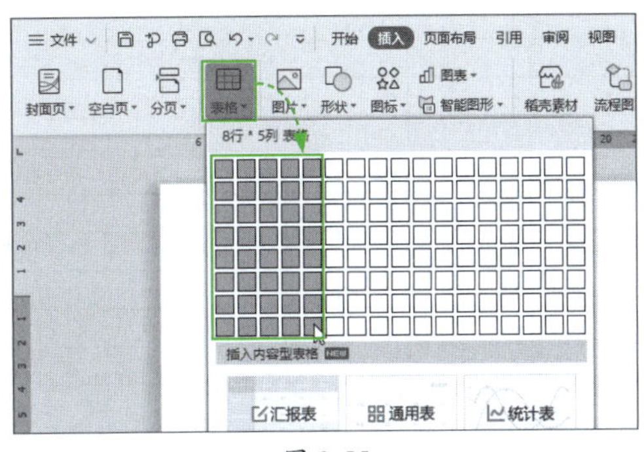

图 3-55

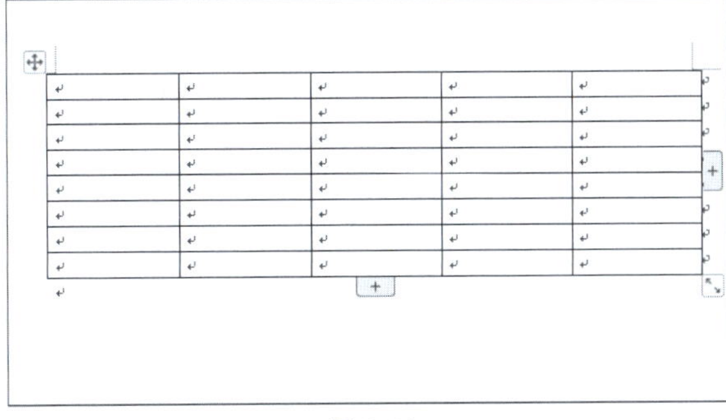

图 3-56

方法二：通过对话框精准插入表格。

使用快捷菜单最多只能插入8行×17列的表格，当要插入的表格行数或列数较多时，可以使用对话框插入。

Step 01 在“插入表格”下拉列表中选择“插入表格”选项，如图3-57所示。

Step 02 系统随即弹出“插入表格”对话框，输入行数和列数，单击“确定”按钮，即可插入相应行列数的表格，如图3-58所示。

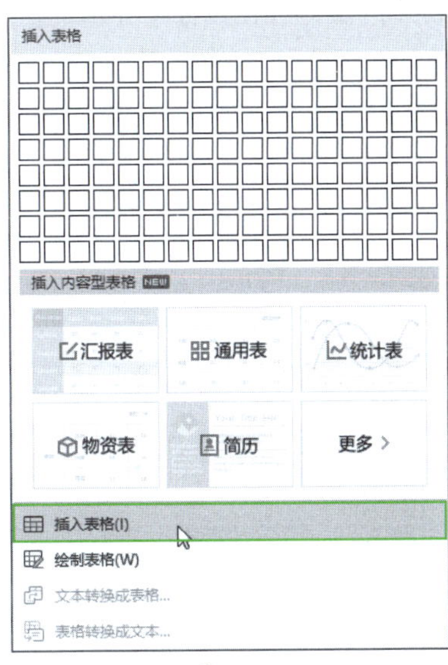

图 3-57

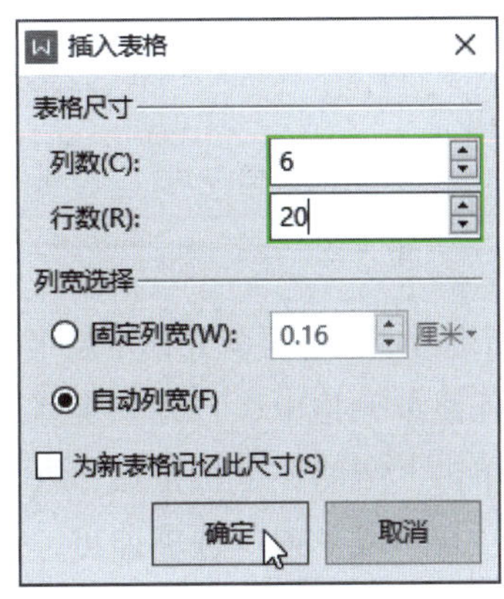

图 3-58

方法三：按需绘制表格。

Step 01 在“插入表格”下拉列表中选择“绘制表格”选项，如图3-59所示。

Step 02 将光标移动到文档中，按住鼠标左键绘制表格，光标位置会实时显示所绘制的表格行列数，如图3-60所示。

Step 03 松开鼠标左键即可插入相应行列数的表格，如图3-61所示。

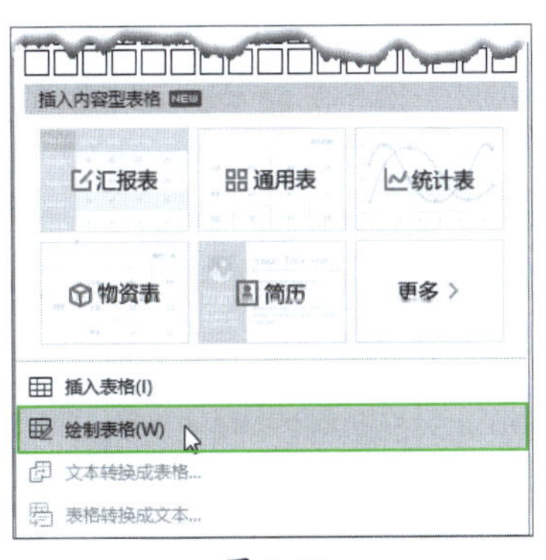

图 3-59

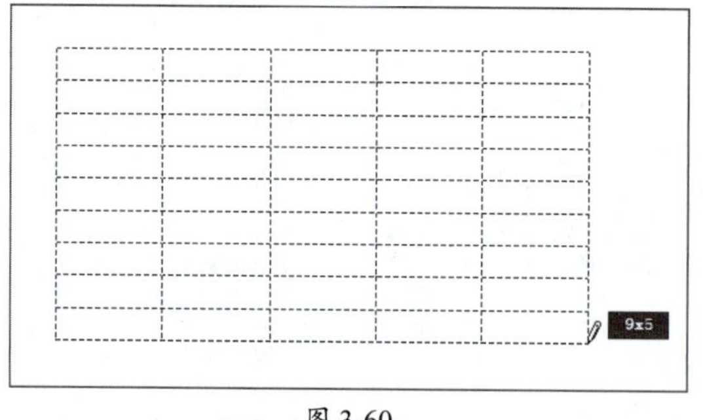

图 3-60

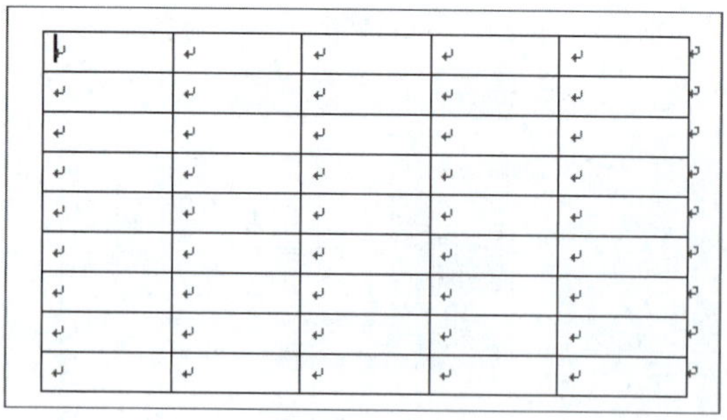

图 3-61

3.4.2 调整表格布局

插入表格后还可以继续添加或删除行列数，并对行高列宽进行调整。下面介绍具体操作方法。

1. 插入或删除行 / 列

将光标定位于目标单元格中，打开“表格工具”选项卡，通过单击“在上方插入行”“在下方插入行”“在左侧插入列”以及“在右侧插入列”按钮，可在目标单元格的对应位置插入行或列，如图3-62所示。当光标停留在表格上方，或表格在编辑状态时，可以看到表格的右侧和下方分别有一个加号形状的按钮，如图3-63所示。单击这两处按钮可以快速在表格最右侧插入列或在表格最下方插入行。

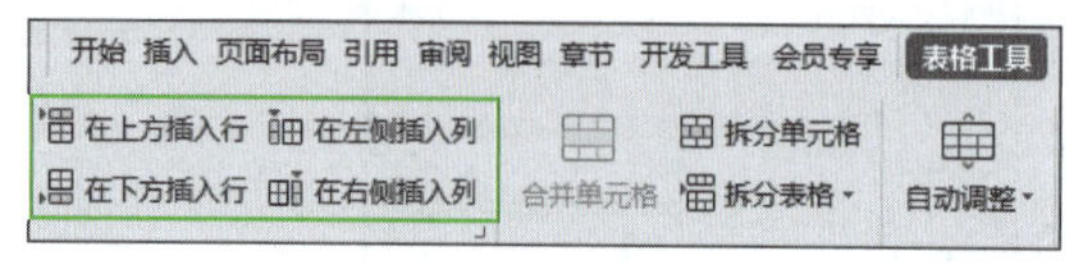

图 3-62

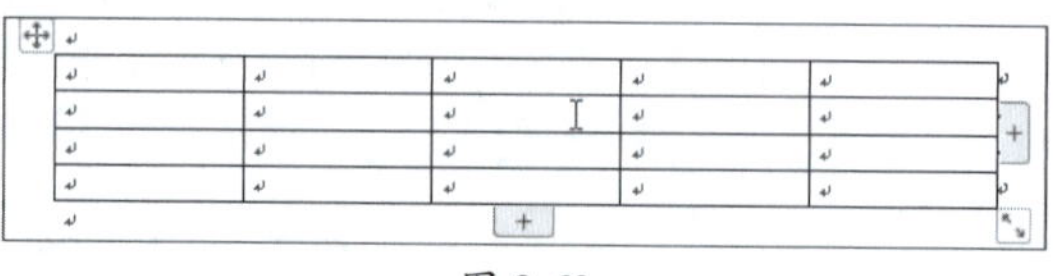

图 3-63

若要删除指定行或列，可将光标定位于该行或该列中的任意单元格中，打开“表格工具”选项卡，单击“删除”下拉按钮，在下拉列表中选择“行”或“列”选项即可，如图3-64所示。

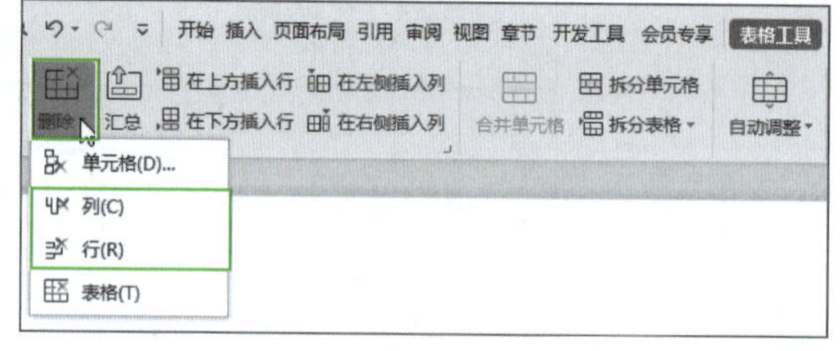

图 3-64

2. 整体调整表格大小

将光标停留在表格上方时，表格右下角会显示图标，将光标移动到该图标上方，如图3-65所示。按住鼠标左键进行拖动，即可整体调整表格大小，如图3-66所示。

图 3-65

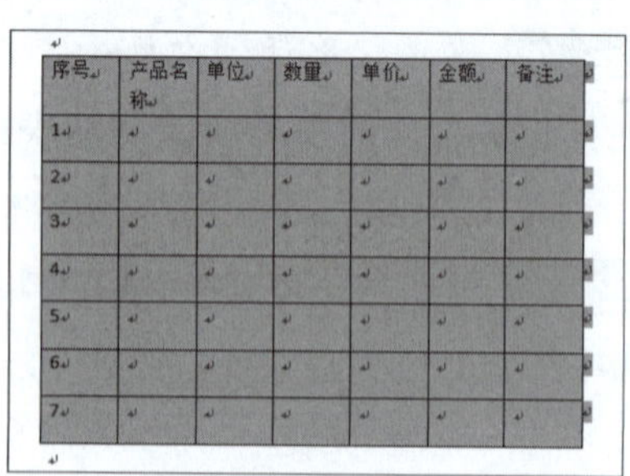

图 3-66

3. 调整行高 / 列宽

将光标移动到要调整宽度的列的右侧边线上，光标变成双向箭头时，如图3-67所示，按住鼠标左键，拖动光标，如图3-68所示，可快速调整该列的宽度。快速调整行高的方法与调整列宽基本相同，只需将光标放在行线上方，再使用鼠标拖动即可，此处不再赘述。

若要精确调整行高和列宽，可以将光标定位于目标单元格中，打开“表格工具”选项卡，输入具体的“高度”和“宽度”值，目标单元格所在的行和列即可得到精确调整，如图3-69所示。

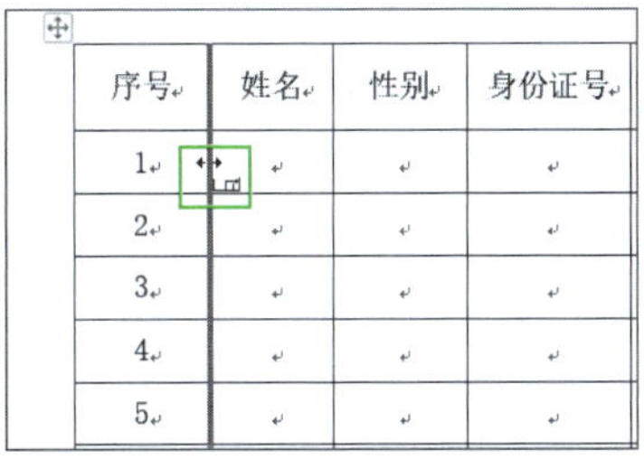

序号	姓名	性别	身份证号
1			
2			
3			
4			
5			

图 3-67

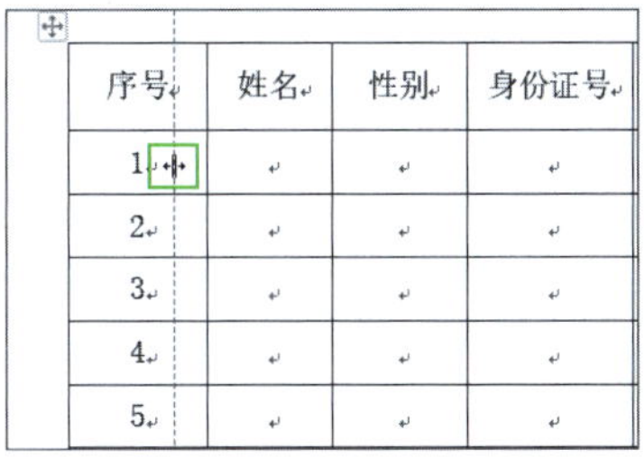

序号	姓名	性别	身份证号
1			
2			
3			
4			
5			

图 3-68

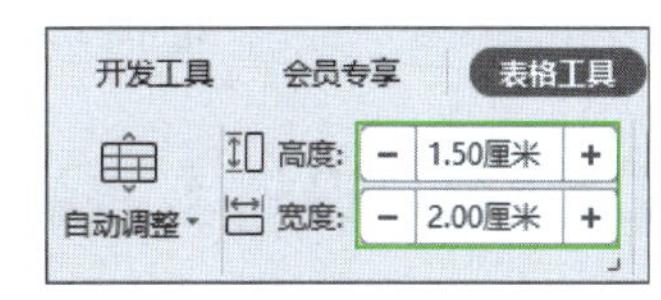

图 3-69

动手练 合并或拆分单元格

Step 01 选中需要合并的单元格，打开“表格工具”选项卡，单击“合并单元格”按钮，如图3-70所示。

Step 02 所选单元格随即被合并成一个大的单元格，如图3-71所示。

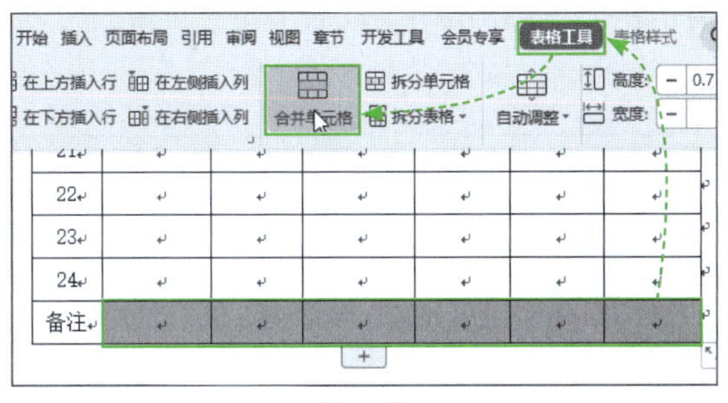

图 3-70

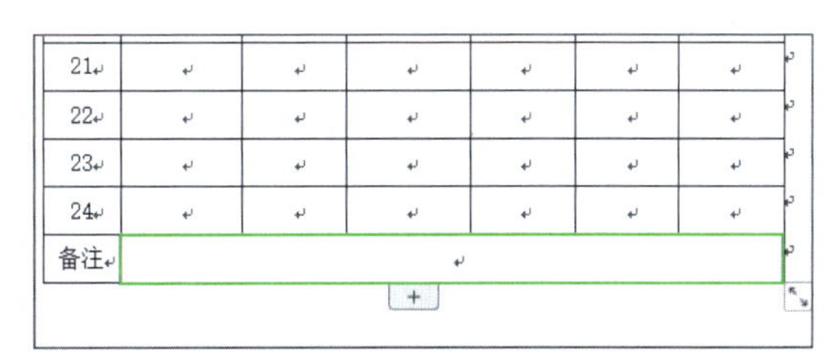

图 3-71

一个单元格也可以拆分成多个单元格，具体操作方法如下。

Step 01 将光标定位于要拆分的单元格中，打开“表格工具”选项卡，单击“拆分单元格”按钮，如图3-72所示。

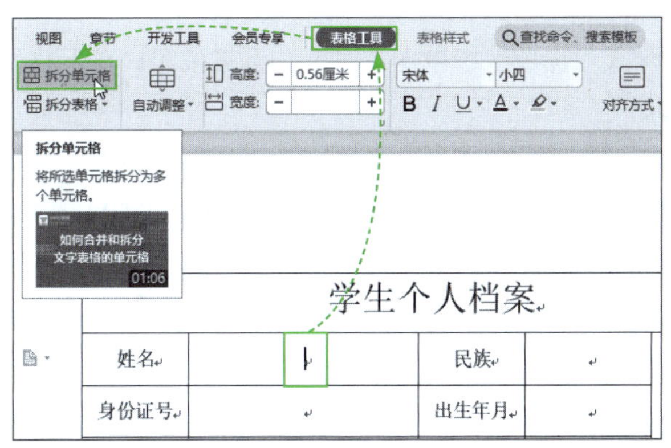

图 3-72

Step 02 系统随即弹出“拆分单元格”对话框，输入要拆分的具体行列数，单击“确定”按钮，如图3-73所示。

Step 03 目标单元格随即被拆分，效果如图3-74所示。

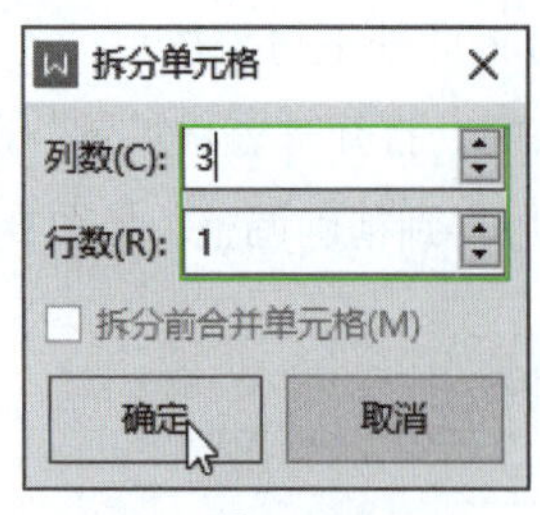

图 3-73

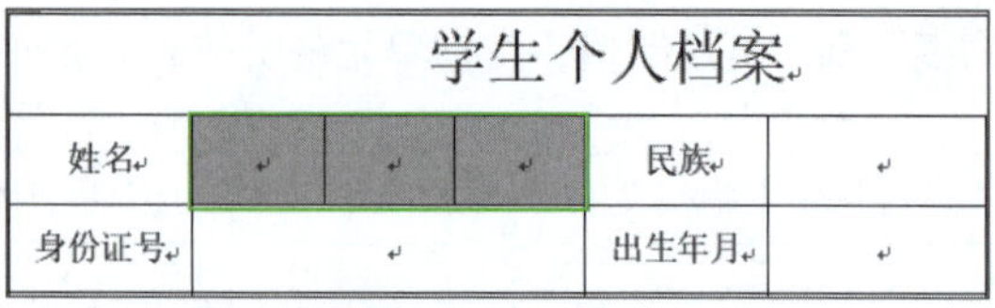

学生个人档案					
姓名				民族	
身份证号				出生年月	

图 3-74

3.4.3 设置表格样式

为了让表格看起来更美观，可以适当设置表格的样式，例如设置表格边框和底纹效果、套用内置表格样式等。

动手练 手动设置表格样式

Step 01 选择需要设置底纹的单元格区域，打开“表格样式”选项卡，单击“底纹”下拉按钮，在展开的颜色列表中选择一种满意的颜色，如图3-75所示。

Step 02 所选单元格区域随即被设置相应颜色的底纹。随后单击表格左上角的⊞按钮，全选表格，如图3-76所示。

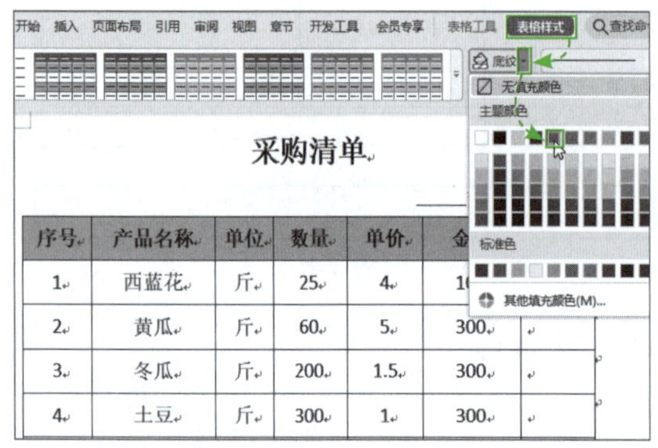

图 3-75

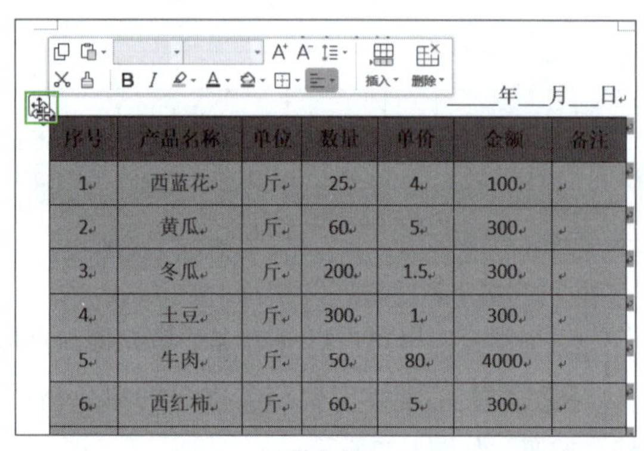

图 3-76

Step 03 在“表格样式”选项卡中单击“边框”下拉按钮，在下拉列表中选择“边框和底纹”选项，如图3-77所示。

Step 04 弹出“边框和底纹”对话框，切换到“边框”选项卡，在“设置”组中选择“方框”选项，随后设置线型、颜色以及宽度，单击“确定”按钮关闭对话框，如图3-78所示。

Step 05 随后重复Step03的操作，再次打开“边框和底纹”对话框，在“设置”组中选择“网格”选项，单击“确定”按钮，如图3-79所示。至此完成表格边框的设置，效果如图3-80所示。

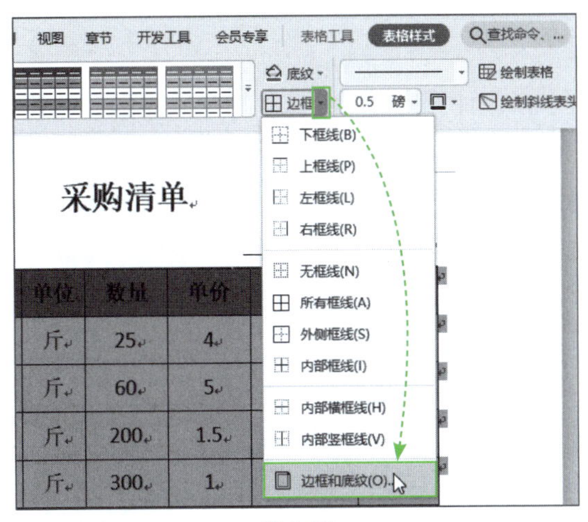

图 3-77

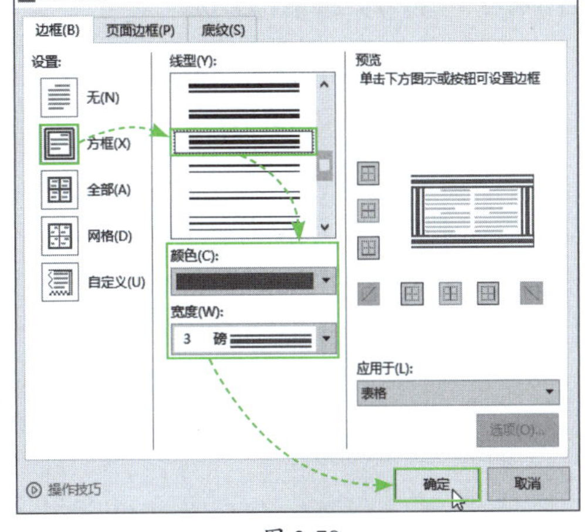

图 3-78

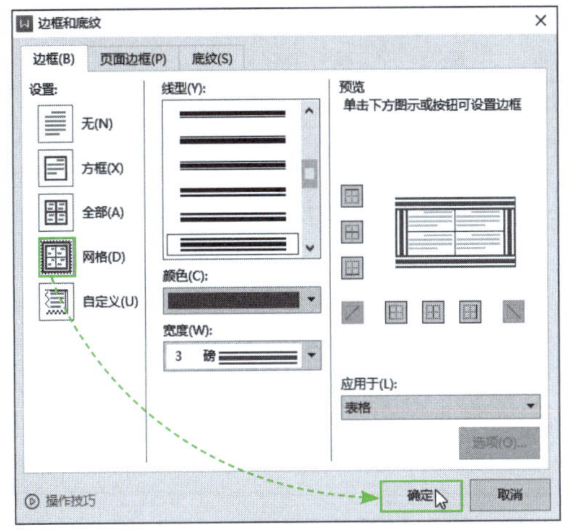

图 3-79

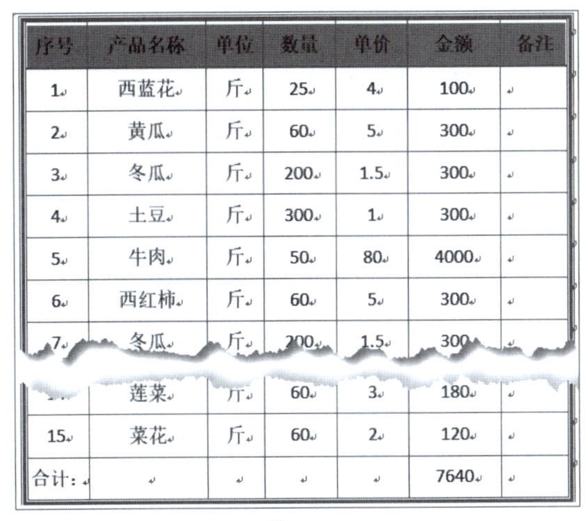

序号	产品名称	单位	数量	单价	金额	备注
1	西蓝花	斤	25	4	100	
2	黄瓜	斤	60	5	300	
3	冬瓜	斤	200	1.5	300	
4	土豆	斤	300	1	300	
5	牛肉	斤	50	80	4000	
6	西红柿	斤	60	5	300	
7	冬瓜	斤	200	1.5	300	
	莲菜	斤	60	3	180	
15	菜花	斤	60	2	120	
合计:					7640	

图 3-80

动手练 套用内置表格样式

将光标定位于表格中的任意一个单元格中，打开“表格样式”选项卡，打开“预设样式”下拉列表，从中选择一款满意的样式，即可为表格应用该样式，如图3-81所示。

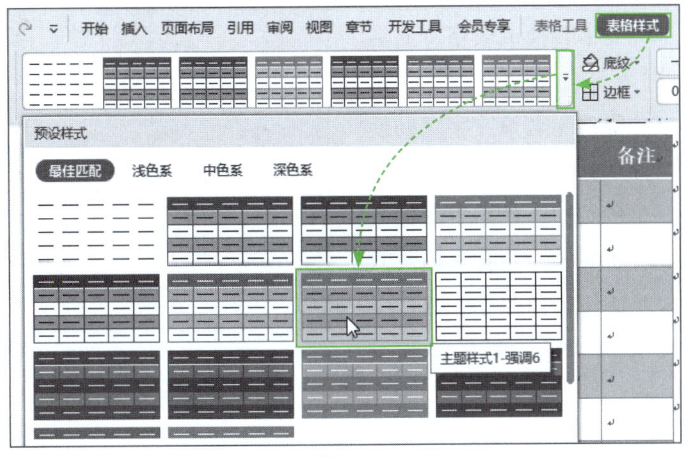

图 3-81

3.4.4 计算表格数据

WPS文字为常用的求和、平均值、最大值、最小值计算内置了公式，用户只需选择计算方式，便可快速得到相应的计算结果。

选中包含要计算的数字和存放结果的单元格区域，打开“表格工具”选项卡，单击“快速计算”下拉按钮，在下拉列表中选择“求和”选项，如图3-82所示。最后一个空白单元格中随即显示自动求和结果，如图3-83所示。

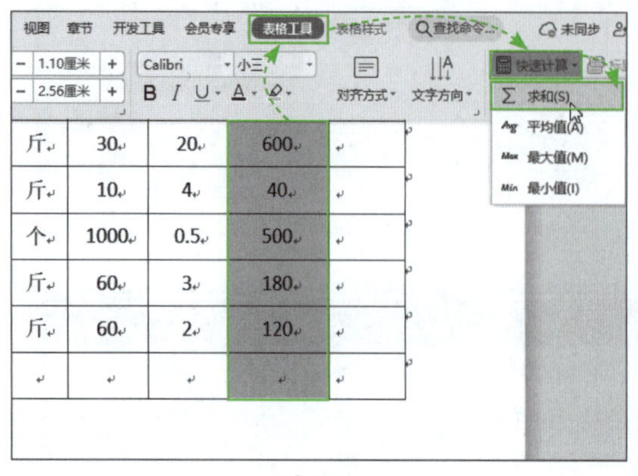

图 3-82

9	菜花	斤		2	120	
10	豆腐	斤	100	3	300	
11	丸子	斤	30	20	600	
12	粉条	斤	10	4	40	
13	馒头	个	1000	0.5	500	
14	莲菜	斤	60	3	180	
15	豆芽	斤	60	2	120	
合计：					7640	

图 3-83

3.4.5 文本和表格的相互转换

WPS文字支持文本和表格相互转换，下面介绍具体操作方法。

动手练 将文本转为表格

文档中的文本内容也可直接转换成表格。需要转换为表格的文本内容需要以固定的符号分隔，符号可以是空格、逗号、段落标记、制表符或其他符号。

Step 01 选中需要转换成表格的文本内容，打开“插入”选项卡，单击“表格”下拉按钮，在下拉列表中选择“文本转换成表格”选项，如图3-84所示。

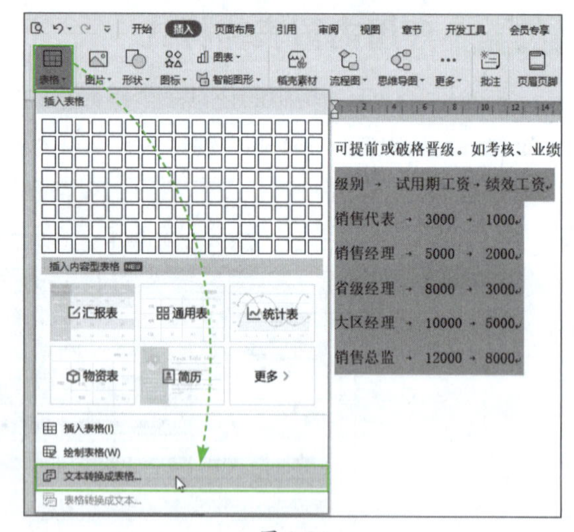

图 3-84

Step 02 弹出“将文字转换成表格”对话框，系统会根据所选内容自动识别行、列数量，以及常用的文字分隔符（若该文字之间使用的分隔符不包含在该对话框的固定选项内，可选中“其他字符”单选按钮，然后手动输入分隔符）。此处保持对话框中的所有选项为默认状态，单击“确定”按钮，如图3-85所示。

Step 03 所选文本内容随即被转换为表格，效果如图3-86所示。

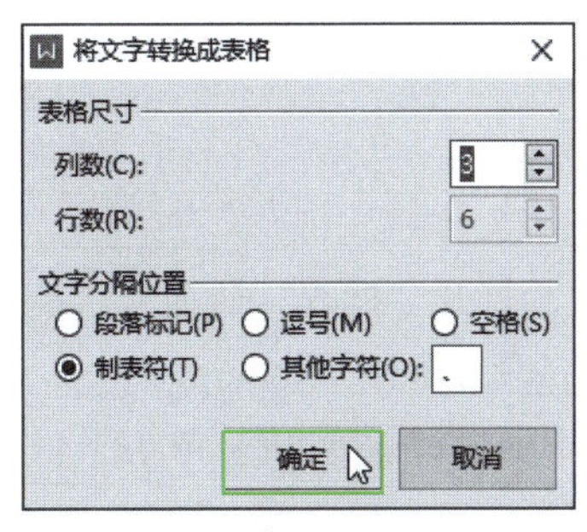

图 3-85

可提前或破格晋级。如考核、业绩连续三个月不合格，做降一级处理或自动离职。

级别	试用期工资	绩效工资
销售代表	3000	1000
销售经理	5000	2000
省级经理	8000	3000
大区经理	10000	5000
销售总监	12000	8000

图 3-86

动手练 将表格转为文本

文档中的表格也可直接转换成文本内容。

Step 01 将光标定位于表格中的任意单元格中，打开“插入”选项卡，单击“表格”下拉按钮，在下拉列表中选择“表格转换成文本”选项，如图3-87所示。

Step 02 根据实际情况在弹出的“表格转换成文本”对话框中进行设置，最后单击“确定”按钮，如图3-88所示，即可完成转换。

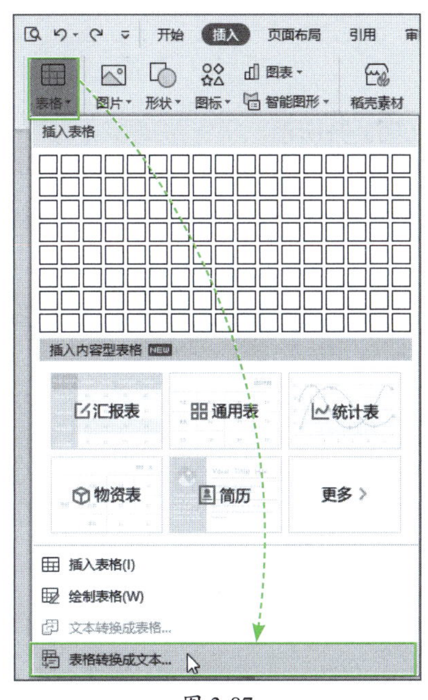

图 3-87

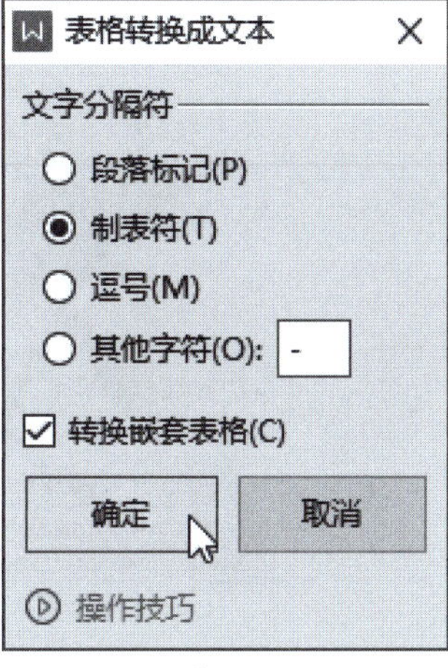

图 3-88

3.5 图片和形状的应用

图文并茂的文档内容更生动、更直观，更能吸引读者的阅读兴趣。下面介绍WPS文字中图片和形状的应用。

3.5.1 插入图片

在文档中插入图片的方法很简单，用户可根据需要插入计算机中保存的图片、插入扫描仪扫描的图片或插入手机中的图片。下面介绍如何插入计算机中的图片。

动手练 在文档中插入指定图片

Step 01 在文档中将光标定位于要插入图片的位置，打开“插入”选项卡，单击“图片”下拉按钮，在下拉列表中选择“本地图片”选项，如图3-89所示。

Step 02 系统随即弹出“插入图片”对话框，选中要使用的图片，单击“打开”按钮，如图3-90所示。

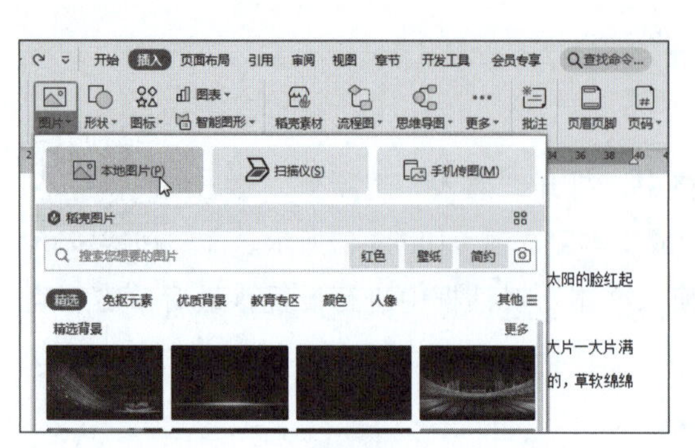

图 3-89

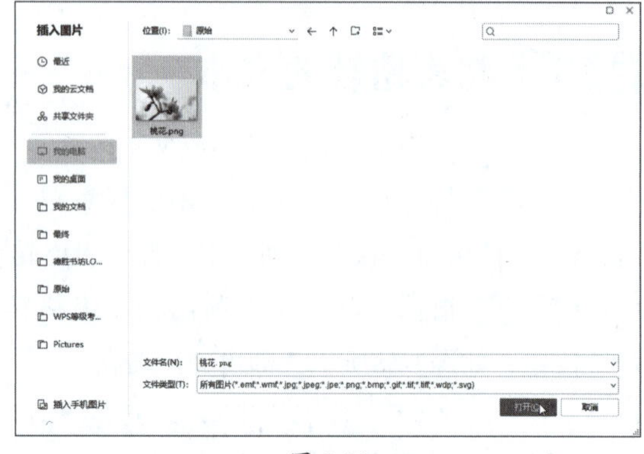

图 3-90

Step 03 所选图片随即被插入光标位置，如图3-91所示。

图 3-91

3.5.2 编辑图片

为了让图片和文档内容更加融合，还可以对图片进行一系列设置，例如设置图片尺寸、调整图片的布局、裁剪图片、插入智能图形等。

1. 调整图片大小

刚插入的图片大小可能不太合适，为了满足排版需要，还需调整图片大小。选中图片后，图片周围会显示8个圆形控制点，将光标移动到任意控制点上，按住鼠标左键，同时拖动光标，如图3-92所示。调整到合适大小后松开鼠标左键即可，如图3-93所示。

图 3-92

图 3-93

若要精确设置图片的尺寸，可以先选中图片，随后在“图片工具”选项卡中输入具体的“高度”和“宽度”值，如图3-94所示。

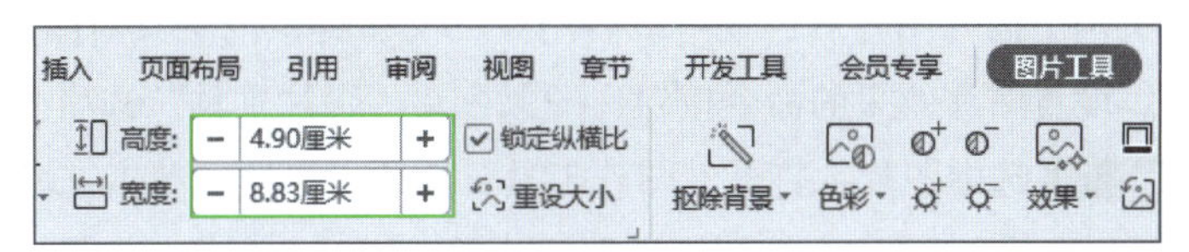

图 3-94

注意事项 由于默认状态下图片的纵横比是锁定状态，一般只要设置一个参数值，另一个参数值便会自动修改，这样可以保证图片不变形。若不考虑图片比例失调的情况，可在“图片工具”选项卡中取消“锁定纵横比”复选框的勾选，再输入“高度”和“宽度”值，即可将图片调整为相应大小，如图3-95所示。

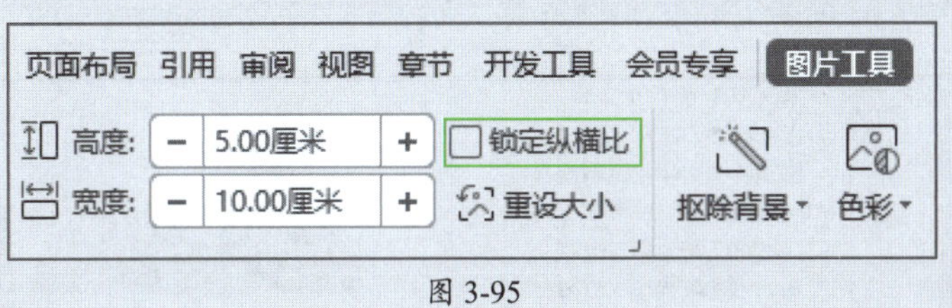

图 3-95

2. 设置图片布局方式

WPS文字中插入的图片默认的布局方式为“嵌入型”，此时的图片是被当成文字来处理的。嵌入型的好处是图片位置相对固定，不会轻易被移动，但是在灵活排版方面有所欠缺。用户可以根据需要设置图片的“文字环绕方式”。

选中图片，单击图片右侧的“布局选项”按钮，在展开的列表中选择需要使用的文字环绕方式，此处选择“四周型环绕”选项，如图3-96所示。所选图片的文字环绕方式随即被设置为“四周型环绕”，效果如图3-97所示。

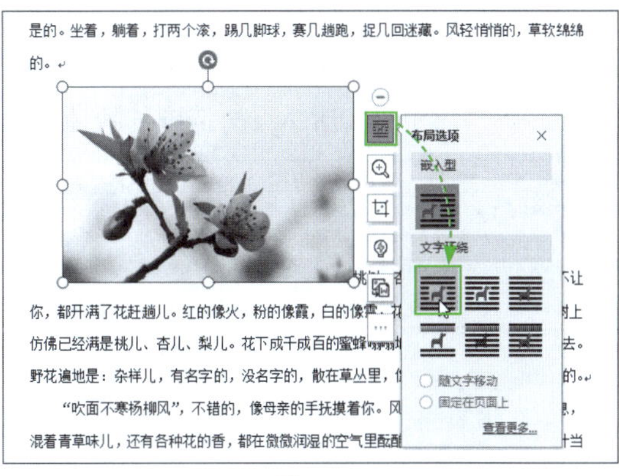

图 3-96

知识点拨

“文字环绕”是文字处理软件的一种排版方式，主要用于设置文档中的图片、文本框、自选图形、剪贴画、艺术字等对象与文字之间的位置关系。WPS文字包含6种文字环绕方式，分别为四周型环绕、紧密型环绕、穿越型环绕、上下型环绕、衬于文字下方、浮于文字上方。

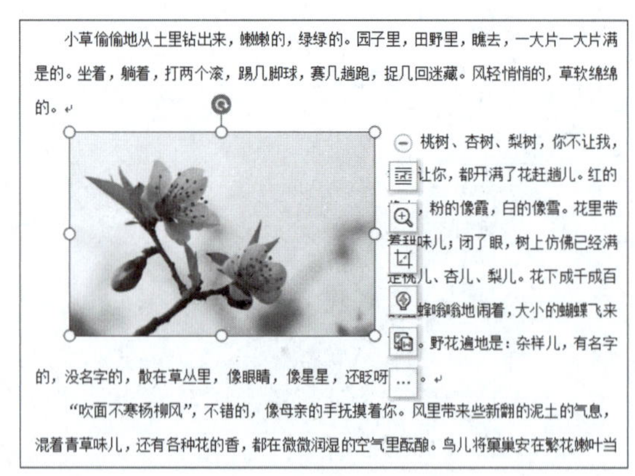

图 3-97

动手练 调整图片效果

在文档中插入图片后，还可以使用WPS文字提供的工具对图片的效果进行简单的设置。设置图片效果的命令按钮一般保存在“图片工具”选项卡中。

Step 01 选中图片，打开“图片工具”选项卡，通过单击“增加对比度”“降低对比度”“增加亮度”“降低亮度”4个按钮可设置图片的对比度和亮度，如图3-98所示。

Step 02 单击“色彩”下拉按钮，在下拉列表中选择“灰度”选项，可将图片设置为灰色，如图3-99所示。

图 3-98

图 3-99

Step 03 单击“效果”下拉按钮，通过下拉列表中的选项可为图片添加阴影、倒影、发光、柔化边缘、三维旋转效果。此处选择“倒影”选项，在其下级列表中选择“半倒影，接触”选项，如图3-100所示。所选图片随即被添加相应倒影效果，如图3-101所示。

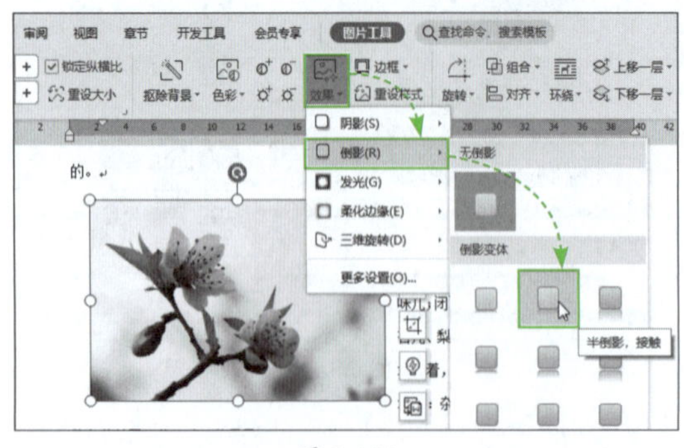

图 3-100

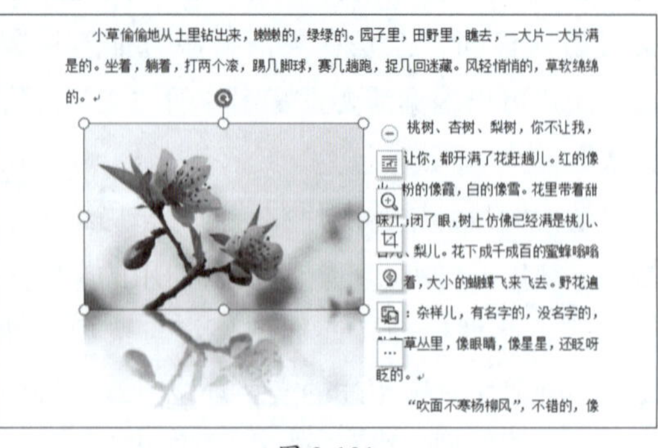

图 3-101

若要清除图片效果，可在“图片工具”选项卡中单击“重设样式”按钮，如图3-102所示。

图 3-102

动手练 按需裁剪图片

裁剪图片可以删除图片中不需要的部分，或将图片裁剪为指定的形状，从而起到美化图片的效果。

Step 01 选中图片，打开“图片工具”选项卡，单击“裁剪”按钮，进入裁剪模式，此时图片周围会显示8个黑色裁剪控制点，如图3-103所示。

Step 02 拖动裁剪控制点，调整好图片的保留区域，如图3-104所示。

Step 03 在文档中单击图片之外的任意位置，即可完成裁剪，如图3-105所示。

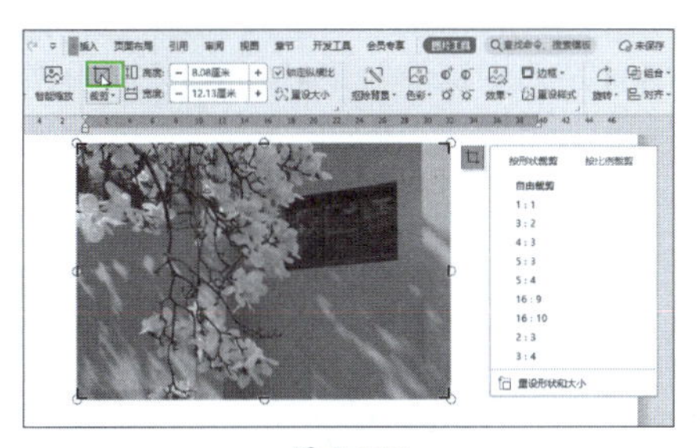

图 3-103

图 3-104

图 3-105

动手练 将图片裁剪为圆形

图片也可以裁剪为指定的形状，下面介绍如何将图片裁剪为正圆形。

Step 01 选中图片，打开“图片工具”选项卡，单击“裁剪”下拉按钮，在展开的下拉列表中选择“椭圆”选项，如图3-106所示。

Step 02 图片随即进入裁剪模式，并自动保留椭圆区域。此时图片右侧会显示“裁剪”面板，切换到“按比例裁剪”选项卡，选择“1:1”选项，如图3-107所示。

在图片之外的任意文档位置单击，图片随即被裁剪为所选形状。

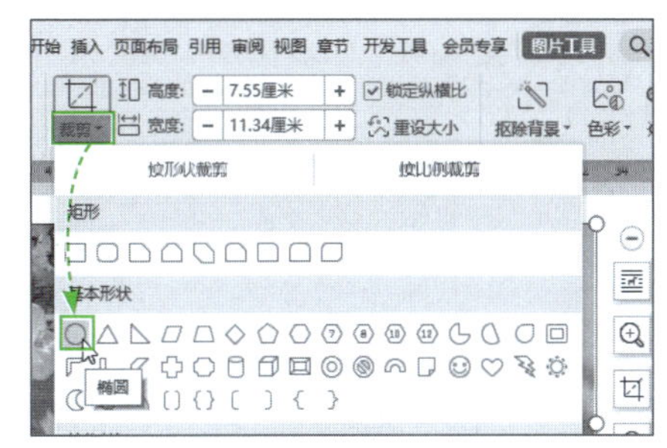

图 3-106

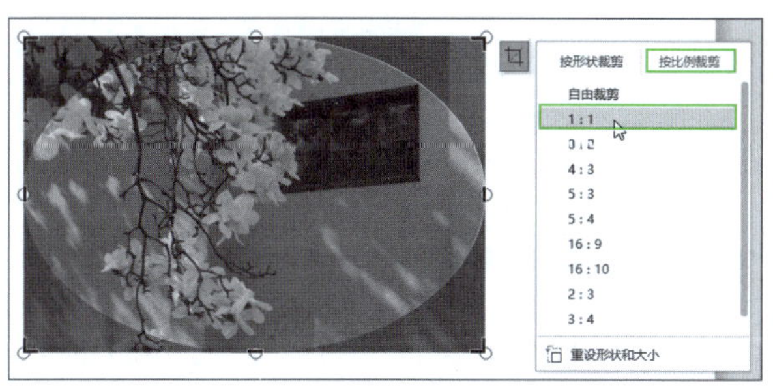

图 3-107

Step 03 图片的保留区域随即变为正圆形，如图3-108所示。

Step 04 在文档中图片之外的任意位置单击，即可完成裁剪，如图3-109所示。

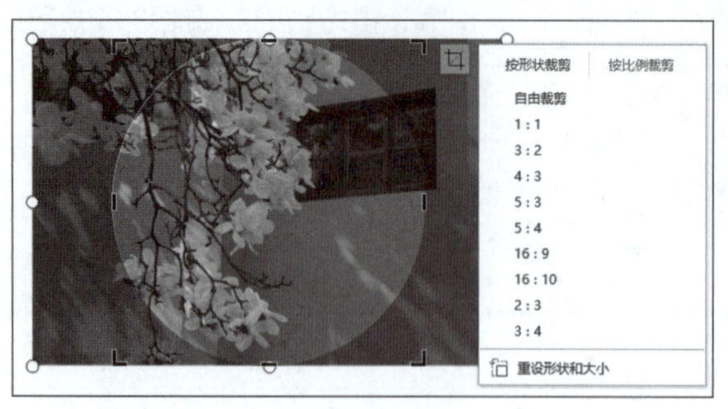

图 3-108

图 3-109

3.5.3 插入形状

文档中的形状具有装饰美化页面的作用，另外也可以用来制作各种流程图，WPS文字包含线条、矩形、基本形状、箭头总汇、公式形状、流程图、星与旗帜以及标注8种类型的形状，调用起来十分方便。

打开“插入”选项卡，单击“形状”下拉按钮，在“矩形”组中单击“矩形”图形，如图3-110所示。将光标移动到文档中，按住鼠标左键不放，同时拖动光标绘制形状，如图3-111所示。释放鼠标左键，便可在文档中插入一个矩形，如图3-112所示。

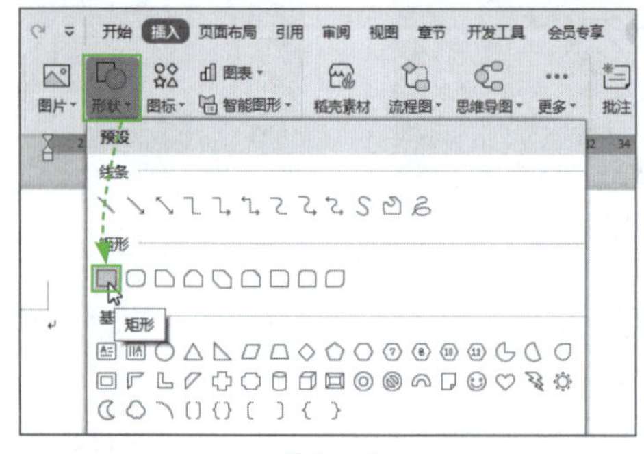

图 3-110

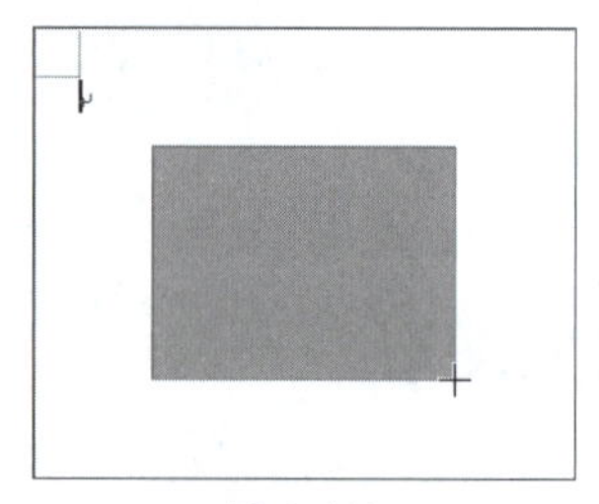

图 3-111

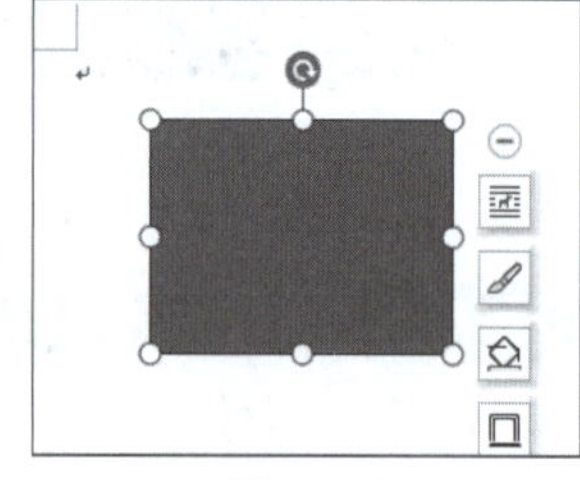

图 3-112

知识点拨

插入形状后通过“绘图工具”选项卡中提供的命令按钮，可以设置形状样式、填充效果、轮廓线样式、旋转形状、调整形状大小等，如图3-113所示。

图 3-113

3.5.4 插入智能图形

在文档中插入智能图形，可以将文字型的理念、观点和知识架构以图形的方式展示出来。智能图形包括图形列表、流程图以及更为复杂的图形。

将光标定位于要插入智能图形的位置。打开“插入”选项卡，单击“智能图形”下拉按钮，在下拉列表中选择“智能图形”选项，如图3-114所示。

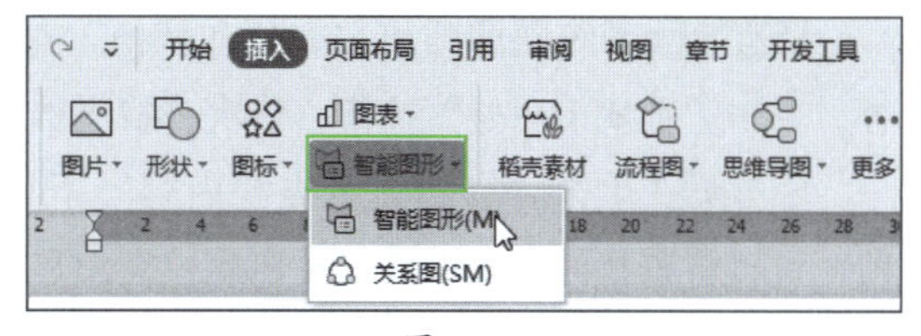

图 3-114

弹出“选择智能图形”对话框，选择需要使用的图形，单击“确定”按钮，如图3-115所示。文档中随即被插入所选样式的智能图形。用户可以在智能图形中的每个形状内输入文本，单击形状右侧的“添加项目”按钮，在展开的列表中可选择在当前形状的何处位置添加新形状，如图3-116所示。

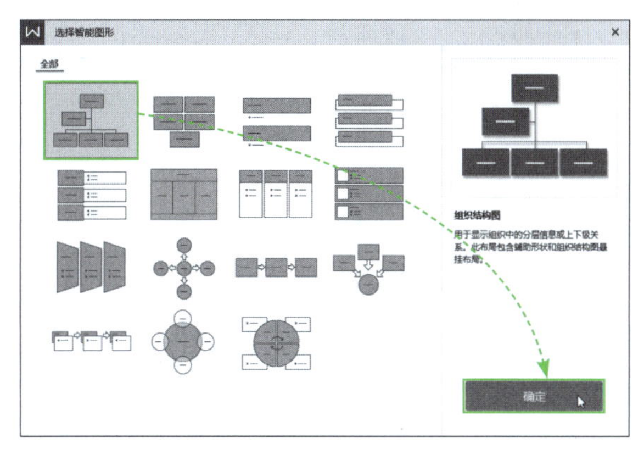

图 3-115

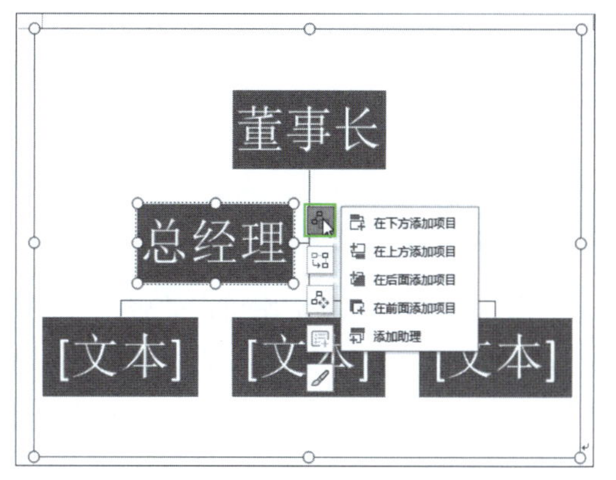

图 3-116

3.6 查找与替换

使用查找和替换功能可以在文档中快速查找或批量替换指定内容。另外，查找和替换并不局限于文本，还可以根据文本格式、段落格式等进行查找和替换。

3.6.1 查找文本

查找功能可以帮助用户快速定位文本的位置，或判断当前文档中是否存在指定的文本内容。

动手练 查找指定文本内容

Step 01 打开“开始”选项卡，单击“查找替换”下拉按钮，在下拉列表中选择“查找”选项，如图3-117所示。

图 3-117

Step 02 系统随即弹出“查找和替换”对话框，在“查找内容”文本框中输入要查找的内容，单击“查找下一处”按钮，依次查找文档中的指定内容，如图3-118所示。

Step 03 单击“突出显示查找内容”下拉按钮，在下拉列表中选择“全部突出显示”选项，可以将查找的内容全部以黄色底纹突出显示出来，如图3-119所示。

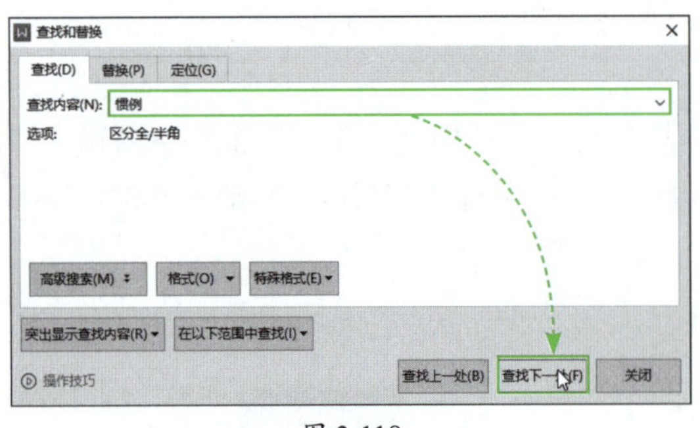

图 3-118

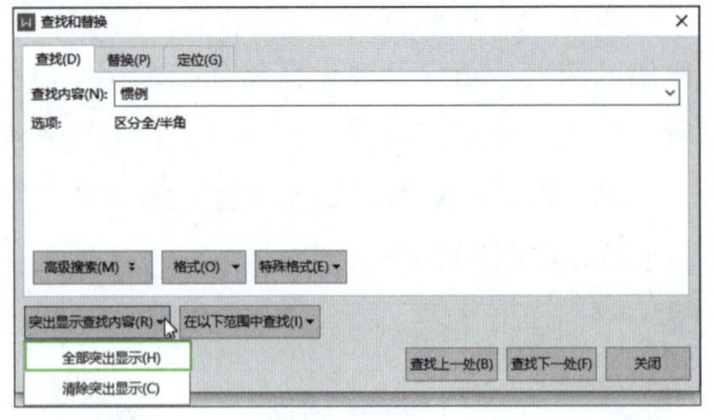

图 3-119

3.6.2 替换文本

在“开始”选项卡中单击“查找替换”下拉按钮，在下拉列表中选择“替换”选项，打开“查找和替换”对话框，分别输入要查找的内容以及要替换为的内容，单击“替换”按钮可依次进行替换，若单击“全部替换”按钮，则可批量完成替换，如图3-120所示。

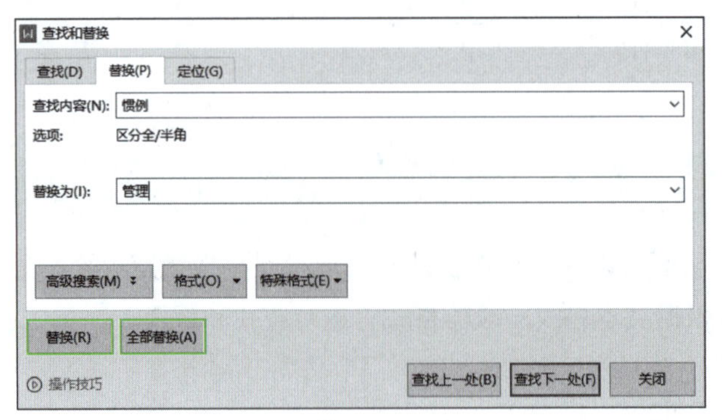

图 3-120

知识点拨

在“查找和替换”对话框中，通过单击“高级搜索”和“特殊格式”按钮，可以对文档进行格式替换、特殊字符替换等操作。

动手练 删除文档中多余空行

当文档中包含大量空行需要将其删除时，可使用查找和替换功能进行批量删除。

Step 01 按Ctrl+H组合键，打开“查找和替换”对话框，将光标定位于“查找内容”文本框中，单击“特殊格式”下拉按钮，在下拉列表中选择“段落标记”选项，如图3-121所示。“查找内容”文本框中随即会被插入一个“^p”符号。

Step 02 重复上一步骤，在“查找内容”文本框中插入两个“^p”符号，在“替换为”文本框中插入一个“^p”符号，单击“全部替换”按钮，如图3-122所示，文档中多余的空行便会被删除。若包含连续的空行，可以多次单击“全部替换”按钮，逐步删除。

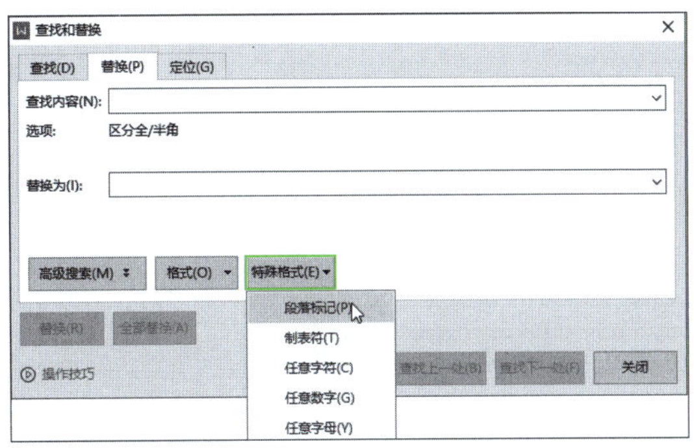

图 3-121

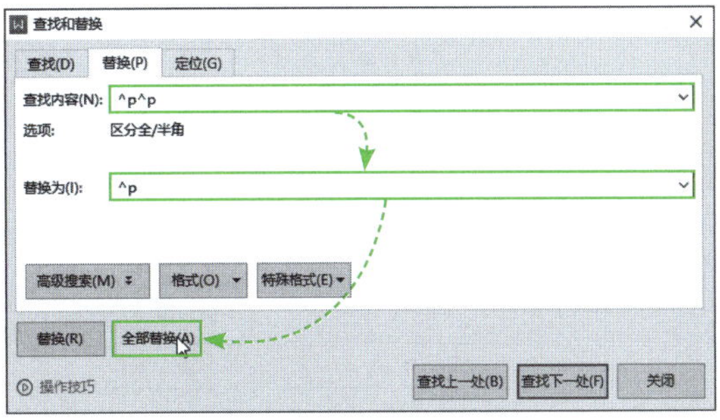

图 3-122

> **知识点拨**
>
> 用查找和替换功能删除空行的原理是，查找连续的两个段落标记，并将其替换为一个。这样多余的空行便会被删除。

3.7 保存与输出

文档的保存与输出属于基础操作。下面对保存新建文档、另存为文档、打印文档、将文档输出为指定格式等操作进行详细介绍。

3.7.1 保存文档

及时保存文档能够有效防止因死机、突然断电、意外关闭文档等突发情况所造成的文档内容丢失的情况。

1. 保存新建文档

新建文档后首先应该执行保存操作，保存文档时需要指定保存位置、文件名以及文件类型。

Step 01 单击窗口左上角的“保存”按钮（或按Ctrl+S组合键），如图3-123所示。

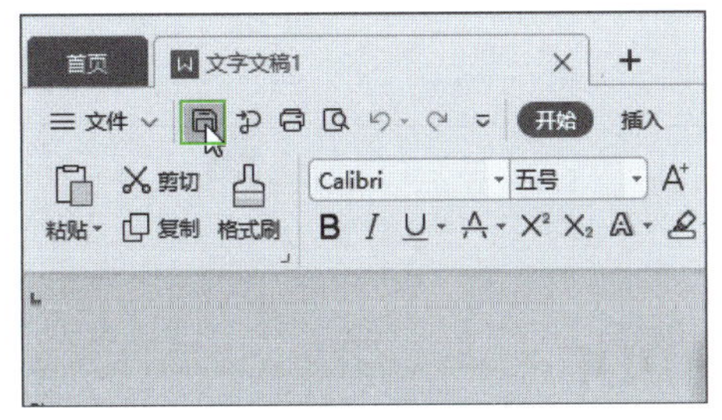

图 3-123

Step 02 系统随即弹出“另存为”对话框，在该对话框中可选择文件的保存位置，设置文件名以及文件类型，最后单击“保存”按钮，如图3-124所示。

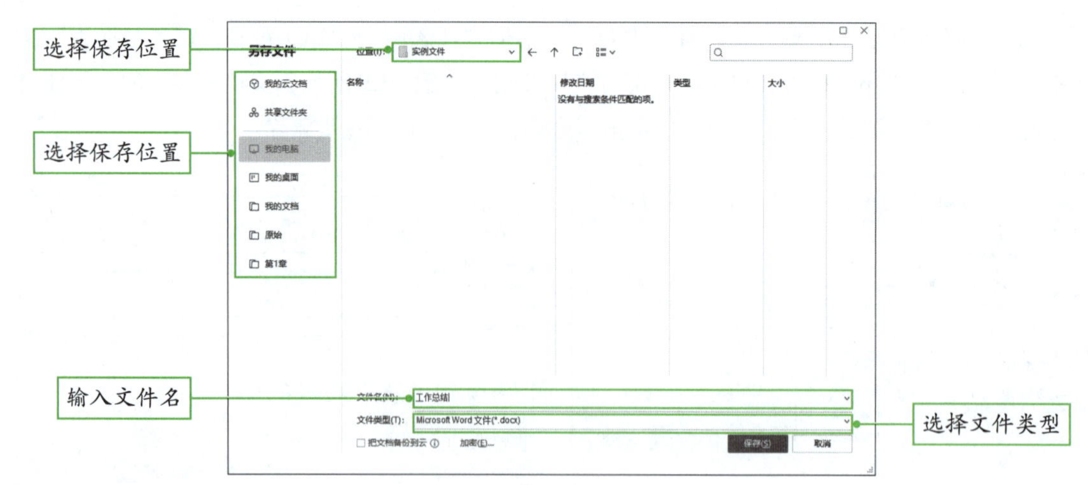

图 3-124

2. 另存为文档

单击“文件”按钮，在下拉列表中将光标停留在“另存为”选项上方，在下级列表中包含多种文档格式，用户可根据需要选择文档格式，随后系统会弹出“另存为”对话框，设置好文件的保存位置及文件名即可，如图3-125所示。

用户也可直接单击“另存为”按钮，打开“另存为”对话框。

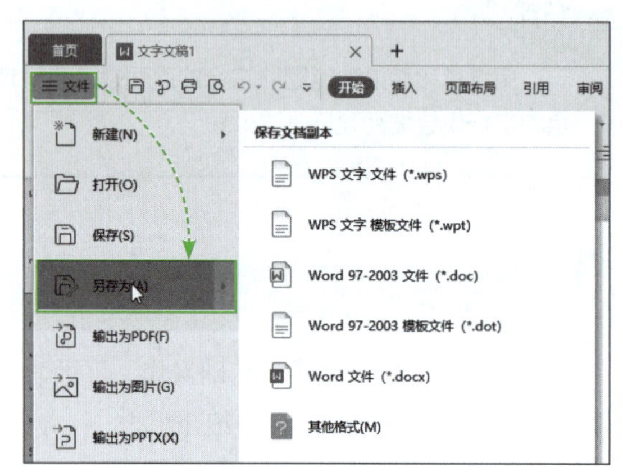

图 3-125

3.7.2 输出其他文档格式

文档制作完成后可输出为其他文档格式。例如输出为PDF、输出为图片、输出为PPT文件等。

单击文档左上角的“文件”按钮，在展开的文件菜单中包含“输出为PDF”“输出为图片”“输出为PPTX”选项，用户可根据需要选择要输出的格式，如图3-126所示。

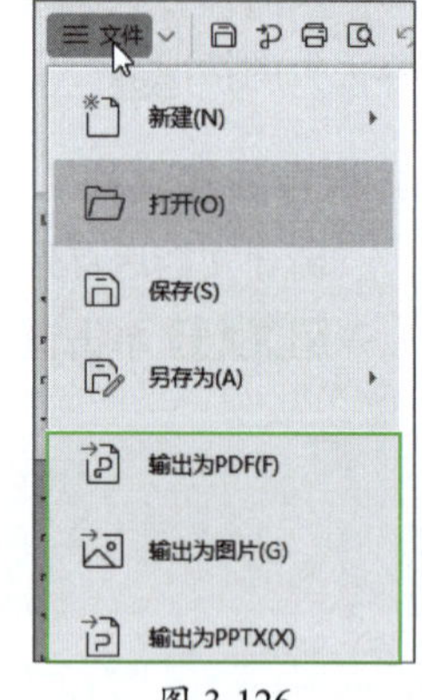

图 3-126

动手练 将文档输出为PDF

下面将指定的WPS文字文档输出为PDF文件，具体操作步骤如下。

Step 01 打开需要输出为PDF的文字文档，单击“文件”按钮，在展开的菜单中选择“输出为PDF”选项，如图3-127所示。

Step 02 弹出“输出为PDF”对话框，设置好要输出的页码范围以及文件的保存位置，单击“开始输出”按钮即可，如图3-128所示。

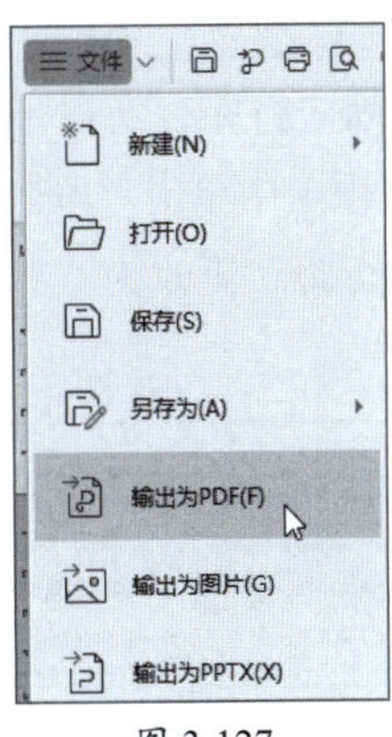

图 3-127

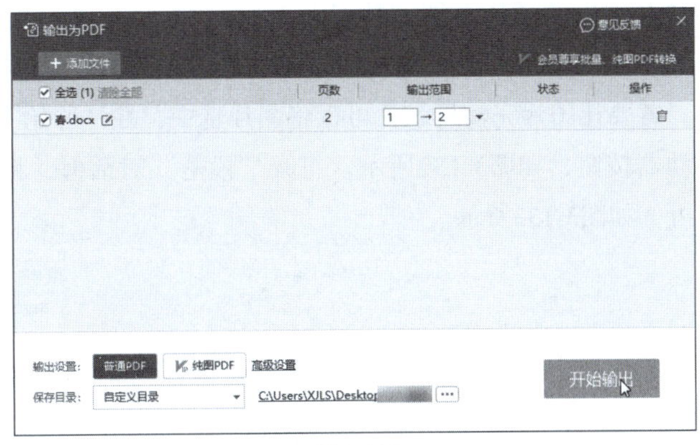

图 3-128

3.7.3 打印文档

文档打印是工作中十分常见的操作，打印出的文档方便传阅和存档。在打印文档之前为了确保打印效果，还需要进行打印预览，并设置打印参数。

动手练 打印我的文档

Step 01 在快速访问工具栏中单击“打印预览”按钮，如图3-129所示。

Step 02 文档随即切换到打印预览模式。在该模式下，通过菜单栏中的命令按钮或选项可以进行简单的打印设置，例如设置打印份数、设置打印顺序、设置打印方式等，如图3-130所示。

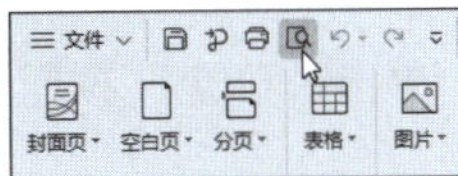

图 3-129

图 3-130

Step 03 在菜单栏中单击“更多设置”按钮，打开“打印”对话框，在“页码范围”组内可以设置打印范围，例如需要打印第1、2页，则选中“页码范围”单选按钮，并在右侧文本框中输入“1-2”，如图3-131所示。

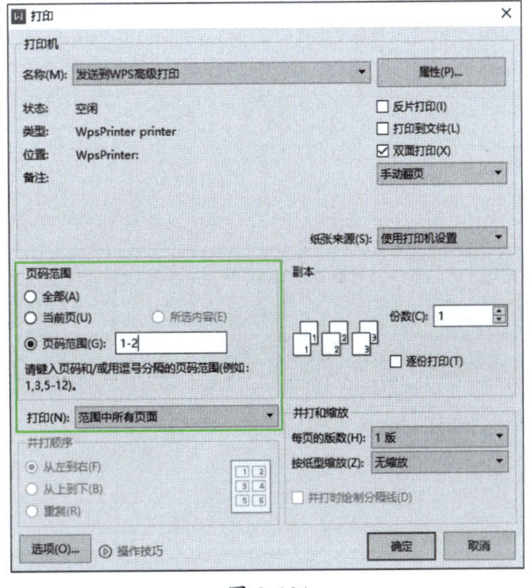

图 3-131

 新手答疑

1. Q：为什么插入的图片不能完整显示？

A：当文档中的段落行距设置成固定值，插入的图片也会应用固定行距，所以不能完整显示。若要让图片完整显示，可以将图片选中，在“开始”选项卡中单击“段落”对话框启动器按钮，如图3-132所示。打开“段落”对话框，将“行距”更改为“单倍行距”即可，如图3-133所示。

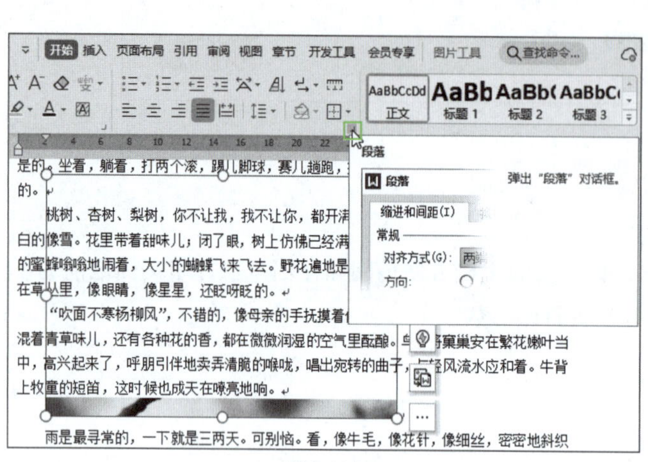

图 3-132

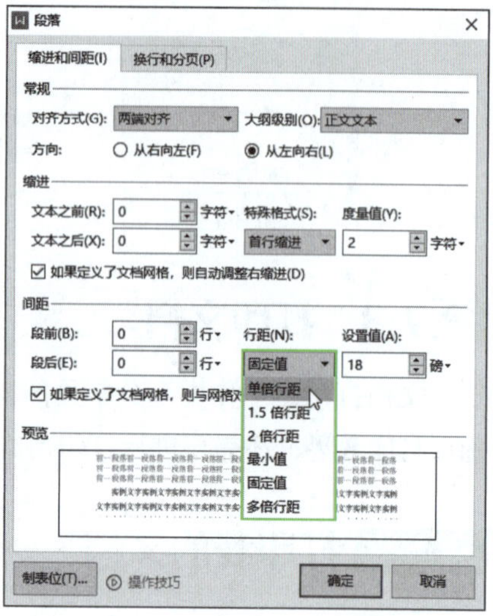

图 3-133

2. Q：文档中的图片太多，而且图片像素比较高，导致文档太大，不容易发送，该如何压缩图片？

A：选中文档中的任意一张图片，在“图片工具”选项卡中单击“压缩图片”按钮，如图3-134所示。打开“压缩图片”对话框，根据需要设置相关选项，单击“确定”按钮即可，如图3-135所示。

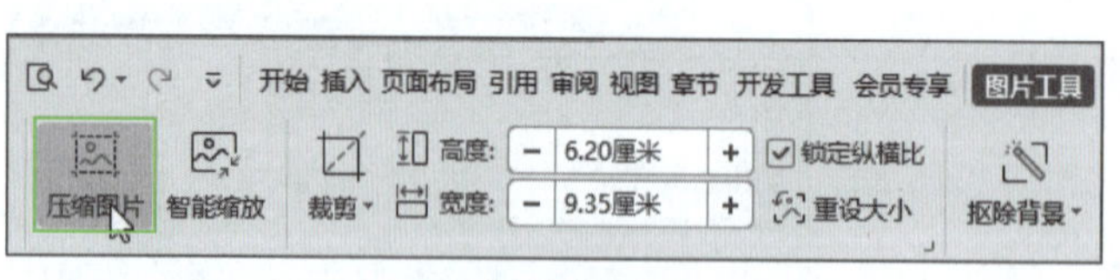

图 3-134

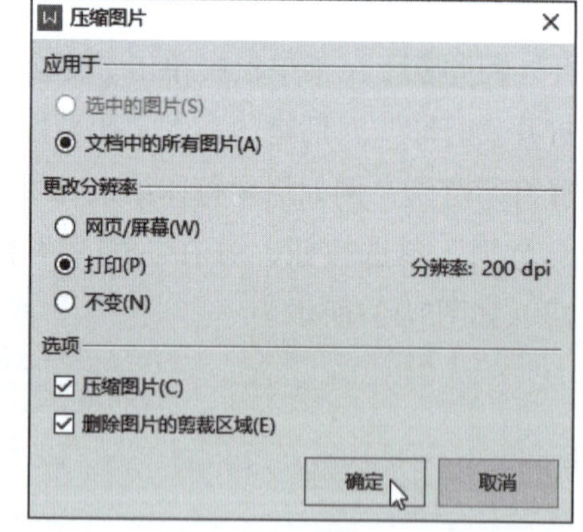

图 3-135

第4章 长文档的高效编排

文档内容很多时，可以借助WPS文字提供的各种文字排版工具，让文档看起来更专业、美观、容易阅读。本章将对页面布局的设置、样式的应用、脚注与尾注的使用、页眉页脚的添加、分栏排版、目录的提取等内容进行详细介绍。

4.1 页面布局

页面布局的设置直接影响文档的效果，下面对纸张方向、纸张大小、页边距等设置方法进行详细介绍。

4.1.1 纸张大小和方向

1. 调整纸张方向

WPS文字默认的纸张方向为纵向，如图4-1所示。用户也可根据需要将纸张方向更改为横向，如图4-2所示。

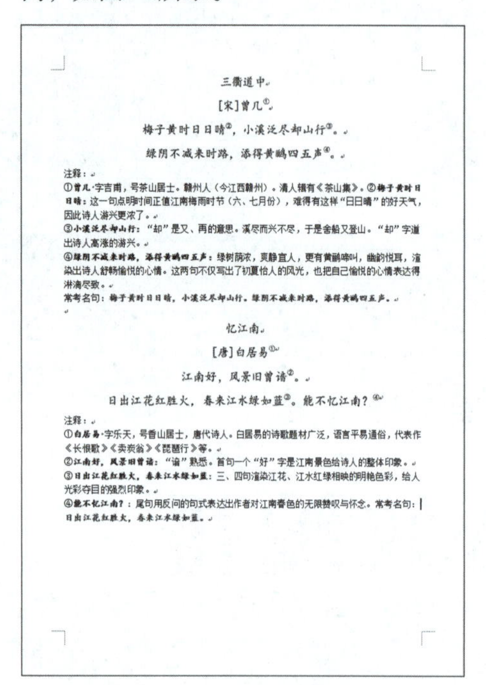

三衢道中

[宋]曾几①

梅子黄时日日晴②，小溪泛尽却山行③。

绿阴不减来时路，添得黄鹂四五声④。

注释：

①**曾几**·字吉甫，号茶山居士。赣州人（今江西赣州）。清人辑有《茶山集》。②**梅子黄时日日晴**：这一句点明时间正值江南梅雨时节（六、七月份），难得有这样“日日晴”的好天气，因此诗人游兴更浓了。

③**小溪泛尽却山行**：“却”是又、再的意思。溪尽而兴不尽，于是舍船又登山。“却”字道出诗人高涨的游兴。

④**绿阴不减来时路，添得黄鹂四五声**：绿树荫浓，爽静宜人，更有黄鹂啼叫，幽韵悦耳，渲染出诗人舒畅愉悦的心情。这两句不仅写出了初夏怡人的风光，也把自己愉悦的心情表达得淋漓尽致。

常考名句：**梅子黄时日日晴，小溪泛尽却山行。绿阴不减来时路，添得黄鹂四五声。**

忆江南

[唐]白居易①

江南好，风景旧曾谙②。

日出江花红胜火，春来江水绿如蓝③。能不忆江南？④

注释：

①**白居易**·字乐天，号香山居士，唐代诗人。白居易的诗歌题材广泛，语言平易通俗，代表作《长恨歌》《卖炭翁》《琵琶行》等。

②**江南好，风景旧曾谙**：“谙”熟悉。首句一个“好”字是江南景色给诗人的整体印象。

③**日出江花红胜火，春来江水绿如蓝**：三、四句渲染江花、江水红绿相映的明艳色彩，给人光彩夺目的强烈印象。

④**能不忆江南？**：尾句用反问的句式表达出作者对江南春色的无限赞叹与怀念。常考名句：**日出江花红胜火，春来江水绿如蓝。**

图 4-1

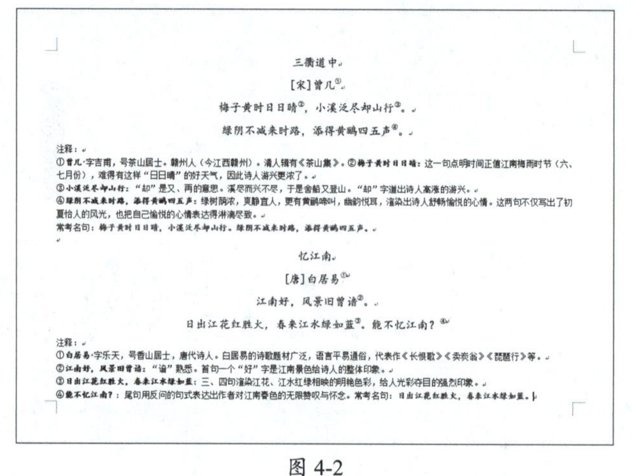

三衢道中

[宋]曾几①

梅子黄时日日晴②，小溪泛尽却山行③。

绿阴不减来时路，添得黄鹂四五声④。

注释：

①**曾几**·字吉甫，号茶山居士。赣州人（今江西赣州）。清人辑有《茶山集》。②**梅子黄时日日晴**：这一句点明时间正值江南梅雨时节（六、七月份），难得有这样“日日晴”的好天气，因此诗人游兴更浓了。

③**小溪泛尽却山行**：“却”是又、再的意思。溪尽而兴不尽，于是舍船又登山。“却”字道出诗人高涨的游兴。

④**绿阴不减来时路，添得黄鹂四五声**：绿树荫浓，爽静宜人，更有黄鹂啼叫，幽韵悦耳，渲染出诗人舒畅愉悦的心情。这两句不仅写出了初夏怡人的风光，也把自己愉悦的心情表达得淋漓尽致。

常考名句：**梅子黄时日日晴，小溪泛尽却山行。绿阴不减来时路，添得黄鹂四五声。**

忆江南

[唐]白居易①

江南好，风景旧曾谙②。

日出江花红胜火，春来江水绿如蓝③。能不忆江南？④

注释：

①**白居易**·字乐天，号香山居士，唐代诗人。白居易的诗歌题材广泛，语言平易通俗，代表作《长恨歌》《卖炭翁》《琵琶行》等。

②**江南好，风景旧曾谙**：“谙”熟悉。首句一个“好”字是江南景色给诗人的整体印象。

③**日出江花红胜火，春来江水绿如蓝**：三、四句渲染江花、江水红绿相映的明艳色彩，给人光彩夺目的强烈印象。

④**能不忆江南？**：尾句用反问的句式表达出作者对江南春色的无限赞叹与怀念。常考名句：**日出江花红胜火，春来江水绿如蓝。**

图 4-2

打开“页面布局”选项卡，单击“纸张方向”下拉按钮，在下拉列表中选择“横向”选项即可完成更改，如图4-3所示。

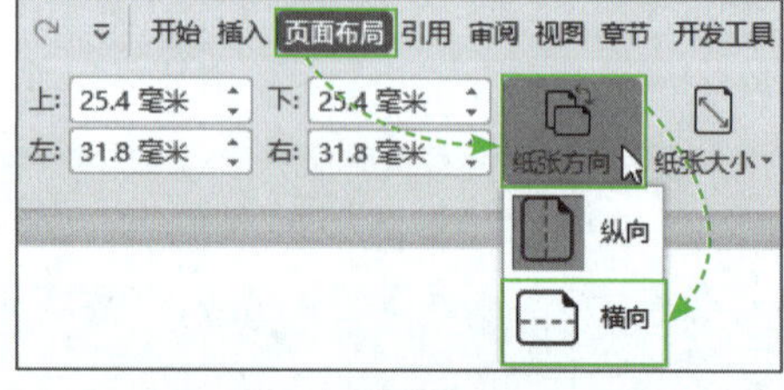

图 4-3

2. 设置纸张大小

WPS文字默认的纸张大小为A4（20.9厘米*29.6厘米），用户可根需要修改纸张的大小。

打开“页面布局”选项卡，单击“纸张大小”下拉按钮，该下拉列表中包含很多内置的纸张尺寸，用户可以在此选择一个尺寸，如图4-4所示。

用户也可自定义页面尺寸。在“纸张大小”下拉列表的最底部选择“其他页面大小”选项，打开“页面设置”对话框，切换到“纸张”选项卡，在“纸张大小”组中手动输入具体的“宽度”和“高度”值即可，如图4-5所示。

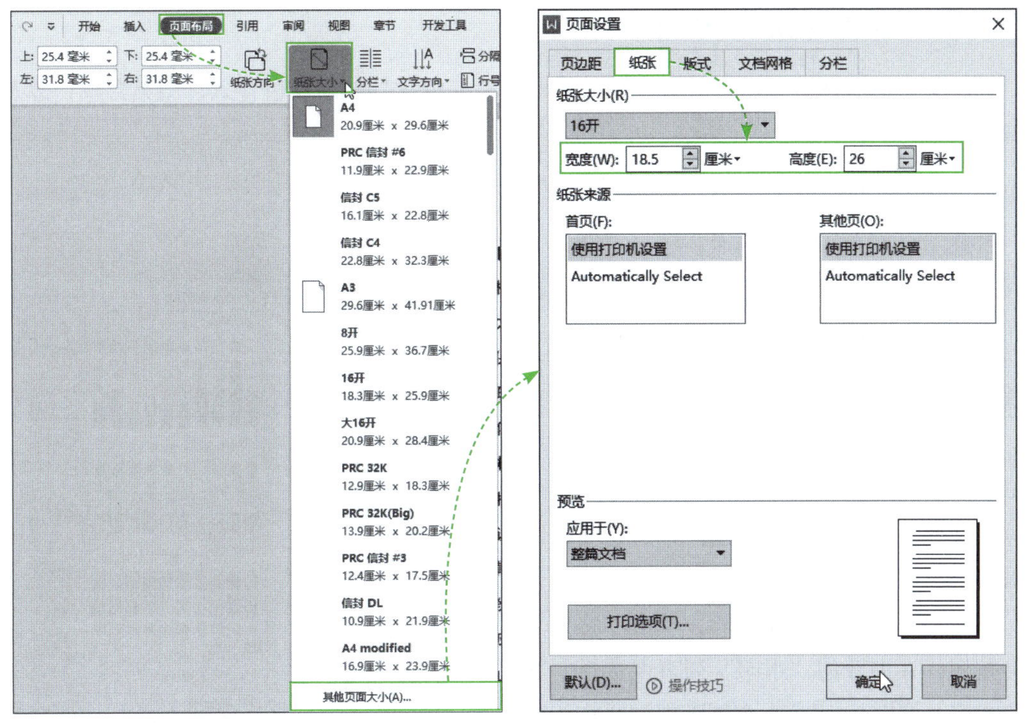

图 4-4　　　　图 4-5

4.1.2 页边距

页边距即文档内容与页面边缘的距离。页边距越宽，内容距离页面边缘越远，页边距越窄，则内容距离页面边缘越近。

打开“页面布局”选项卡，单击“页边距”下拉按钮，下拉列表中包含普通、窄、适中、宽4种固定的页边距，用户可在此选择一种页边距。另外，用户也可在选项卡中直接手动输入需要的上、下、左、右页边距值，如图4-6所示。

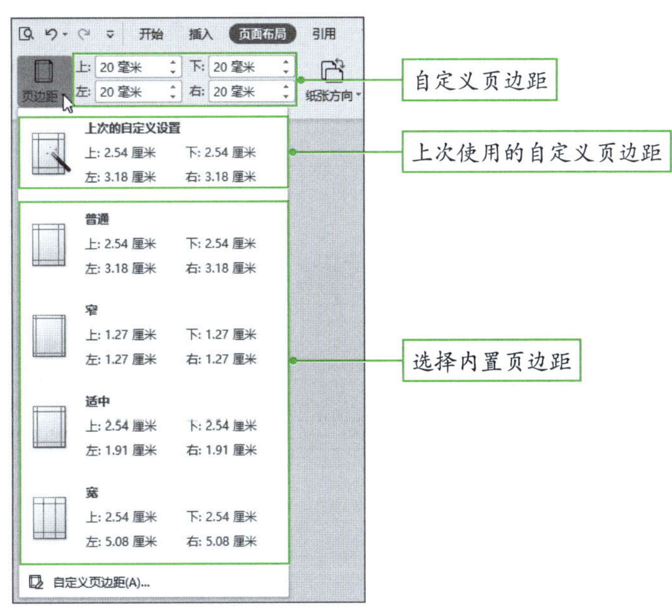

图 4-6

4.1.3 页面背景与页面水印

WPS文字的页面背景可以设置多种效果，包括纯色背景、渐变色背景、图案背景，以及图片背景等。

1. 设置页面背景

打开“页面布局”选项卡，单击“背景”下拉按钮，通过下拉列表中提供的选项可以设置相应的背景效果，如图4-7所示。

2. 添加水印

为文档添加水印，不仅能够传达一些有用的信息，还能增加视觉趣味性，另外水印也可以保护文档，提高文档的安全性，防止文档内容被盗用。

打开“页面布局”选项卡，单击“背景”下拉按钮，在展开的“水印”列表中选择一款水印文字，如图4-8所示。文档随即被添加相应的文字水印，效果如图4-9所示。

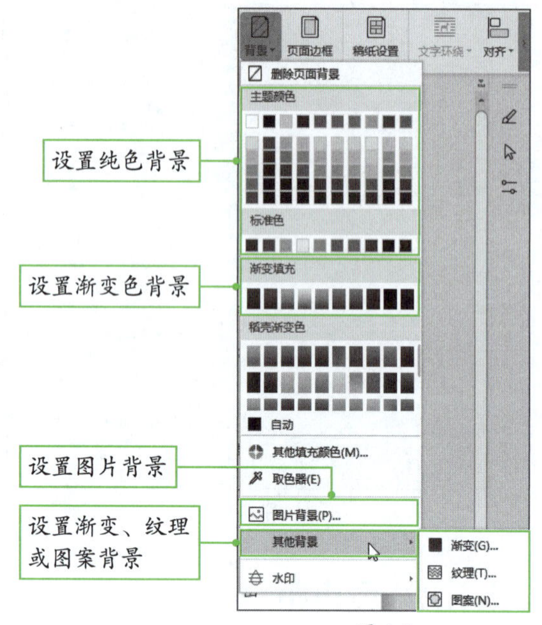

图 4-7

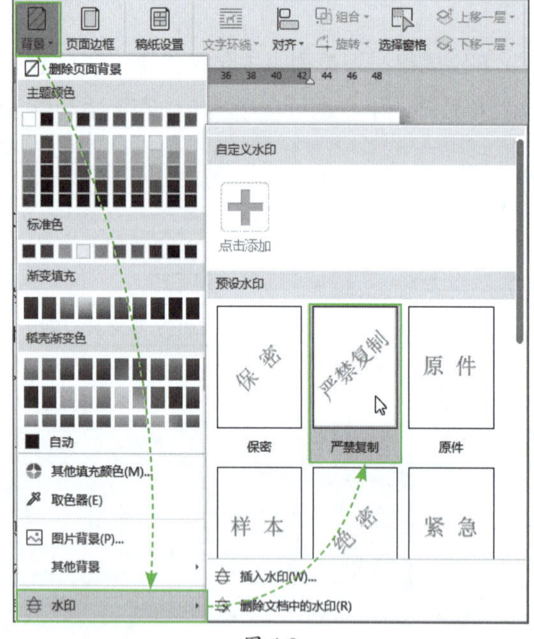

图 4-8

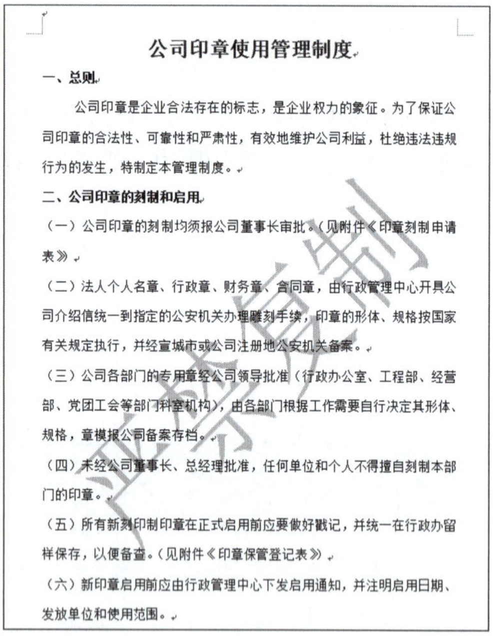

公司印章使用管理制度

一、总则

公司印章是企业合法存在的标志，是企业权力的象征。为了保证公司印章的合法性、可靠性和严肃性，有效地维护公司利益，杜绝违法违规行为的发生，特制定本管理制度。

二、公司印章的刻制和启用

（一）公司印章的刻制均须报公司董事长审批。（见附件《印章刻制申请表》）

（二）法人个人名章、行政章、财务章、合同章，由行政管理中心开具公司介绍信统一到指定的公安机关办理雕刻手续，印章的形体、规格按国家有关规定执行，并经宣城市或公司注册地公安机关备案。

（三）公司各部门的专用章经公司领导批准（行政办公室、工程部、经营部、党团工会等部门科室机构），由各部门根据工作需要自行决定其形体、规格，章模报公司备案存档。

（四）未经公司董事长、总经理批准，任何单位和个人不得擅自刻制本部门的印章。

（五）所有新刻印制印章在正式启用前应要做好戳记，并统一在行政办留样保存，以便备查。（见附件《印章保管登记表》）

（六）新印章启用前应由行政管理中心下发启用通知，并注明启用日期、发放单位和使用范围。

严禁复制

图 4-9

动手练 自定义水印

除了内置的水印，用户也可自定义水印。自定义水印的类型包括图片水印和文字水印两种。

Step 01 打开“页面布局”选项卡，单击“背景”下拉按钮，在下拉列表中选择“水印”选项，在其下级列表中选择“插入水印”选项，如图4-10所示。

Step 02 弹出“水印”对话框，在该对话框中可设置“图片水印”和“文字水印”。此处勾选“图片水印”复选框，随后单击“选择图片”按钮，如图4-11所示。

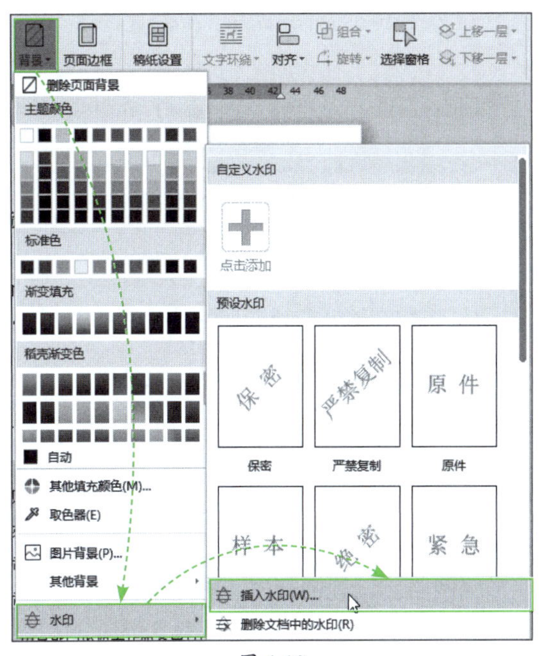

图 4-10

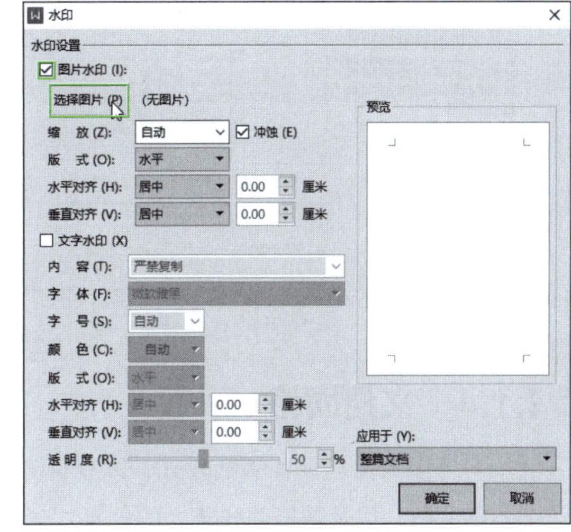

图 4-11

Step 03 打开“选择图片”对话框，选择要作为水印的图片，单击“打开”按钮，如图4-12所示。

Step 04 返回“水印”对话框，单击“确定”按钮，关闭对话框，如图4-13所示。

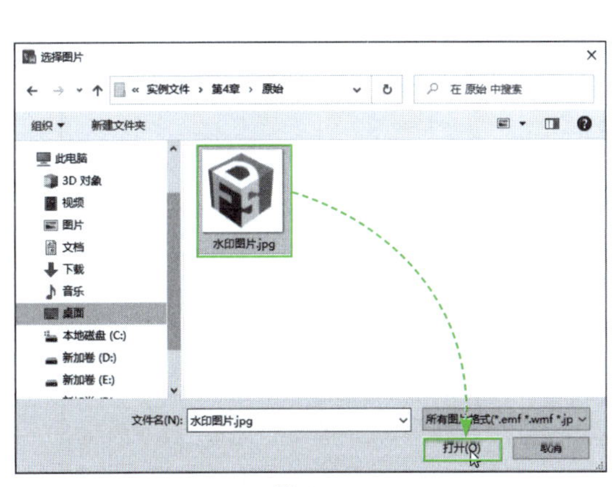

图 4-12

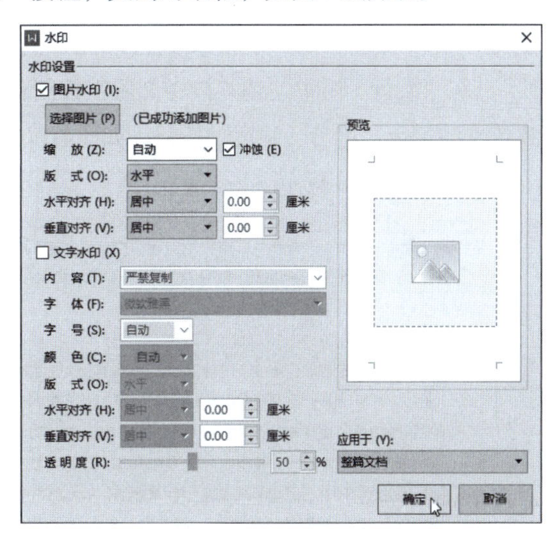

图 4-13

Step 05 再次打开“背景”下拉按钮，在“水印”下级列表的“自定义水印”组中单击新添加的图片水印，如图4-14所示。

Step 06 文档随即应用该图片水印，如图4-15所示。

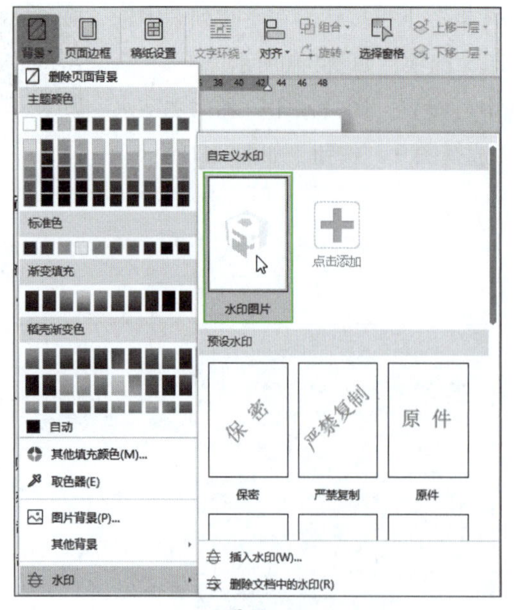

图 4-14

公司印章使用管理制度

一、总则

公司印章是企业合法存在的标志，是企业权力的象征。为了保证公司印章的合法性、可靠性和严肃性，有效地维护公司利益，杜绝违法违规行为的发生，特制定本管理制度。

二、公司印章的刻制和启用

（一）公司印章的刻制均须报公司董事长审批。（见附件《印章刻制申请表》）

（二）法人个人名章、行政章、财务章、合同章，由行政管理中心开具公司介绍信统一到指定的公安机关办理雕刻手续，印章的形体、规格按国家有关规定执行，并经宣城市或公司注册地公安机关备案。

（三）公司各部门的专用章经公司领导批准（行政办公室、工程部、经营部、党团工会等部门科室机构），由各部门根据工作需要自行决定其形体、规格，章模报公司备案存档。

（四）未经公司董事长、总经理批准，任何单位和个人不得擅自刻制本部门的印章。

（五）所有新刻印制印章在正式启用前应要做好戳记，并统一在行政办留样保存，以便备查。（见附件《印章保管登记表》）

（六）新印章启用前应由行政管理中心下发启用通知，并注明启用日期、发放单位和使用范围。

图 4-15

4.1.4 文档网格

用户可以为文档设置稿纸样式，以获得方格或横线网格。设置网格时还可以选择每页纸上可显示的字数，以及网格的样式、颜色等。

动手练 为文档添加网格

Step 01 打开“页面布局”选项卡，单击“稿纸设置”按钮，如图4-16所示。

Step 02 弹出“稿纸设置”对话框，勾选“使用稿纸方式”复选框，根据需要设置规格、网格及颜色，此处选择规格为“20 × 25（500字）”，网格选择“行线”，在“换行”组中勾选“按中文习惯控制首尾字符”复选框，并取消“允许标点溢出边界”复选框的勾选，单击“确定”按钮，如图4-17所示。

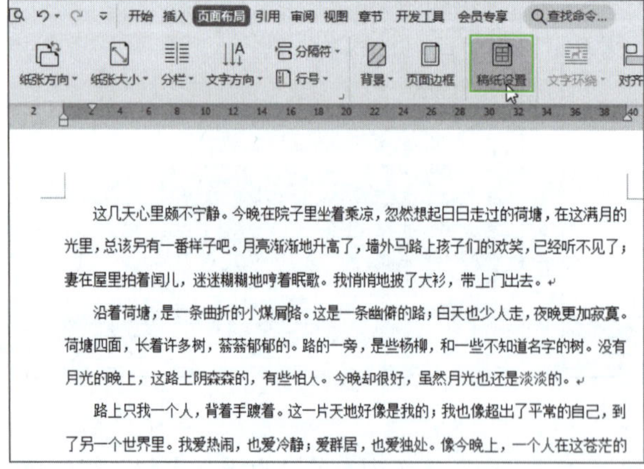

这几天心里颇不宁静。今晚在院子里坐着乘凉，忽然想起日日走过的荷塘，在这满月的光里，总该另有一番样子吧。月亮渐渐地升高了，墙外马路上孩子们的欢笑，已经听不见了；妻在屋里拍着闰儿，迷迷糊糊地哼着眠歌。我悄悄地披了大衫，带上门出去。

沿着荷塘，是一条曲折的小煤屑路。这是一条幽僻的路；白天也少人走，夜晚更加寂寞。荷塘四面，长着许多树，蓊蓊郁郁的。路的一旁，是些杨柳，和一些不知道名字的树。没有月光的晚上，这路上阴森森的，有些怕人。今晚却很好，虽然月光也还是淡淡的。

路上只我一个人，背着手踱着。这一片天地好像是我的；我也像超出了平常的自己，到了另一个世界里。我爱热闹，也爱冷静；爱群居，也爱独处。像今晚上，一个人在这苍茫的

图 4-16

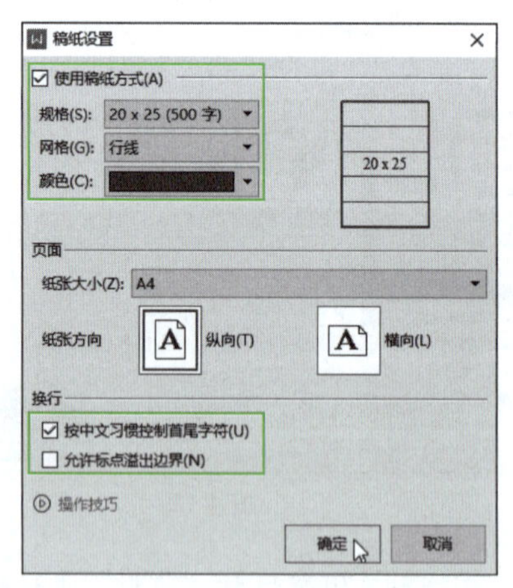

图 4-17

Step 03 文档随即被添加相应网格样式，效果如图4-18所示。

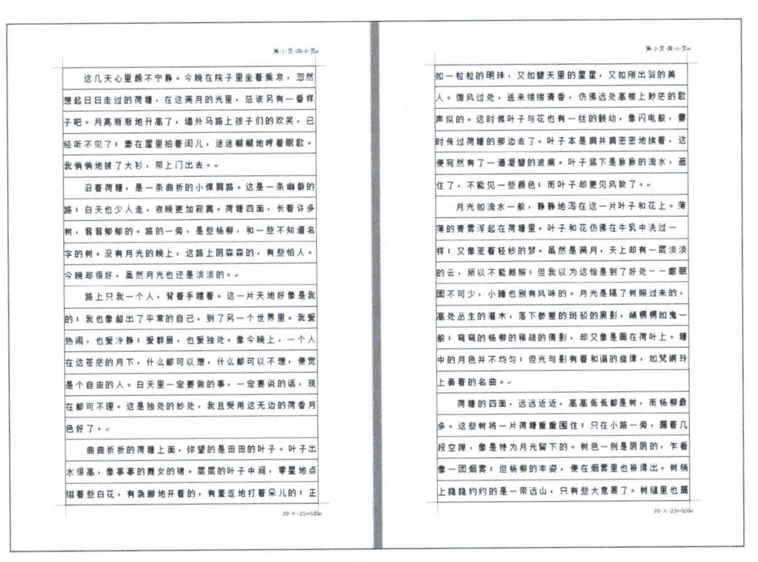

这几天心里颇不宁静。今晚在院子里坐着乘凉，忽然想起日日走过的荷塘，在这满月的光里，总该另有一番样子吧。月亮渐渐地升高了，墙外马路上孩子们的欢笑，已经听不见了；妻在屋里拍着闰儿，迷迷糊糊地哼着眠歌。我悄悄地披了大衫，带上门出去。

沿着荷塘，是一条曲折的小煤屑路。这是一条幽僻的路；白天也少人走，夜晚更加寂寞。荷塘四面，长着许多树，蓊蓊郁郁的。路的一旁，是些杨柳，和一些不知道名字的树。没有月光的晚上，这路上阴森森的，有些怕人。今晚却很好，虽然月光也还是淡淡的。

路上只我一个人，背着手踱着。这一片天地好像是我的；我也像超出了平常的自己，到了另一个世界里。我爱热闹，也爱冷静；爱群居，也爱独处。像今晚上，一个人在这苍茫的月下，什么都可以想，什么都可以不想，便觉是个自由的人。白天里一定要做的事，一定要说的话，现在都可不理。这是独处的妙处，我且受用这无边的荷香月色好了。

曲曲折折的荷塘上面，弥望的是田田的叶子。叶子出水很高，像亭亭的舞女的裙。层层的叶子中间，零星地点缀着些白花，有袅娜地开着的，有羞涩地打着朵儿的；正

如一粒粒的明珠，又如碧天里的星星，又如刚出浴的美人。微风过处，送来缕缕清香，仿佛远处高楼上渺茫的歌声似的。这时候叶子与花也有一丝的颤动，像闪电般，霎时传过荷塘的那边去了。叶子本是肩并肩密密地挨着，这便宛然有了一道凝碧的波痕。叶子底下是脉脉的流水，遮住了，不能见一些颜色；而叶子却更见风致了。

月光如流水一般，静静地泻在这一片叶子和花上。薄薄的青雾浮起在荷塘里。叶子和花仿佛在牛乳中洗过一样；又像笼着轻纱的梦。虽然是满月，天上却有一层淡淡的云，所以不能朗照；但我以为这恰是到了好处——酣眠固不可少，小睡也别有风味的。月光是隔了树照过来的，高处丛生的灌木，落下参差的斑驳的黑影，峭楞楞如鬼一般；弯弯的杨柳的稀疏的倩影，却又像是画在荷叶上。塘中的月色并不均匀；但光与影有着和谐的旋律，如梵婀玲上奏着的名曲。

荷塘的四面，远远近近，高高低低都是树，而杨柳最多。这些树将一片荷塘重重围住；只在小路一旁，漏着几段空隙，像是特为月光留下的。树色一例是阴阴的，乍看像一团烟雾；但杨柳的丰姿，便在烟雾里也辨得出。树梢上隐隐约约的是一带远山，只有些大意罢了。树缝里也漏

图 4-18

4.2 样式的应用

样式是文字格式和段落格式的集合。为文档设置标题样式，可以避免对内容进行重复的格式化操作。用户可以使用系统提供的内置样式或新建一个样式。

4.2.1 应用内置样式

WPS内置了多种标题样式，例如标题1、标题2、标题3等。下面介绍如何为文本应用标题样式。

选择需要设置为标题的文本，在"开始"选项卡中打开内置样式列表，选择"标题2"选项，如图4-19所示。所选内容随即应用标题2样式，如图4-20所示。使用此方法可继续为文档中的其他标题设置样式。

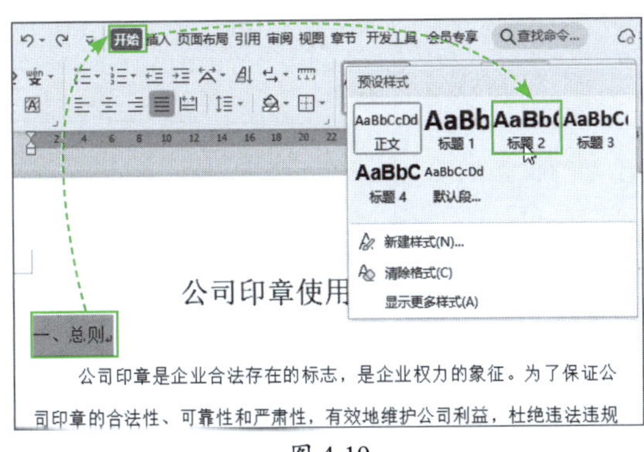

图 4-19

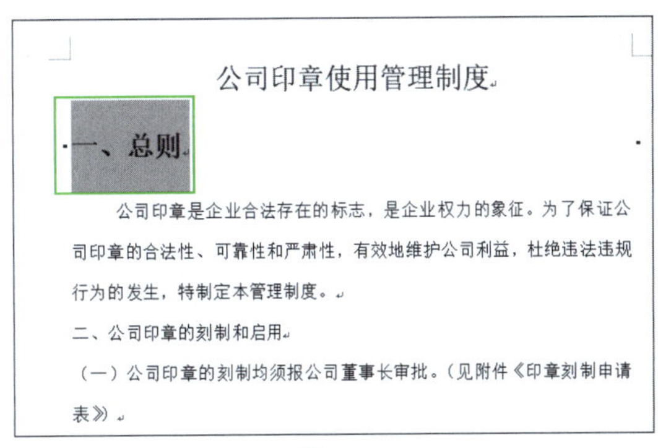

图 4-20

4.2.2 修改内置样式

若对内置的样式不满意，可以对样式进行修改。用户可以修改样式的属性、格式、段落等。

首先，在样式列表中右击需要修改的样式，此处右击"标题2"样式，在弹出的快捷菜单中

选择“修改样式”选项，如图4-21所示。然后在弹出的“修改样式”对话框中对字体、字号、字体效果、对齐方式等进行调整，设置完成后单击“确定”按钮，关闭对话框，如图4-22所示。随后即可发现文档中所有应用了该样式的文本或段落的格式已发生变化，如图4-23所示。

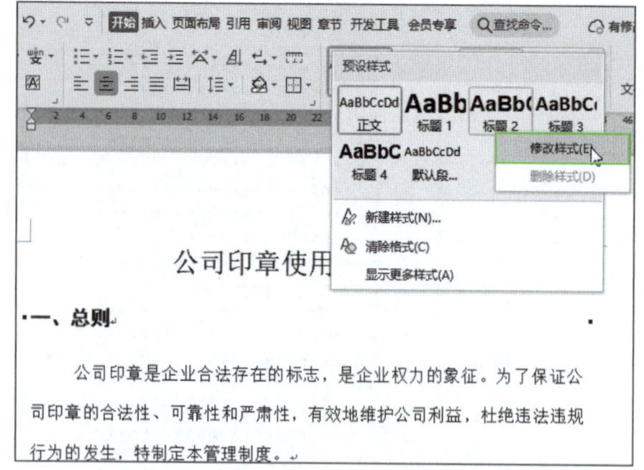

图 4-21

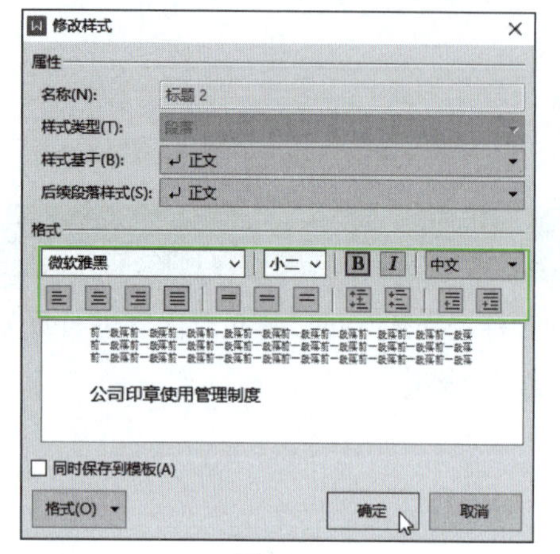

图 4-22

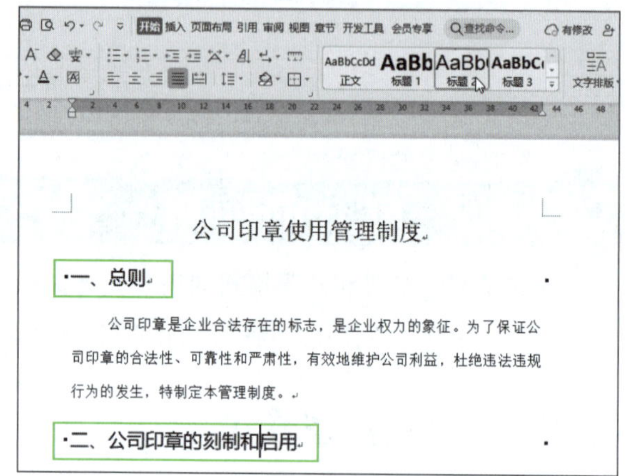

图 4-23

知识点拨

在“修改样式”对话框中单击“格式”下拉按钮，通过下拉列表中提供的选项可以打开相应对话框，对当前样式的字体、段落、制表位、边框等进行设置，如图4-24所示。

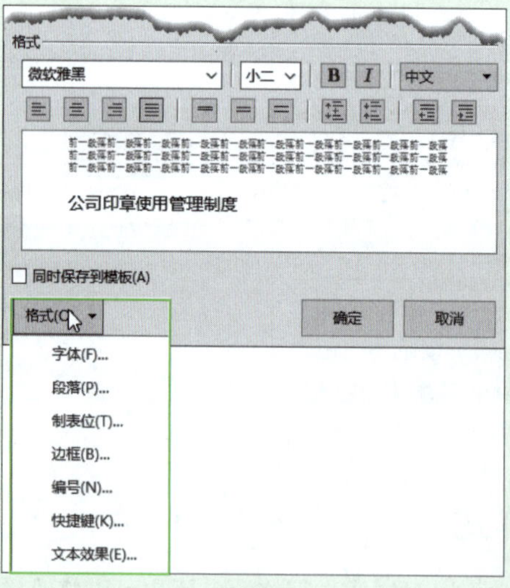

图 4-24

动手练 新建样式

除了套用WPS提供的内置样式外，用户也可以新建样式以满足更多使用需求。下面介绍具体操作步骤。

Step 01 在“开始”选项卡中打开样式列表，选择“新建样式”选项，如图4-25所示。

Step 02 打开“新建样式”对话框，在“属性”组中设置名称、样式类型等，在“格式”组中设置字体、字号、字体效果、对齐方式等，随后单击“格式”下拉按钮，在下拉列表中选择“段落”选项，如图4-26所示。

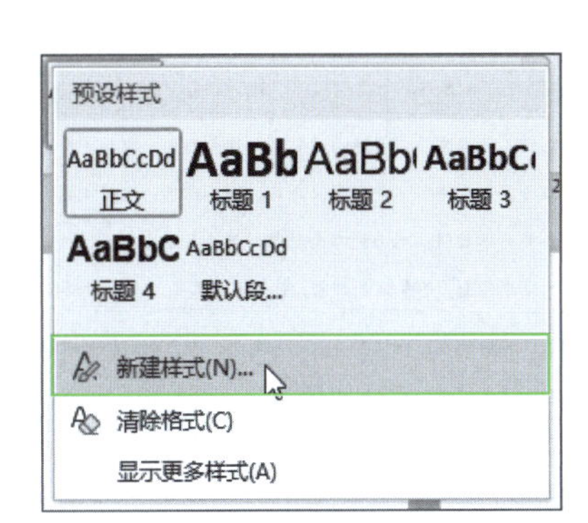

图 4-25

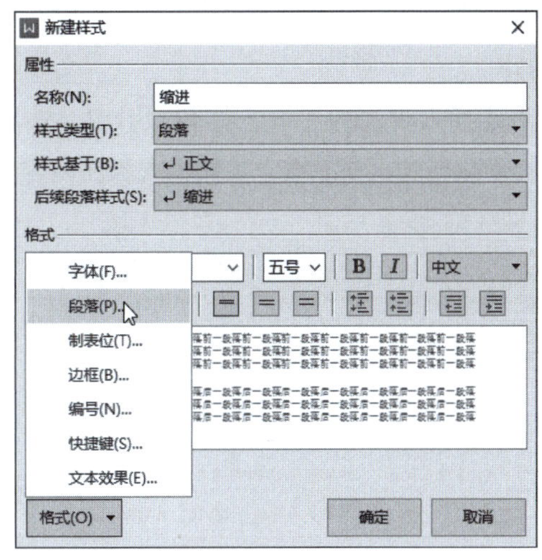

图 4-26

Step 03 弹出“段落”对话框，设置特殊格式为“首行缩进”，度量值为“2”字符，随后根据需要设置行距等，设置完成后单击“确定”按钮，关闭对话框，如图4-27所示。

Step 04 再次打开样式列表，可以看到自定义的样式，在文档中选中文本或段落，单击该自定义样式，即可应用该样式，如图4-28所示。

图 4-27

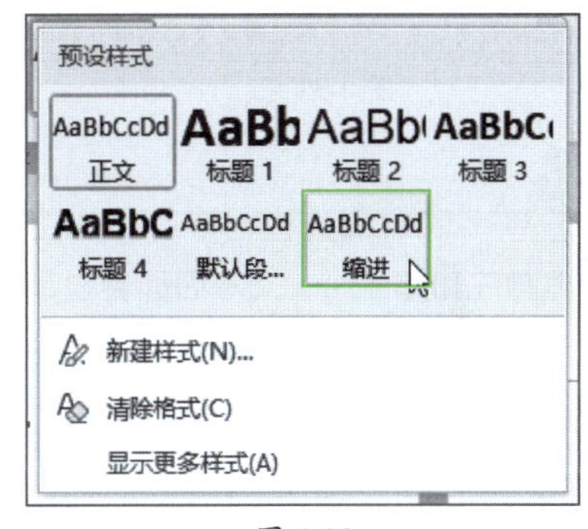

图 4-28

4.3 引用文档指定内容

在文档中添加脚注、尾注、题注、索引等引用信息，可以对文档的关键内容进行说明和组织，并且这些索引信息可以随着文档内容的更新自动更新。

4.3.1 插入脚注与尾注

脚注位于页面底端，作为文档某处内容的注释，而尾注位于文档末尾，列出引文的出处。用户可以根据需要在文档中插入脚注和尾注。

1. 插入脚注

选中需要插入脚注的文本，打开“引用”选项卡，单击“插入脚注”按钮，如图4-29所示。光标自动跳转到页面底端，直接输入脚注内容即可，如图4-30所示。

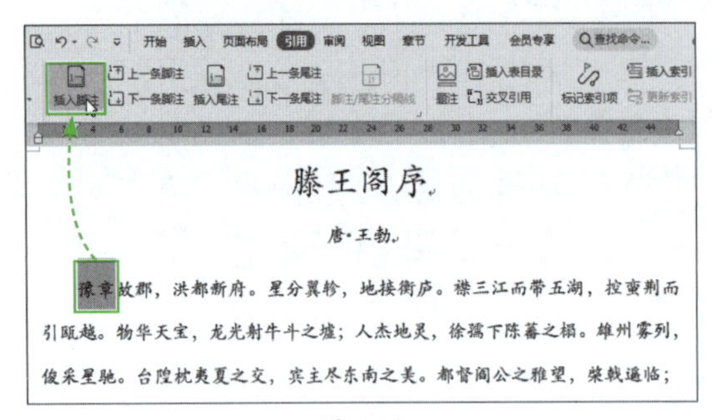

图 4-29

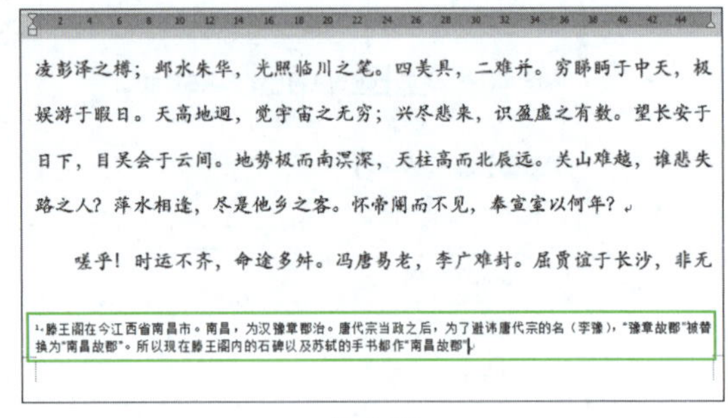

图 4-30

2. 插入尾注

选中需要插入尾注的内容，打开“引用”选项卡，单击“插入尾注”按钮，如图4-31所示。光标随即自动移动至文档结尾处，输入尾注内容即可，如图4-32所示。

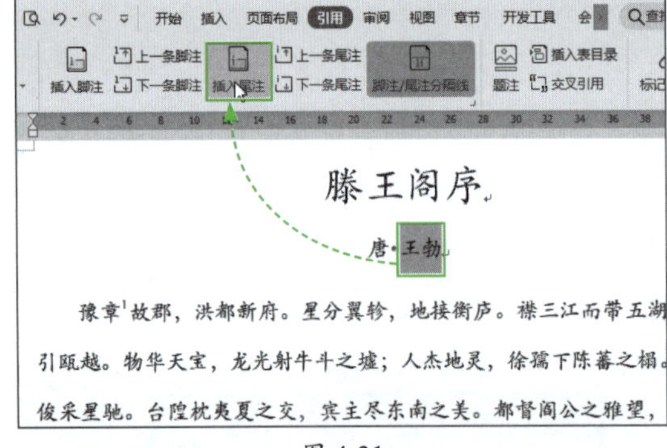

图 4-31

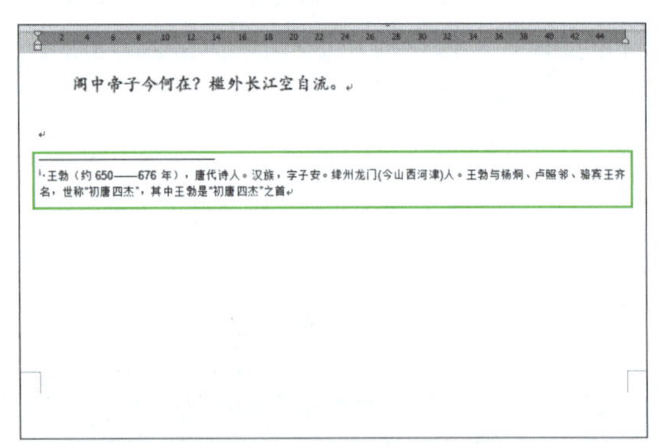

图 4-32

知识点拨

创建脚注和尾注后，文本后面会显示数字以及小写的罗马数字图标，将光标悬停在图标上方，会显示脚注或尾注内容，如图4-33所示。

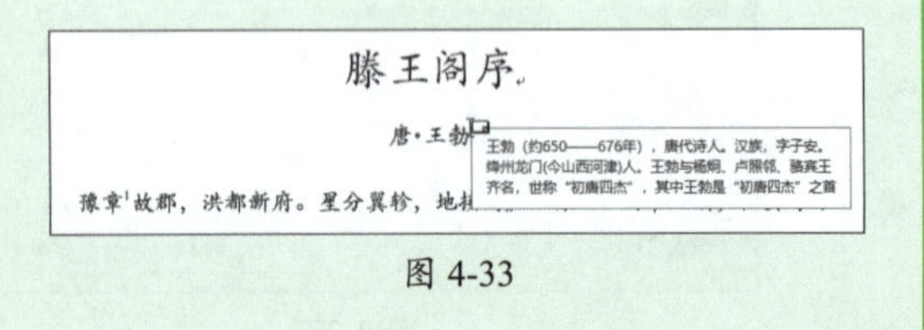

图 4-33

动手练 插入题注

题注是为文档中的图片或表格对象添加的注释和说明。下面介绍如何为图片插入题注。

Step 01 选中需要添加题注的图片，打开“引用”选项卡，单击“题注”按钮，如图4-34所示。

Step 02 弹出“题注”对话框，设置“标签”为“图”，此时“题注”文本框中自动显示“图1”，单击“确定”按钮，如图4-35所示。

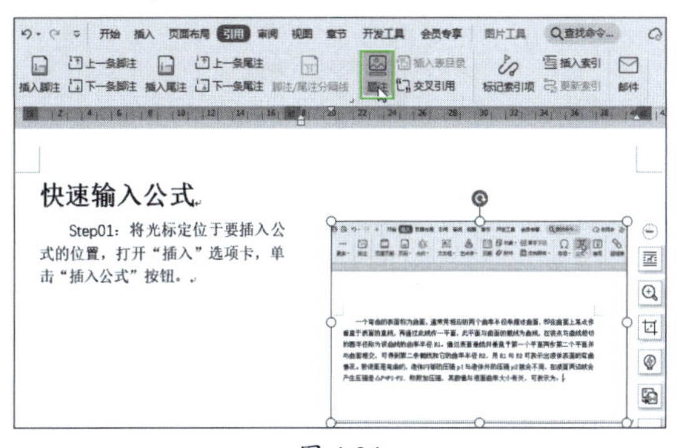

图 4-34

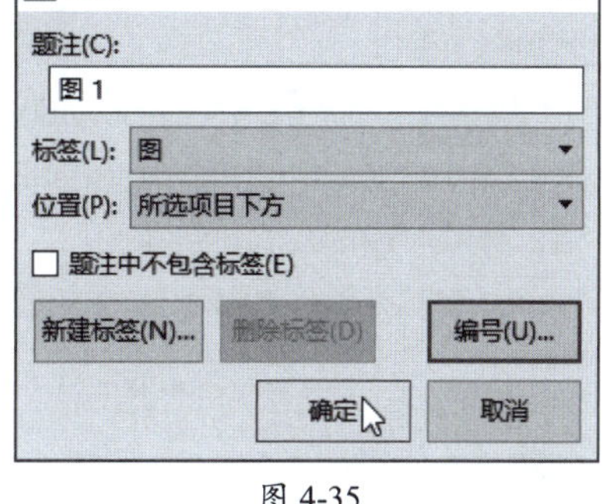

图 4-35

Step 03 所选图片下方随即自动被添加题注，如图4-36所示。继续为文档中的其他图片添加题注，题注中的数字序号会自动更新。

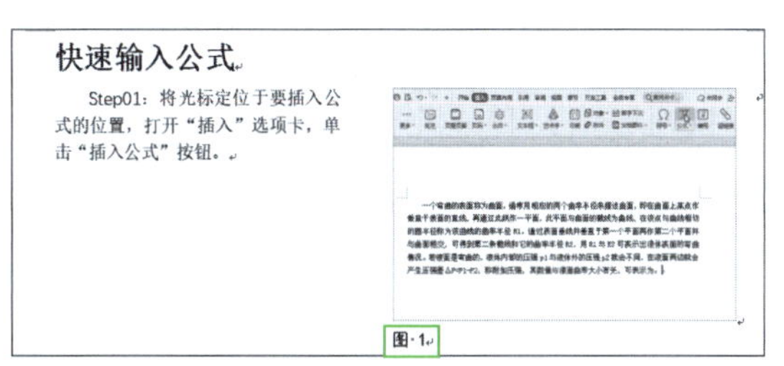

图 4-36

知识点拨

题注中数字编号的样式可以根据需要进行更改。在“题注”文本框中单击“编号”按钮，打开“题注编号”对话框，单击“格式”下拉按钮，在下拉列表中可选择其他编号样式，如图4-37所示。

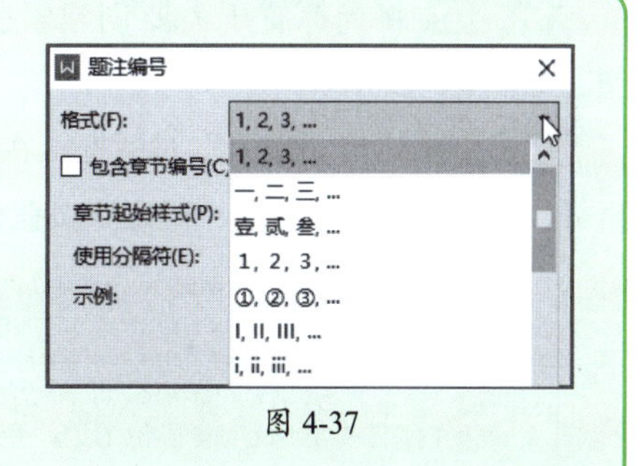

图 4-37

4.3.2 添加索引内容

“索引”是一种关键词备忘录，列出关键字和关键字出现的页码。用户可以为某个词语、短语或符号创建索引项，也可以为包含延续数页的主题创建索引项。除此之外还可以创建引用其他索引项的索引。

添加索引之前需要先编辑出组成文档索引的文字、短语或符号之类的全部索引项。具体操作方法如下。

首先，选中需要作为索引的文本，打开“引用”选项卡，单击“标记索引项”按钮，如图4-38所示。然后打开相应的对话框，在“索引”组中的“主索引项”文本框中已经显示选中的文本，单击“标记”按钮，即可标记索引项，如图4-39所示。

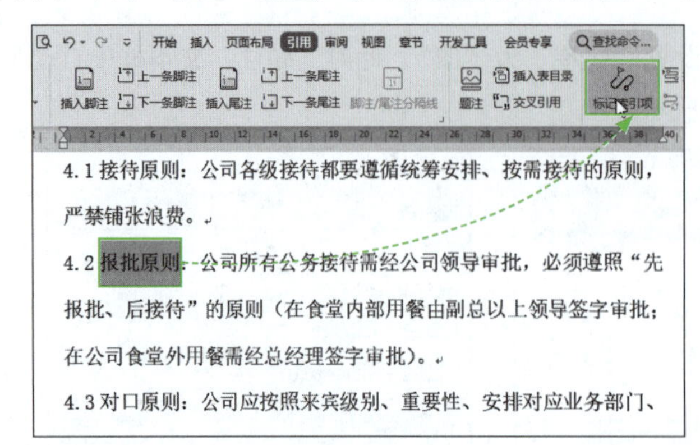

图 4-38

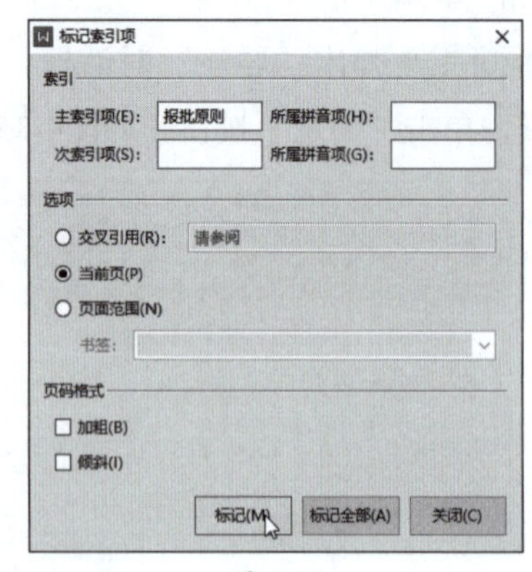

图 4-39

知识点拨

标记索引时，在“标记索引项”对话框中还可以进行更多设置。

若要创建次索引项，可以在“索引”组中的“次索引项”文本框中输入文本；若要创建第三级索引项，可以在“次索引项”文本后输入“：”，然后在文本框中输入第三级索引文本；若要创建对另一个索引项的交叉引用，可以在“选项”组中选中“交叉引用”单选按钮，随后在文本框中输入另一个索引项的文本。

动手练 创建索引

完成索引标记后便可以创建索引，下面介绍具体操作步骤。

Step 01 将光标置于需要创建索引的位置，打开“引用”选项卡，单击“插入索引”按钮，如图4-40所示。

Step 02 弹出“索引”对话框，在该对话框中可以设置索引格式，包括索引类型、栏数、语言等，设置完成后，单击“确定”按钮，如图4-41所示。此时新创建的索引将自动插入文档中。

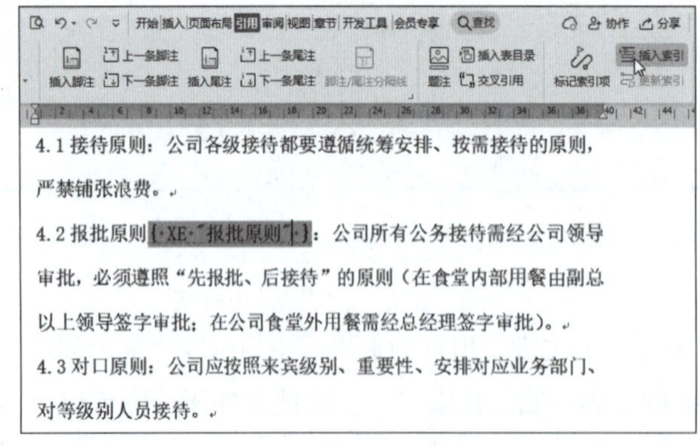

图 4-40

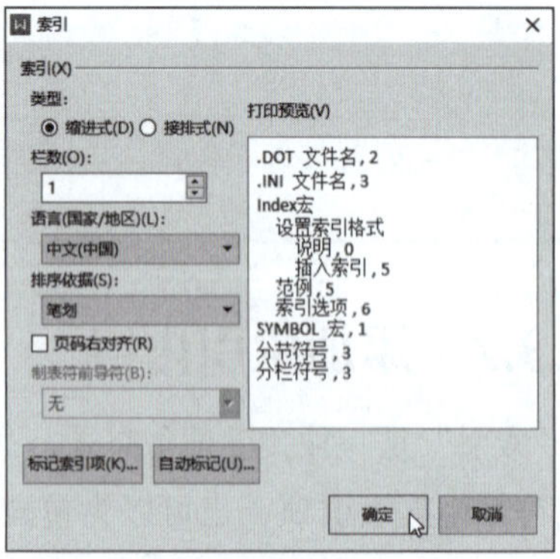

图 4-41

4.4 添加页眉、页脚与页码

页眉和页脚是文档中的一个独立区域，可以脱离文档内容进行单独设置。页眉和页脚中可以显示很多信息，例如文本信息、日期和时间、图片、页码等。

4.4.1 添加页眉和页脚

用户可使用系统内置的页眉页脚，或手动设置页眉页脚。在添加页眉页脚前需要先启动页眉和页脚编辑状态。

1. 使用内置页眉页脚

WPS文字提供大量免费的页眉页脚样式，用户可根据需要进行选择，下面介绍具体操作方法。

将光标移动至页眉或页脚位置，双击即可进入页眉和页脚编辑状态，如图4-42所示。此时菜单栏中自动出现“页眉页脚”选项卡，在该选项卡中单击“配套组合”下拉按钮，在展开的下拉列表中选择一款满意的页眉页脚样式，单击“免费使用”按钮，如图4-43所示。

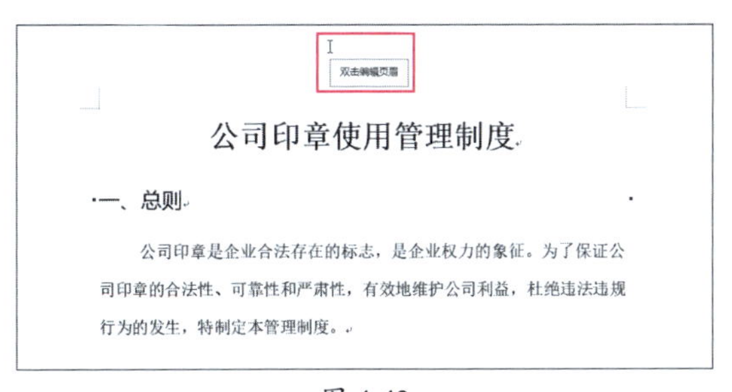

图 4-42

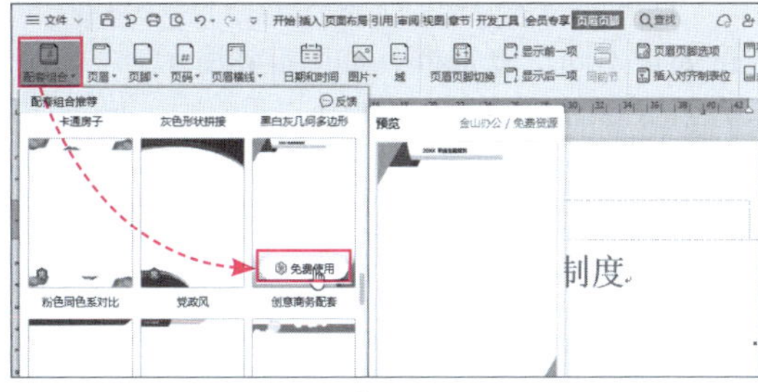

图 4-43

所选页眉页脚随即被应用到文档中的每一页，如图4-44所示。页眉页脚中的文本内容可以根据需要进行修改，如图4-45所示。

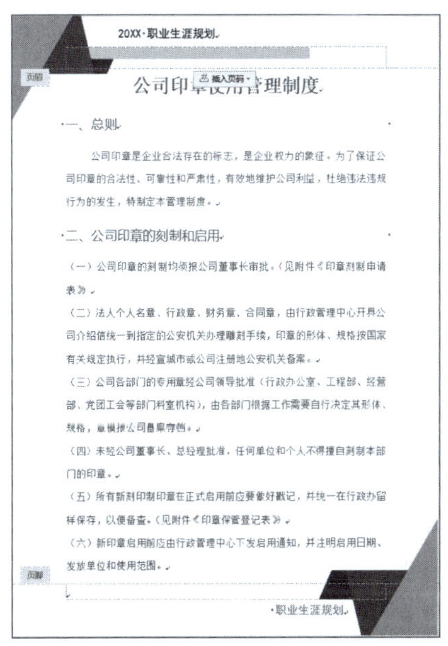

图 4-44

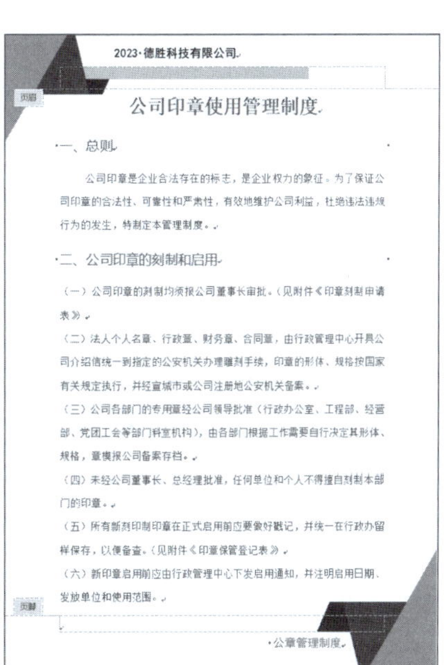

图 4-45

知识点拨

对页眉页脚的设置一般要通过“页眉页脚”选项卡中的命令按钮来完成，例如在页眉或页脚中插入日期和时间、插入图片、插入指定域、设置页眉或页脚的距离、关闭页眉页脚模式等，如图4-46所示。

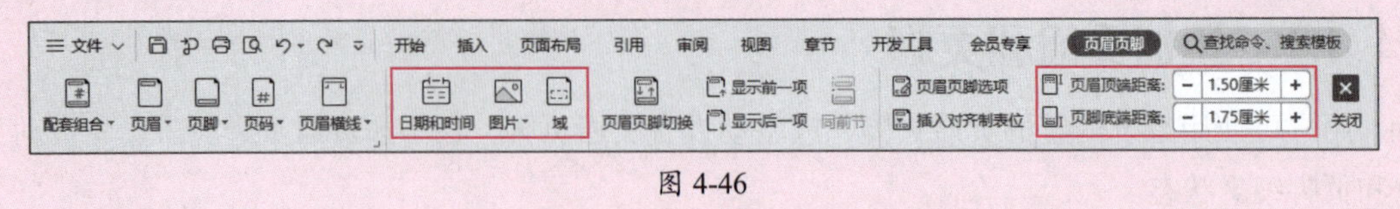

图 4-46

2. 设置首页不同、奇偶也不同的页眉页脚

为了区别文档首页和其他页，可以将首页的页眉和页脚设置得与其他页不同。双击任意页面的页眉或页脚，启动页眉页脚编辑状态。在“页眉页脚”选项卡中单击“页眉页脚选项卡”按钮，打开“页眉/页脚设置”对话框，勾选“首页不同”复选框，单击“确定”按钮，如图4-47所示。此时便可在文档首页中设置不同于其他页面的页眉页脚。

若要在奇数页和偶数页中设置不同的页眉页脚，可以在“页眉/页脚设置”对话框中勾选“奇偶页不同”复选框，如图4-48所示。

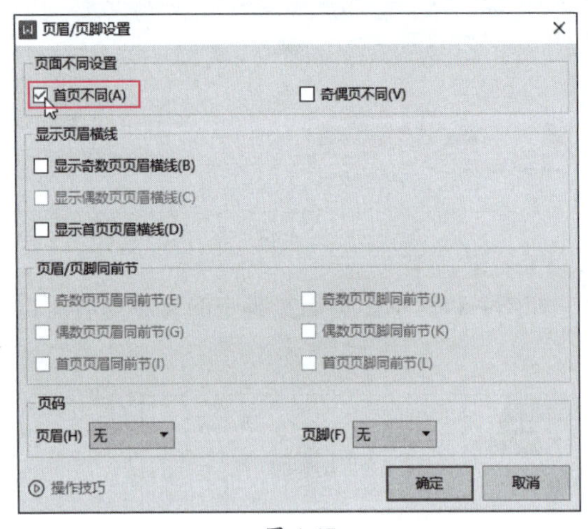

图 4-47

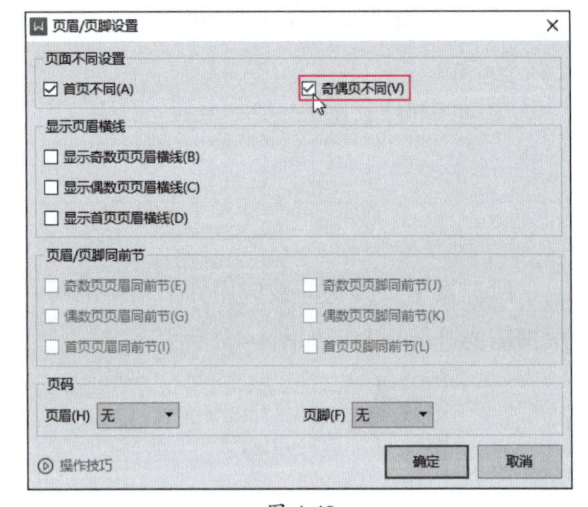

图 4-48

4.4.2 添加页码

为文档添加页码可以帮助用户快速定位指定位置的内容。页码会随着文档页数的添加或减少自动更新。页码一般显示在页眉的底部，下面介绍如何添加页码。

首先，双击任意页面的页眉或页脚处，进入页眉页脚编辑状态。在“页眉页脚”选项卡中单击“页码”下拉按钮，在下拉列表中选择需要的页码位置，此处选择“页脚中间”选项，如图4-49所示。文档随即从第一页开始插入页码，页码显示在页脚的中间位置，如图4-50所示。

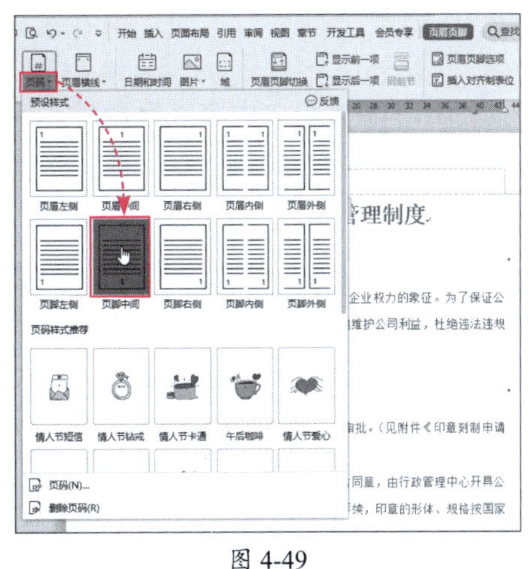

图 4-49

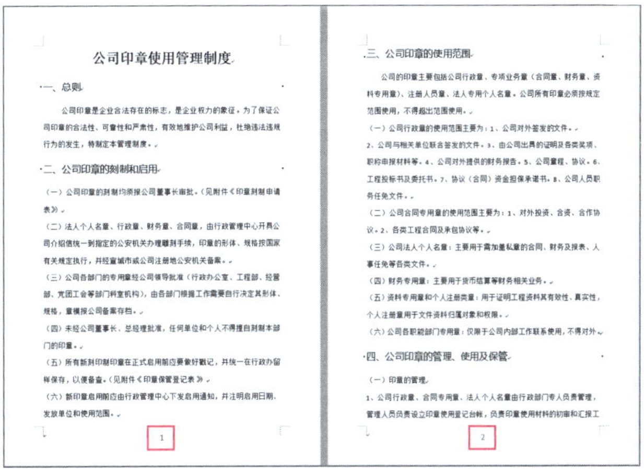

图 4-50

动手练 在指定位置插入页码

WPS文档可以从指定的页面开始插入页码，页码的起始数字也可以从任意数字开始。下面介绍具体操作方法。

Step 01 将光标移动到需要插入页码的页面中，双击该页的页脚区域，进入页眉页脚编辑状态。单击页脚顶端的“插入页码”下拉按钮，在下拉列表中设置页码的样式、位置，选择应用范围为“本页及之后”，单击“确定”按钮，如图4-51所示。

Step 02 文档随即从当前页面开始插入页码，此时页码的起始编号为“1”，若要从指定的数字开始编号，可以单击页脚顶端的“重新编号”下拉按钮，在下拉列表中将“页码编号设为”微调框中的数字调整为需要的数字，单击右侧的☑按钮，即可完成起始页码的修改，如图4-52所示。文档中其他页码也会随着自动更新。

图 4-51

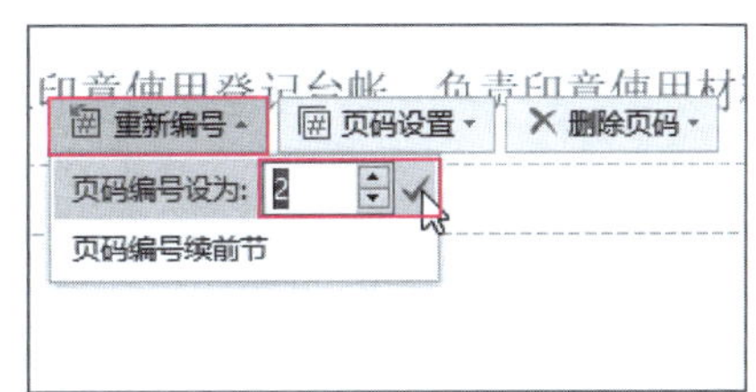

图 4-52

4.5 为文档分页、分节与分栏

在对长文档进行排版时，合理进行分页、分节和分栏，可以让文档布局更合理，结构更清晰，同时能提升文档的美观度。

4.5.1 文档内容分页显示

通常情况下一页内容满了以后，文档中会自动添加新页面用于输入更多内容。但是在实际工作中经常会遇到一节内容已结束，但是当前页面还没满的情况，此时若想添加空白页继续输入其他内容该如何操作呢？

通过WPS文字的分页或分节功能便可轻松实现。首先，将光标定位于需要分到下一页显示的文本之前，打开“页面布局”选项卡，单击“分隔符”下拉按钮，在下拉列表中选择“分页符”选项，如图4-53所示。光标位置随即被插入分页符，光标之后的内容自动分到下一页显示，如图4-54所示。

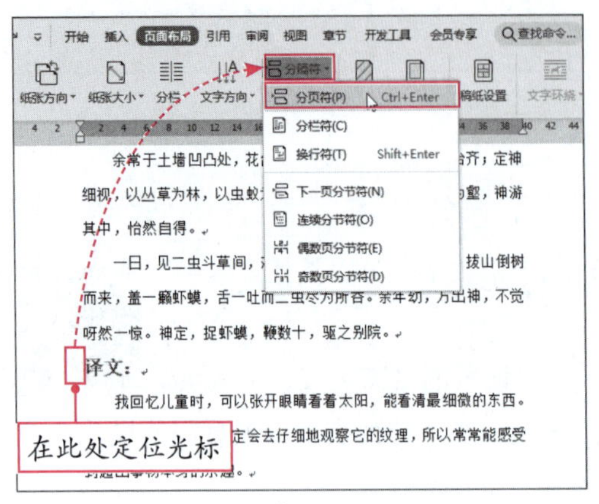

图 4-53

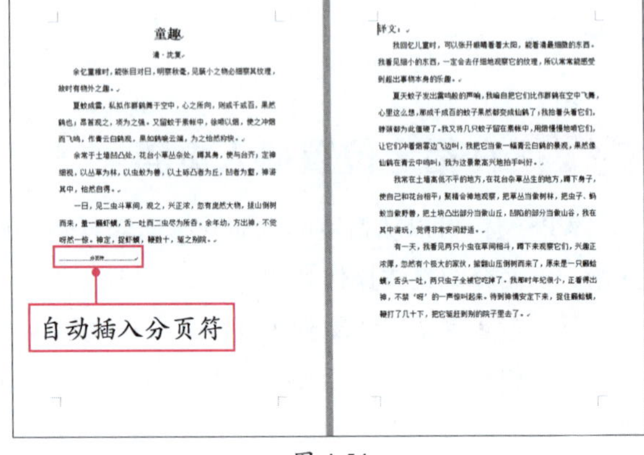

图 4-54

动手练 文档分节排版

WPS文字中的分节符包含4种类型，分别为“下一页分节符”“连续分节符”“偶数页分节符”“奇数页分节符”。下面介绍如何使用分节符为同一个文档中的多个页面设置不同效果。

Step 01 将光标定位于需要分节显示的内容之前，打开“页面布局”选项卡，单击“分隔符”下拉按钮，在下拉列表中选择“下一页分节符”选项，如图4-55所示。

Step 02 文档中自动插入分节符，光标之后的内容随即被分到下一页显示。将光标定位于分页显示的页面中，在“页面布局”选项卡中单击“纸张方向”下拉按钮，在下拉列表中选择“横向”选项，如图4-56所示。

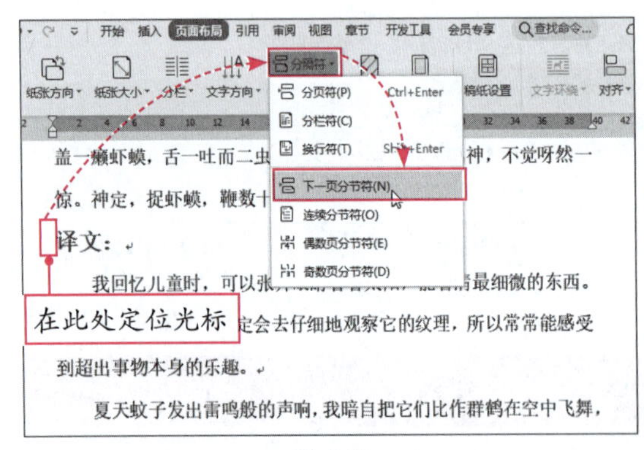

图 4-55

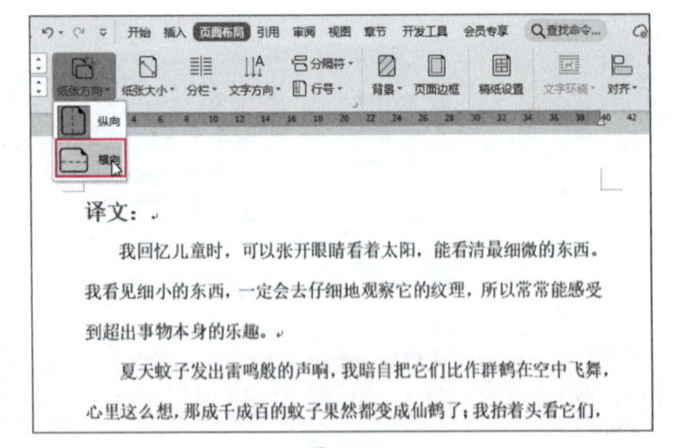

图 4-56

Step 03 当前页面随即被设置为横向显示，如图4-57所示。

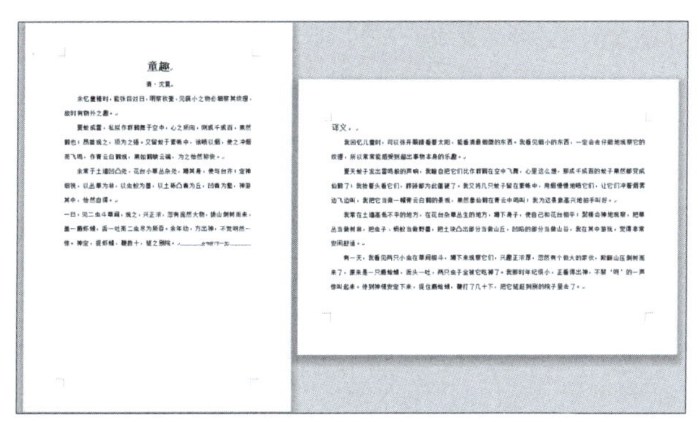

图 4-57

4种分节符的作用和区别如下。

- **下一页分节符：** 将指定内容分到下一页显示。“下一页分节符”与“分页符”的区别在于，分页符只起到将目标内容快速移动到当前页的下一页的作用，而分节符除了可以将目标内容快速移动到当前页的下一页，还可以将不同页面设置成不同的方向、尺寸、页面距、为指定的某一页添加水印等。
- **连续分节符：** 将指定内容分节但不分页，仍在当前页面显示。分节符前后的内容可以进行单独编辑，一般用来为文档分栏。使用连续分节符可以对一个页面设置多个分栏。
- **偶数页分节符：** 从下一个奇数页开始新的一节。如果在第3页插入一个奇数页分节符，则下一节从第5页开始（文档中并不会真正生成空白，当文档插入页码时，可以从页码上看出变化）。
- **奇数页分节符：** 从下一个偶数页开始新的一节。如果在第3页插入一个偶数页分节符，则下一节从第4页开始。

4.5.2 文档分栏排版

分栏排版可以使文档版面变得更加生动活泼，从而提高读者的阅读兴趣。WPS文字在分栏的外观设置上具有很高的灵活性，不仅可以控制栏数、分栏间距，还可以设置分栏宽度等。

选择需要分栏的文本内容，打开“页面布局”选项卡，单击“分栏”下拉按钮，在下拉列表中选择“两栏”选项，如图4-58所示。所选内容随即被设置为两栏，效果如图4-59所示。

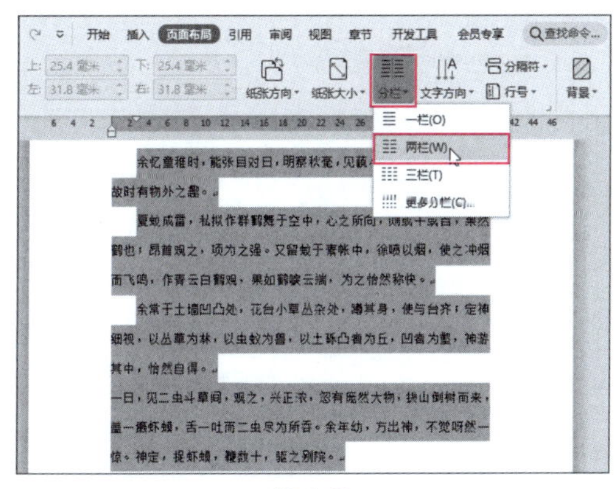

图 4-58

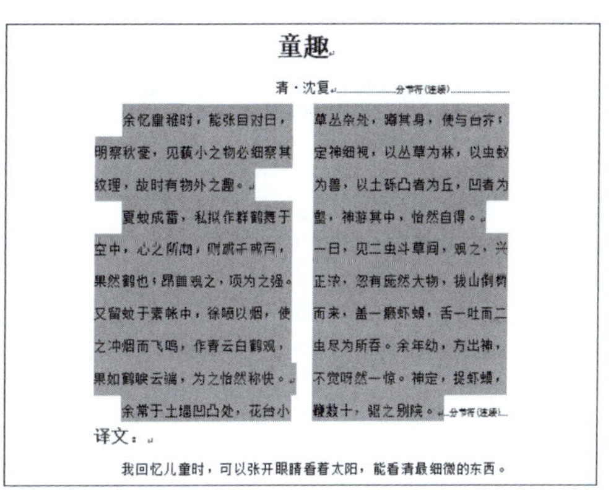

图 4-59

更多分栏设置可以在“分栏”对话框中完成。在“分栏”下拉列表中选择“更多分栏”选项，打开“分栏”对话框。在该对话框中可以选择预设的分栏效果、手动设置想要分栏的栏数、设置分栏的宽度和间距以及添加分隔线等，设置完成后单击“确定”按钮，如图4-60所示。所选内容即可按照相应设置进行分栏，效果如图4-61所示。

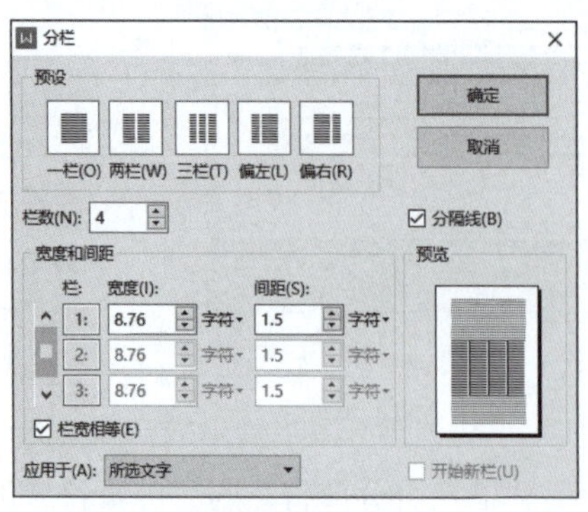

图 4-60

清·沈复

余忆童稚时，能张目对日，明察秋毫，见藐小之物必细察其纹理，故时有物外之趣。

夏蚊成雷，私拟作群鹤舞于空中，心之所向，则或千或百，果然鹤也；昂首观之，项为之强。又留蚊于素帐中，徐喷以烟，使之冲烟而飞鸣，作青云白鹤观，果如鹤唳云端，为之怡然称快。

余常于土墙凹凸处，花台小草丛杂处，蹲其身，使与台齐；定神细视，以丛草为林，以虫蚁为兽，以土砾凸者为丘，凹者为壑，神游其中，怡然自得。

一日，见二虫斗草间，观之，兴正浓，忽有庞然大物，拔山倒树而来，盖一癞虾蟆，舌一吐而二虫尽为所吞。余年幼，方出神，不觉呀然一惊。神定，捉虾蟆，鞭数十，驱之别院。

译文：

图 4-61

4.6 提取文档目录

书籍、论文之类的长篇文档通常都有目录，目录能够有效表示文档各标题所在的页码位置，以便快速查找和定位相关内容。

4.6.1 设置标题大纲

提取目录的前提是文档中必须设置了标题，且标题应用了标题样式或设置了相应的大纲级别。前文已经详细介绍过如何应用标题样式，下面介绍如何为标题手动设置大纲级别。

动手练 提取目录第1步——设置大纲级别

Step 01 选中需要设置大纲级别的标题，随后右击所选标题，在弹出的快捷菜单中选择“段落”选项，如图4-62所示。

Step 02 弹出“段落”对话框，单击“大纲级别”下拉按钮，下拉列表中包含9个级别，此处选择“1级”选项，如图4-63所示。

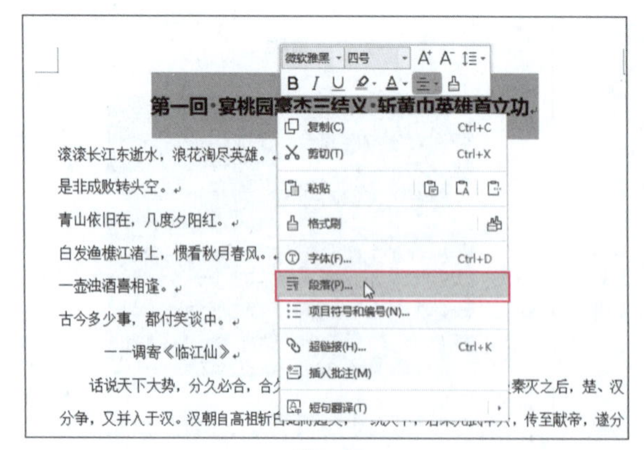

图 4-62

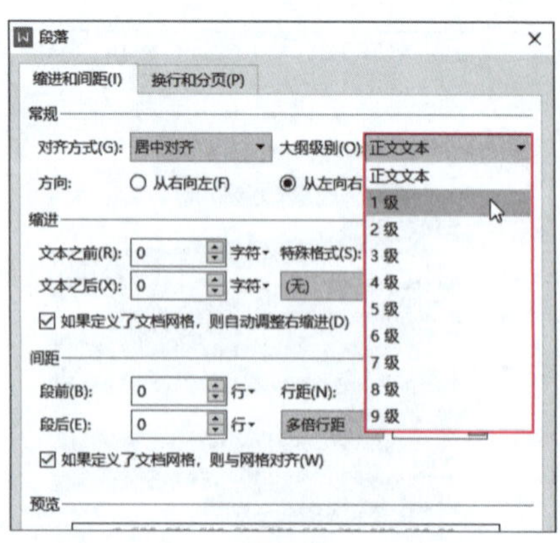

图 4-63

Step 03 所选标题随即被设置相应大纲级别。保持标题为选中状态，打开“开始”选项卡，单击“格式刷”按钮，如图4-64所示。

Step 04 将光标移动到文档中，直接在下一个标题文本中单击，即可为该标题应用相同的大纲级别，如图4-65所示。重复该操作可快速为文档中所有标题设置相同格式。

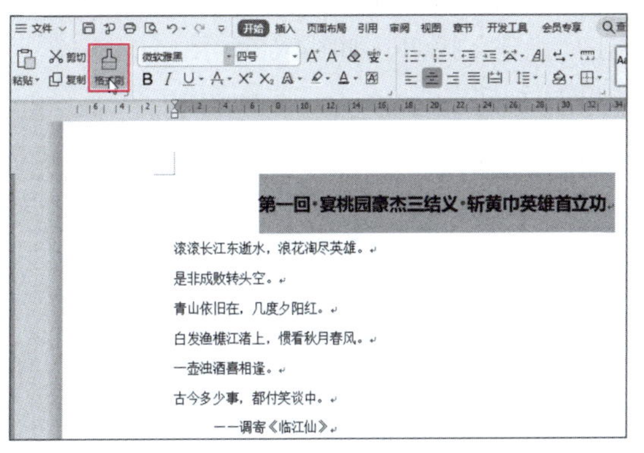

图 4-64

第二回·张翼德怒鞭督邮·何国舅谋诛宦竖

图 4-65

知识点拨

使用格式刷时，若双击“格式刷”按钮，可进入格式刷模式，在该模式下可连续使用该功能。再次单击“格式刷”按钮（或按Esc键），可退出格式刷模式。

4.6.2 自动提取目录

WPS文字可以自动提取文档目录，为标题设置好大纲级别后，便可以将目录提取出来。

动手练 提取目录第2步——提取文档目录

Step 01 将光标定位于文档内容的第一个字之前，打开“引用”选项卡，单击“目录”下拉按钮，在下拉列表中选择“自动目录”选项，如图4-66所示。

Step 02 文档最顶端随即显示自动提取的目录，窗口右侧则同时打开“目录”窗格，显示所有目录。通过该窗格中的目录可以快速定位至文档中的相应位置，如图4-67所示。

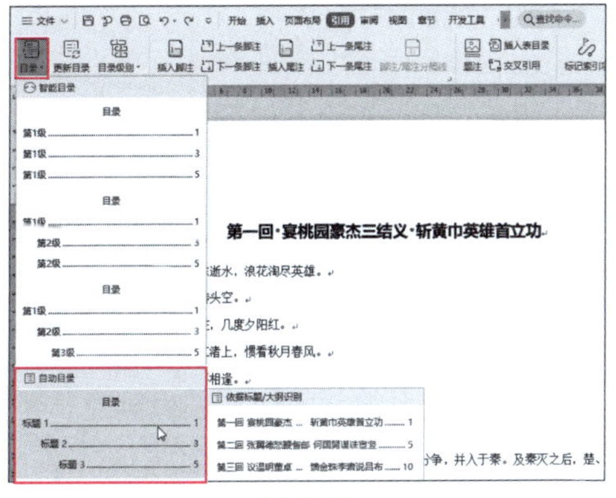

图 4-66

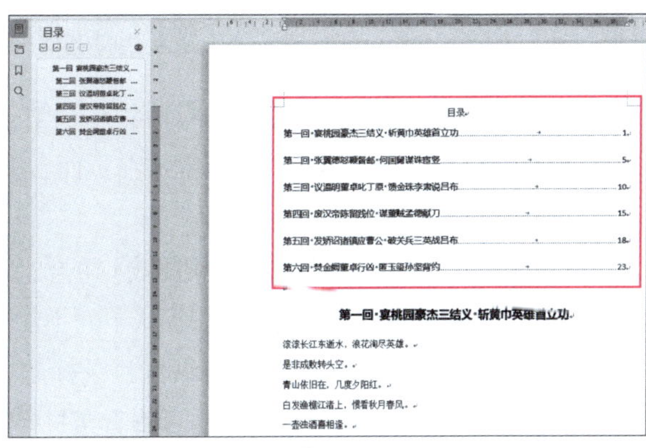

图 4-67

动手练 更新文档目录

从文档中自动提取目录后，若对标题或其他内容进行了修改，可以自动更新目录，下面介绍具体操作方法。

Step 01 将光标置于目录中，单击左上角的“更新目录”按钮，弹出“更新目录”对话框，选中“更新整个目录”单选按钮，单击“确定”按钮，如图4-68所示。

Step 02 目录中的标题及页码随即自动更新，如图4-69所示。

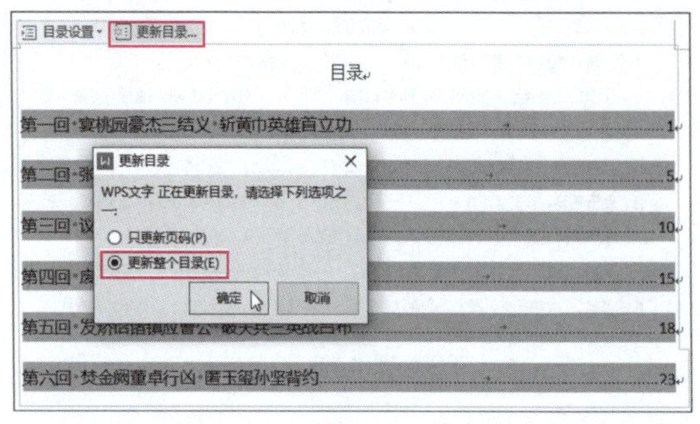

图 4-68

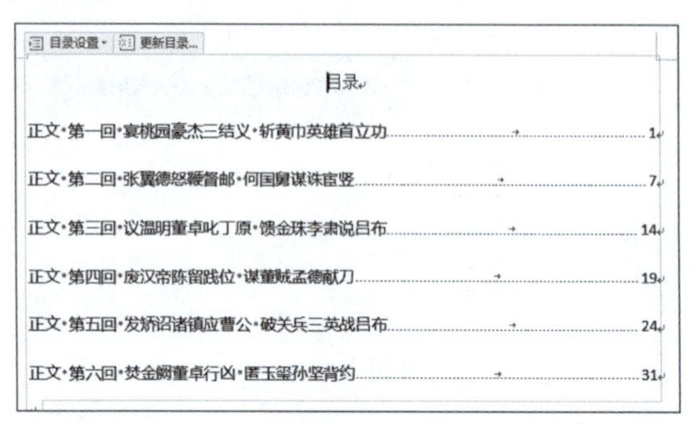

图 4-69

4.7 查看文档

WPS文字提供了丰富的文档阅读工具，包括多种文档视图模式、文档页面比例调节工具、导航工具等。

4.7.1 文档视图模式

WPS文字包括“全屏显示”“阅读版式”“写作模式”“页面”“大纲”以及“Web版式”6种视图模式，适用于不同的阅读需求。在“视图”选项卡中单击不同的视图模式按钮，即可切换到相应视图模式，如图4-70所示。

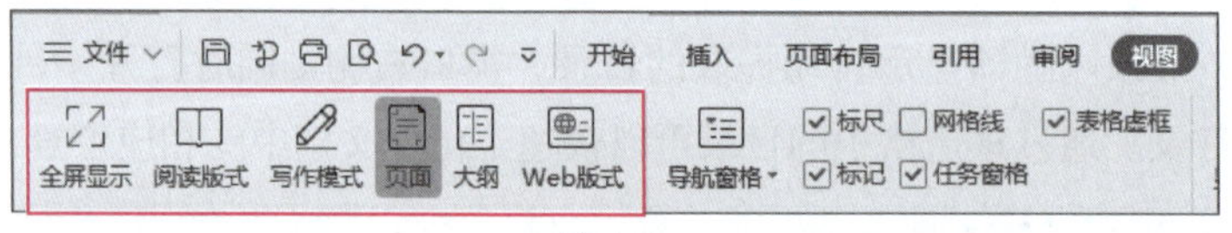

图 4-70

- **全屏显示：** 全屏显示视图模式下除了文档内容之外的所有部分都会被隐藏，方便用户集中精力关注文档内容。按Esc键或在页面右上角单击“退出”按钮，可退出“全屏显示”视图模式。
- **阅读版式：** 该视图模式可以根据窗口的大小自动布局内容，轻松翻阅文档，是专为阅读设计的视图方式。在这种视图模式下，不能编辑文档。
- **写作模式：** 在写作模式下能纵览目录标题，在写作内容和大纲之间切换，做到总体把握，在计算机联网状态下，也可查看素材推荐内容，为写作提供灵感。
- **页面：** WPS文字默认使用“页面”视图模式，它是文档操作时最常用的视图模式，“页面”视图模式可以显示文档的打印外观，包括页眉、页脚、页边距、分栏设置、图形对象等元素。

- **大纲：** 当文档中的内容有很多标题时，可以使用“大纲”视图模式显示整篇文档的层次结构，以便迅速了解文档的内容梗概。在这种视图模式下，用户可以对文档中的各层次执行整体操作，例如移动整个段落等。
- **Web版式：** Web版式视图模式是以网页的形式显示文档，这种文档方式适合发送电子邮件和创建网页。

知识点拨

用户也可通过界面右下角视图切换区中的命令按钮切换视图模式，如图4-71所示。

切换视图模式　100%

图 4-71

4.7.2 重排窗口

当WPS窗口中同时打开了多份文档时，使用“重排窗口”功能，可以将打开的所有文档在一个程序窗口下显示。文档的排列方式可以是水平平铺、垂直平铺或层叠显示。下面介绍具体操作方法。

打开“视图”选项卡，单击“重排窗口”下拉按钮，在下拉列表中选择“水平平铺”选项，如图4-72所示。WPS中打开的文档随即自动水平平铺排列在窗口中，如图4-73所示。

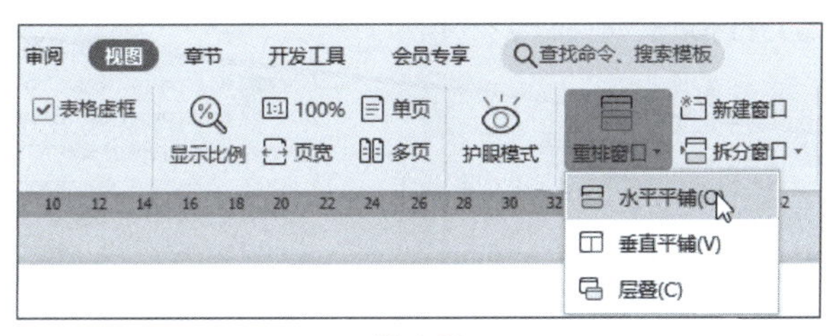

图 4-72

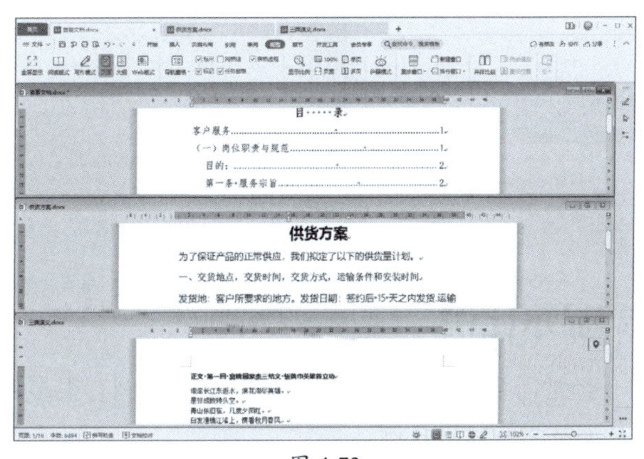

图 4-73

知识点拨

重排窗口后若要取消多份文档同时显示的模式，可以双击任意文档的标题栏恢复默认排列方式。

动手练 并排查看文档

当需要同时查看及处理两份文档时，可以使用并排查看功能，让两份文档并排显示。操作步骤如下。

Step 01 打开“视图”选项卡，单击“并排比较”按钮，打开“并排窗口”对话框，选择需要与当前文档并排查看的文档，单击“确定”按钮，如图4-74所示。

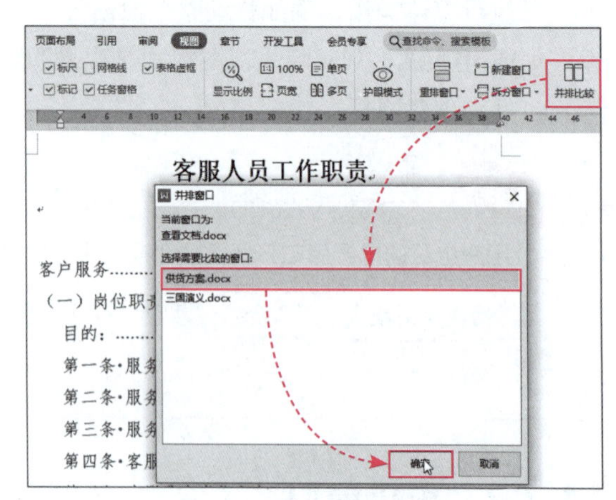

图 4-74

Step 02 当年文档与所选文档随即在窗口中并排显示，如图4-75所示。默认状态下，两份文档可同步滚动。在“视图”选项卡中单击“同步滚动”按钮，使其取消选中状态，即可取消同步滚动。

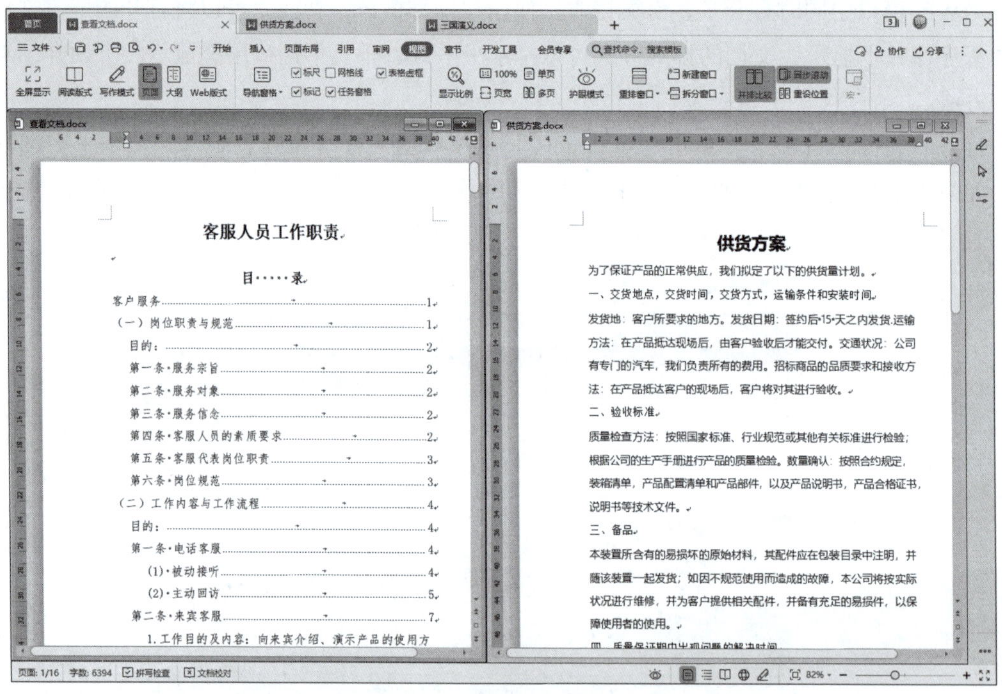

图 4-75

4.7.3 设置文档显示比例

查看或编辑文档时，经常需要调整显示比例。调整显示比例有很多种方法。用户可以快速调整文档比例，也可精确调整文档显示比例。

1. 使用快捷键调整

按住Ctrl键不放，滚动鼠标滚轮即可快速调整文档页面的显示比例。向上滚动鼠标滚轮放大显示比例，向下滚动鼠标滚轮缩小显示比例。

2. 在状态栏中调整

WPS文字窗口底部状态栏的右侧为视图调整区域。通过该区域中提供的按钮或操作选项，可调整页面显示比例，在该区域中拖动滑块可快速调整文档显示比例，如图4-76所示。

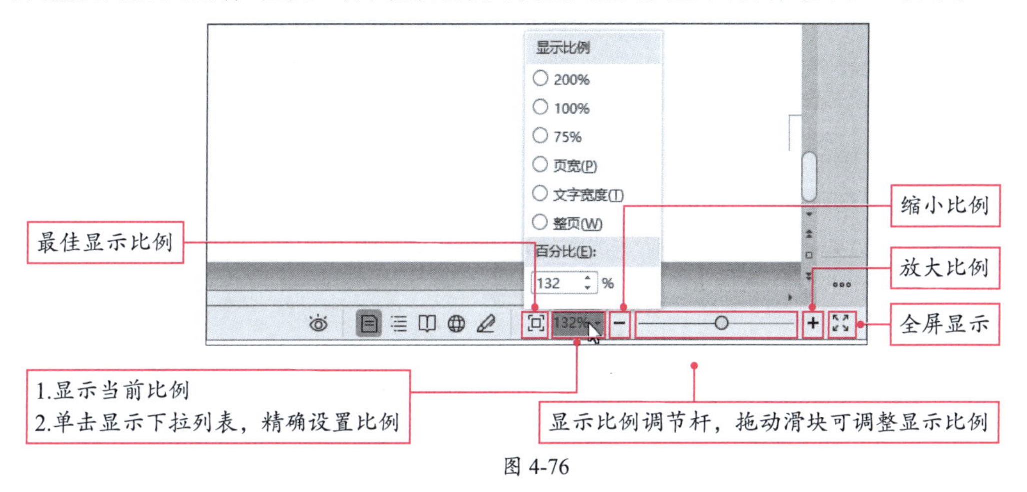

图 4-76

3. 在选项卡中调整

打开“视图”选项卡，单击“显示比例”按钮，打开“显示比例”对话框，在该对话框中可精确设置显示比例。单击“100%”按钮，将页面比例设置为“100%”，如图4-77所示。

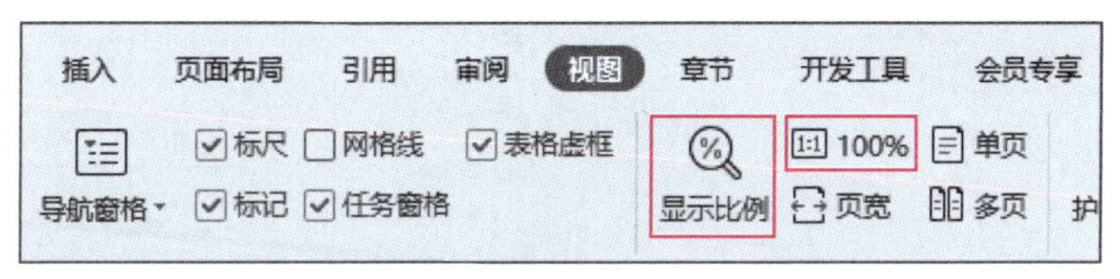

图 4-77

4.7.4 用导航窗格查看

当文档中包含大量标题时，可开启导航窗格，通过在导航窗格中选择标题快速定位至文档中的相应位置。在“视图”选项卡中单击“导航窗格”下拉按钮，在下拉列表中可选择导航窗格的显示位置，或隐藏导航窗格，如图4-78所示。

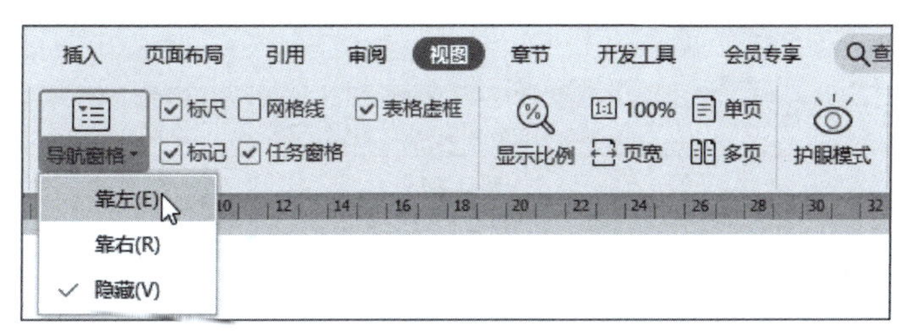

图 4-78

新手答疑

1. Q：如何自定义文字水印以及删除水印？

A：打开“页面布局”选项卡，单击“背景”下拉按钮，在下拉列表中选择“水印”选项，在其下级列表中选择“插入水印”选项，打开“水印”对话框。勾选“文字水印”复选框，在“内容”文本框中输入水印文本，随后设置字体、字号、颜色、版式等，设置完成后单击“确定”按钮，如图4-79所示。再次打开“背景”下拉列表，选择“水印”选项，在其下级列表的“自定义水印”组中单击自定义的文字水印，即可应用该水印。在“水印”下级列表中选择“删除文档中的水印”选项可删除水印，如图4-80所示。

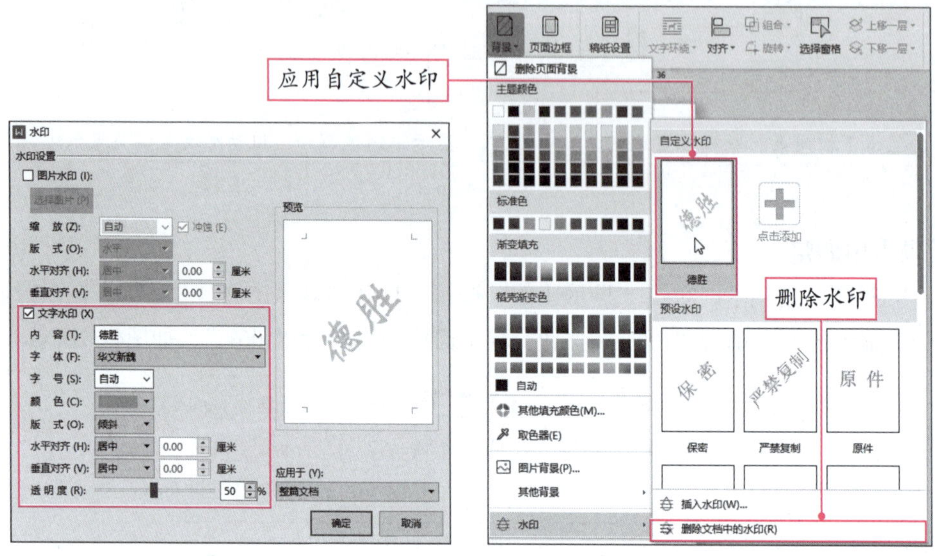

图 4-79　　图 4-80

2. Q：如何删除页眉横线？

A：在“页眉页脚”选项卡中单击“页眉横线”下拉按钮，在下拉列表中选择“删除横线”选项即可，如图4-81所示。

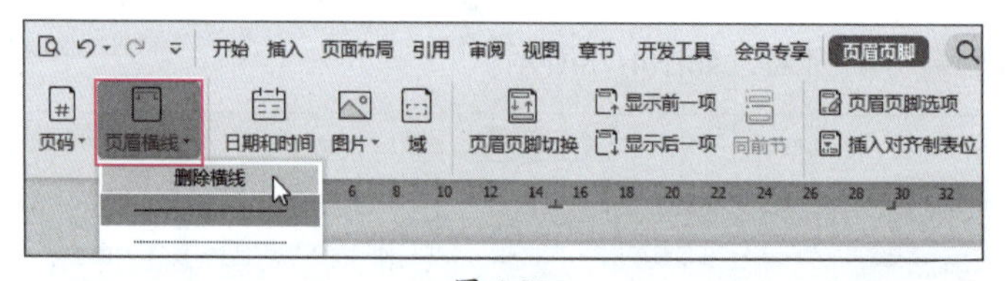

图 4-81

3. Q：如何增加字符间距？

A：选中文本，按Ctrl+D组合键，打开“字体”对话框。切换到“字符间距”选项卡，设置“间距”为“加宽”，并在“值”文本框中输入具体参数即可，如图4-82所示。

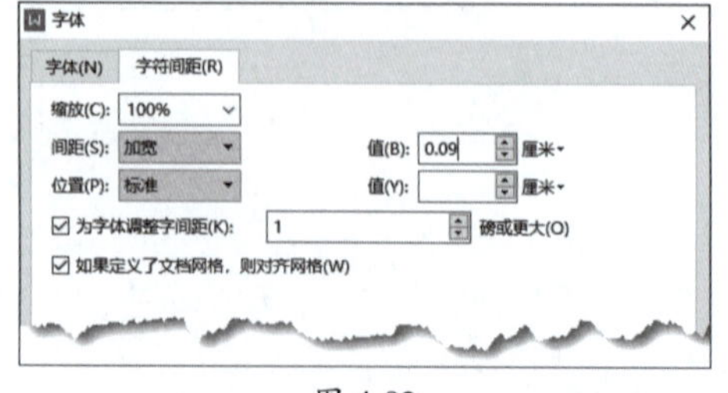

图 4-82

第5章 文档的校对与批量处理

文档编辑完成后若需要校对，可以使用修订和审阅功能，对文档进行修订、标注以及批注等。另外还可以对制作完成的文档进行批量处理，生成各类通知、标签等。本章将对文档的审阅、保护以及批量处理等进行详细介绍。

5.1 审阅与修订文档

查看他人文档时，若发现文档中存在需要修改的地方，可以使用“修订”模式进行修改，“修订”模式会记录用户对文档的所有改动。若要查看文档中执行过的修订和批注则可开启“审阅”模式。

5.1.1 修订文档内容

1. 修订文档

默认情况下，文档在编辑状态时，“修订”模式为关闭状态，当需要标记修订过程以及修订内容时，需要开启“修订”模式。

打开“审阅”选项卡，单击“修订”按钮，当该按钮处于深色模式时表示修订模式已开启，文档进入修订状态，如图5-1所示。在修订状态下，文档中删除、新增的内容会自动以红色标识。删除的内容显示红色删除线，新增的内容下方显示红色实线，如图5-2所示。

开始
插入
页面布局
引用
审阅
视图
章节
开发工具
会员专享
查找命令...
翻译
朗读
繁转简
简转繁
插入批注
删除
上一条
下一条
修订
显示标记的最终状态
显示标记
审阅
接受
关于实行上下班打卡考勤的通知
各位员工：
为加强劳动纪律管理，严格请假制度，经研究，决定对全体员工实行
上下班打卡考勤。现就有关事项通知如下：

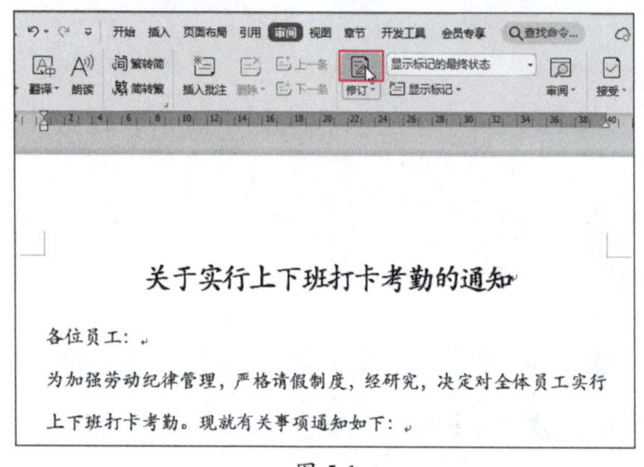

图 5-1

(一) 全体员工必须在规定的时间段内打卡考勤；
上班时间：每天上午28时30分，下午54时30分。(以上两个
时间需打卡)。
二、全体员工必须在规定的时间内亲自前往指定地点打卡。
三、迟到、早退、旷工的界定。
上午68时30分—87时30分为上班正常打卡时段。78时30分—
98时30分打卡的，视为上班迟到。98时30分以后打卡的视为旷工。
下午4时30分后时为下班正常打卡时段。下午54时30分以前打卡
的，视为早退。
凡因指纹机出现故障或公司其他工作安排未能及时打卡的需要
在当日上班时间内到行政人事部填写《缺勤情况说明表》，并经部门
行政部领导审批后，交行政人事部备案。
四、对迟到、早退、旷工人员将公开通报，并按有关制度进行相
应处理。

图 5-2

在“审阅”选项卡中单击“显示标记”下拉按钮，在下拉列表中选择“使用批注框”选项，在其下级列表中选择“在批注框中显示修订内容”选项，如图5-3所示。可在页面右侧显示修订内容，如图5-4所示。

页面布局
引用
审阅
视图
章节
开发工具
会员专享
查找命令、搜索模板
插入批注
删除
上一条
下一条
修订
显示标记的最终状态
显示标记
审阅
接受
拒绝
批注(C)
插入和删除(I)
格式设置(F)
审阅人(R)
使用批注框(B)
在批注框中显示修订内容(B)
以嵌入方式显示所有修订(I)
在批注框中显示修订者信息(F)
显示审阅者(A)
显示审阅者头像(U)
显示日期(D)
显示时间(T)
显示批注底纹(C)
关于实行上下班打卡考勤
纪律管理，严格请假制度，经研究，决定对全体员工实行

图 5-3

(一) 全体员工必须在规定的时间段内打卡考勤；
上班时间：每天上午8时30分，下午5时30分。(以上两个时间需打卡)。
三、迟到、早退、旷工的界定。
上午6时30分—8时30分为上班正常打卡时段。8时30分—9时30分打卡的，视为上班迟到。9时30分以后打卡的视为旷工。
下午4时30分后时为下班正常打卡时段。下午5时30分以前打卡的，视为早退。
凡因指纹机出现故障或公司其他工作安排未能及时打卡的需要在当日上班时间内到行政人事部填写《缺勤情况说明表》，并经部门行政部领导审批后，交行政人事部备案。
四、对迟到、早退、旷工人员将公开通报，并按有关制度进行相应处理。

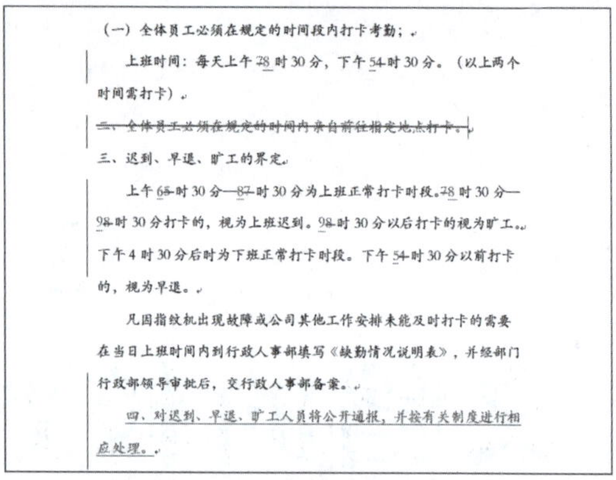

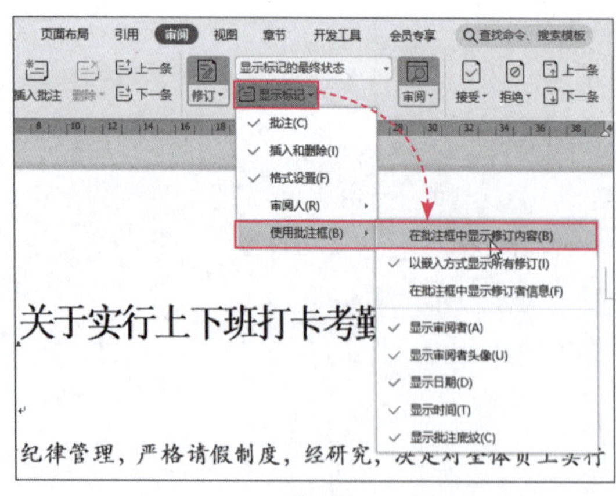

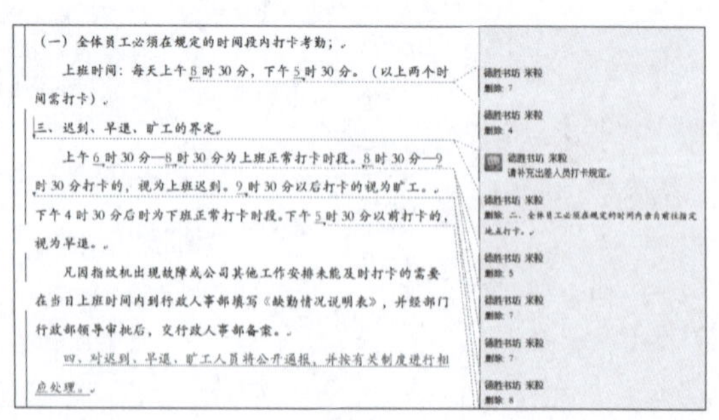

图 5-4

2. 审阅文档

文档修订完成后，文档的作者需要对修订的内容进行审阅。审阅文档时可以接受或拒绝修订意见。

打开“审阅”选项卡，单击“上一条”或“下一条”按钮，可逐一查看文档中修订的内容，如图5-5所示。

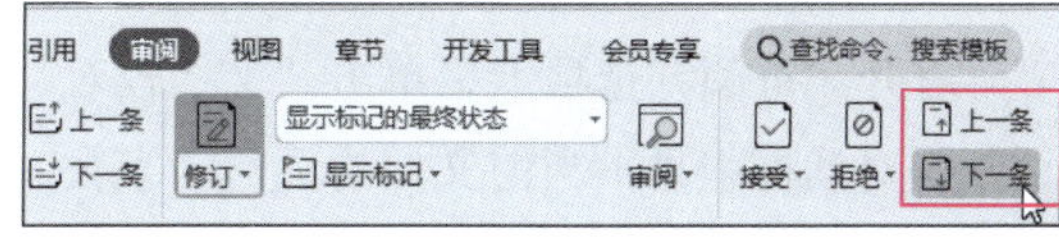

图 5-5

单击“接受”下拉按钮，通过下拉列表中的选项，可接受修订、接受所有的格式修订、接受所有显示的修订或接受对文档所做的所有修订，如图5-6所示。

若要拒绝修订，可单击“拒绝”下拉按钮，通过下拉列表中的选项，可拒绝所选修订、拒绝所有的格式修订、拒绝所有显示的修订或拒绝对文档所做的所有修订，如图5-7所示。

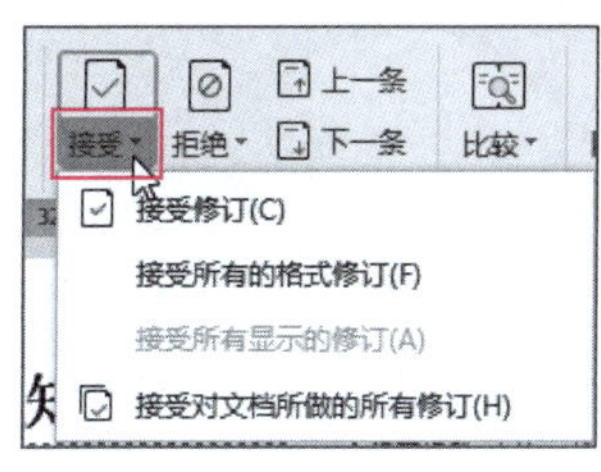

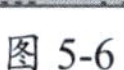
图 5-6

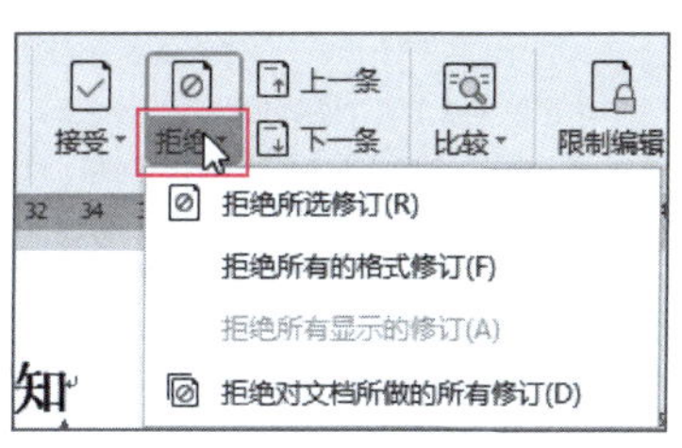

图 5-7

动手练 文档拼写检查

WPS文字提供的拼写检查功能可以对文档中的文本拼写错误、语法错误等进行智能检查，并直观呈现检查结果。

Step 01 打开“审阅”选项卡，单击“拼写检查”按钮，如图5-8所示。

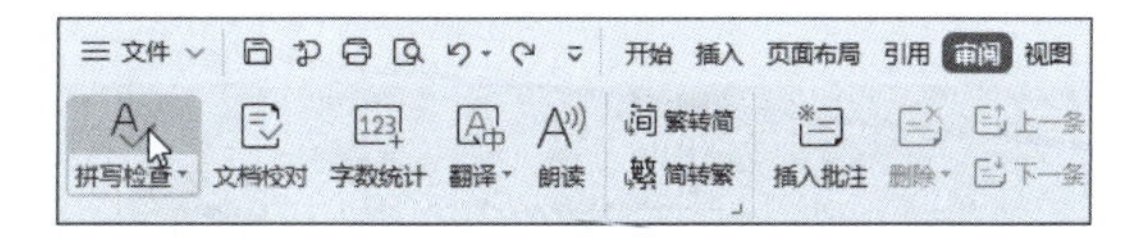

图 5-8

Step 02 当文档中存在拼写错误时，将弹出“拼写检查”对话框，显示检查结果，并提供更改建议，如图5-9所示。

Step 03 用户可以根据实际情况选择处理方法。此处在“更改建议”列表框中选择正确的拼写选项，单击“更改”按钮，即可更改该拼写错误，如图5-10所示。

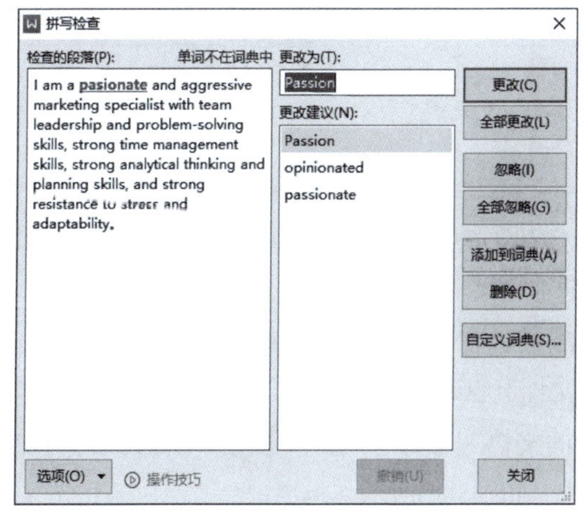

图 5-9

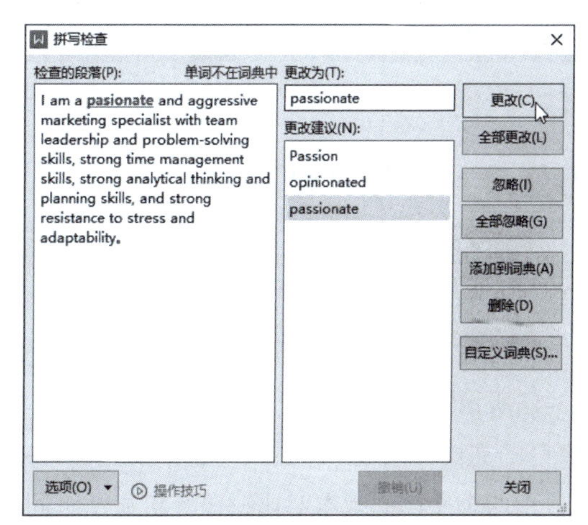

图 5-10

5.1.2 校对文档内容

WPS文字可以对文档内容进行校对、纠错，快速解决错字、遗漏的问题。

打开“审阅”选项卡，单击“文档校对”按钮，如图5-11所示。弹出“WPS文档校对”对话框，对话框中显示当前文档的页数、字数、中文字符、非中文单词等统计信息，单击“开始校对”按钮，如图5-12所示。随后弹出的对话框中会自动识别当前文档的所属领域，并自动生成关键词，单击“下一步”按钮。

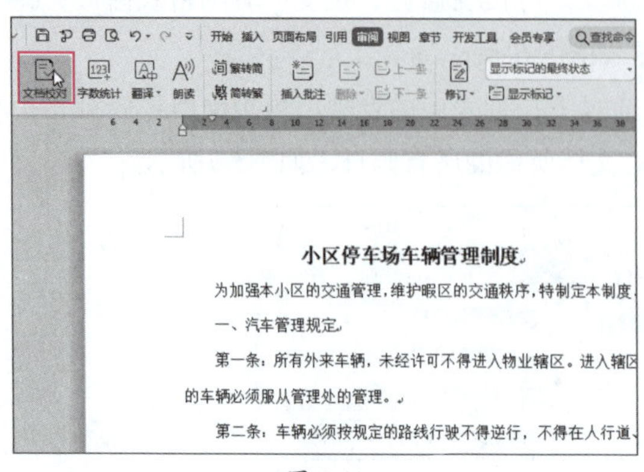

图 5-11

图 5-12

检查出错误词数量及错误类型种类，单击“马上修正文档”按钮，如图5-13所示。WPS文字窗口右侧随即打开“文档校对”窗格，该窗格中显示了检查到的所有错误，同时提供修改建议。文档中被检查出的错误会被黄色高亮显示。用户可选择替换错误或忽略错误，如图5-14所示。

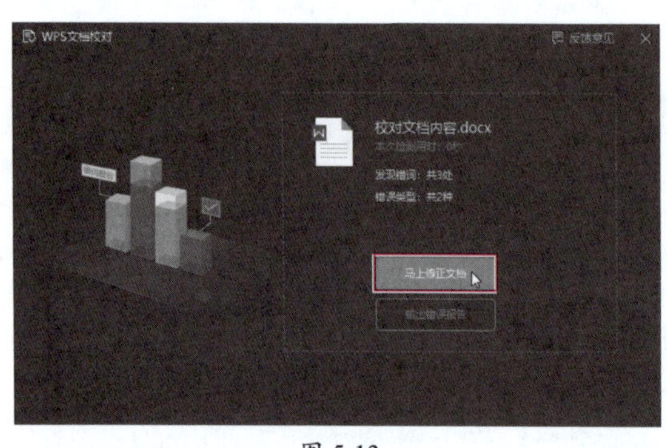

图 5-13

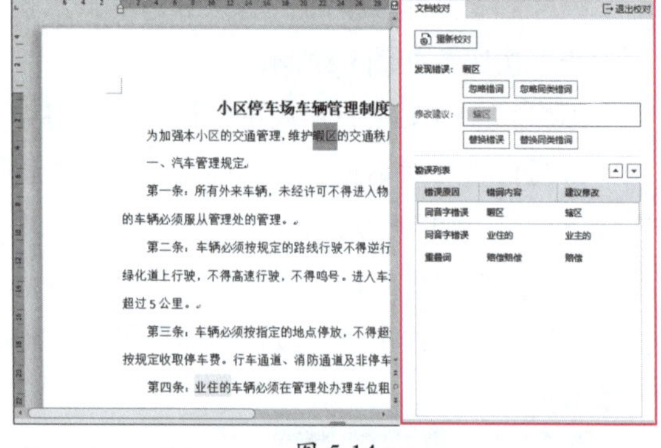

图 5-14

5.1.3 合并文档内容

文档在经过共享后可能会被多人修订和批注，从而产生多个版本。此时可使用文档对比功能呈现两个版本之间的差异，从而掌握文档修订前后变化。

打开“审阅”选项卡，单击“比较”下拉按钮，在下拉列表中选择“比较”选项，如图5-15所示。弹出“比较文档”对话框，在“原文档”区域中单击按钮，找到原始文档，在“修订的文档”区域中单击按钮，找到修订完成的文档。单击“确定”按钮，会在文档右侧自动显示两个文档的版本对比，以突出显示不同之处，如图5-16所示。

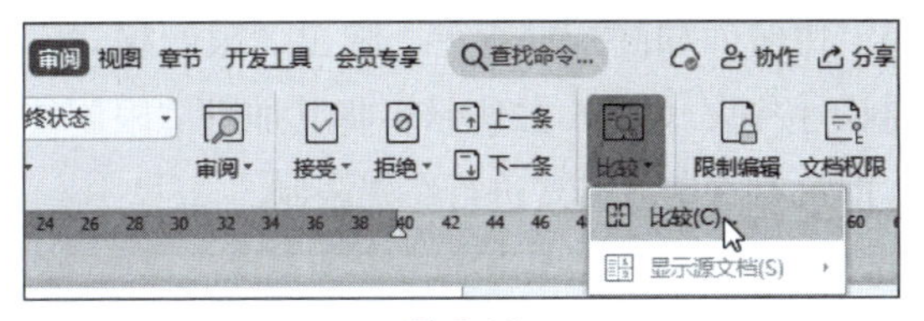

图 5-15

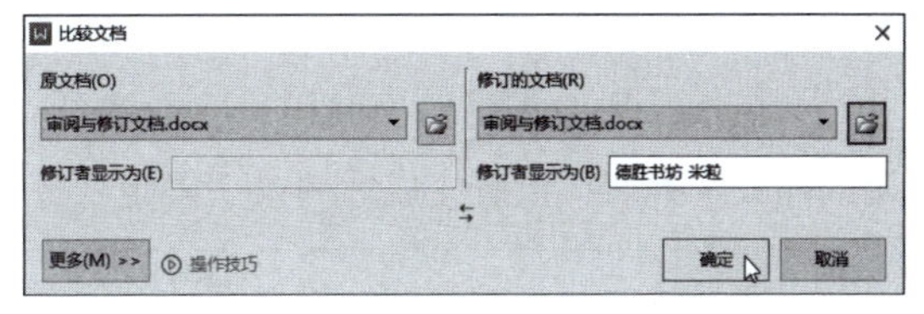

图 5-16

动手练 批注文档内容

当需要对文档中的某部分内容提出修改建议时，可以为其插入批注。下面介绍插入批注的具体操作方法。

Step 01 选中需要批注的内容，打开“审阅”选项卡，单击“插入批注”按钮，如图5-17所示。

Step 02 文档右侧随即显示批注框，在批注框中输入要批注的内容即可，如图5-18所示。

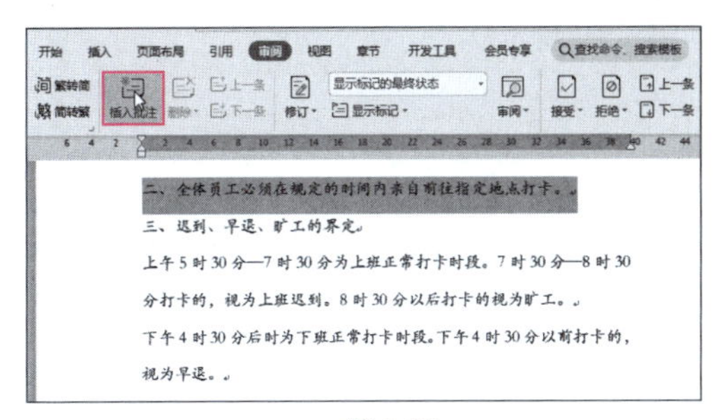

图 5-17

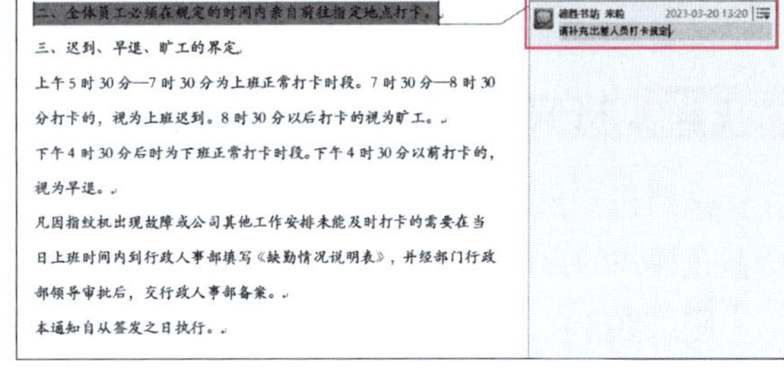

图 5-18

知识点拨

通过“审阅”选项卡中的命令可以快速定位或删除批注，如图5-19所示。另外，单击批注框右上角的下拉按钮，可在下拉列表中选择“答复”“解决”或“删除”批注，如图5-20所示。

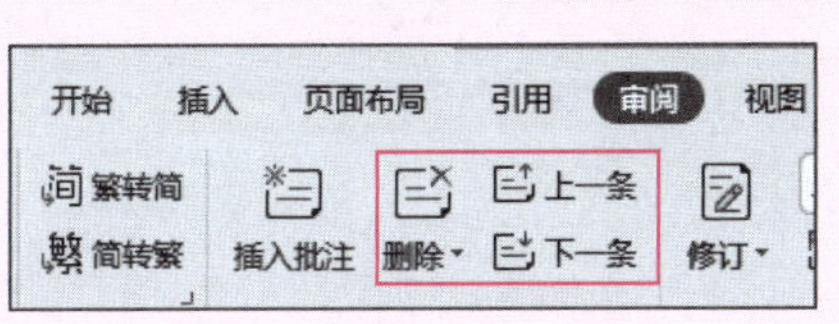

图 5-19

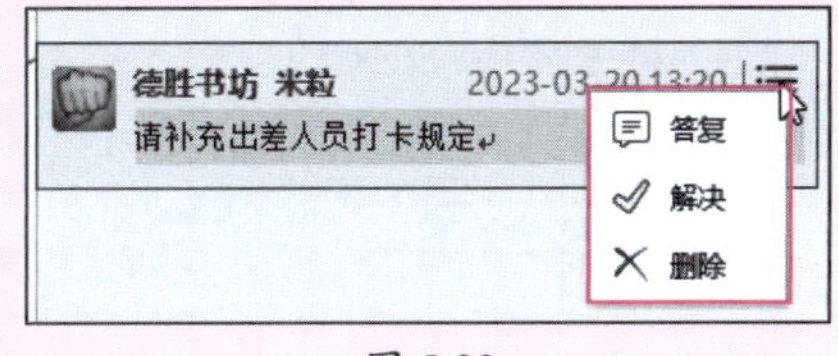

图 5-20

5.2 保护文档内容

为了保证文档安全性，不让他人随意编辑或查看文档内容，可以对文档进行保护以及为文档设置密码。

5.2.1 限制编辑

为了保护文档不被修改只能浏览，可以使用WPS文字的“限制编辑”功能。

首先，打开“审阅”选项卡，单击“限制编辑”按钮，打开“限制编辑”窗格，勾选“限制对选定的样式设置格式”复选框，单击“设置”按钮，如图5-21所示。弹出“限制格式设置”对话框，选中需要保护的样式后，单击“限制”按钮，如图5-22所示。将其加进“限制使用的样式”列表，设置完成后单击“确定”按钮，即可对选定的格式进行编辑限制。

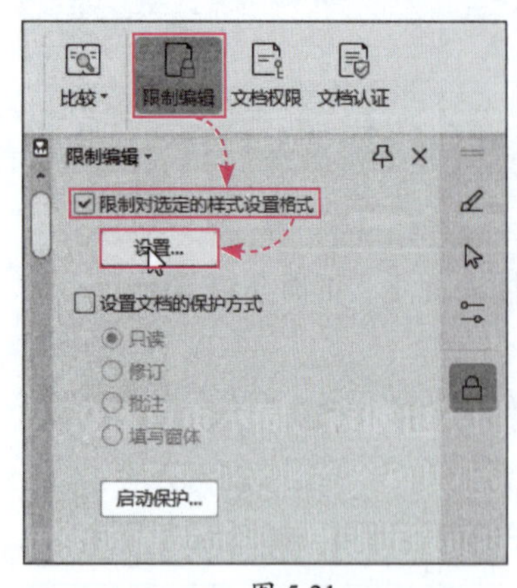

图 5-21

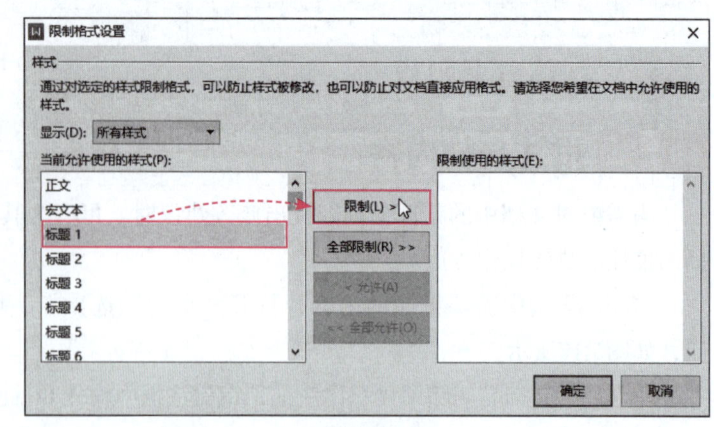

图 5-22

动手练 将文档设置为只读模式

文档在“只读”模式下只提供阅读权限，而不提供编辑和修改权限。下面介绍将文档设置为只读模式的方法。

Step 01 在“审阅”选项卡中单击“限制编辑”按钮，打开“限制编辑”窗格，勾选“设置文档的保护方式”复选框，并保持选中“只读”单选按钮，单击“启动保护”按钮，如图5-23所示。

Step 02 弹出“启动保护”对话框，输入新密码并确认输入的密码，单击“确定”按钮，如图5-24所示。

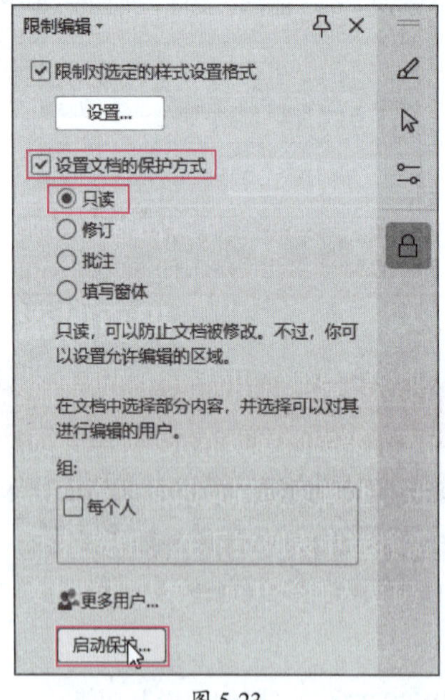

图 5-23

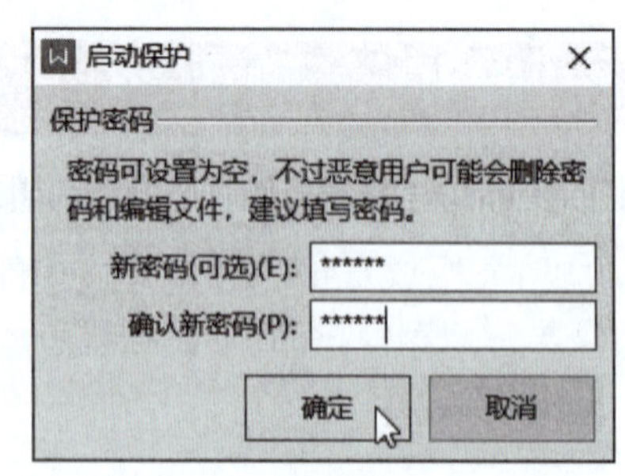

图 5-24

Step 03 当前文档随即被设置为只读模式，在状态栏中会显示“编辑受限”文本。若要取消只读模式，可在“限制编辑”窗格中单击“停止保护”按钮，如图5-25所示。在随后弹出的对话框中输入密码，单击“确定”按钮即可。

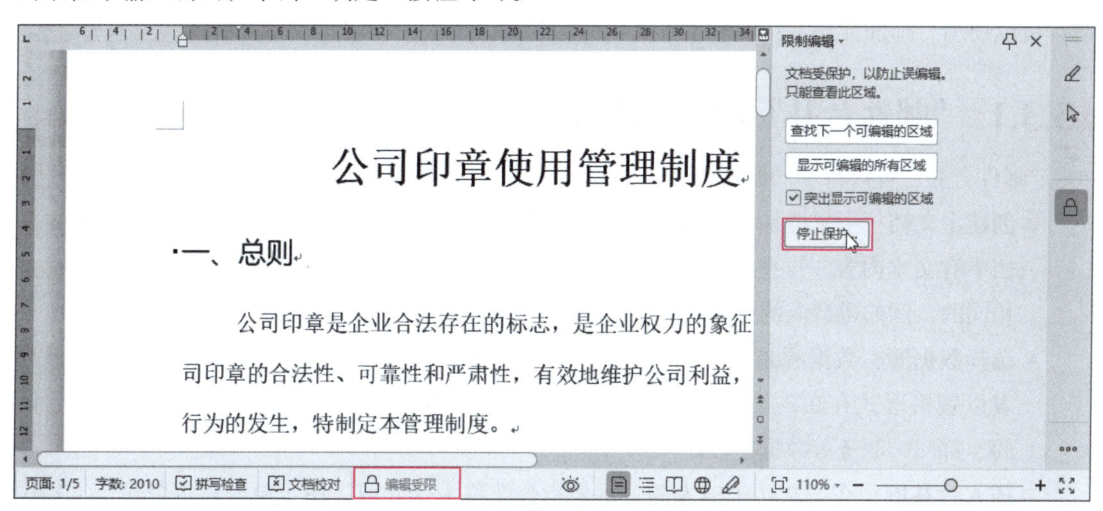

图 5-25

5.2.2 文档认证

在计算机联网状态下，可以对文档进行认证，认证成功后，当该文档被他人编辑时将会实时更新状态，并通知创作者。

Step 01 打开“审阅”选项卡，单击“文档认证”按钮，如图5-26所示。

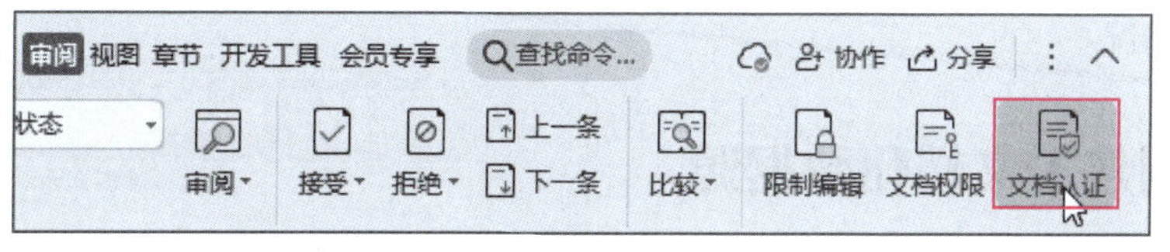

图 5-26

Step 02 弹出“文档认证”对话框，单击“开启认证”按钮，随后在打开的“认证须知”对话框中勾选“已阅读并同意”复选框，单击“我知道了”按钮，开始认证，如图5-27所示。

Step 03 文档认证成功后，单击“复制DNA”按钮，保存该DNA信息，随后编辑该对话框即可，如图5-28所示。

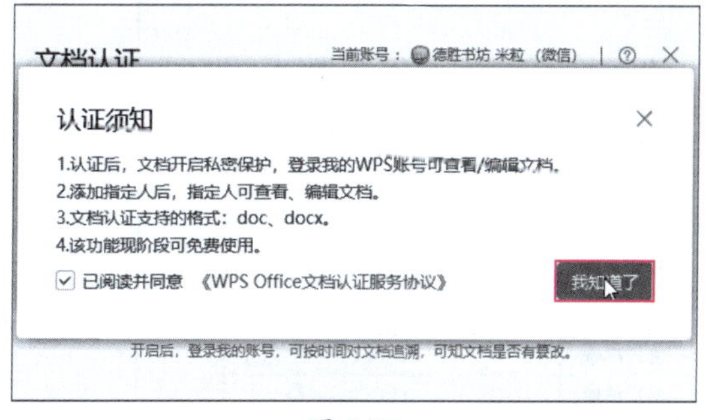

图 5-27

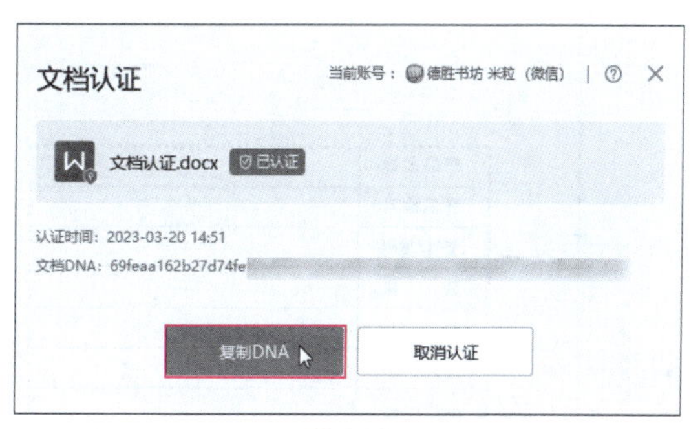

图 5-28

5.3 批量处理文档内容

当工作中遇到制作通知书、邀请函、会议台卡、产品标签等拥有固定版式和内容的文档时，可以使用“邮件合并”功能批量生成。

5.3.1 “邮件合并”的主要环节

“邮件合并”可以将不同源文档表格的数据统一合并到主文档。主要包括以下5个部分。

- **创建主文档：** 主文档是“底版”，也是利用邮件合并功能所引用的数据载体文档。在主文档中有文本内容，这些文本内容的版式和格式都是固定的，且在所有的输出文档中都是相同的，例如邀请函的开头敬语、主题内容、落款等。
- **选择数据源：** 数据源是主文档使用邮件合并功能所引用的数据列表，通常情况下，该列表以表格形式存在。合并到主文档中的数据都在该列表内，例如姓名、电话号码、时间、部门、职务等数据字段。
- **插入合并域：** 在主文档中插入的一系列指令统称为合并域，用于插入在每个输出文档中都要发生变化的文本，例如姓名、昵称、公司、部门、职务等。
- **插入Next域：** Next 域也是一种指令，主要解决邮件合并中的换页问题，当一页需要显示N 行时，则需要输入N-1个 Next 域。
- **查看合并数据：** 当邮件合并完成所有数据源的引用和插入后，最终文档是一份可以独立存储或者输出的WPS文档，但此时该文档中所有引用和插入数据源都是以“域”的形式存在，通过“查看合并数据”可以将文档中的“合并域”转换为实际数据，以便查看域的显示情况。

5.3.2 创建主文档和数据源

了解了“邮件合并”功能的基础知识后，下面利用“邮件合并”功能批量生成产品合格证。首先创建主文档和数据源。

1. 创建主文档

主文档在WPS文字中制作，例如批量制作“产品标签”，需要创建一个“产品标签”文档模板，如图5-29所示。用户可以下载模板并进行适当修改，或根据需要手动创建。

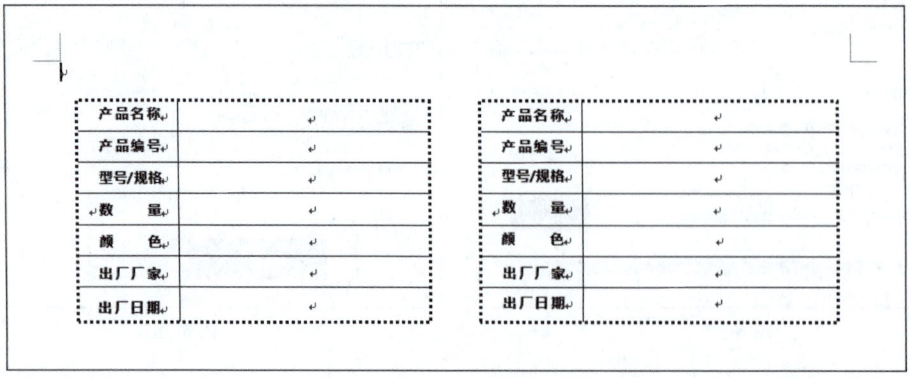

产品名称	
产品编号	
型号/规格	
数　　量	
颜　　色	
出厂厂家	
出厂日期	

产品名称	
产品编号	
型号/规格	
数　　量	
颜　　色	
出厂厂家	
出厂日期	

图 5-29

2. 创建数据源

数据源可以在WPS表格中制作，数据源中必须包含主文档中要用到的所有变量信息，这里制作“产品标签”需要用到的变量信息为产品名称、产品编号、型号/规格、数量、颜色、出厂厂家、出厂日期等，如图5-30所示。

	A	B	C	D	E	F	G
1	产品名称	产品编号	型号/规格	数量	颜色	出厂厂家	出厂日期
2	手机	2301008	A-1001	500	橙色	厂家A	2023/5/1
3	电脑	2301009	A-1002	300	黄色	厂家B	2023/5/2
4	空调	2301010	A-1003	150	绿色	厂家C	2023/5/3
5	充电器	2601011	B-1001	200	蓝色	厂家D	2023/5/4
6	洗衣机	2601012	B-1002	50	白色	厂家E	2023/5/5
7	消毒柜	2601013	B-1003	100	红色	厂家F	2023/5/6
8	电冰箱	2301014	C-1001	20	紫色	厂家G	2023/5/7
9	微波炉	2201015	C-1002	120	咖啡色	厂家H	2023/5/8
10	电磁炉	2201016	C-1003	200	橙色	厂家I	2023/5/9
11	洗碗机	2201017	C-1004	70	黄色	厂家J	2023/5/10

图 5-30

动手练 批量生成第1步——插入域

准备工作完成后，便可以进行最关键的步骤，插入域是批量生成文件的关键，下面介绍具体操作步骤。

Step 01 打开“引用”选项卡，单击“邮件”按钮，如图5-31所示。

图 5-31

Step 02 菜单栏中显示“邮件合并”选项卡，单击“打开数据源”按钮，如图5-32所示。弹出“选取数据源”对话框，选择数据源文件，单击“打开”按钮。成功打开数据源后，“邮件合并”选项卡中的按钮会变为可用状态。

图 5-32

Step 03 将光标定位于文档中需要导入数据源的位置，在“邮件合并”选项卡中单击“插入合并域”按钮，如图5-33所示。

Step 04 弹出“插入域”对话框，在“域”列表中选择对应的域名称，单击“插入”按钮，如图5-34所示。随后关闭对话框。参照Step 03和Step 04，继续在主文档的其他位置插入对应域名称。

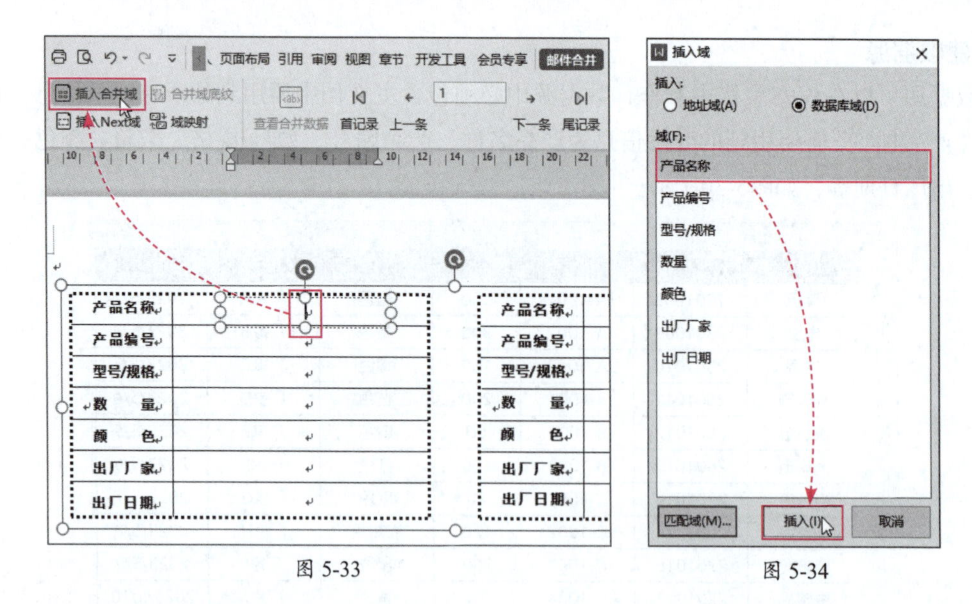

图 5-33　　　　图 5-34

Step 05 在主文档中插入所有域后，将光标定位于第二条记录的首个域之前，单击“插入Next域”按钮，如图5-35所示。

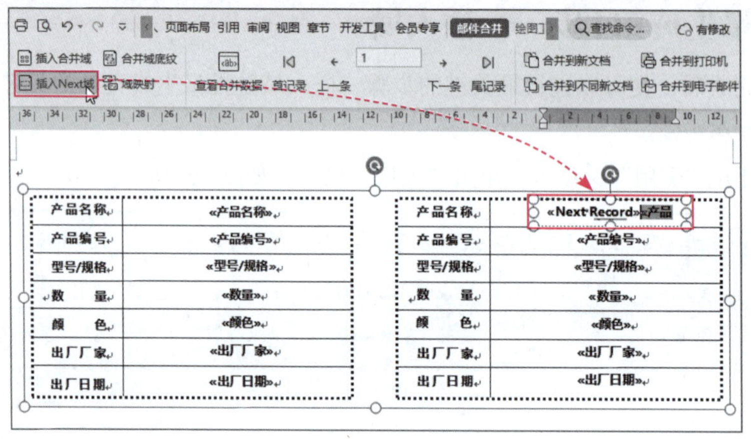

图 5-35

Step 06 在“邮件合并”选项卡中单击“查看合并数据”按钮，可验证合并效果，如图5-36所示。

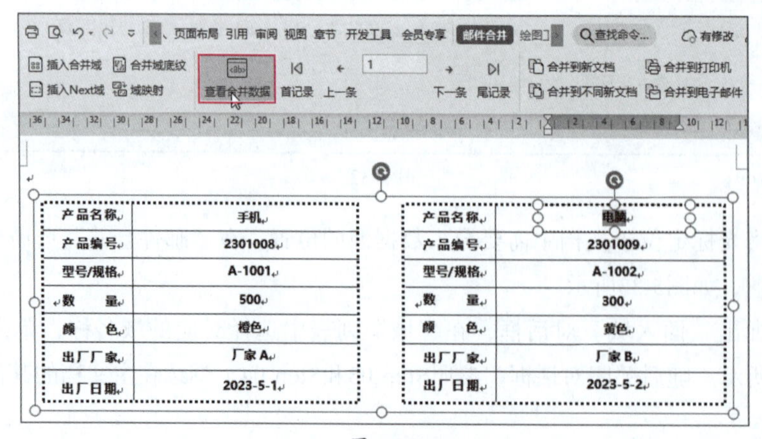

图 5-36

动手练 批量生成第2步——生成产品标签

所有域插入完成后便可以生成新文档，完成最后的合并工作。具体操作方法如下。

Step 01 在“邮件合并”选项卡中单击“合并到新文档”按钮，如图5-37所示。

Step 02 弹出“合并到新文档”对话框，保持默认选项，单击“确定”按钮，如图5-38所示。

图 5-37

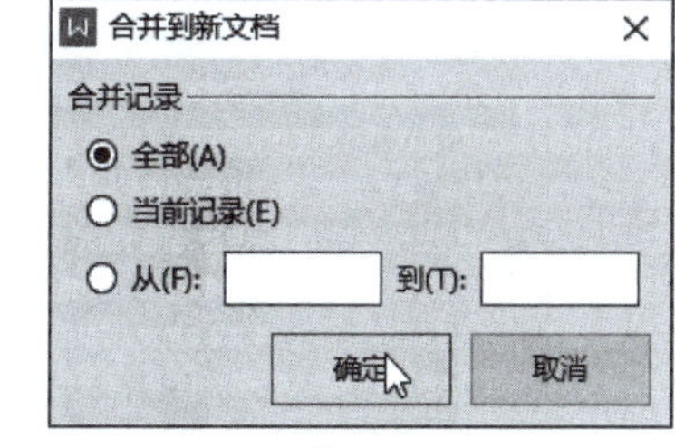

图 5-38

Step 03 WPS文字随即自动生成一份新的结果文档，文档中标签的信息和数据源保持一致，如图5-39所示。

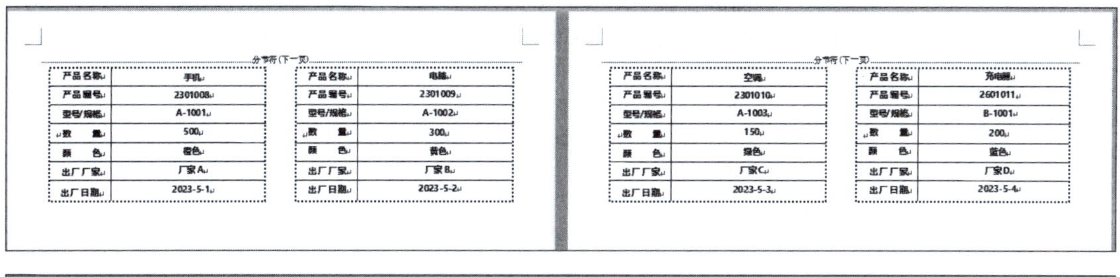

图 5-39

注意事项 由于本例在主文档中只制作了两个标签，所以在执行邮件合并后，每页中也只会自动生成两个标签。在实际工作中，用户可以根据需要确定主文档中的标签数量。

新手答疑

1. Q：如何快速统计文档的页数、段落数、数字等基本信息？

A：打开“审阅”选项卡，单击“字数统计”按钮，如图5-40所示。在弹出的“字数统计”对话框中可查看页数、字数、段落数等信息，如图5-41所示。

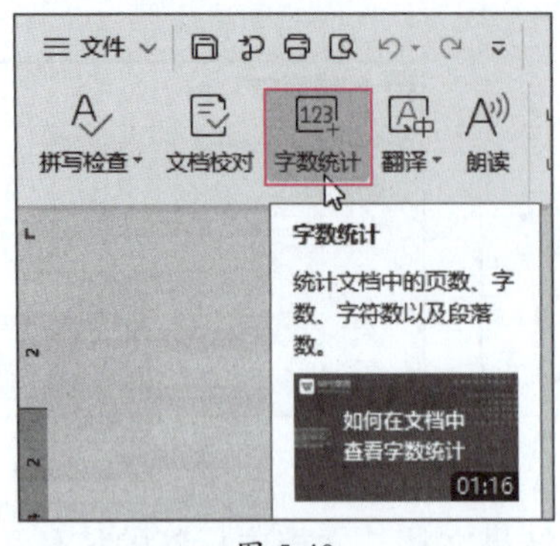

图 5-40

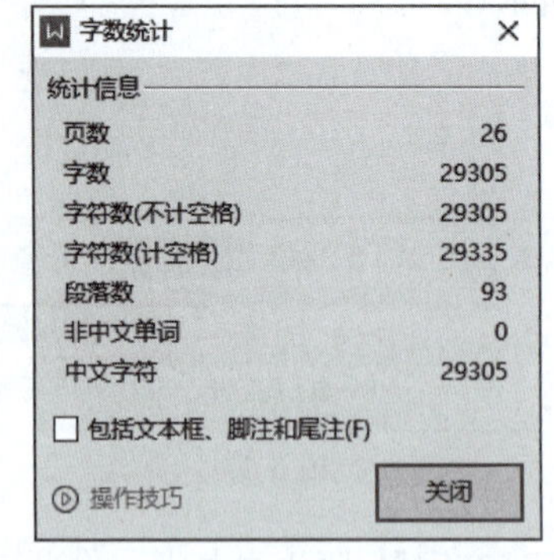

图 5-41

2. Q：如何将文档中的繁体字快速转换成简体字？

A：通过“审阅”选项卡中的“繁转简”和“简转繁”按钮，可快速实现文档字体的繁简转换，如图5-42所示。

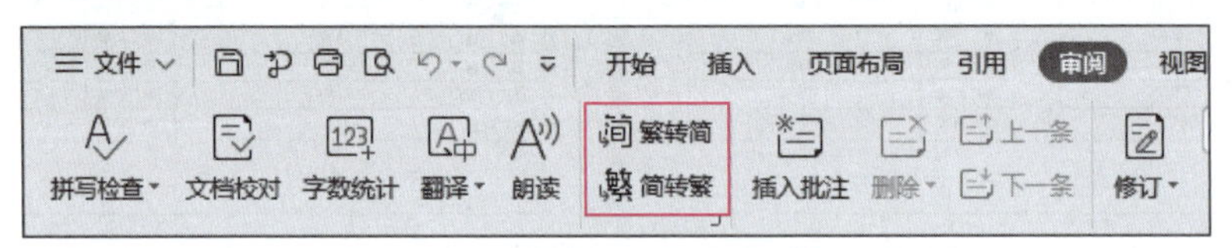

图 5-42

3. Q：如何设置文档只让指定的几个人查看？

A：打开“审阅”选项卡，单击“文档权限”按钮，系统随即弹出“文档权限”对话框，先打开“私密文档保护”开关，随后单击“添加指定人”按钮，如图5-43所示。在弹出的对话框中根据操作要求添加允许查看的人员即可。

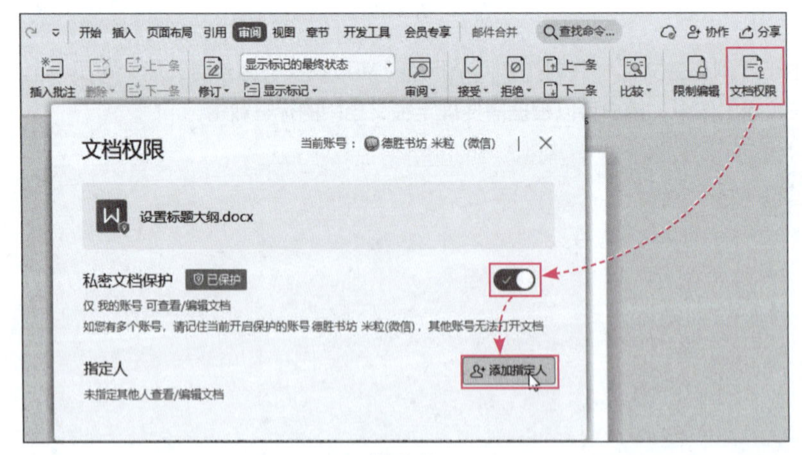

图 5-43

WPS表格篇

第6章 WPS制表入门操作

WPS表格是一款功能强大的电子表格软件，使用WPS表格可以轻松制作各类报表，对数据进行计算与分析，实现高效数据管理，并能生成具备专业外观的图表，是日常办公和学习的理想软件。本章将对WPS表格的基础知识、数据的录入和编辑、表格样式的设置、工作簿的打印和输出等进行详细介绍。

6.1 WPS表格基本操作

在学习WPS表格的操作技巧之前先要掌握一些基础知识，例如了解工作簿和工作表的概念，以及工作簿、工作表、单元格的基本操作等。

6.1.1 区分工作簿与工作表

工作簿和工作表是从属关系。工作表属于工作簿的一部分，一个工作簿中可以包含很多张工作表。

1. 工作簿的概念

工作簿是一种电子表格文件，是一种文件形式。WPS表格工作簿的默认扩展名为.xlsx，如图6-1所示。双击工作簿图标可以打开该工作簿。

工作簿1.xlsx

图 6-1

2. 工作表的概念

工作表是工作簿的基本组成单位，也是工作簿中最重要的部分。用于记录、展示、处理及分析数据。一个工作簿中可以包含很多张工作表，如图6-2所示。

工作簿好像一个活页夹，工作表则是其中可拆卸的纸张。一个工作簿中所包含的工作表的数量并不是固定的，WPS Office 2019默认包含一张工作表，用户可以根据需要插入或删除工作表。但是一个工作簿中至少要包含一张工作表。

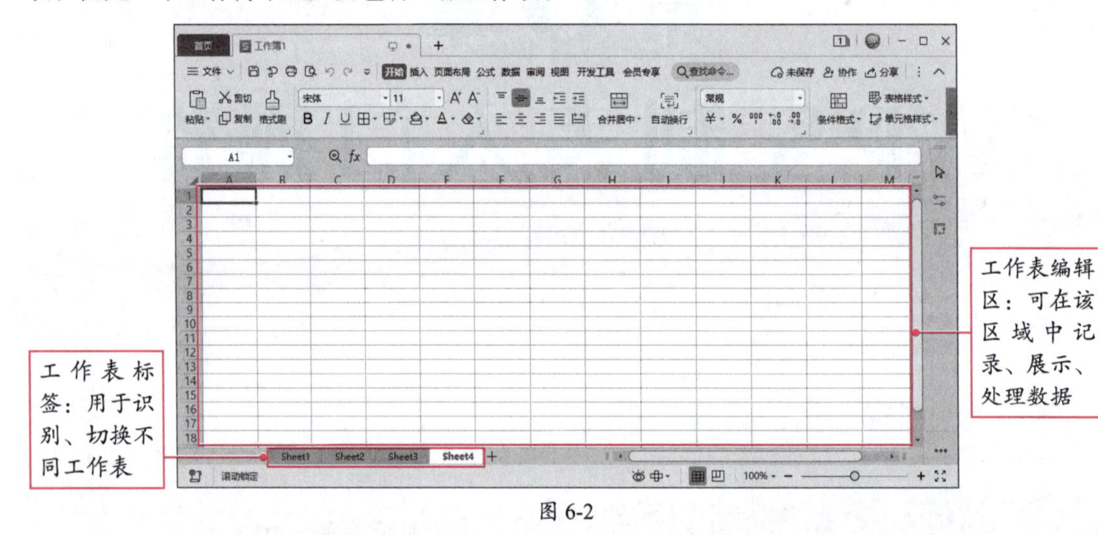

图 6-2

6.1.2 工作簿基本操作

工作簿的基本操作包括工作簿的新建、保存、打开、输出以及窗口的调整等，下面对这些操作进行详细介绍。

1. 新建工作簿

启动WPS Office软件，在“首页”界面单击“新建”按钮，窗口中随即打开“新建”标签。单击“表格”按钮，切换到相应页面，接着单击“新建空白文档”按钮，即可新建一个空白工作簿，如图6-3所示。

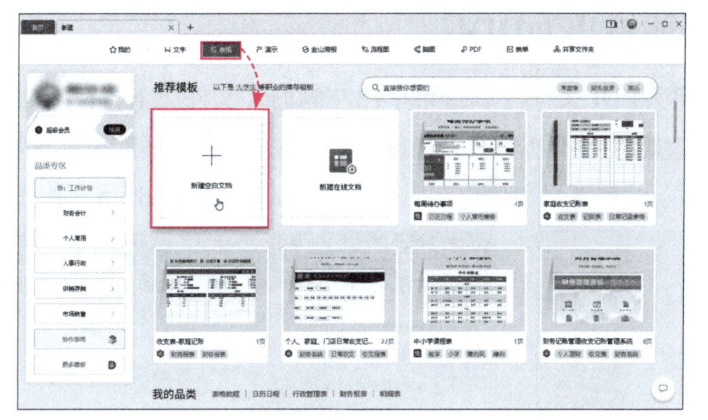

图 6-3

知识点拨

"表格"界面中还包含很多模板，用户也可以根据需要创建模板工作簿。

2. 保存工作簿

编辑中的工作簿需要及时保存才不会造成文件内容的丢失，下面介绍几种不同的保存方法。

（1）保存新建工作簿

新创建的工作簿在首次保存时需要为其指定名称和保存位置，在菜单栏中单击"保存"按钮，如图6-4所示。在随后弹出的"另存文件"对话框中选择好文件的保存位置，并设置好文件名、文件类型，单击"保存"按钮，即可保存工作簿。

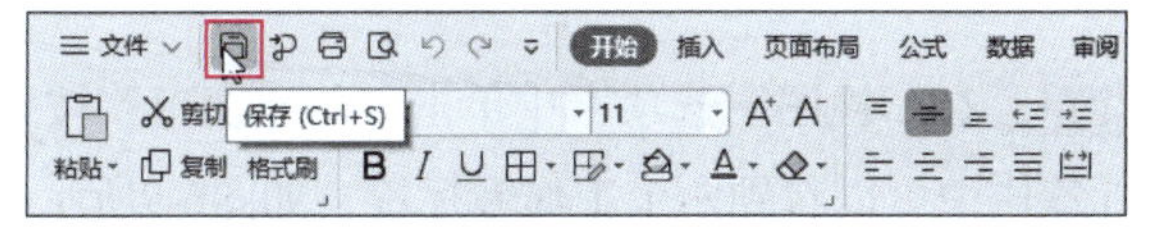

图 6-4

（2）另存为工作簿

另存为工作簿可为当前工作簿创建副本。单击"文件"下拉按钮，在下拉列表中选择"另存为"选项，打开"另存文件"对话框。或将光标悬停在"另存为"选项上方，在其下级列表中选择需要的文件格式，如图6-5所示。在随后弹出的"另存文件"对话框中设置文件的保存位置、文件名或文件类型即可。

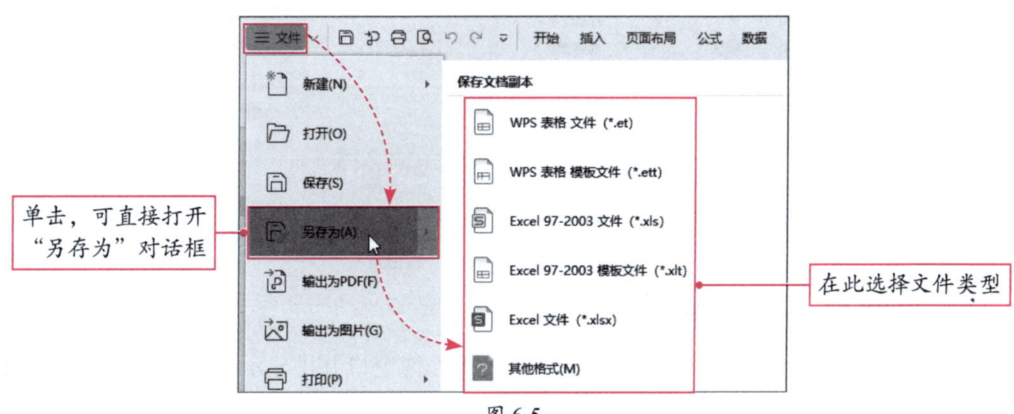

图 6-5

动手练 将工作簿输出为PDF

工作簿可以输出为PDF文件。单击菜单栏左侧的“文件”下拉按钮，在下拉列表中选择“输出为PDF”选项，如图6-6所示。在弹出的“输出为PDF”对话框中设置好相关选项，以及文件的保存位置，单击“开始输出”按钮，如图6-7所示。便可将工作簿中的内容输出为PDF文件。

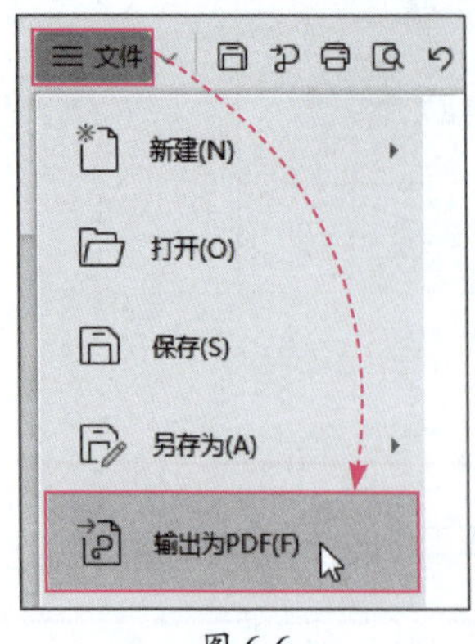

图 6-6

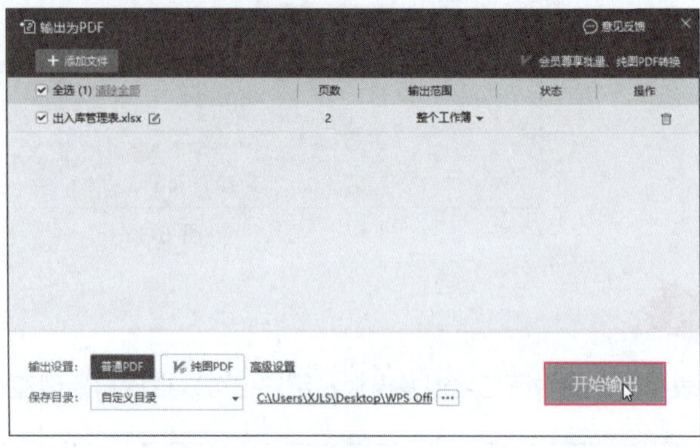

图 6-7

6.1.3 工作簿窗口管理

使用WPS表格处理一些复杂工作时，经常会同时打开多个工作簿，并在多个工作簿之间来回切换，为了在有限的屏幕区域中显示更多有效信息，快速查找、定位以及编辑数据，还需要学会如何管理工作簿窗口。

1. 新建工作簿窗口

新建工作簿窗口很简单，在“视图”选项卡中单击“新建窗口”按钮，如图6-8所示。系统随即新建一个窗口，在标签栏中可以看到两个工作簿标签，如图6-9所示。

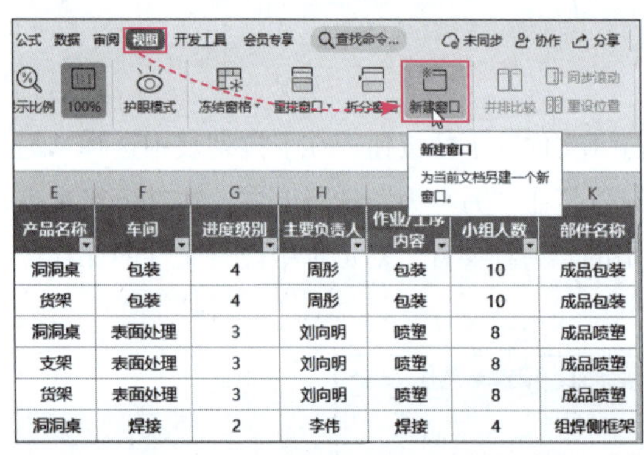

图 6-8

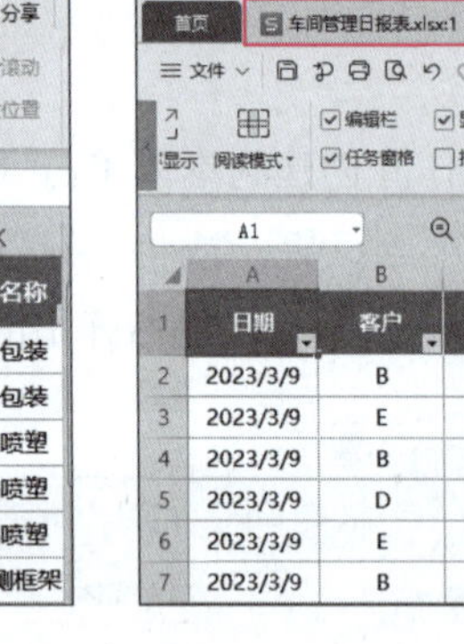

图 6-9

2. 重排工作簿窗口

使用WPS表格提供的“并排比较”功能，可以让多个工作簿在当前窗口中并排显示。

动手练 不同方式重排窗口

Step 01 单击“并排比较”按钮，可以将两个工作簿窗口并排显示，以便进行比较或修改等，如图6-10所示。

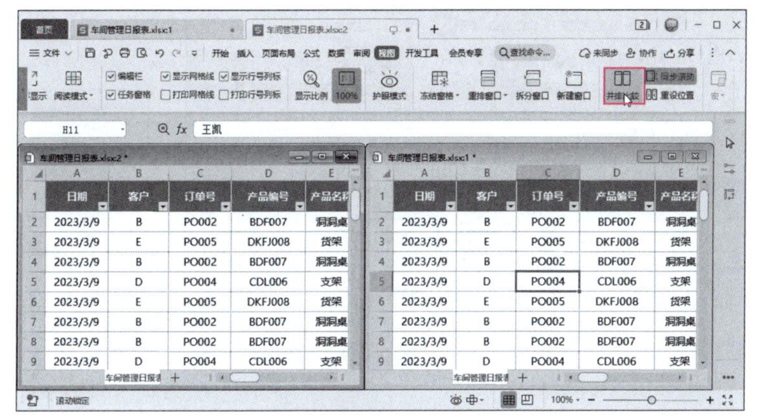

图 6-10

Step 02 当有多个窗口需要排列时，可以在“视图”选项卡中单击“重排窗口”下拉按钮，在下拉列表中选择一种排列方式，此处选择“垂直平铺”选项，如图6-11所示。

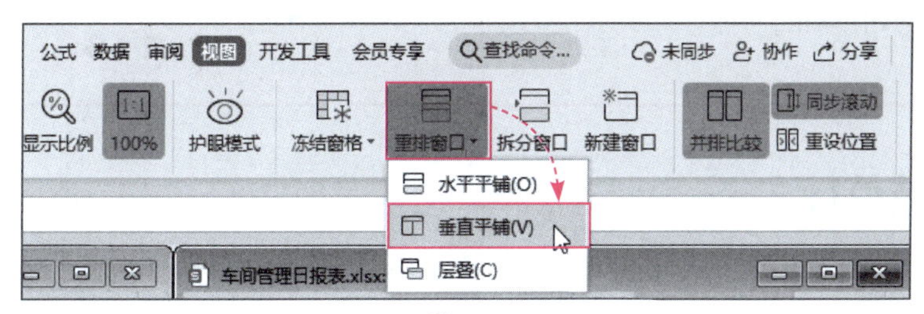

图 6-11

Step 03 所有窗口随即按照所选方式自动进行排列，效果如图6-12所示。

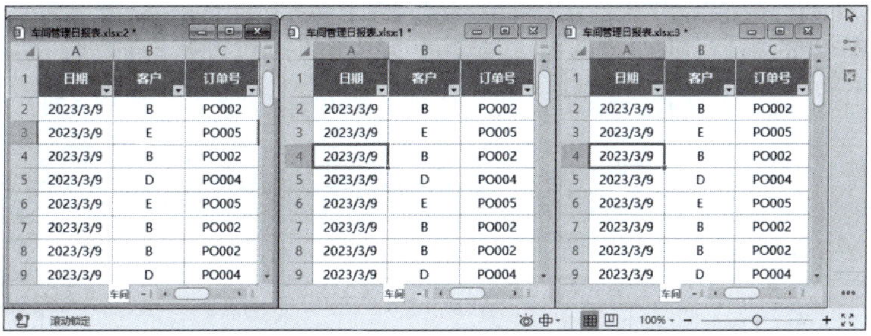

图 6-12

3. 冻结窗格

“冻结窗格”能够冻结工作表的某一部分，在滚动浏览工作表时，被冻结的部分能够始终保持可见。如果想同时冻结顶端标题行和左侧指定数量的列，例如冻结第1行和D列，可执行如下操作。

动手练 冻结指定的行与列

Step 01 选中E2单元格，打开“视图”选项卡，单击“冻结窗格”下拉按钮，此时下拉列表中会显示“冻结至第1行D列”选项，选择该选项即可完成冻结，如图6-13所示。

Step 02 若要取消冻结窗格，可以再次单击“冻结窗格”下拉按钮，在下拉列表中选择“取消冻结窗格”选项即可，如图6-14所示。

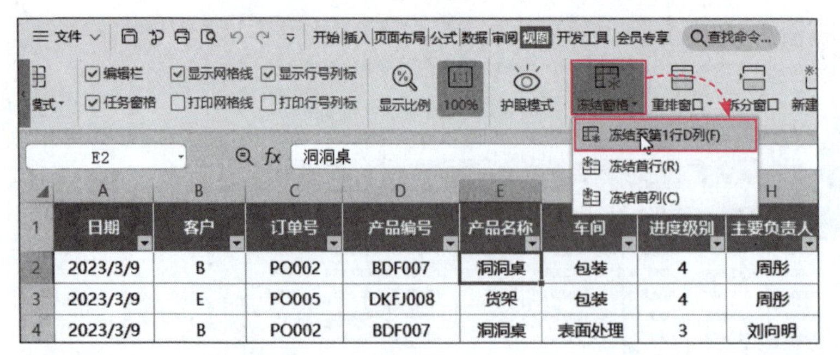

图 6-13

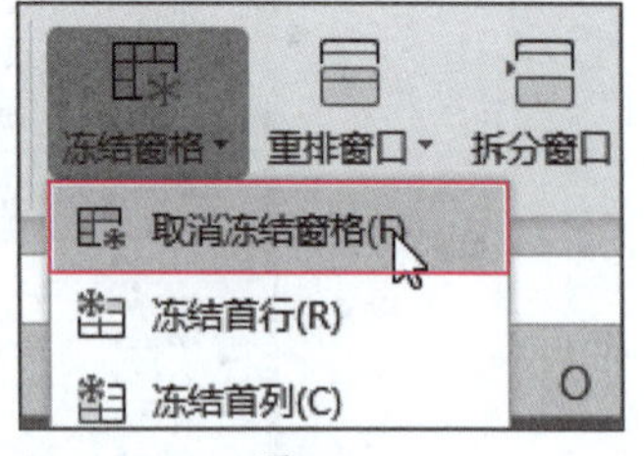

图 6-14

知识点拨

内容较多的工作表可以拆分成多个窗格，每个窗格中的内容都可以单独滚动和编辑。选择目标单元格，打开“视图”选项卡，单击“拆分窗口”按钮即可，如图6-15所示。

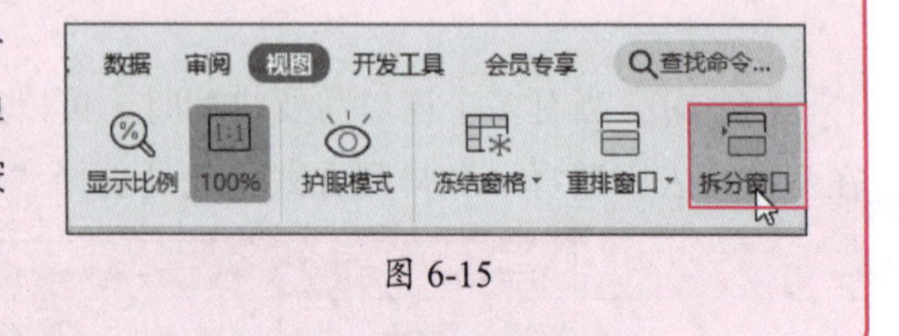

图 6-15

动手练 冻结首行

若表格中内容较多，查看下方数据时，顶端标题行会被隐藏，这样不利于判断每列数据的属性，此时可以将表格的标题行固定住。下面介绍具体操作方法。

Step 01 打开“视图”选项卡，单击“冻结窗格”下拉按钮，在下拉列表中选择“冻结首行”选项，如图6-16所示。

Step 02 工作表的第1行随即被冻结，查看下方内容时第1行始终显示，如图6-17所示。若在“冻结窗格”下拉列表中选择“冻结首列”选项，则可以冻结工作表的A列。

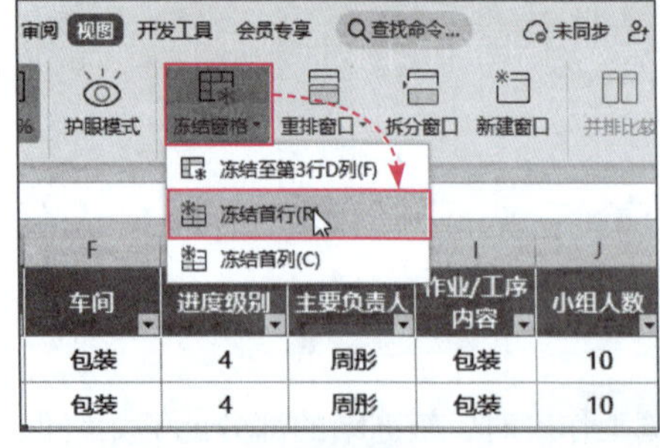

图 6-16

	A	B	C	D	E	F	G
1	日期	客户	订单号	产品编号	产品名称	车间	进度级别
28	2023/3/10	E	PO005	DKFJ008	货架	表面处理	3
29	2023/3/10	B	PO002	BDF007	洞洞桌	焊接	2
30	2023/3/10	B	PO002	BDF007	洞洞桌	焊接	2
31	2023/3/10	D	PO004	CDL006	支架	焊接	2
32	2023/3/10	E	PO005	DKFJ008	货架	焊接	2
33	2023/3/10	A	PO001	BDF005	网板桌子	切冲折备料	1
34	2023/3/10	A	PO001	BDF005	网板桌子	切冲折备料	1
35	2023/3/10	A	PO001	BDF005	网板桌子	切冲折备料	1

图 6-17

6.1.4 工作表基本操作

使用WPS表格时经常需要执行新建工作表、重命名工作表、删除工作表、移动或复制工作表等操作。下面对这些基础操作进行详细介绍。

1. 新建工作表

新建工作簿默认只包含一张工作表，用户可以根据需要在工作簿中继续新建工作表。在WPS表格中新建工作表的方法不止一种，下面介绍常用操作方法。

（1）使用“新建工作表”按钮创建

单击工作表标签右侧的“新建工作表”按钮，如图6-18所示。

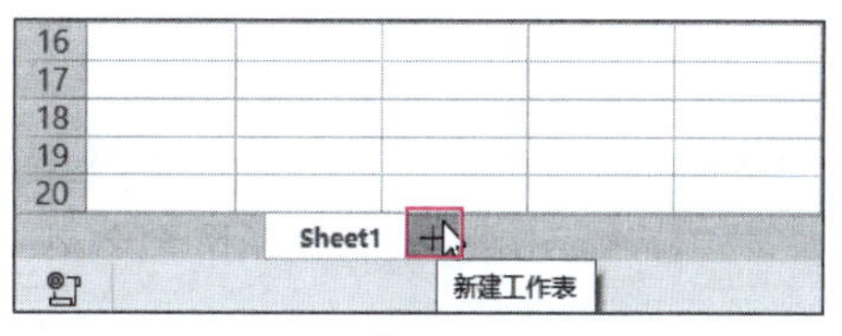

图 6-18

（2）使用右键菜单创建

右击工作表标签，在弹出的快捷菜单中选择“插入工作表”选项，如图6-19所示。

（3）使用功能区按钮创建

打开“开始”选项卡，单击“工作表”下拉按钮，在下拉列表中选择“插入工作表”选项，如图6-20所示。

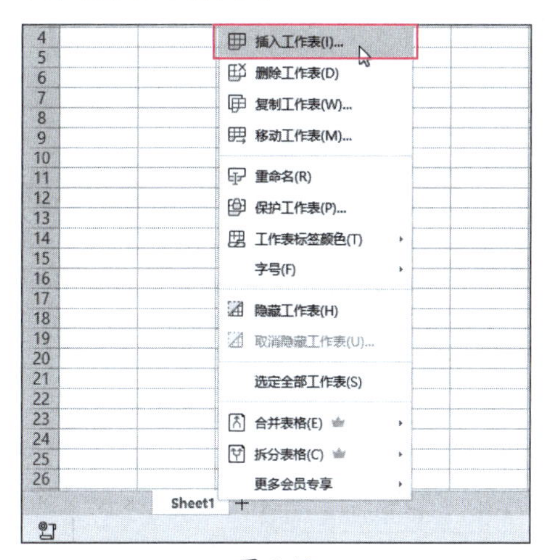

图 6-19

图 6-20

2. 重命名工作表

工作表名称默认为Sheet1、Sheet2…，为了更容易识别工作表中的内容，可以重命名工作表。

首先右击工作表标签，在弹出的快捷菜单中选择“重命名”选项，如图6-21所示。当工作表标签变为可编辑状态，直接输入新的工作表名称即可，如图6-22所示。

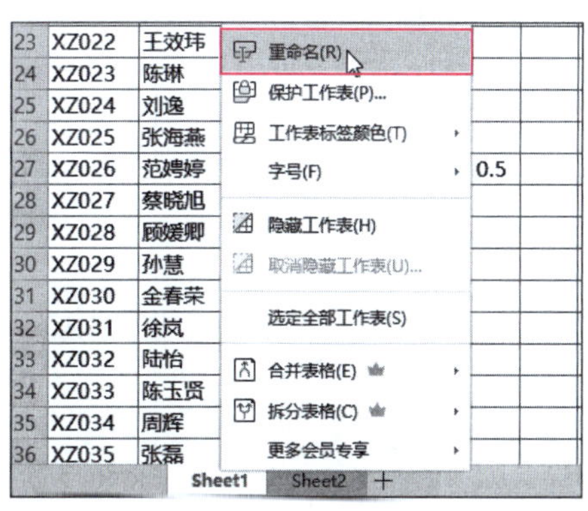

图 6-21

图 6-22

3. 设置工作表标签颜色

为了区分工作表中内容的重要程度、类型、紧急程度等，可以为工作表标签设置颜色。右击工作表标签，在弹出的快捷菜单中选择“工作表标签颜色”选项，在展开的颜色列表中选择一种颜色，如图6-23所示。所选工作表标签随即被设置为相应颜色，效果如图6-24所示。

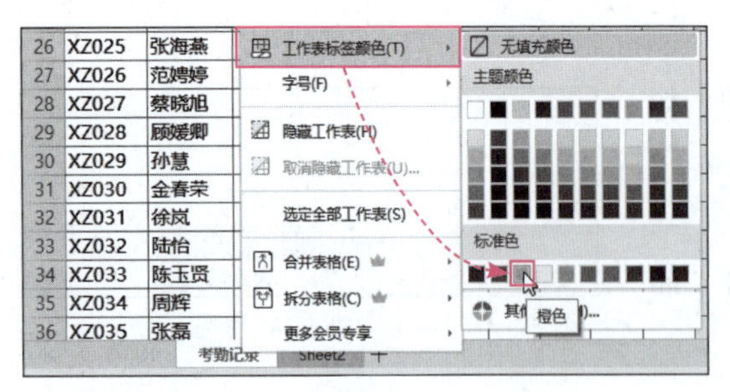

图 6-23

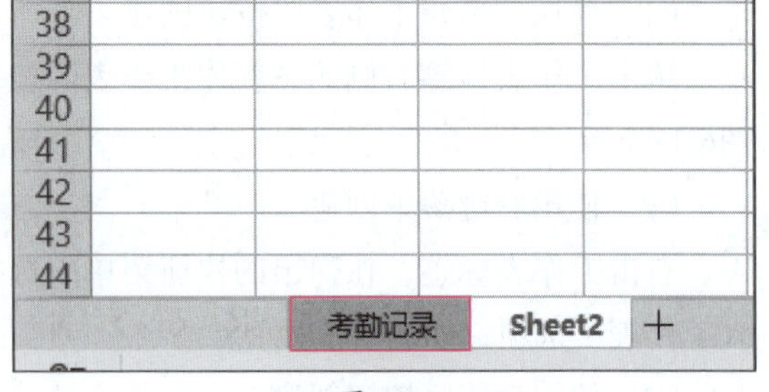

图 6-24

4. 工作表的隐藏和显示

暂时不使用的工作表可以将其隐藏，等到需要时再将其显示出来。

动手练 隐藏指定工作表

Step 01 右击需要隐藏的工作表标签，在弹出的快捷菜单中选择“隐藏工作表”选项，如图6-25所示，即可将当前工作表隐藏。

26	XZ025	张海燕	二车间生产员工	¥3,500.00
27	XZ026	范娉婷	二车间生产员工	¥3,500.00
28	XZ027	蔡晓旭	二车间生产员工	¥3,500.00
29	XZ028	顾媛卿	二车间生产员工	¥3,500.00
30	XZ029	孙慧	三车间生产员工	¥3,500.00
31	XZ030	金春荣	三车间生产员工	¥3,500.00
32	XZ031	徐岚	三车间生产员工	¥3,500.00

隐藏工作表(H)
取消隐藏工作表(U)...
选定全部工作表(S)
合并表格(E)
拆分表格(C)
更多会员专享

考勤记录 考勤记录 (2) 考勤统计 工资统计

图 6-25

Step 02 若要让隐藏的工作表重新显示，可以右击任意工作表标签，在弹出的快捷菜单中选择“取消隐藏工作表”选项，如图6-26所示。

Step 03 在弹出的“取消隐藏”对话框中选择要取消隐藏的工作表选项，单击“确定”按钮即可，如图6-27所示。

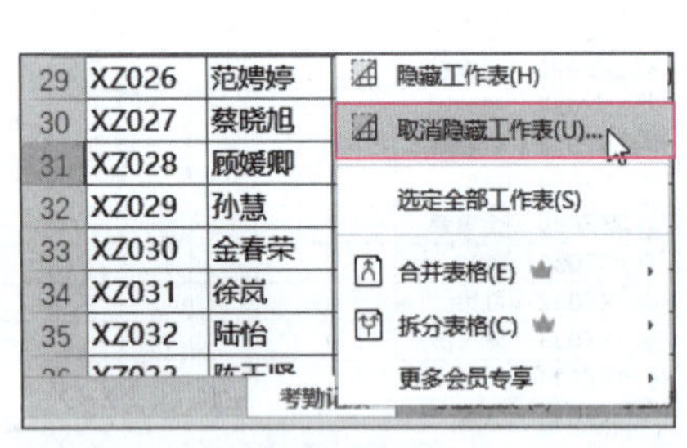

图 6-26

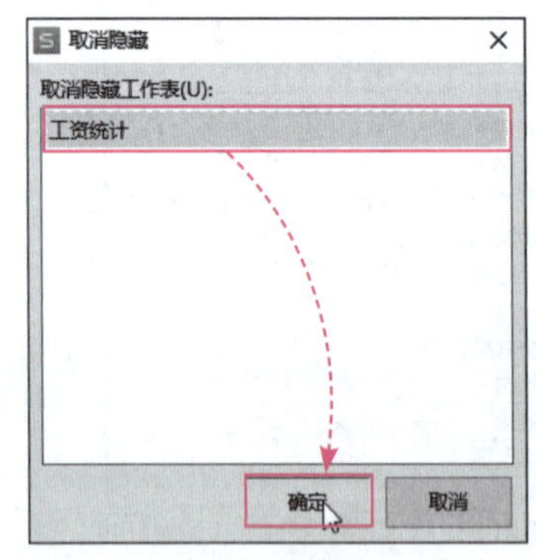

图 6-27

5. 删除工作表

不再使用的工作表可以将其删除，以缩小工作簿的大小，提高软件运行速度。

右击工作表标签，在弹出的快捷菜单中选择“删除工作表”选项，即可将当前工作表删除，如图6-28所示。

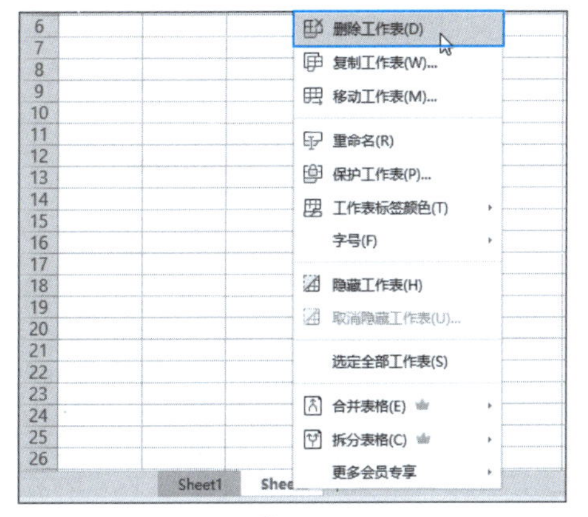

图 6-28

6. 移动工作表

当工作簿中包含多张工作表时，可以移动工作表的位置改变其排列顺序。下面介绍具体操作方法。

Step 01 右击需要移动位置的工作表标签，在弹出的快捷菜单中选择“移动工作表”选项，如图6-29所示。

Step 02 弹出“移动或复制工作表”对话框，在“下列选定工作表之前”列表框中选择一个工作表标签，单击“确定”按钮，如图6-30所示。

图 6-29

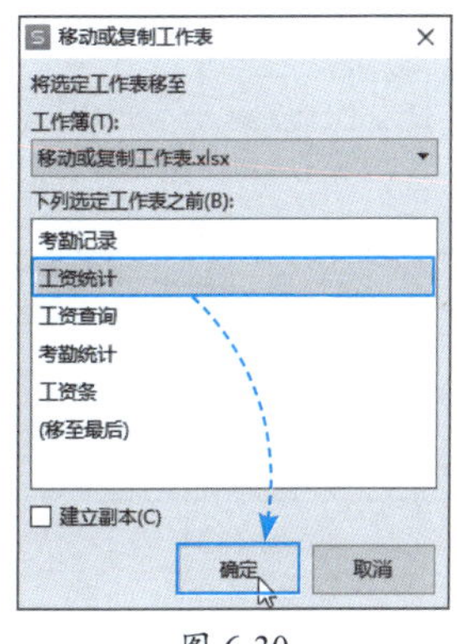

图 6-30

Step 03 活动工作表（当前打开的工作表）随即被移动到对话框中所选的工作表之前，如图6-31所示。

29	XZ027	蔡晓旭	0	0	0	¥0.00	0	1
30	XZ028	顾媛卿	0	0	0	¥0.00	1	0
31	XZ029	孙慧	1	0	0	¥20.00	0	0
32	XZ030	金春荣	0	0	0	¥0.00	0	1

考勤记录 | 考勤统计 | 工资统计 | 工资查询 | 工资条 | +

图 6-31

7. 复制工作表

若想要得到某个工作表的副本，可以复制工作表。右击需要复制的工作表标签，在弹出的快捷菜单中选择“复制工作表”选项，如图6-32所示，所选工作表随即被复制。由于一个工作簿中不能包含名称完全相同的两张工作表，所以被复制的工作表名称之后自动被添加“（2）”，如图6-33所示。

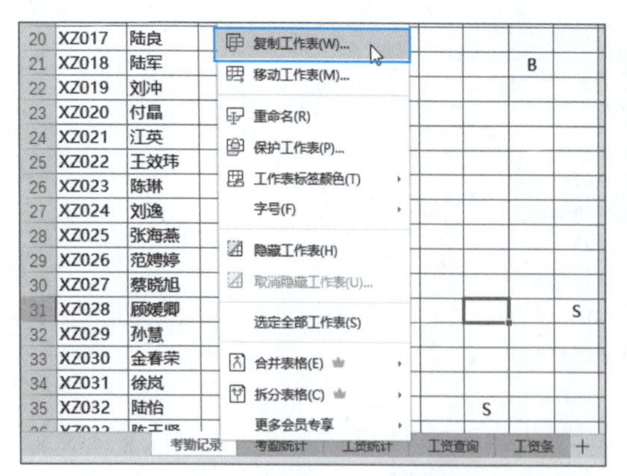

图 6-32

21	XZ018	陆军	S	B
22	XZ019	刘冲		
23	XZ020	付晶		
24	XZ021	江英	S	
25	XZ022	王效玮		
26	XZ023	陈琳		
27	XZ024	刘逸		
28	XZ025	张海燕		
29	XZ026	范娉婷	0.5	
30	XZ027	蔡晓旭		
31	XZ028	顾媛卿		S
32	XZ029	孙慧	K	
33	XZ030	金春荣		
34	XZ031	徐岚		
35	XZ032	陆怡	S	

考勤记录　考勤记录 (2)　考勤统计　工资统计　工资查询

图 6-33

6.1.5 认识行、列及单元格

工作表的编辑区由行、列以及单元格组成。下面先来了解行、列、单元格的概念，再学习一些基本操作。

1. 行和列的概念

工作表中两条相邻横线形成一行，两条相邻竖线形成一列。行用数字命名，列用字母命名。例如，数字3所对应的行叫作“第3行”，如图6-34所示。字母D对应的列叫作“D列”，如图6-35所示。

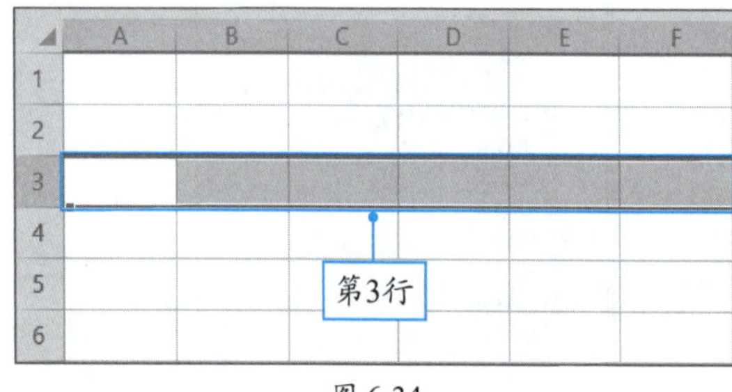

图 6-34

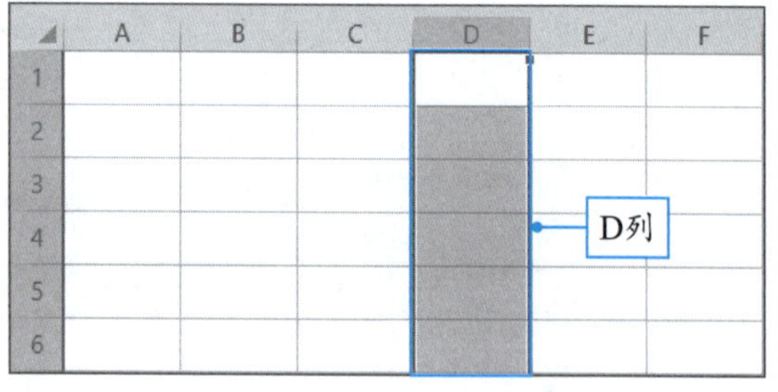

图 6-35

2. 单元格和单元格区域的概念

行和列交叉形成的小格子称为单元格。单元格是组成工作表的最小单位，数据的录入和编辑都是在单元格中进行的。

每一个单元格都有名称（单元格地址），这个名称由对应的列标和行号组成。例如，D列和第4行相交形成的单元格名称为“D4单元格”，如图6-36所示。

连续的单元格区域由左上角和右下角的两个单元格名称中间加冒号组成。例如，左上角是C2，右下角是E6的单元格区域，名称为“C2:E6单元格区域”，如图6-37所示。

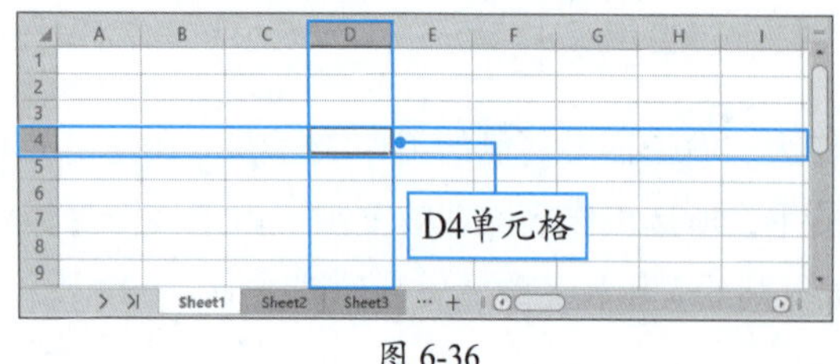

图 6-36

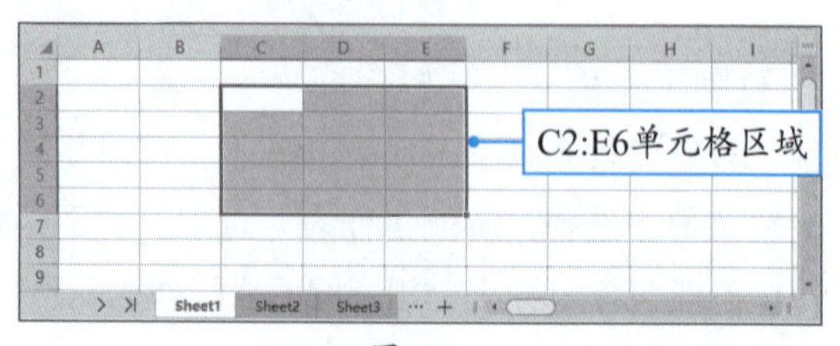

图 6-37

3. 选择行、列和单元格

对工作表中的数据执行操作之前通常需要先选中目标区域，所以选择行、列以及单元格是后续操作的基础。

（1）选择行

将光标移动到行号上方，光标变成➡形状时单击，即可将当前行选中，如图6-38所示。选中一行后，按住鼠标左键不放，同时拖动光标，可选中连续的多行，如图6-39所示。

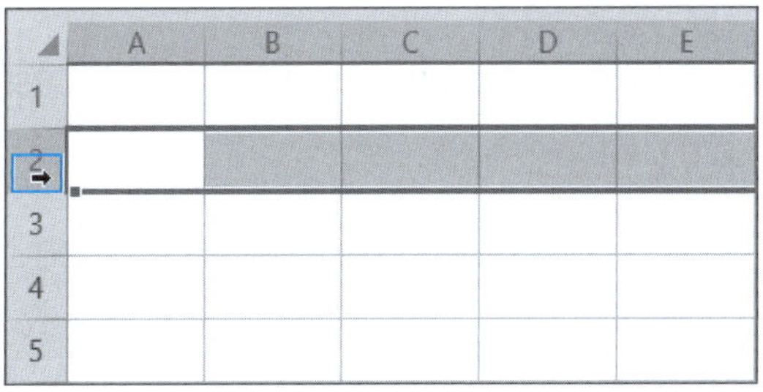

图 6-38

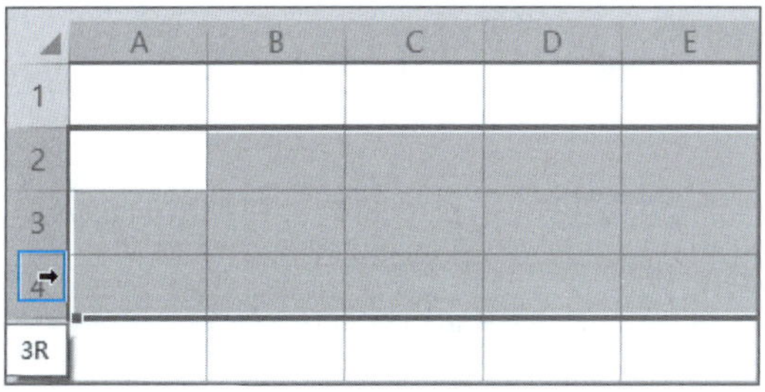

图 6-39

（2）选择列

将光标移动到行号上方，光标变成⬇形状时单击，即可选中当前列，如图6-40所示。选中一列后，按住鼠标左键不放，同时拖动光标，可选中连续的多列，如图6-41所示。

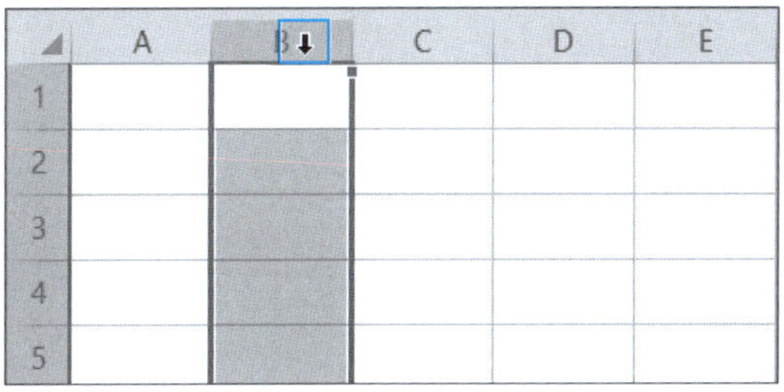

图 6-40

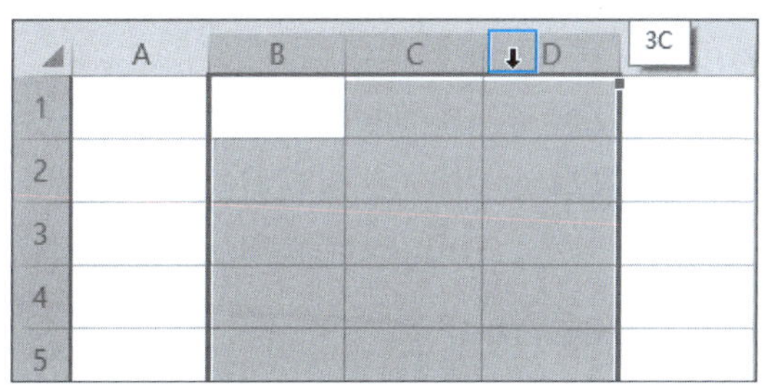

图 6-41

（3）选择单元格和单元格区域

在目标单元格上方单击，即可选中该单元格。选中一个单元格后，按住鼠标左键，同时拖动光标，可选择一个单元格区域，如图6-42所示。按住Ctrl键不放，在工作表中拖动光标，可同时选中多个单元格区域，如图6-43所示。

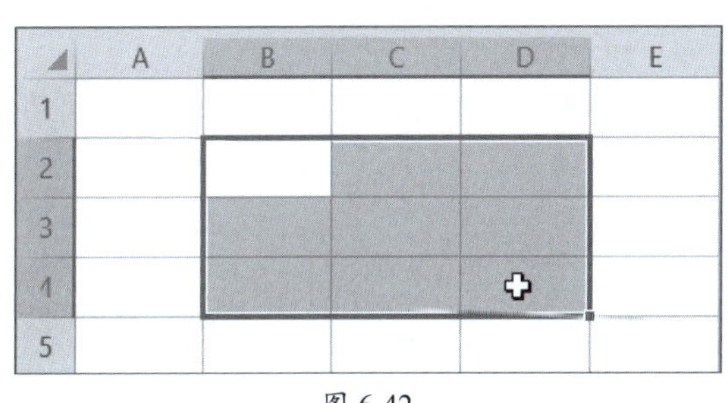

图 6-42

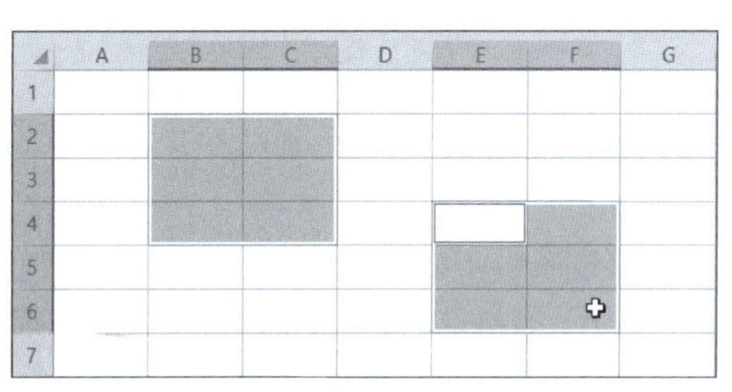

图 6-43

知识点拨

按住Ctrl键不放，依次选择不相邻的行或列，可将这些不连续的行或列同时选中。

6.1.6 行列及单元格基本操作

制作报表时，经常需要对行和列进行各种操作，例如插入或删除行和列、隐藏行和列、移动行列位置，以及调整行高列宽等。下面对行和列的基本操进行详细介绍。

1. 插入或删除行列

插入行和插入列的方法基本相同，不管是对行还是对列执行操作，都需要先将其选中。下面以插入列为例。

Step 01 将光标移动到A列的列标上方，当光标变成向下的箭头时，单击即可选中整列，如图6-44所示。

Step 02 右击选中的列，在弹出的快捷菜单中选择“插入”选项，如图6-45所示。

	A	B	C	D	E
1	姓名	毕业院校	性别	年龄	学历
2	赵薇	南开大学	女	26	本科
3	刘珂	江苏大学	男	26	本科
4	林晓	北京大学	女	29	硕士
5	王明	南开大学	男	27	本科
6	邱旭	北京大学	男	29	硕士
7	赵璐	北京大学	女	32	博士

图 6-44

复制(C) Ctrl+C
剪切(T) Ctrl+X
粘贴(P)
格式刷
插入(I) 列数: 1
删除(D)
清除内容(N)

图 6-45

Step 03 所选列的左侧随即被插入一个空白列，如图6-46所示。

Step 04 在“插入”选项右侧的“列数”微调框中还可以设置要插入的具体列数。例如输入列数为“3”，则可以在所选列的左侧插入3个空白列，如图6-47所示。

	A	B	C	D	E
1		姓名	毕业院校	性别	年龄
2		赵薇	南开大学	女	26
3		刘珂	江苏大学	男	26
4		林晓	北京大学	女	29
5		王明	南开大学	男	27
6		邱旭	北京大学	男	29
7		赵璐	北京大学	女	32

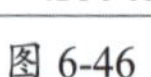
图 6-46

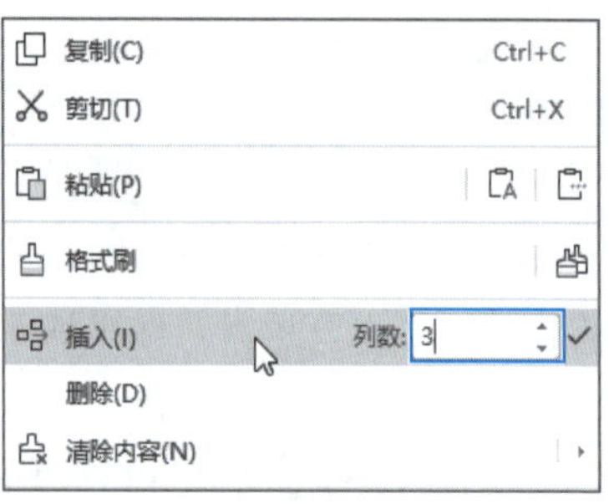

图 6-47

若要删除行或列，可选中需要删除的行或列，在弹出的菜单中选择“删除”选项，即可将所选行或列删除。

2. 调整行高和列宽

为了让表格呈现更自然的外观，通常需要对行高和列宽进行调整。调整行高和列宽的方法基本相同，下面以调整行高为例进行介绍。

Step 01 选中需要调整高度的行，打开“开始”选项卡，单击“行和列”下拉按钮，在下拉列表中选择“行高”选项，如图6-48所示。

Step 02 系统随即弹出“行高”对话框，输入具体的磅值，单击“确定”按钮即可，根据所输入的参数精确调整行高，如图6-49所示。

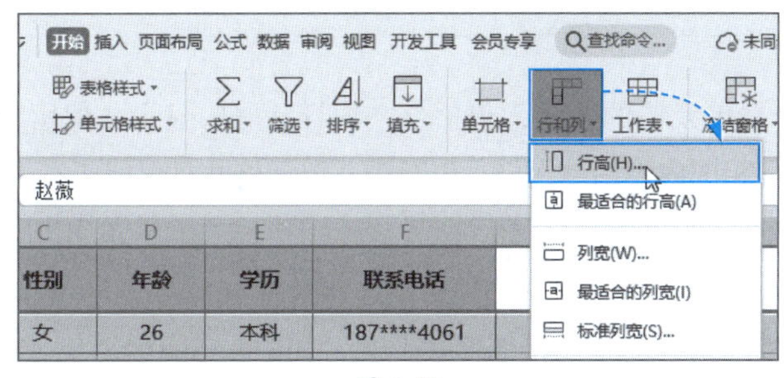

图 6-48

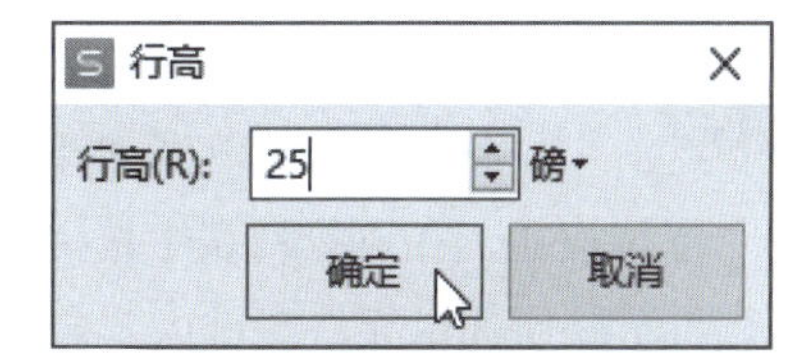

图 6-49

若要调整列宽，可选中目标列，在“行和列”列表中选择“列宽”选项，接着在弹出的对话框中设置列宽值即可。

知识点拨

用户也可使用光标拖曳的方法，快速调整行高或列宽。将光标移动到要调整高度的行的行号下方，光标变成“╪”形状时按住鼠标左键并拖动光标，即可快速调整行高，如图6-50所示。将光标移动到列标右侧，光标变成“╫”形状时，按住鼠标左键进行拖动可快速调整该列的宽度，如图6-51所示。

	A	B	C	D
1	姓名	毕业院校	性别	年龄
2	行高: 41.25 (1.46 厘米)	大学	女	26
2	刘珂	江苏大学	男	26
3	林晓	北京大学	女	29

图 6-50

E	F	G	H
学历	联系电话	列宽: 18.63 (4.07 厘米)	
本科	187****4061		
本科	185****5062		
硕士	187****6063		

图 6-51

动手练 隐藏行和列

Step 01 选中需要隐藏的行或列，随后右击所选行或列，在弹出的快捷菜单中选择“隐藏”选项，如图6-52所示。

Step 02 所选行或列随即被隐藏，如图6-53所示。

4	硕士	187****6063
5	本科	131****7064
6	硕士	151****8065
7	博士	187****9066
8	硕士	187****3067
9	本科	151****2068
10	硕士	187****1069
11	本科	131****6070
12	博士	139****7071
13	本科	187****8072
14	硕士	131****3073
15	博士	187****1074

复制(C) Ctrl+C
剪切(T) Ctrl+X
粘贴(P)
格式刷
插入(I) 行数: 5
删除(D)
清除内容(N)
行高(R)... 最适合的行高
隐藏(H)
取消隐藏(U)

图 6-52

	A	B	C	D	E
1	姓名	毕业院校	性别	年龄	学历
2	赵薇	南开大学	女	26	本科
3	刘珂	江苏大学	男	26	本科
4	林晓	北京大学	女	29	硕士
10	刘能	南开大学	男	29	硕士
11	孙山	北京大学	男	25	本科
12	薛静	江苏大学	女	33	博士
13	蔡晓	南开大学	女	26	本科

图 6-53

需要说明的是，若要取消隐藏的行或列，可以选中包含隐藏内容的连续行或列，右击所选行或列，在弹出的快捷菜单中选择“取消隐藏”选项即可。

动手练 合并单元格

WPS表格提供了多种合并单元格的方式，包括合并内容并居中显示、保留对齐方式的合并单元格、合并包含相同内容的单元格，以及合并单元格并且保留所有内容。

Step 01 选中需要合并内容的单元格区域，打开“开始”选项卡，单击“合并居中”下拉按钮，在下拉列表中选择“合并相同单元格”选项，如图6-54所示。

Step 02 所选单元格区域内，包含相同内容的单元格随即被合并，如图6-55所示。

序号	商品名称	销售数量	销售单价	销售金额
1	消防栓按钮	15	300	4,500
2	消防栓按钮	20	200	4,000
3	火灾显示盘	30	200	6,000
4	火灾显示盘	10	100	1,000
5	消防水泵接合器	10	200	2,000
6	消防水泵接合器	20	200	4,000
7	泊防应急广播设备	20	300	6,000
8	泊防应急广播设备	25	100	2,500
9	泊防应急广播设备	20	100	2,000
10	消防应急广播设备	20	300	6,000
11	消防应急广播设备	10	500	5,000
12	消防应急广播设备	30	300	9,000
13	消防应急广播设备	30	200	6,000

图 6-54

序号	商品名称	销售数量	销售单价	销售金额
1	消防栓按钮	15	300	4,500
2		20	200	4,000
3	火灾显示盘	30	200	6,000
4		10	100	1,000
5	消防水泵接合器	10	200	2,000
6		20	200	4,000
7	泊防应急广播设备	20	300	6,000
8		25	100	2,500
9		20	100	2,000
10	消防应急广播设备	20	300	6,000
11		10	500	5,000
12		30	300	9,000
13		30	200	6,000

图 6-55

6.2 智能表格的应用

为了提高数据表的制作速度，保证表格的最终效果，可以使用智能表格工具。智能表格包含很多附加属性和增强功能。

6.2.1 创建智能表格

用户可以将普通数据表转换成智能表，首先选中数据表中任意一个单元格，打开“开始”选项卡，单击“表格样式”下拉按钮，下拉列表中包含“浅色系”“中色系”“深色系”三种类型的预设样式，此处选择“中色系”的其中一种样式，如图6-56所示。随后弹出“套用表格样式”对话框，保持所有选项为默认（如图6-57所示），单击“确定”按钮，表格随即被转换成智能表，并自动套用所选样式。

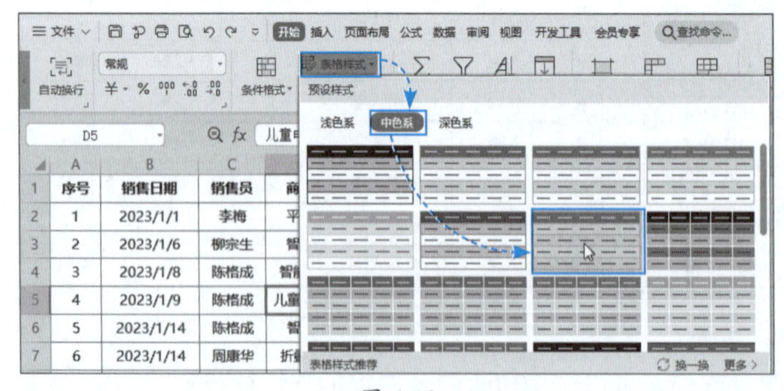

图 6-56

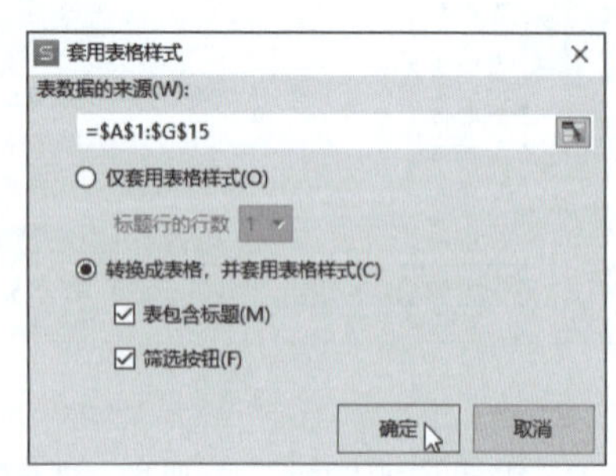

图 6-57

6.2.2 智能表格特性

智能表格可以自动扩展数据区域，并且可以很方便地对数据表中的数据进行排序、筛选、设置格式，并且无须公式自动进行求和、计数、求平均值等常用计算。

1. 自动扩展范围

智能表格具备自动扩展范围的特性，在智能表格下方或右侧相邻空白单元格中输入数据后，智能表格会自动扩展范围以包含新增的行和列，如图6-58所示。

智能表格最后一个单元格的右下角包含一个直角符图标，将光标放在该图标上方，当光标变成双向箭头时，按住鼠标左键向下或向右进行拖动，也可快速增加智能表的行或列，如图6-59所示。

	A	B	C	D	E	F	G	H
1	序号	销售日期	销售员	商品名称	销售数量	销售单价	销售金额	销售利率
2	1	2023/1/1	李梅	平板电脑	15	¥2,300.00	¥34,500.00	
3	2	2023/1/6	柳宗生	智能音箱	14	¥860.00	¥12,040.00	
4	3	2023/1/8	陈格成	智能学习机	9	¥3,999.00	¥35,991.00	
5	4	2023/1/9	陈格成	儿童电话手表	12	¥599.00	¥7,188.00	
6	5	2023/1/14	陈格成	智能手表	6	¥2,220.00	¥13,320.00	
7	6	2023/1/14	周康华	折叠屏手机	7	¥8,198.00	¥57,386.00	
8	7	2023/1/15	赵凯乐	智能手机	3	¥3,200.00	¥9,600.00	
9	8	2023/1/16	赵凯乐	翻译笔	11	¥599.00	¥6,589.00	
10	9	2023/1/18	李梅	平板电脑	2	¥2,879.00	¥5,758.00	
11	10	2023/1/22	柳钰	平板电脑	5	¥3,380.00	¥16,900.00	
12	11	2023/1/24	周康华	智能手机	10	¥2,100.00	¥21,000.00	
13	12	2023/1/27	柳钰	智能手机	3	¥6,680.00	¥20,040.00	
14	13	2023/2/1	陈格成	智能手表	13	¥1,999.00	¥25,987.00	
15	14	2023/2/3	柳钰	平板电脑	4	¥2,200.00	¥8,800.00	
16	15							

图 6-58

	A	B	C	D	E	F	G	H	I
1	序号	销售日期	销售员	商品名称	销售数量	销售单价	销售金额	销售利率	
2	1	2023/1/1	李梅	平板电脑	15	¥2,300.00	¥34,500.00		
3	2	2023/1/6	柳宗生	智能音箱	14	¥860.00	¥12,040.00		
4	3	2023/1/8	陈格成	智能学习机	9	¥3,999.00	¥35,991.00		
5	4	2023/1/9	陈格成	儿童电话手表	12	¥599.00	¥7,188.00		
6	5	2023/1/14	陈格成	智能手表	6	¥2,220.00	¥13,320.00		
7	6	2023/1/14	周康华	折叠屏手机	7	¥8,198.00	¥57,386.00		
8	7	2023/1/15	赵凯乐	智能手机	3	¥3,200.00	¥9,600.00		
9	8	2023/1/16	赵凯乐	翻译笔	11	¥599.00	¥6,589.00		
10	9	2023/1/18	李梅	平板电脑	2	¥2,879.00	¥5,758.00		
11	10	2023/1/22	柳钰	平板电脑	5	¥3,380.00	¥16,900.00		
12	11	2023/1/24	周康华	智能手机	10	¥2,100.00	¥21,000.00		
13	12	2023/1/27	柳钰	智能手机	3	¥6,680.00	¥20,040.00		
14	13	2023/2/1	陈格成	智能手表	13	¥1,999.00	¥25,987.00		
15	14	2023/2/3	柳钰	平板电脑	4	¥2,200.00	¥8,800.00		
16	15								
17									
18									
19									

图 6-59

2. 快速执行排序筛选

智能表自动集成了排序和筛选功能，生成智能表后，表格标题中会出现筛选按钮，通过标题单元格中的筛选按钮，可以对表格中的数据进行排序和筛选，如图6-60所示。

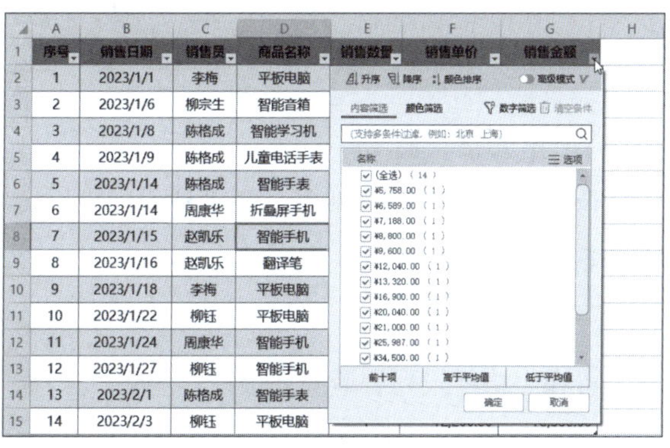

	A	B	C	D	E	F	G
1	序号	销售日期	销售员	商品名称	销售数量	销售单价	销售金额
2	1	2023/1/1	李梅	平板电脑			
3	2	2023/1/6	柳宗生	智能音箱			
4	3	2023/1/8	陈格成	智能学习机			
5	4	2023/1/9	陈格成	儿童电话手表			
6	5	2023/1/14	陈格成	智能手表			
7	6	2023/1/14	周康华	折叠屏手机			
8	7	2023/1/15	赵凯乐	智能手机			
9	8	2023/1/16	赵凯乐	翻译笔			
10	9	2023/1/18	李梅	平板电脑			
11	10	2023/1/22	柳钰	平板电脑			
12	11	2023/1/24	周康华	智能手机			
13	12	2023/1/27	柳钰	智能手机			
14	13	2023/2/1	陈格成	智能手表			
15	14	2023/2/3	柳钰	平板电脑			

图 6-60

动手练 自动统计汇总

智能表格具有自动汇总的特性，无须输入公式，便可自动求和、计数、求平均值、求最大值、最小值等。

Step 01 选中智能表中的任意一个单元格，打开“表格工具”选项卡，勾选“汇总行”复选框，智能表随后在最底部增加汇总行，并显示最后一列的汇总数据，如图6-61所示。

Step 02 汇总行使用的汇总函数为SUBTOTAL，这是一个分类汇总函数，默认情况下当需要汇总的数据类型为数值型时，SUBTOTAL函数的第一参数为“109”，表示求和汇总。当选中汇总值所在单元格时，单元格右侧会显示下拉按钮，单击下拉按钮，在下拉列表中可以根据需要更改汇总方式，如图6-62所示。

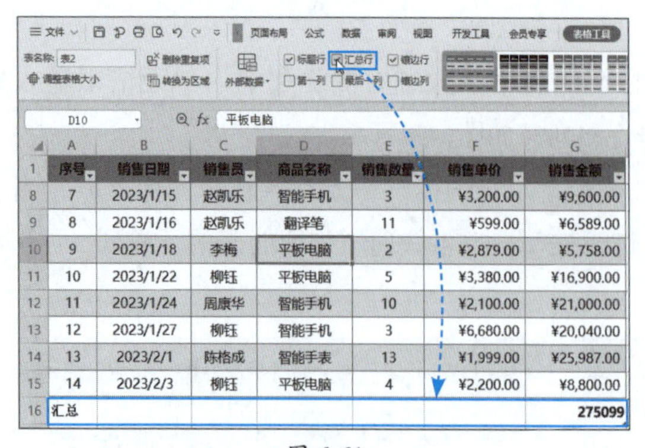

图 6-61

3	¥6,680.00	¥20,040.00
13	¥1,999.00	¥25,987.00
4	¥2,200.00	¥8,800.00
		275099

无
平均值
计数
数值计数
最大值
最小值
求和
标准偏差
方差
其他函数...

图 6-62

6.2.3 美化智能表格

创建智能表后，若对智能表的样式不满意，可以重新选择其他样式，或手动设置智能表样式。

1. 设置特殊格式

选中智能表中的任意一个单元格，打开“表格工具”选项卡，该选项卡中包含“标题行”“汇总行”“镶边行”“第一列”“最后一列”“镶边列”6个复选框，用户可通过勾选复选框让智能表启用相应效果，如图6-63所示。

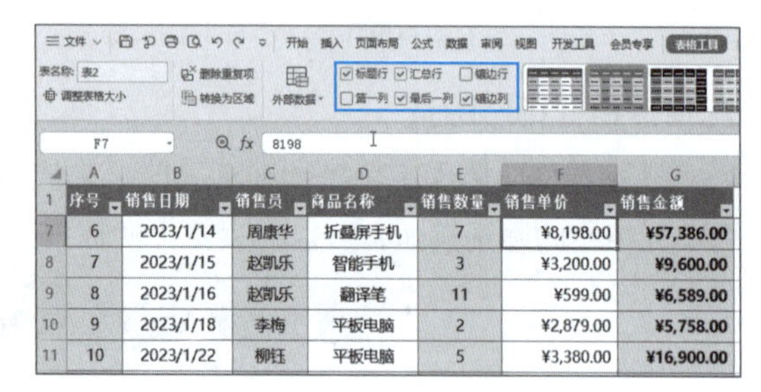

图 6-63

2. 更改智能表样式

选中智能表中的任意一个单元格，打开“表格工具”选项卡，单击按钮，展开表样式列表，在该列表中可以选择其他样式，用以更换当前表格样式，如图6-64所示。

3. 清除表格样式

若要清除智能表样式，可在表格样式列表最底部选择“清除”选项，如图6-65所示。

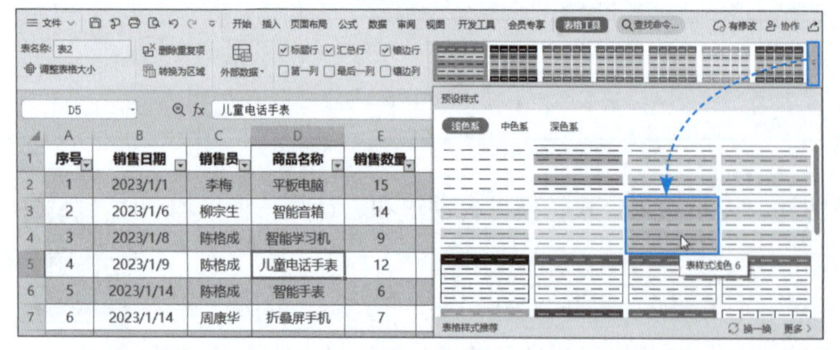

图 6-64

图 6-65

动手练 将智能表转换为普通表

若不再需要使用智能表的各项功能，可将其转换为普通表。具体操作方法如下。

Step 01 选中智能表中的任意一个单元格，打开“表格工具”选项卡，单击“转换为区域”按钮。

Step 02 弹出“WPS表格”对话框，单击“确定”按钮，即可将智能表转换为普通表，如图6-66所示。

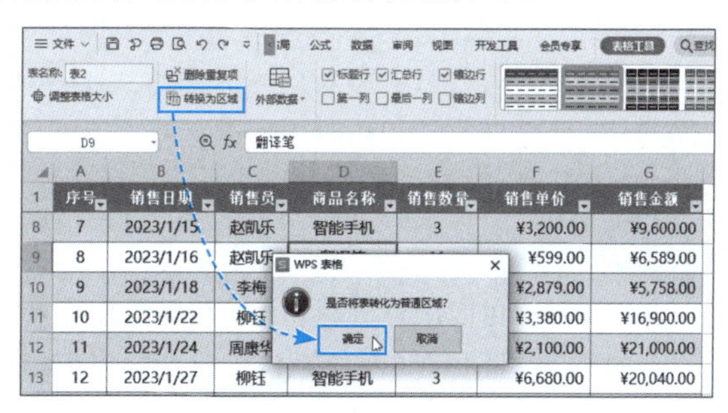

图 6-66

6.3 数据的录入和编辑

WPS表格中的常见数据类型包括文本、数字、日期、符号、逻辑值等。不同的数据类型有不同的录入技巧。在录入数据时可以利用复制、填充、查找与替换等功能提高工作效率。

6.3.1 认识数据类型

WPS表格中常见的数据类型包括数值型、文本型以及逻辑值三大类。每种数据类型又可以细分为多种形式。

1. 数值型数据

在WPS表格中的数值型数据包括整数、小数、分数、负数、货币、百分比数值、日期和时间等。默认情况下，数值型数据自动沿单元格右侧对齐。下面介绍几种常见数值型数据的输入方法。

（1）输入负数

在数值前面输入“-”符号，或将数值输入在括号中，都可以录入负数。例如，在单元格中输入“-21”或“（21）”，按Enter键后，单元格中显示的都是“-21”。

（2）录入分数

如果直接在单元格中输入“1/2”，按Enter键后，单元格中会显示为“1月2日”，这是因为输入的内容被作为日期来处理了。输入分数的正确方法是，先输入“0”和一个空格，接着再输入“1/2”，如图6-67所示。按Enter键，即可显示为“1/2”，如图6-68所示。

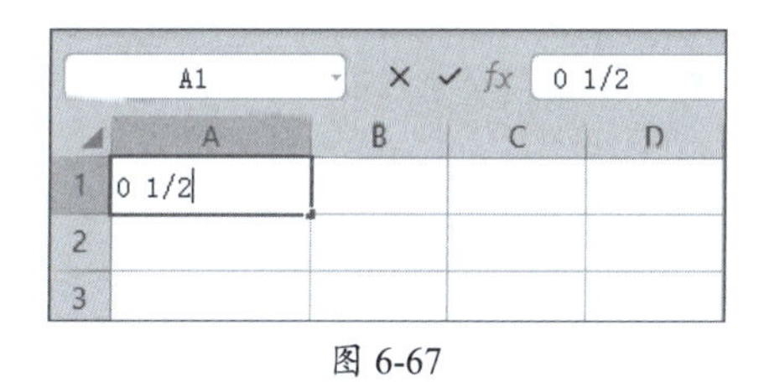

图 6-67

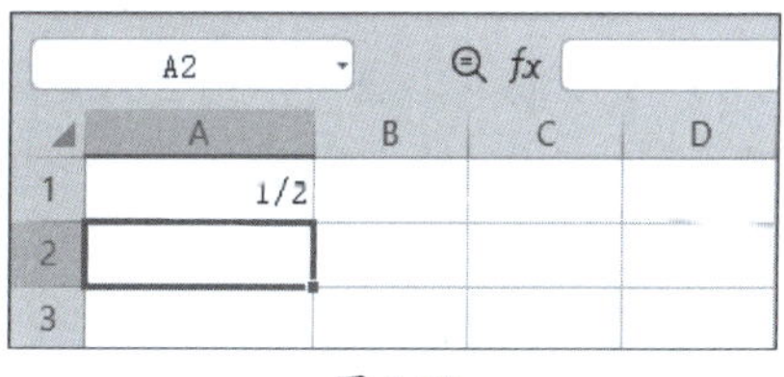

图 6-68

（3）输入日期

日期属于比较特殊的一类数值型数据。日期表现形式非常多，默认的标准日期格式包括

“短日期”和“长日期”两种。

“短日期”要用“/”或“-”符号分隔年、月、日，例如输入“2023/3/15”或“2023-3-15”，都会显示为“2023/3/15”。“长日期”则为“××××年××月××日”的格式，例如“2023年3月15日”，如图6-69所示。

短日期	长日期
2023/3/15	2023年3月15日

图 6-69

知识点拨

用户也可以简写日期。当省略年直接输入月和日时，例如，输入“3/15”，按Enter键会显示为“3月15日”，系统默认该日期为当前年份；当省略日，直接输入年和月时，例如，输入“2023/5”，确认输入后会显示为“May-23”，系统默认该日期为对应月份的第1日。

2. 文本型数据

文本型数据包括汉字、字母、符号、空格等。默认情况下文本型数据自动靠单元格左侧对齐。

有一类比较特殊的文本型数据，即以文本形式存储的数字。当在WPS表格中输入超过11位的数字时，该数字会自动转换为文本型数字。包含文本型数字的单元格左上角会显示绿色的小三角，如图6-70所示。

当选中包含文本型数字的单元格时，单元格左侧会显示“ ”按钮，单击该下拉按钮，选择下拉列表中的“转换为数字”选项，可将文本型数字转换为数值型数字，如图6-71所示。而超过11位的数字会以科学记数法显示，如图6-72所示。

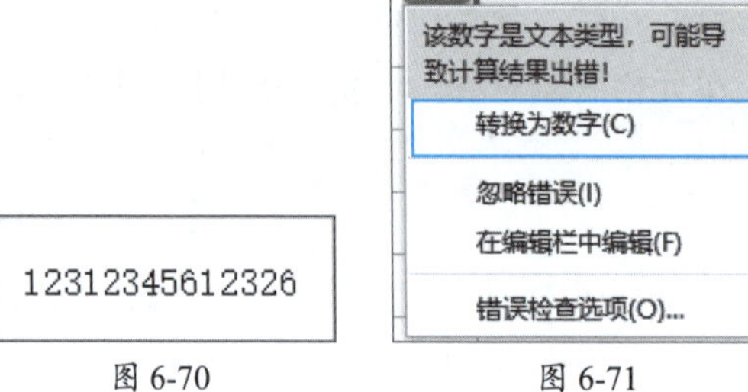

1.23123E+13

图 6-70　　图 6-71　　图 6-72

3. 逻辑型数据

WPS表格中的逻辑型数据只有两个，即TRUE和FALSE，主要用来表示真假，TRUE表示真（是），FALSE表示假（否）。默认情况下，逻辑值在单元格内居中显示，如图6-73所示。

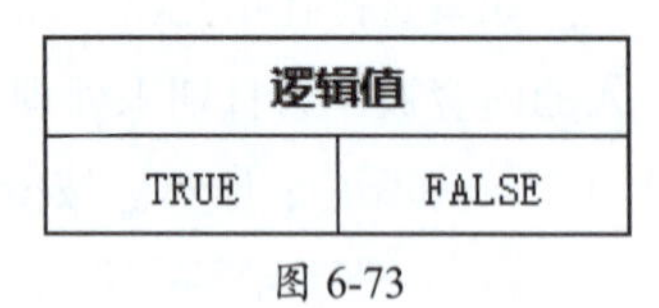

逻辑值	
TRUE	FALSE

图 6-73

逻辑值可以手动输入，也可以由公式返回。例如，输入公式“=2>1”自动返回TRUE，输入公式“=2<1”自动返回FALSE。

6.3.2 快速填充数据

使用数据填充功能可以快速在表格中录入有序的数字和日期，或者在相邻区域内录入重复的内容。

1. 填充序号

使用鼠标拖曳填充柄的方式，可快速填充连续的数字，下面介绍如何填充从1开始的序号。

Step 01 在单元格中输入数字1，确认录入后将该单元格选中，将光标移动到单元格右下角，光标变成黑色十字形状（称为填充柄），如图6-74所示。

Step 02 按住鼠标左键向下方拖动，如图6-75所示。填充数据时拖动填充柄的方向不局限于下方，也可向上、左或右方向拖动。

Step 03 松开鼠标左键，单元格中即可自动填充连续的数字，如图6-76所示。

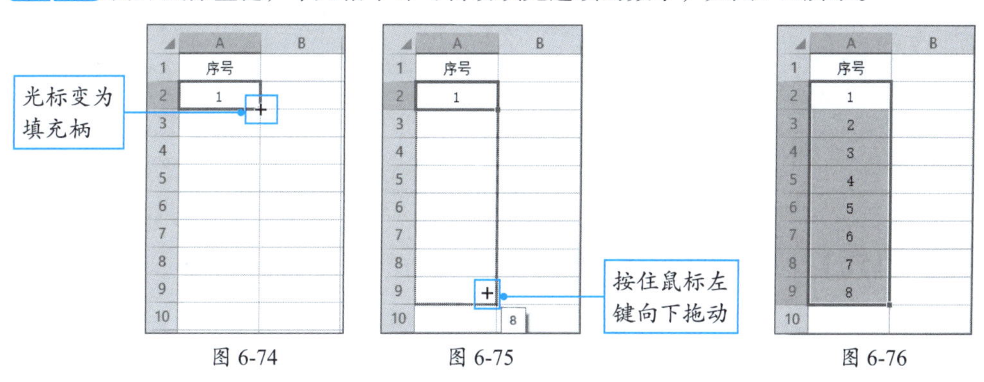

图 6-74　　图 6-75　　图 6-76

2. 填充日期

填充日期的方法和填充序号相同，选中包含日期的单元格，向下拖动填充柄，如图6-77所示。松开鼠标左键后即可自动录入连续的日期，如图6-78所示。

	A	B	C
1	序号	日期	
2	1	2023/1/1	
3	2		
4	3		
5	4		
6	5		
7	6		
8	7		2023/1/6
9	8		
10			

图 6-77

	A	B	C
1	序号	日期	
2	1	2023/1/1	
3	2	2023/1/2	
4	3	2023/1/3	
5	4	2023/1/4	
6	5	2023/1/5	
7	6	2023/1/6	
8	7	2023/1/7	
9	8	2023/1/8	
10			

图 6-78

3. 填充文本

当单元格中的数据为文本时，拖动填充柄可实现复制填充，如图6-79、图6-80所示。

	A	B	C	D
1	序号	日期	文本	
2	1	2023/1/1	WPS表格	
3	2	2023/1/2		
4	3	2023/1/3		
5	4	2023/1/4		
6	5	2023/1/5		
7	6	2023/1/6		
8	7	2023/1/7		
9	8	2023/1/8		
10			WPS表格	

图 6-79

	A	B	C	D
1	序号	日期	文本	
2	1	2023/1/1	WPS表格	
3	2	2023/1/2	WPS表格	
4	3	2023/1/3	WPS表格	
5	4	2023/1/4	WPS表格	
6	5	2023/1/5	WPS表格	
7	6	2023/1/6	WPS表格	
8	7	2023/1/7	WPS表格	
9	8	2023/1/8	WPS表格	
10				

图 6-80

知识点拨

使用填充柄完成填充后，填充区域的右下角会显示“自动填充选项”按钮。单击该按钮，展开的列表中提供了多种填充选项。用户可以选中需要的单选按钮，更改相应的填充效果，如图6-81所示。当填充的数据类型不同时，该列表中提供的选项也会有所不同。

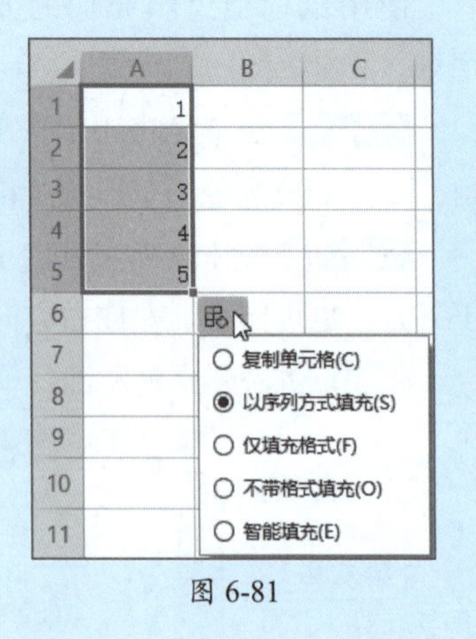

图 6-81

动手练 填充1～2000的序号

当要填充的数字很多时，拖动填充柄操作起来比较麻烦，此时可以使用“序列”对话框进行填充，例如填充1～2000的序号。

Step 01 在单元格中输入数字1，随后将该单元格选中。打开“开始”选项卡，单击“填充”下拉按钮，在下拉列表中选择“序列”选项，如图6-82所示。

Step 02 弹出“序列”对话框，选择序列产生在“列”，保持步长值为默认的“1”，输入终止值为“2000”，单击“确定”按钮，如图6-83所示。表格中随即被自动录入1～2000的序号。

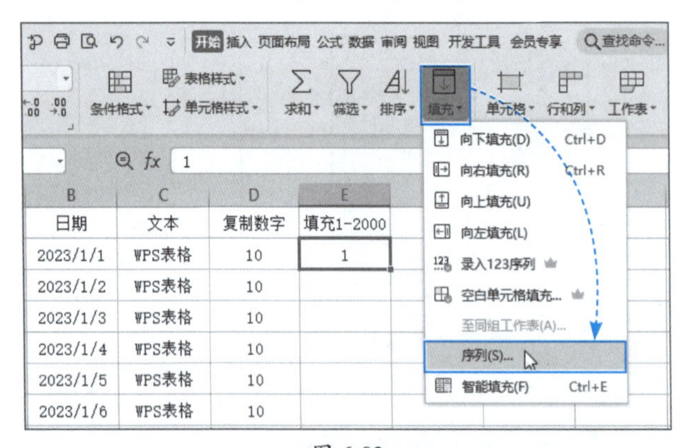

图 6-82

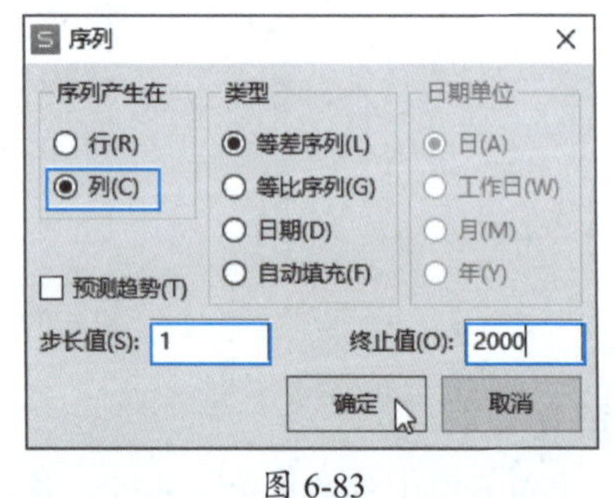

图 6-83

动手练 获取外部数据

WPS表格也可以直接导入外部的数据，提高获得数据源的效率。下面介绍具体操作方法。

Step 01 打开“数据”选项卡，单击“导入数据”按钮，如图6-84所示。

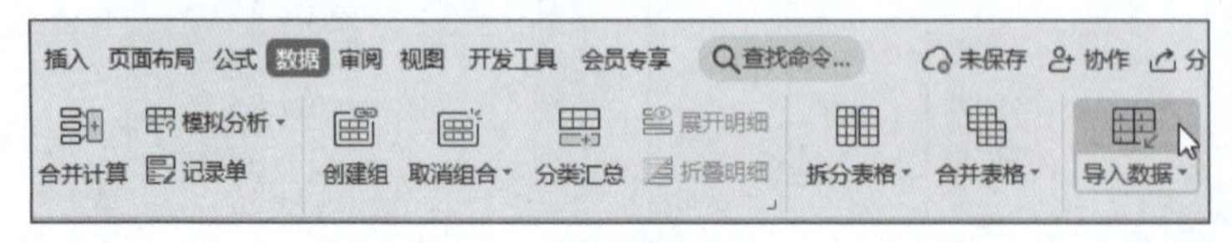

图 6-84

Step 02 弹出“第一步：选择数据源”对话框，保持默认选项，单击“选择数据源”按钮，如图6-85所示。

Step 03 在随后打开的对话框中选择要导入其中数据的工作簿，单击“打开”按钮。返回“第一步：选择数据源”对话框，单击“下一步”按钮，如图6-86所示。

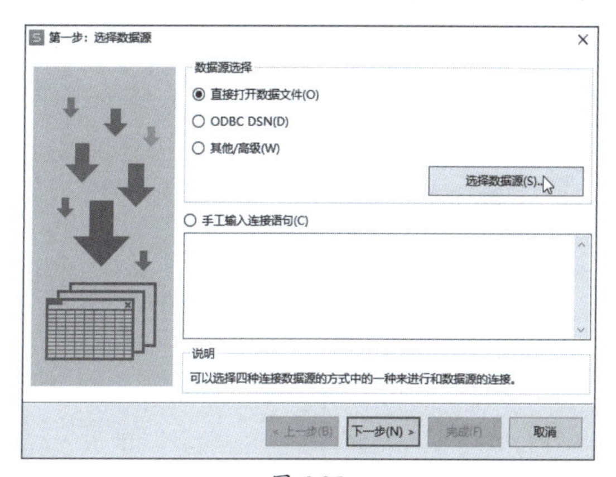

图 6-85

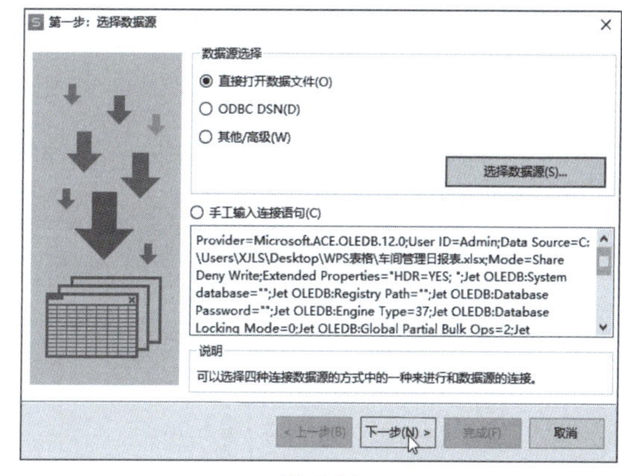

图 6-86

Step 04 单击 » 按钮，将“可用的字段”列表中的所有字段添加到“选定的字段”列表中，如图6-87所示。用户也可在“可用的字段”列表中选择指定的字段，单击 › 按钮，依次向“选定的字段”列表中添加需要的字段。

Step 05 字段添加完成后单击“完成”按钮，如图6-88所示。

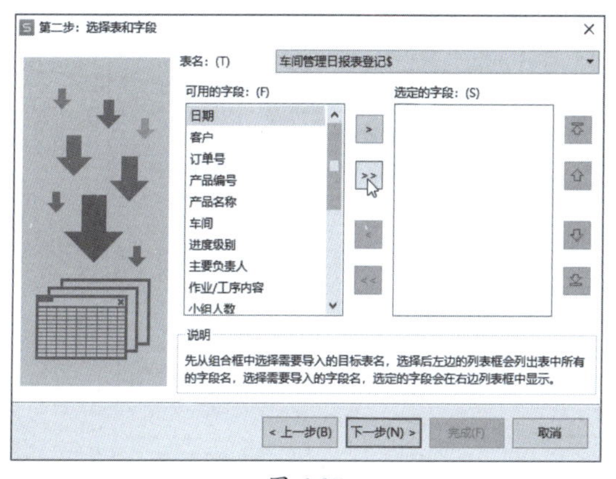

图 6-87

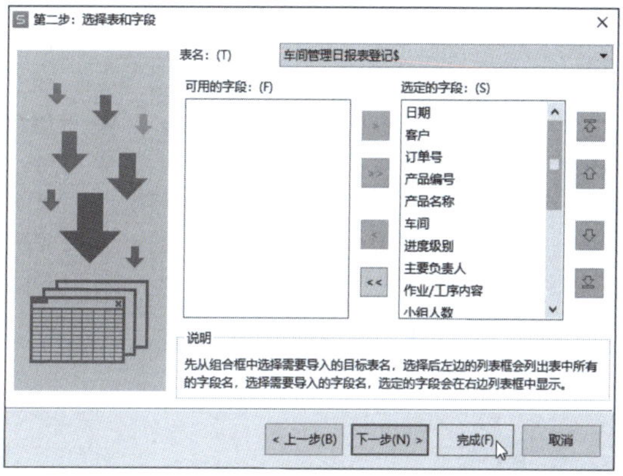

图 6-88

Step 06 系统弹出“导入数据”对话框，选择数据的放置位置，单击“确定”按钮，即可完成数据导入，如图6-89所示。

图 6-89

6.3.3 设置数据有效性

为表格中的指定区域设置有效性，能够根据要求设定条件，防止输入无效数据，例如只允许输入1000～10000的整数。

Step 01 选中需要限制数据录入范围的单元格区域，打开“数据”选项卡，单击“有效性”按钮，如图6-90所示。

Step 02 弹出“数据有效性”对话框，单击“允许”下拉按钮，在下拉列表中选择“整数”选项，如图6-91所示。

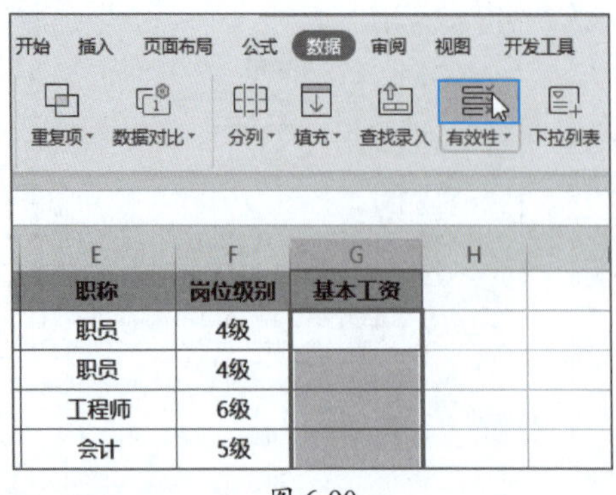

图 6-90

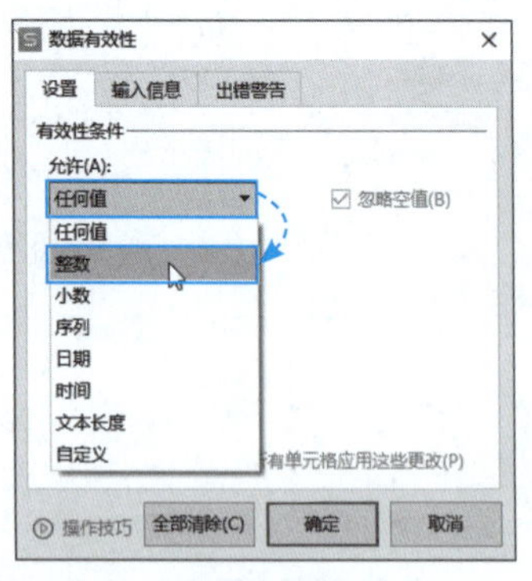

图 6-91

Step 03 保持“数据”范围为默认的“介于”，输入要限制的最小值和最大值，单击“确定”按钮，如图6-92所示。

Step 04 设置完成后，在所选区域输入超出范围的数值时，该数值将无法被录入，并给出提示内容，如图6-93所示。

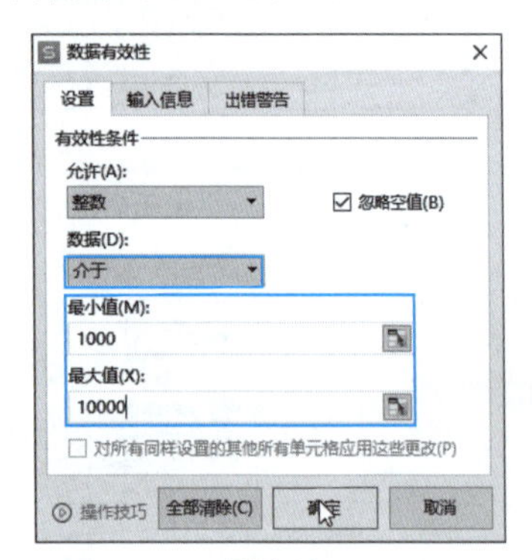

图 6-92

E	F	G	H	I
职称	岗位级别	基本工资		
职员	4级	3500		
职员	4级	800		
工程师	6级			
会计	5级			
职员	5级			
职员	5级			
技术员	3级			
技术员	2级			

错误提示

您输入的内容，不符合限制条件。

图 6-93

知识点拨

WPS表格允许设置有效性的数据类型包括任何值、整数、小数、序列、日期、时间、文本长度以及自定义8种，如图6-94所示。除了“序列”以外，其他7种类型的数据均可选择设置范围。单击“数据”下拉按钮设置数据的范围。数据范围包括介于、未介于、等于、不等于、大于、小于、大于或等于以及小于或等于8种，如图6-95所示。

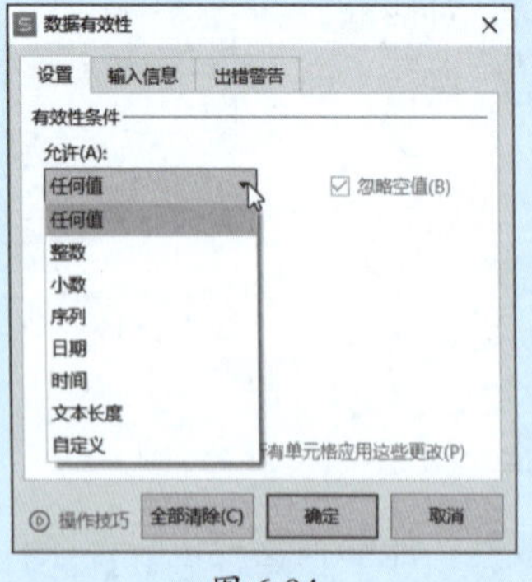

图 6-94

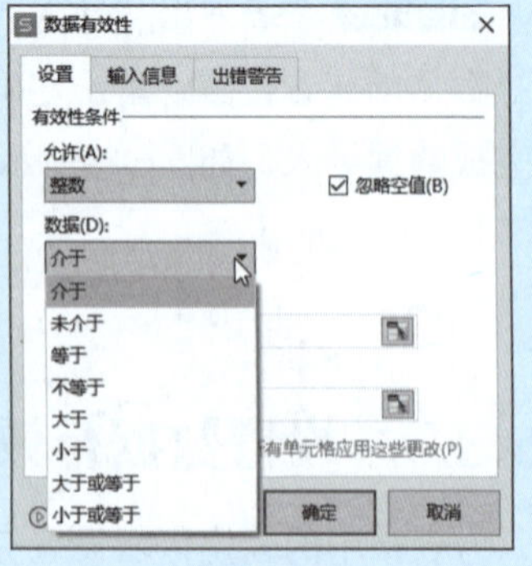

图 6-95

动手练 使用下拉列表输入数据

制作数据表时经常需要制作下拉列表。WPS表格提供了创建下拉列表的专属按钮，为用户的工作提供了很大便利。

Step 01 选中需要使用下拉列表的单元格区域，打开“数据”选项卡，单击“下拉列表”按钮，如图6-96所示。

Step 02 弹出“插入下拉列表”对话框，先在列表框中输入要在下拉列表中显示的第一个选项，随后单击按钮，如图6-97所示。

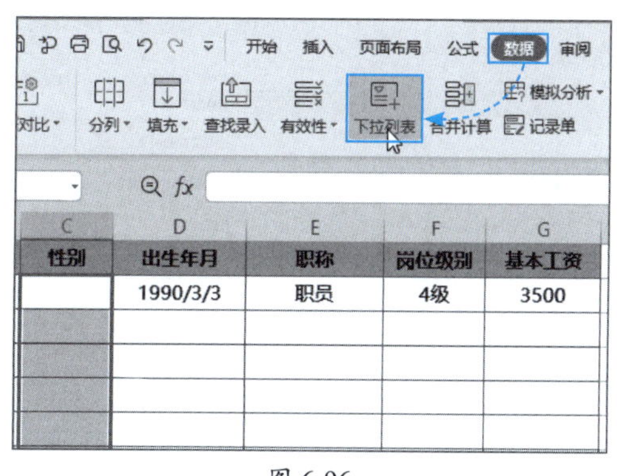

图 6-96

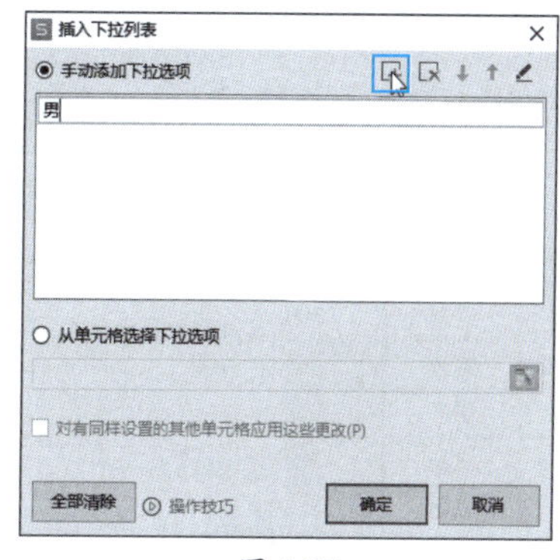

图 6-97

Step 03 继续输入其他内容，输入完成后单击“确定”按钮，如图6-98所示。

Step 04 单击所选区域中的任意一个单元格，单元格右侧都会显示一个下拉按钮，单击下拉按钮，在下拉列表中选择一个选项，即可将该选项的内容输入单元格，如图6-99所示。

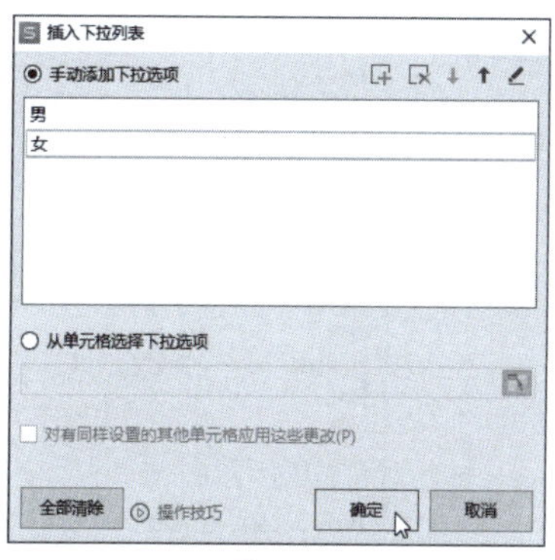

图 6-98

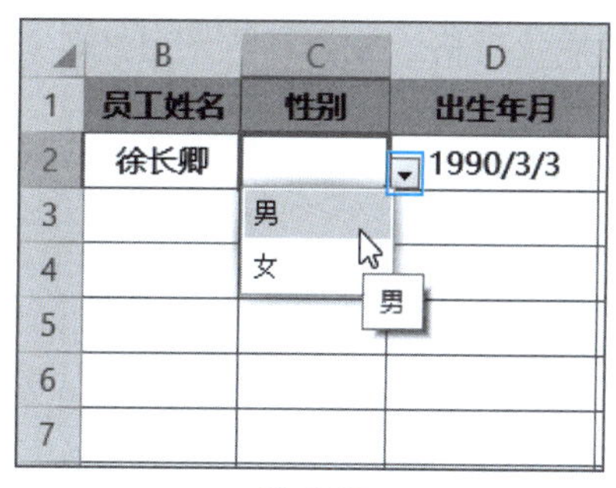

图 6-99

6.4 表格格式的设置

创建数据表时需要注意数据源的规范录入和整理，为后期的数据分析打好基础。同时需要兼顾表格样式的美观大方，便于阅读。

6.4.1 设置数字格式

所谓“数字格式”，即单元格中数据的显示方式。设置数据格式可以让表格中的内容看起来更规范。

1. 统一小数位数

Step 01 选中包含数字的单元格区域，打开“开始”选项卡，单击“单元格格式：数字”对话框启动器按钮，如图6-100所示。

Step 02 弹出“单元格格式”对话框，在“数字”选项卡中的“分类”组中选择“数值”选项，设置小数位数，单击“确定”按钮，如图6-101所示。所选单元格区域中的数字随即被添加相应小数位数。

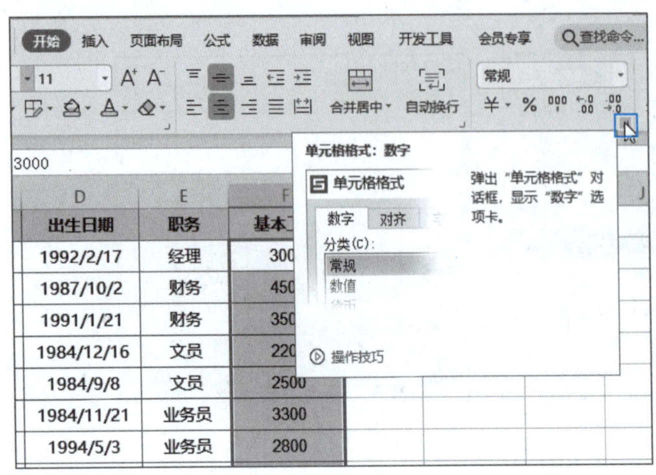

D	E	F
出生日期	职务	基本
1992/2/17	经理	300
1987/10/2	财务	450
1991/1/21	财务	350
1984/12/16	文员	220
1984/9/8	文员	2500
1984/11/21	业务员	3300
1994/5/3	业务员	2800

图 6-100

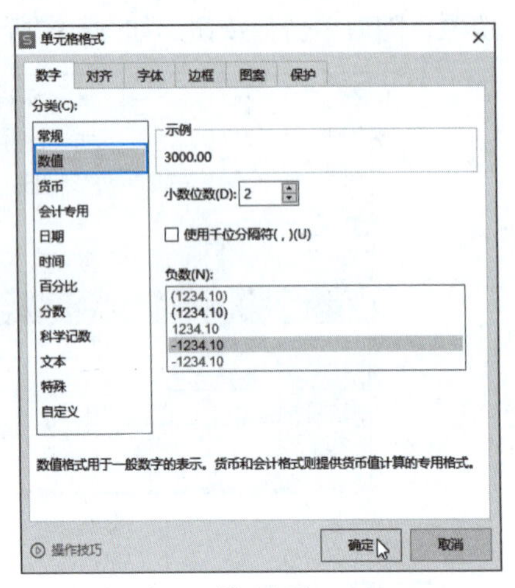

图 6-101

2. 设置货币格式

在“单元格格式”对话框的“分类”组中选择“货币”或“会计专用”选项，单击“确定”按钮，还可以将数字设置成货币格式或会计专用格式，如图6-102所示。

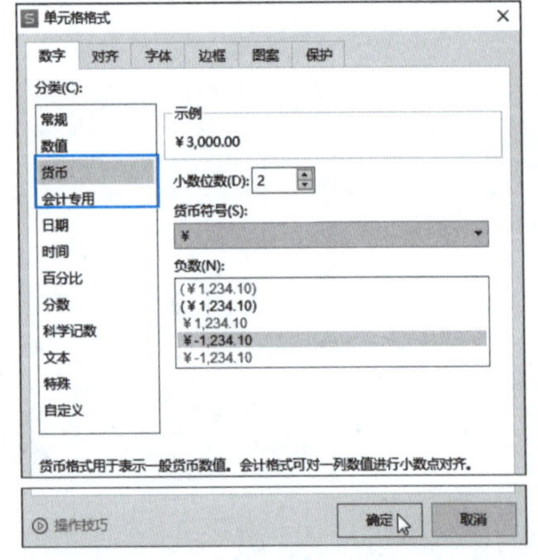

图 6-102

动手练 设置日期的显示方式

WPS表格提供了多种日期格式，输入标准日期后可根据需要转换日期的显示方式。具体操作方法如下。

Step 01 选择包含日期的单元格，按Ctrl+1组合键打开“单元格格式”对话框，切换到“数字”选项卡，在“分类”组中选择“日期”选项，在右侧“类型”列表框中选择需要的日期类型，单击“确定”按钮，如图6-103所示。

Step 02 所选日期随即被设置成相应格式，如图6-104所示。

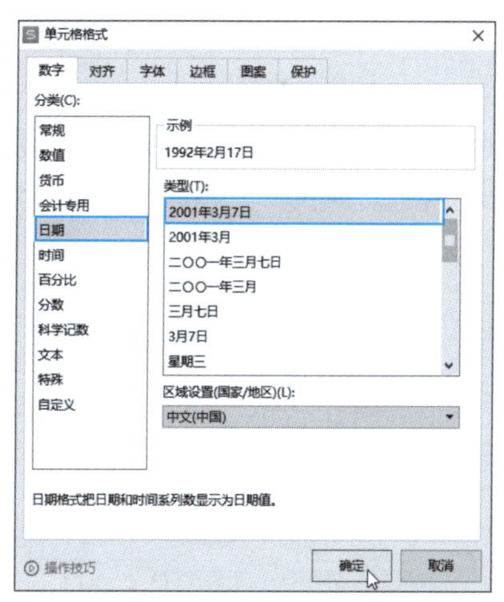

图 6-103

B	C	D	E	F
姓名	性别	出生日期	职务	基本工资
李明	男	1992年2月17日	经理	￥3,000.00
刘帆	女	1987年10月2日	财务	￥4,500.00
赵鑫	男	1991年1月21日	财务	￥3,500.00
吴丽云	女	1984年12月16日	文员	￥2,200.00
王文元	男	1984年9月8日	文员	￥2,500.00
张丹	女	1984年11月21日	业务员	￥3,300.00
刘青	男	1994年5月3日	业务员	￥2,800.00
周子林	男	1995年9月21日	业务员	￥2,200.00
王微微	女	1984年3月27日	业务员	￥2,000.00
罗霞	女	1989年6月5日	业务员	￥3,900.00
赵不为	男	1993年2月19日	业务员	￥3,200.00

图 6-104

动手练 输入以0开头的数字

默认情况下在表格中输入以0开头的数字，按Enter键后，前面的0会消失，需要通过“点击切换”按钮才能让0重新显示，如图6-105所示。为了避免每次切换的麻烦，可以将单元格格式设置成“文本”。

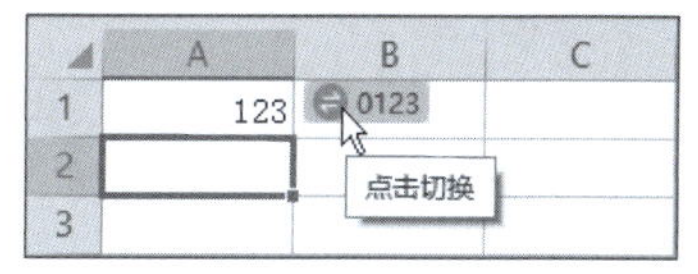

图 6-105

Step 01 选中单元格区域，打开“开始”选项卡，单击“数字格式”下拉按钮，在下拉列表中选择“文本”选项，如图6-106所示。

Step 02 所选区域便可输入以0开头的数字，如图6-107所示。

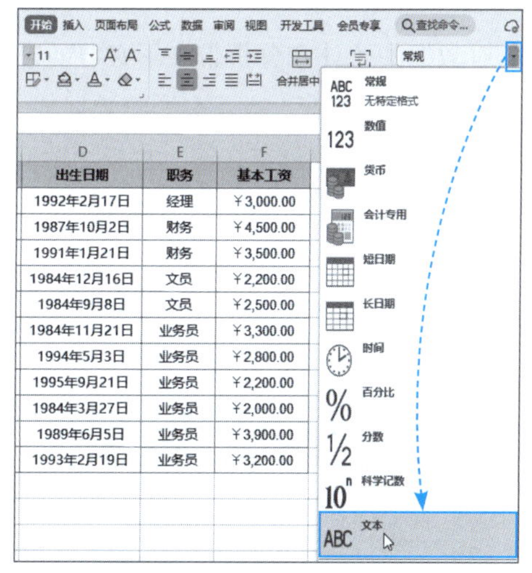

D	E	F
出生日期	职务	基本工资
1992年2月17日	经理	￥3,000.00
1987年10月2日	财务	￥4,500.00
1991年1月21日	财务	￥3,500.00
1984年12月16日	文员	￥2,200.00
1984年9月8日	文员	￥2,500.00
1984年11月21日	业务员	￥3,300.00
1994年5月3日	业务员	￥2,800.00
1995年9月21日	业务员	￥2,200.00
1984年3月27日	业务员	￥2,000.00
1989年6月5日	业务员	￥3,900.00
1993年2月19日	业务员	￥3,200.00

图 6 106

	A	B	C
1	序号	姓名	性别
2	01	李明	男
3	02	刘帆	女
4	03	赵鑫	男
5	04	吴丽云	女
6	05	王文元	男
7	06	张丹	女
8	07	刘青	男
9	08	周子林	男
10	09	王微微	女

图 6-107

6.4.2 自定义数字格式

内置的数据格式是有限的，当用户想要获得系统不包含的数据格式时，可自定义数据的格式。

1. 更改内置格式

在内置格式的基础上进行修改，可以轻松获得新的数据格式。例如自定义“2023.01.01”这种类型的日期格式。

首先，选择包含日期的单元格区域，按Ctrl+1组合键，打开“单元格格式”对话框，此时“分类”列表中自动选择“自定义”选项，选择“yyyy/m/d”类型格式代码，随后将代码修改为“yyyy.mm.dd”，修改完成后单击“确定”按钮，如图6-108所示。所选单元格区域中的日期随即被设置为相应格式，如图6-109所示。

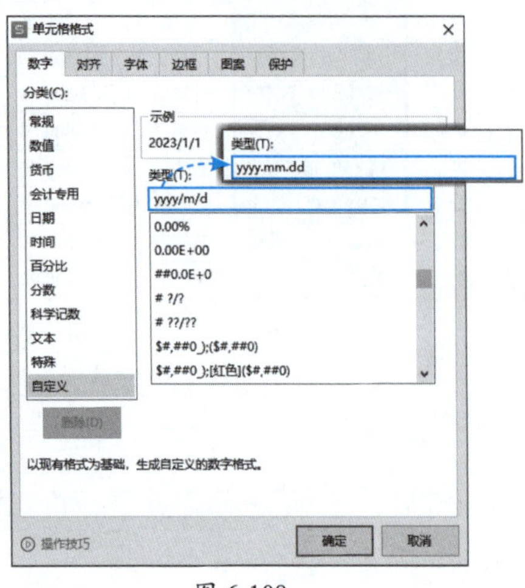

图 6-108

	A	B	C	D	E
1	序号	销售日期	销售员	商品名称	销售数量
2	1	2023.01.01	李梅	平板电脑	15
3	2	2023.01.06	柳宗生	智能音箱	14
4	3	2023.01.08	陈格成	智能学习机	9
5	4	2023.01.09	陈格成	儿童电话手表	12
6	5	2023.01.14	陈格成	智能手表	6
7	6	2023.01.14	周康华	折叠屏手机	7
8	7	2023.01.15	赵凯乐	智能手机	3
9	8	2023.01.16	赵凯乐	翻译笔	11
10	9	2023.01.18	李梅	平板电脑	2
11	10	2023.01.22	柳钰	平板电脑	5
12	11	2023.01.24	周康华	智能手机	10
13	12	2023.01.27	柳钰	智能手机	3
14	13	2023.02.01	陈格成	智能手表	13

图 6-109

知识点拨

在日期格式代码中y代表“年”，m代表“月”，d代表“日”。

2. 为数字添加单位

录入原始数据时，若为数字录入单位，会对数据的统计和分析带来不必要的麻烦，此时可通过自定义格式为数字统一添加单位，且数字的本质不会改变，也不会影响数据的分析和运算。

首先，选中需要添加单位的数字所在单元格区域，按Ctrl+1组合键，打开“单元格格式”对话框，在“数字”选项卡中选择“自定义”选项，此时“类型”文本框中显示“G/通用格式”。然后将光标定位在该内容的最后，输入单位“元”，单击“确定”按钮，如图6-110所示。所选单元格区域中的数字随即被批量添加单位，如图6-111所示。

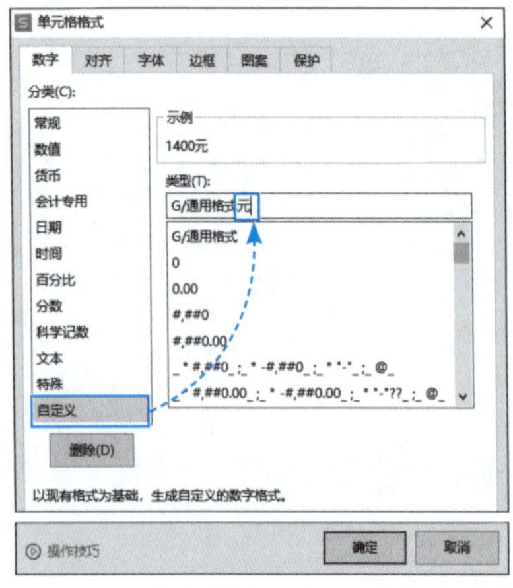

图 6-110

C2   fx 1400

	A	B	C	D
1	日期	分类	收入金额	
2	2023/06/10	收入1	1400元	
3	2023/06/11	收入2	4300元	
4	2023/06/12	收入3	3800元	
5	2023/06/13	收入4	2300元	
6	2023/06/14	收入5	1500元	
7	2023/06/15	收入6	5600元	
8	2023/06/16	收入7	1900元	
9	2023/06/17	收入8	4000元	
10	2023/06/18	收入9	2500元	
11	2023/06/19	收入10	3300元	

图 6-111

动手练 号码分段显示

为了方便长号码的阅读，可以将号码分段显示。在编写格式代码时可以用0进行数字占位，号码是几位数就写几个0，然后在需要分段的位置插入空格。

Step 01 选中包含手机号码的单元格区域，按Ctrl+1组合键，打开“单元格格式”对话框，在“分类”列表中选择“自定义”选项，在“类型”文本框中输入“000 0000 0000”，单击“确定”按钮，如图6-112所示。

Step 02 所选区域中的手机号码随即根据代码中插入空格的位置进行自动分段，如图6-113所示。

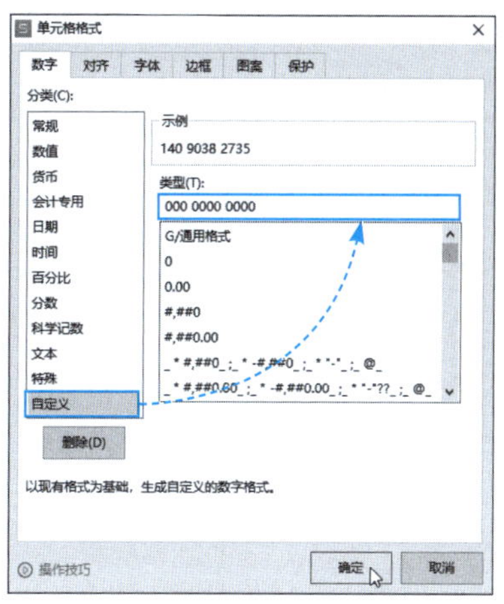

图 6-112

编号	姓名	性别	学历	部门	职务	联系电话
DS001	吴燕燕	女	大学	销售部	门市经理	140 9038 2735
DS002	张子枫	女	大学	销售部	经理助理	113 3665 0641
DS003	宋少云	女	大专	销售部	营业员	145 1569 9732
DS004	周晓月	女	大专	销售部	营业员	141 4063 6524
DS005	孙瑾	女	大专	销售部	营业员	189 3711 8113
DS006	吴伟	男	大专	销售部	营业员	180 3882 3439
DS007	周圣凯	男	大专	销售部	营业员	145 5078 5544
DS008	李子怡	女	大专	销售部	营业员	186 6681 8332
SF001	王明耀	男	博士	企划部	经理	172 2986 0749
SF002	糖小幽	女	大学	企划部	处长	148 7787 4713
SF003	褚甜甜	女	大学	企划部	职员	159 5415 0602
SF004	冯玉丽	女	大学	企划部	职员	146 2438 4358
SF005	吉娜	女	大学	企划部	职员	137 0130 6271
NJ001	周长波	男	大学	行政部	经理	189 1743 4471
NJ002	邵麒麟	男	大学	行政部	处长	147 8651 4251
NJ003	褚卫国	女	大学	行政部	职员	151 3531 2000
NJ004	孙阳	女	大学	行政部	职员	181 1056 6287
NJ005	齐子萌	女	大学	行政部	职员	160 3905 6708

图 6-113

6.4.3 设置表格样式

适当设置表格样式可以让表格看起来更美观、更易读。表格样式的设置一般包括设置字体格式、设置对齐方式、设置边框效果、设置填充效果等。

1. 设置字体格式

设置字体格式包括设置数据的字体、字号、字体颜色、字体的特殊效果等。用户可通过功能区中的命令按钮或选项设置字体格式，如图6-114所示。

也可以在“单元格格式”对话框中设置。按Ctrl+1组合键，打开“单元格格式”对话框，在“字体”选项卡中即可对所选数据的字体、字形、字号、字体颜色、特殊效果等进行设置，如图6-115所示。

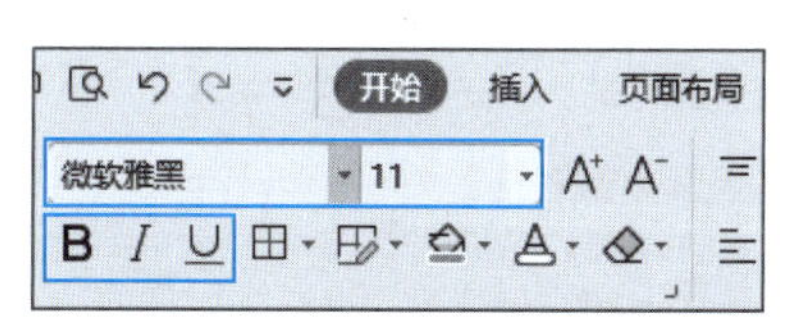

图 6-114

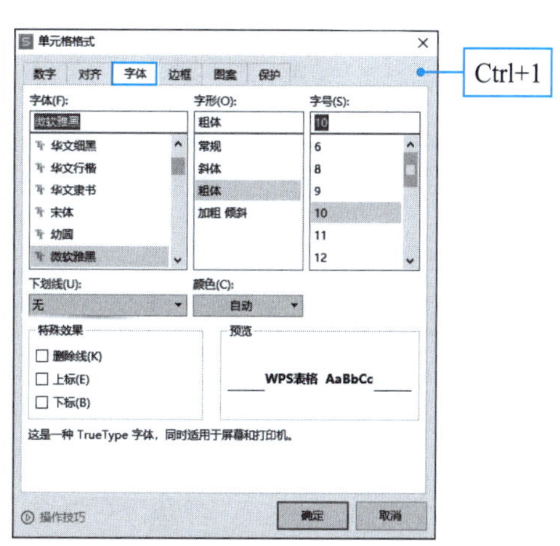

图 6-115

2. 设置对齐方式

WPS表格中常见的数据对齐方式包括左对齐、居中对齐、右对齐、顶端对齐、垂直居中和底端对齐6种，其操作按钮保存在“开始”选项卡中，如图6-116所示。用户可以根据需要重新设置数据的对齐方式。

图 6-116

除了上述6种对齐方式以外，在“单元格格式”对话框中的“对齐”选项卡内还包含更多对齐方式的选项，用户可以分别设置水平对齐方式，如图6-117所示，和垂直对齐方式，如图6-118所示。

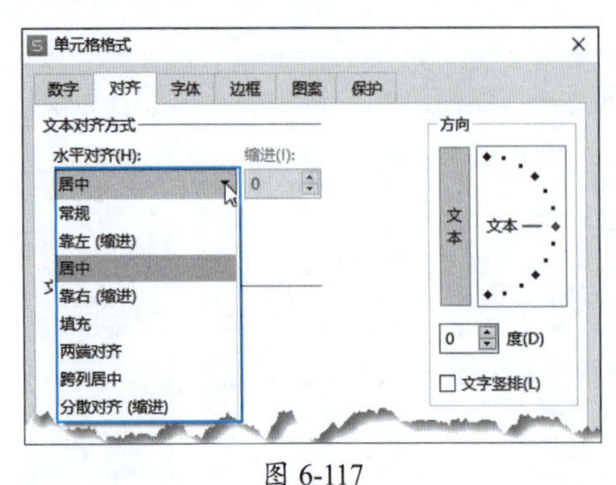

图 6-117

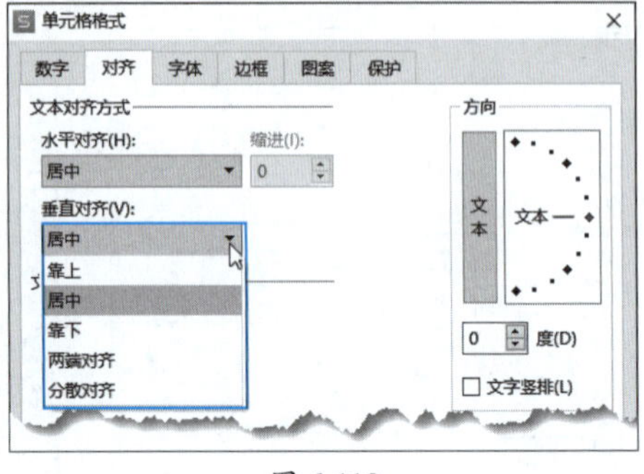

图 6-118

动手练 设置边框效果

为表格设置边框可以快速区分表格边界，让表格看起来更完整。设置边框的方法有很多种，若想得到与众不同的边框效果，可以通过“单元格格式”对话框进行设置。

Step 01 选择需要设置边框的单元格区域，按Ctrl+1组合键，打开“单元格格式”对话框，在“边框”选项卡中选择线条样式、颜色，单击“外边框”按钮，可将线条样式应用于表格外边框，如图6-119所示。

Step 02 继续选择其他线条样式及线条颜色，单击“内部”按钮，可将线条样式应用于内部，最后单击“确定”按钮即可，如图6-120所示。

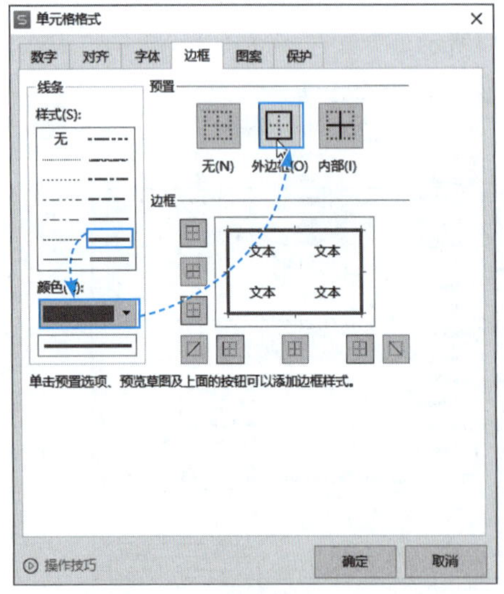

图 6-119

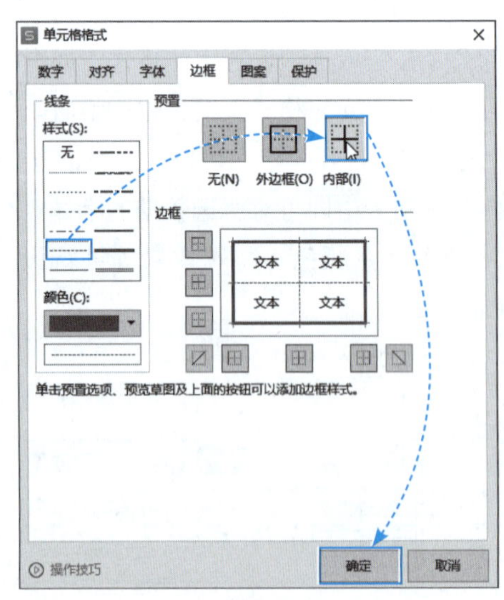

图 6-120

知识点拨

若要快速为表格添加边框，可打开“开始”选项卡，单击“边框”下拉按钮，在下拉列表中选择“所有框线”选项，如图6-121所示。

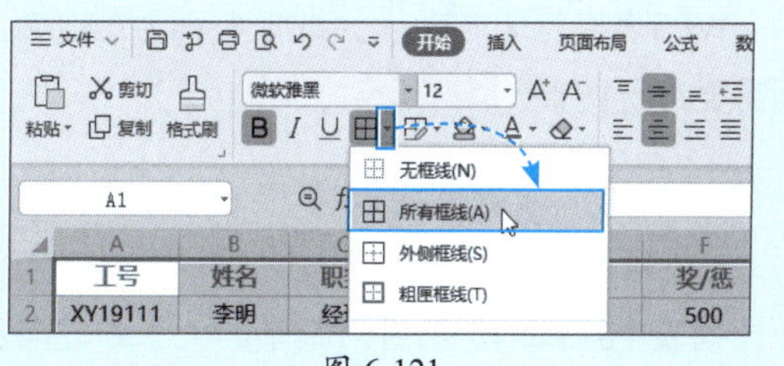

图 6-121

6.4.4 应用单元格样式

WPS表格内置了很多单元格样式，用户可以选择内置样式快速显示单元格，让重要的数据更加醒目。

选中需要设置格式的单元格，打开“开始”选项卡，单击“单元格样式”下拉按钮，在下拉列表中选择一种满意的样式，如图6-122所示。所选单元格随即应用该样式，如图6-123所示。

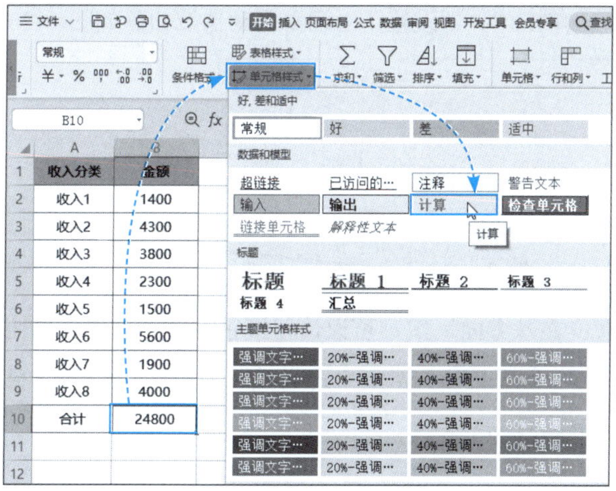

图 6-122

	A	B
1	收入分类	金额
2	收入1	1400
3	收入2	4300
4	收入3	3800
5	收入4	2300
6	收入5	1500
7	收入6	5600
8	收入7	1900
9	收入8	4000
10	合计	24800

图 6-123

知识点拨

通过“单元格格式”下拉列表底部“数字格式”组中提供的选项，可快速为所选单元格中的数字添加千位分隔符，设置为货币格式、百分比格式等，如图6-124所示。

数字格式

千位分隔　货币　百分比　千位分隔[0]

货币[0]

图 6-124

6.5 报表的打印

打印表格看似简单，其实需要在打印前进行各种设置，才能打印出满意的效果。下面对工作表的打印设置进行详细介绍。

6.5.1 设置纸张大小和方向

WPS表格打印时默认的纸张大小为A4（20.9厘米 × 29.6厘米），纸张方向为纵向，用户可根据需要进行调整。

1. 通过功能区命令按钮设置

在“页面布局”选项卡中包含“纸张方向”和“纸张大小”按钮，单击这两个按钮，通过下拉列表中提供的选项可对纸张的大小和方向进行设置，如图6-125所示。

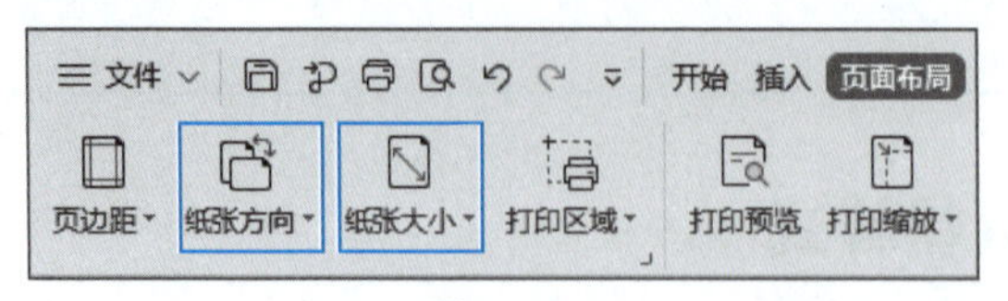

图 6-125

2. 通过“页面设置”对话框设置

除了通过选项卡中的命令按钮设置纸张大小和方向，也可在“页面设置”对话框中进行设置。

Step 01 打开“页面布局”选项卡，单击“页面设置”对话框启动器按钮，如图6-126所示。

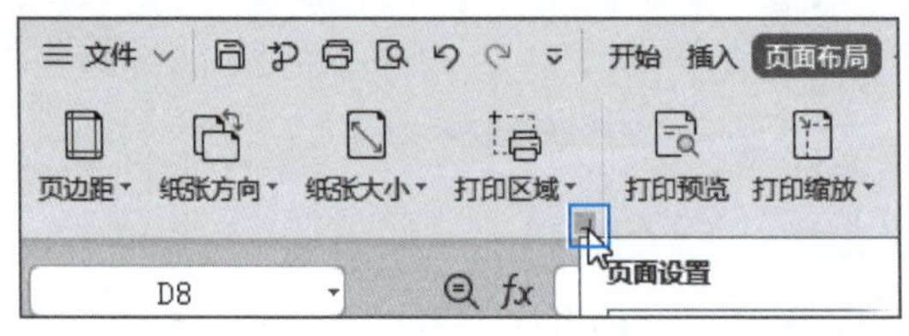

图 6-126

Step 02 弹出“页面设置”对话框，在“方向”组中可以设置纸张方向。单击“纸张大小”下拉按钮，在下拉列表中可以选择内置的纸张方向。若要自定义纸张方向，可单击“自定义”按钮，如图6-127所示。

Step 03 弹出“发送到WPS高级打印 属性”对话框，在“页面大小”组中可以输入“宽度”和“高度”具体值，如图6-128所示。

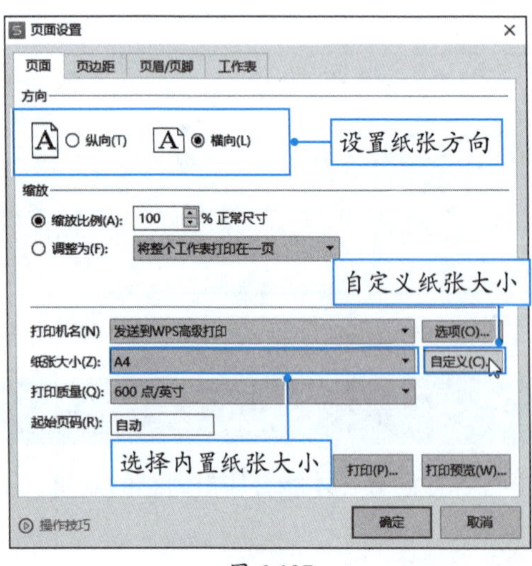

图 6-127

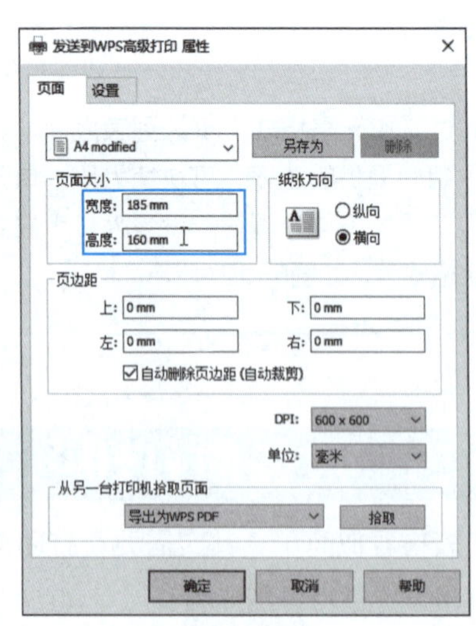

图 6-128

6.5.2 调整页边距

打印时，为了保证表格中的内容与页面边缘留有适当距离，需要对页边距进行设置。在“页面布局”选项卡中单击“页边距”下拉按钮，下拉列表中包含“常规”“窄”和“宽”三种内置页边距，用户可在此选择合适的页边距，如图6-129所示。

若要自定义页边距，可在“页边距”下拉列表中选择“自定义页边距”选项，打开“页面设置”对话框。在“页边距”选项卡中手动输入上、下、左、右值，设置完成后单击“确定”按钮即可，如图6-130所示。

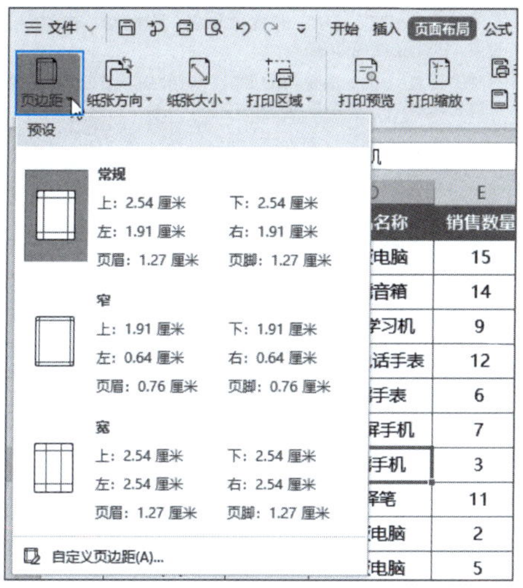

图 6-129

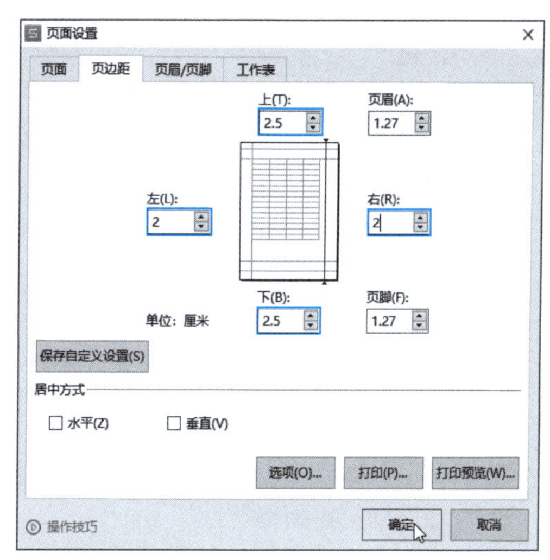

图 6-130

6.5.3 添加页眉和页脚

一些固定的文字标语、文件信息或属性、图片、日期和时间、页码等内容可以放在页眉或页脚中打印。

动手练 报表页眉和页脚的设置

Step 01 在“页面布局”选项卡中单击“页眉页脚”按钮，打开“页面设置”对话框，在“页眉/页脚”选项卡中单击“自定义页眉”按钮，如图6-131所示。

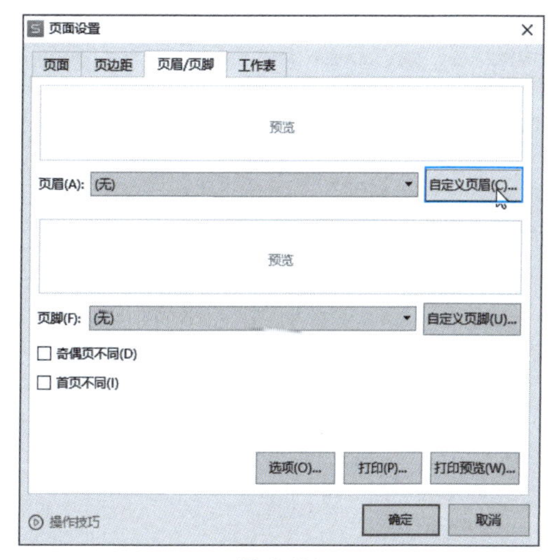

图 6-131

Step 02 打开“页眉”对话框，将光标定位于“左”文本框中，单击“图片”按钮，如图6-132所示。

Step 03 在随后弹出的对话框中选择需要使用的图片，单击“打开”按钮。光标所在文本框中随即显示“&[图片]”字样，单击“设置图片格式”按钮，可以在随后弹出的对话框中对图片的尺寸进行调整，如图6-133所示。

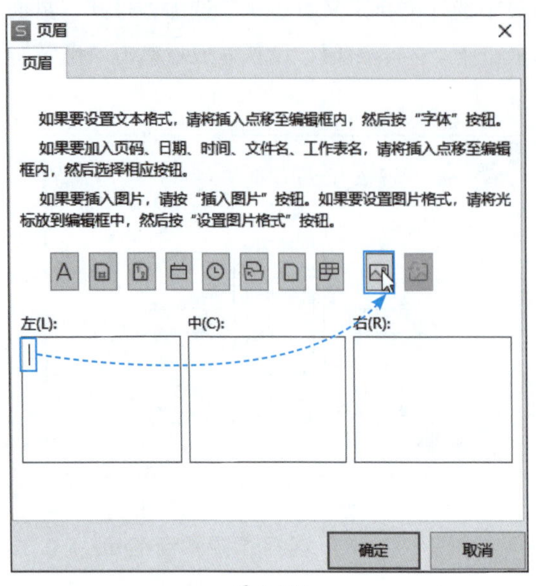

图 6-132

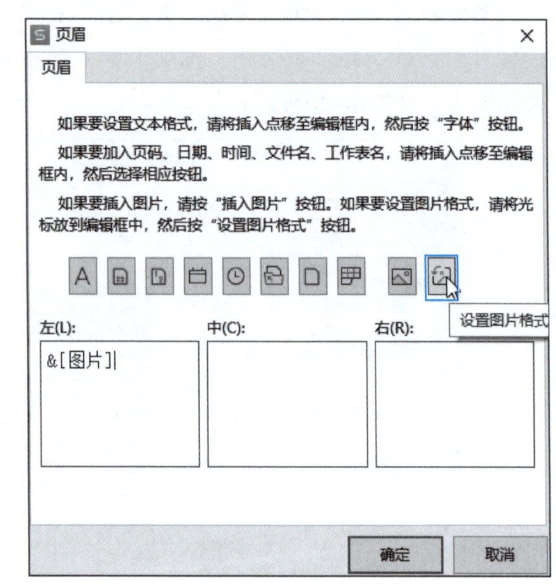

图 6-133

Step 04 将光标定位于“中”文本框中，输入文本内容，随后将文本选中，单击“字体”按钮，在“字体”对话框中对文本的字体、字形、大小、颜色等进行设置。最后单击“确定”按钮，关闭对话框，如图6-134所示。

Step 05 在页眉中添加LOGO和标语的效果如图6-135所示。

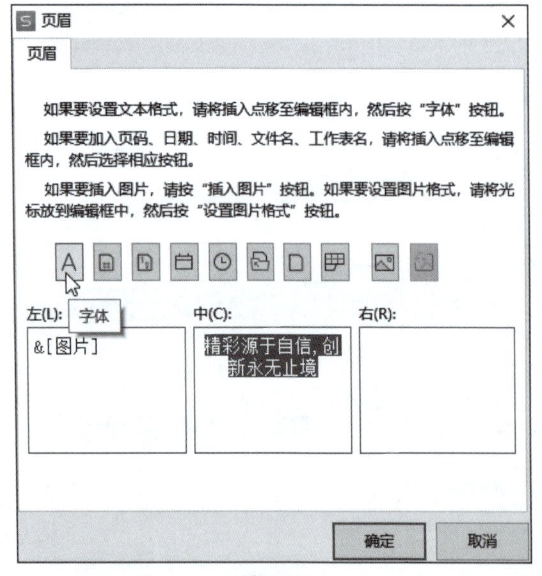

图 6-134

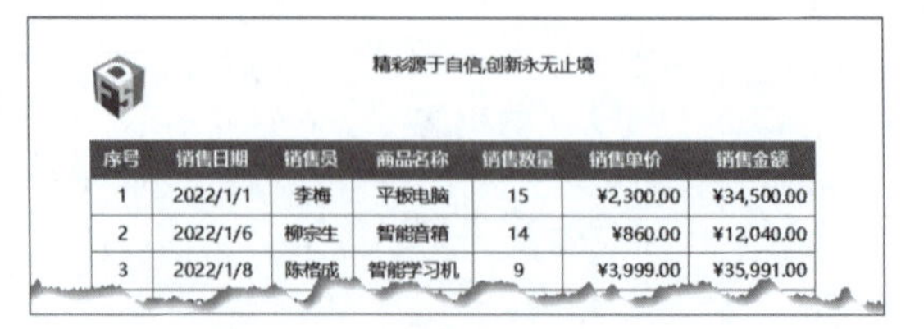

精彩源于自信,创新永无止境

序号	销售日期	销售员	商品名称	销售数量	销售单价	销售金额
1	2022/1/1	李梅	平板电脑	15	¥2,300.00	¥34,500.00
2	2022/1/6	柳宗生	智能音箱	14	¥860.00	¥12,040.00
3	2022/1/8	陈楷成	智能学习机	9	¥3,999.00	¥35,991.00

图 6-135

知识点拨

通过“页眉”对话框中提供的按钮，还可在页眉中插入页码、总页数、日期、时间、路径、文件名、工作表名等，如图6-136所示。

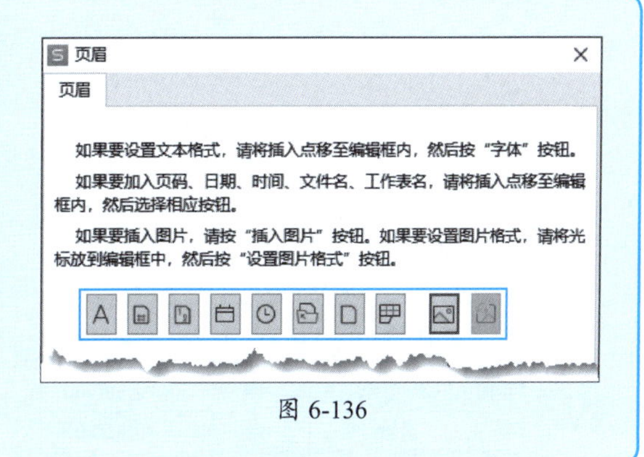

图 6-136

动手练 打印报表页码

页码一般打印在页面底部位置，用户可通过“页眉页脚”快速向页脚中添加指定的页码样式。

Step 01 打开“页面布局”选项卡，单击“页眉页脚”按钮，如图6-137所示。

Step 02 弹出“页面设置”对话框，在“页眉/页脚”选项卡中单击“页脚”下拉按钮，在下拉列表中选择“第1页”选项，单击“确定”按钮，完成页码的添加，如图6-138所示。

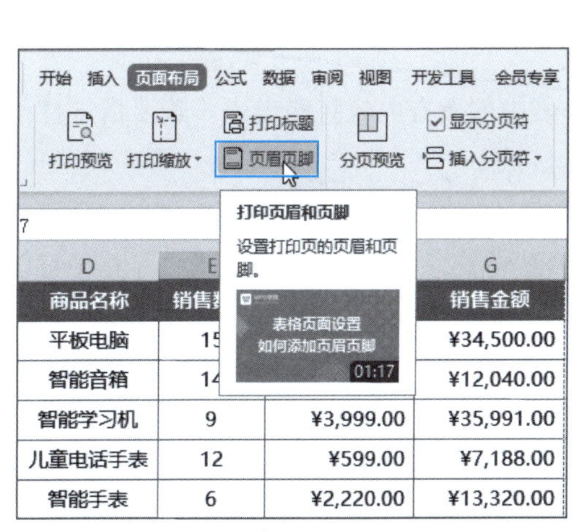

图 6-137

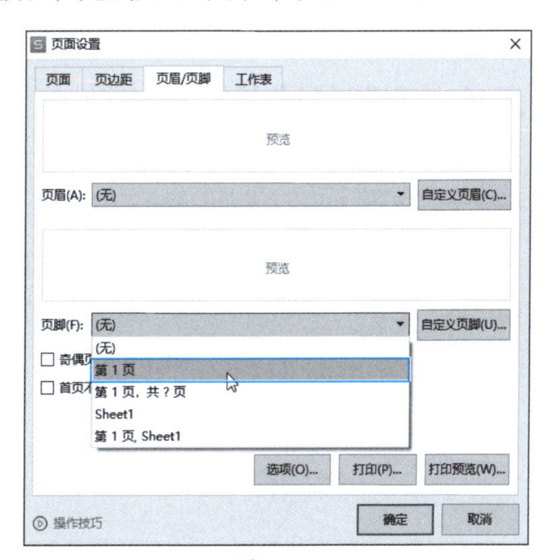

图 6-138

动手练 重复打印报表标题行

数据表通常都包含标题行，当表格内容较多，需要打印成多页时，只有第一页会显示标题，其他页面不显示标题，这样不利于判断数据属性，此时可以设置重复打印标题行。

Step 01 打开“页面布局”选项卡，单击“打印标题”按钮，如图6-139所示。

Step 02 弹出“页面设置”对话框，在“工作表”选项卡中的“顶端标题行”文本框中引用标题所在的行，此处引用第一行，单击“确定”按钮，如图6-140所示，即可在每页中都打印标题。

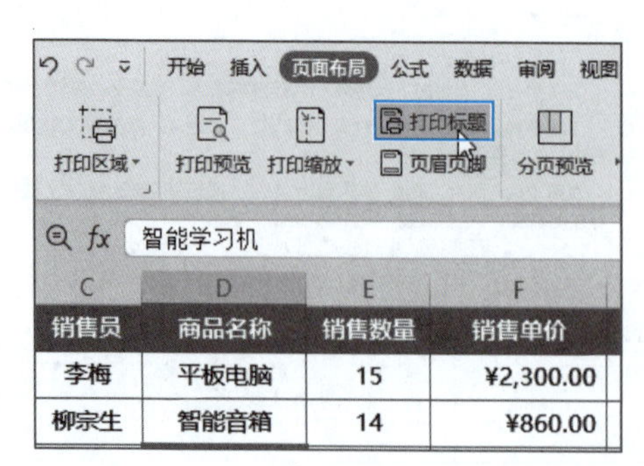

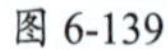
图 6-139

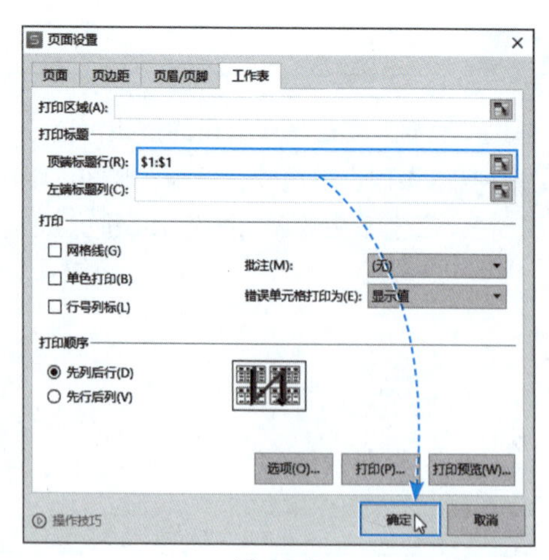

图 6-140

知识点拨

为了确保打印效果，在打印之前，需要进行预览。进入打印预览模式有很多种方法。在快速访问工具栏中单击“打印预览”按钮，或打开“页面布局”选项卡，都可以切换到打印预览模式，如图6-141所示。

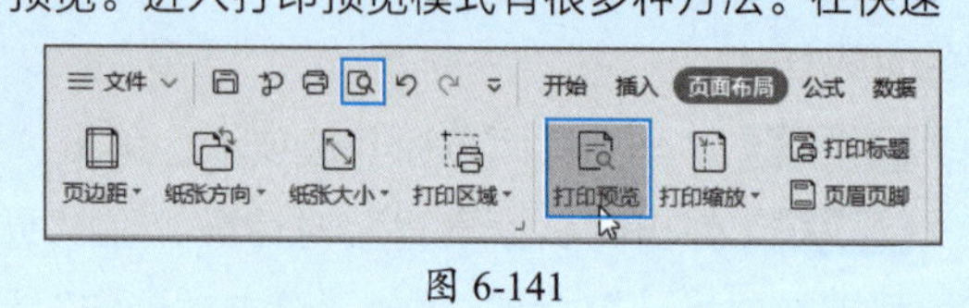

图 6-141

6.5.4 调整打印范围与份数

在默认打印设置下，WPS表格会将当前工作表中的所有内容打印出来。若要指定打印范围，或打印工作簿中指定的工作表，可以设置打印区域。

在“页面布局”选项卡中单击“打印预览”按钮，切换到打印预览模式，单击“设置”按钮，如图6-142所示。弹出“打印”对话框，在“页码范围”和“打印内容”这两个组中可以设置打印的具体范围及打印份数，如图6-143所示。

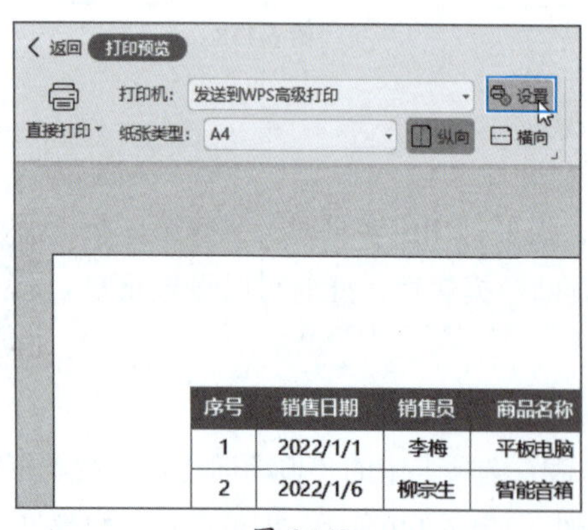

图 6-142

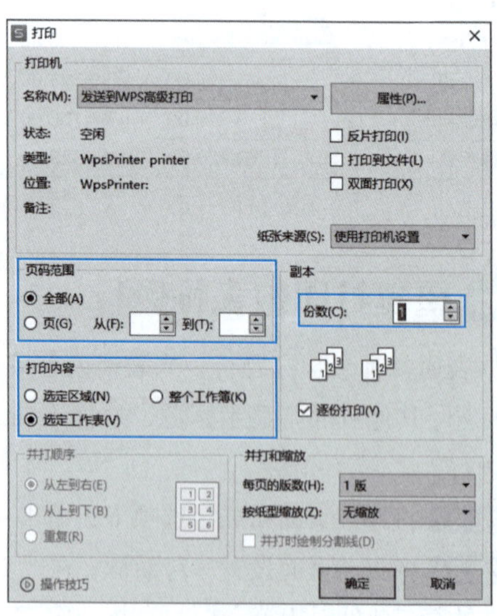

图 6-143

新手答疑

1. Q：如何使用鼠标拖曳的方法快速移动及复制工作表？

A：将光标放在要移动位置的工作表标签上方，按住鼠标左键向目标位置移动，当目标位置出现黑色三角形图标时，松开鼠标左键即可移动工作表，如图6-144所示。按住Ctrl键不放，同时拖动光标，可以将活动工作表复制到目标位置，如图6-145所示。

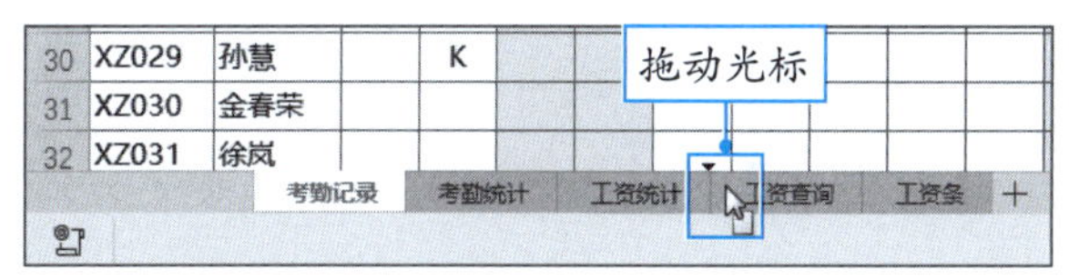

图 6-144

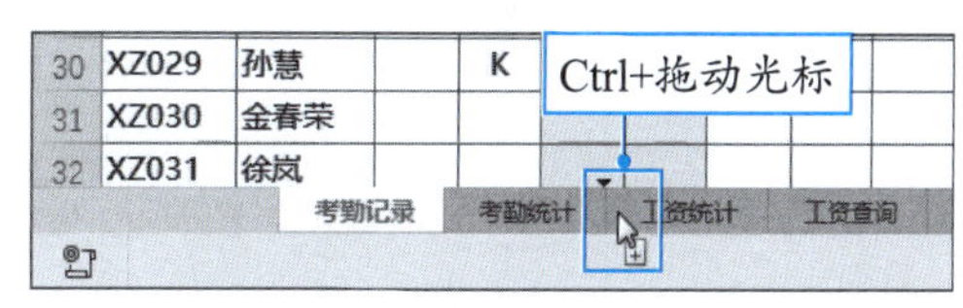

图 6-145

2. Q：如何快速填充每个数字间隔 5 的序列？

A：先在两个相邻单元格中输入间隔为5的数字，随后将这两个单元格选中，向下拖动填充柄，即可填充步长值为5的序列，如图6-146所示。

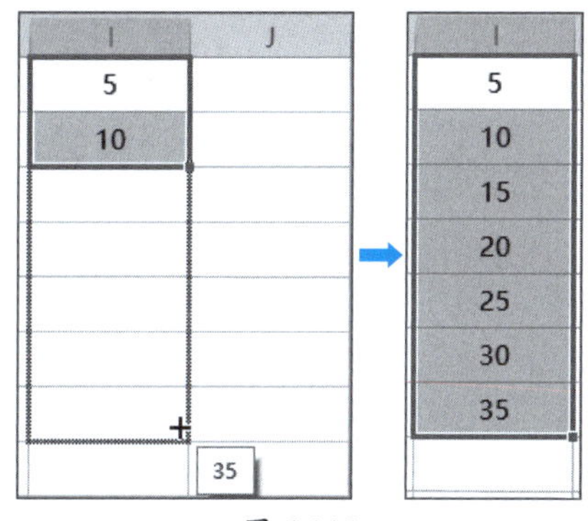

图 6-146

3. Q：如何快速为表格设置最合适的行高和列宽？

A：选中需要调整宽度的列，右击所选列，在弹出的快捷菜单中选择“最合适的列宽”选项，所选列随即根据每列中数据的多少自动调整为最合适的宽度，如图6-147所示。右击所选行，在弹出的快捷菜单中选择“最合适的行高”选项，则可将行设置为最合适的高度，如图6-148所示。

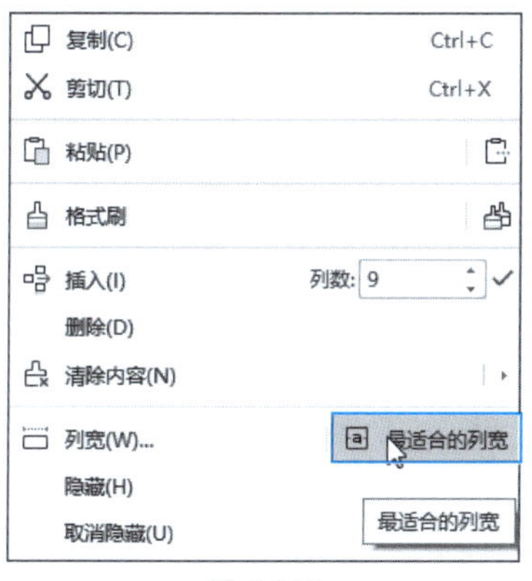

图 6-147

图 6-148

读书笔记

第7章 公式与函数的应用

在WPS表格中对数据进行统计、分析时，经常使用到公式和函数。一个简单的公式往往能快速实现复杂计算，从而顺利解决数据统计和分析中的很多难题。本章将对公式与函数的基础应用以及常用的函数类型进行详细介绍。

7.1 公式与函数基础知识

WPS表格中的公式是一种能够自动计算结果的算式，可以对单元格中的值进行计算，或对指定区域中的值进行批量运算。

7.1.1 认识公式

公式通常由等号、函数、括号、单元格引用、常量、运算符、逻辑值等构成，其中常量可以是数字、文本，或其他字符，如果常量不是数字就要加上引号。另外，等号必须输入在公式的最前面，而等号必须输入在公式的最前面，如图7-1所示。

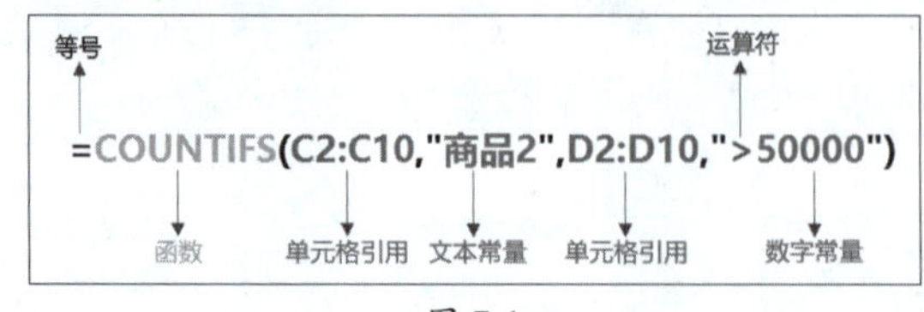

图 7-1

7.1.2 公式的输入和编辑

掌握公式的输入技巧可以在很大程度上提高录入速度，同时减小错误率。下面对公式的输入及编辑技巧进行详细介绍。

Step 01 选中F2单元格，输入等号，将光标移动到C2单元格上方，单击即可将该单元格地址引用到公式中，如图7-2所示。

Step 02 手动输入运算符“*”，接着继续单击E2单元格，将该单元格地址引用到公式中，如图7-3所示。

	A	B	C	D	E	F	G
1	序号	商品名称	数量	单位	单价	金额	
2	1	美白牙膏	2	盒	15.32	=C2	
3	2	牙刷套装	4	盒	9.9		
4	3	洗洁精	1	瓶	13.2		
5	4	散装巧克力	1.8	kg	25.9		
6	5	苏打饼干	1.7	kg	9.99		
7	6	筷子（5双装）	1	套	9.9		
8	7	马克杯	1	个	12.68		
9	8	蜂蜜（500g）	1	瓶	39.2		
10	9	曲奇饼干	2	盒	69.99		

图 7-2

	A	B	C	D	E	F
1	序号	商品名称	数量	单位	单价	金额
2	1	美白牙膏	2	盒	15.32	=C2*E2
3	2	牙刷套装	4	盒	9.9	
4	3	洗洁精	1	瓶	13.2	
5	4	散装巧克力	1.8	kg	25.9	
6	5	苏打饼干	1.7	kg	9.99	
7	6	筷子（5双装）	1	套	9.9	
8	7	马克杯	1	个	12.68	
9	8	蜂蜜（500g）	1	瓶	39.2	

图 7-3

Step 03 公式输入完成后，按Enter键即可返回计算结果，如图7-4所示。

	A	B	C	D	E	F	G
1	序号	商品名称	数量	单位	单价	金额	
2	1	美白牙膏	2	盒	15.32	30.64	
3	2	牙刷套装	4	盒	9.9		
4	3	洗洁精	1	瓶	13.2		
5	4	散装巧克力	1.8	kg	25.9		

按Enter键

图 7-4

若要对公式进行修改或继续编辑，可以双击包含公式的单元格，使其进入编辑状态，在该状态下便可继续对公式进行编辑。除此之外，也可选中包含公式的单元格，在编辑栏中编辑公式，如图7-5所示，编辑完成后按Enter键进行确认。

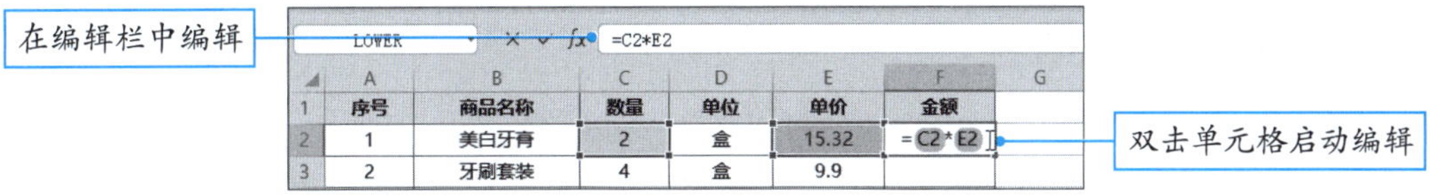

在编辑栏中编辑

LOWER　=C2*E2

	A	B	C	D	E	F	G
1	序号	商品名称	数量	单位	单价	金额	
2	1	美白牙膏	2	盒	15.32	=C2*E2	
3	2	牙刷套装	4	盒	9.9		

双击单元格启动编辑

图 7-5

动手练 填充公式

当需要在连续的区域内输入具有相同运算规律的公式时，可以先输入一个公式，然后填充公式。

Step 01 选中包含公式的单元格，将光标放在单元格右下角，光标变成黑色十字形状时按住鼠标左键向下拖动，如图7-6所示。

Step 02 松开鼠标左键即可自动填充公式，完成相邻区域内数据的计算，如图7-7所示。

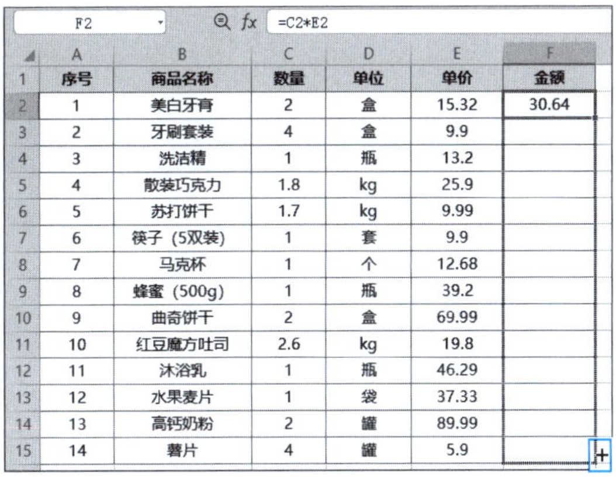

F2　=C2*E2

	A	B	C	D	E	F
1	序号	商品名称	数量	单位	单价	金额
2	1	美白牙膏	2	盒	15.32	30.64
3	2	牙刷套装	4	盒	9.9	
4	3	洗洁精	1	瓶	13.2	
5	4	散装巧克力	1.8	kg	25.9	
6	5	苏打饼干	1.7	kg	9.99	
7	6	筷子（5双装）	1	套	9.9	
8	7	马克杯	1	个	12.68	
9	8	蜂蜜（500g）	1	瓶	39.2	
10	9	曲奇饼干	2	盒	69.99	
11	10	红豆魔方吐司	2.6	kg	19.8	
12	11	沐浴乳	1	瓶	46.29	
13	12	水果麦片	1	袋	37.33	
14	13	高钙奶粉	2	罐	89.99	
15	14	薯片	4	罐	5.9	

图 7-6

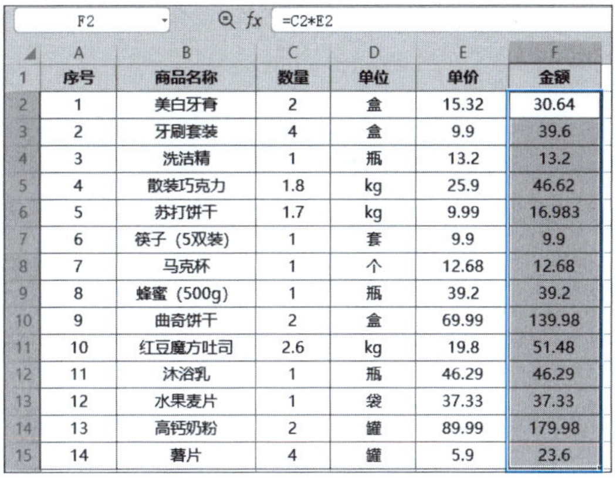

F2　=C2*E2

	A	B	C	D	E	F
1	序号	商品名称	数量	单位	单价	金额
2	1	美白牙膏	2	盒	15.32	30.64
3	2	牙刷套装	4	盒	9.9	39.6
4	3	洗洁精	1	瓶	13.2	13.2
5	4	散装巧克力	1.8	kg	25.9	46.62
6	5	苏打饼干	1.7	kg	9.99	16.983
7	6	筷子（5双装）	1	套	9.9	9.9
8	7	马克杯	1	个	12.68	12.68
9	8	蜂蜜（500g）	1	瓶	39.2	39.2
10	9	曲奇饼干	2	盒	69.99	139.98
11	10	红豆魔方吐司	2.6	kg	19.8	51.48
12	11	沐浴乳	1	瓶	46.29	46.29
13	12	水果麦片	1	袋	37.33	37.33
14	13	高钙奶粉	2	罐	89.99	179.98
15	14	薯片	4	罐	5.9	23.6

图 7-7

知识点拨

当要计算的数据在不相邻的区域时，填充公式不方便操作，此时也可以复制公式完成同类计算。选择包含公式的单元格，按Ctrl+C组合键复制公式，随后选中目标单元格，按Ctrl+V组合键即可将公式粘贴到目标单元格中。

7.1.3 单元格的引用形式

公式中的单元格引用形式包括“相对引用”“绝对引用”以及“混合引用”3种。引用方式的不同在复制或填充公式后会对公式的结果造成很大的影响。

- **相对引用：** 相对引用是最常见的引用形式，输入公式时直接单击单元格或拖选单元格区域所形成的引用即相对引用。相对引用的单元格会在填充时随着公式位置的变化发生相应改变。例如，“A5”为相对引用。
- **绝对引用：** 绝对引用能够锁定公式中的单元格，单元格引用不会随着公式位置的变化发生改变，其特征是行号和列标前有“$”符号。例如“$A$5”为绝对引用。
- **混合引用：** 混合引用是相对引用与绝对引用的综合体，可以单独锁定行或单独锁定列。只有被锁定的部分之前会显示“$”符号。例如“$A5”和“A$5”均为混合引用。

7.1.4 认识函数

函数其实是预设的公式，一个函数可以解决一种计算问题。函数由函数名和参数两个主要部分构成。所有参数都必须写在括号中，且每个参数之间必须用逗号分隔，如图7-8所示。

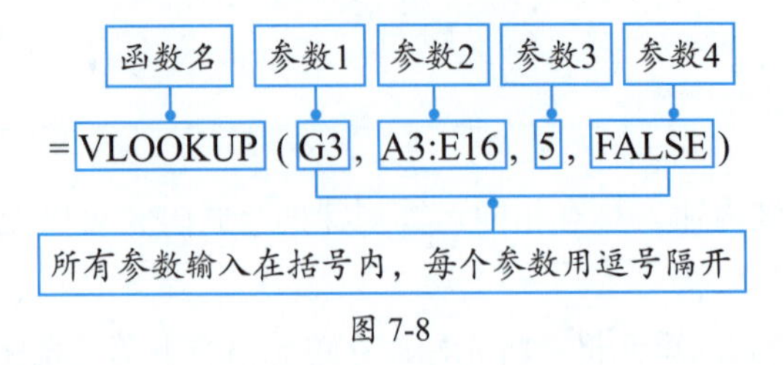

图 7-8

WPS表格中的函数类型包括财务函数、逻辑函数、文本函数、日期和时间函数、查找与引用函数、数学和三角函数、统计函数、工程函数、信息函数等。

不同的函数类型所包含的常用函数如表7-1所示。

表 7-1

类型	常用函数
财务	PMT、IPMT、PPMT、FV、PV、RATE、DB等
逻辑	IF、AND、OR、NOT、TRUE、FALSE等
文本	TEXT、LEFT、RIGHT、MID、LEN、UPPER、LOWER等
日期和时间	DATE、TIME、TODAY、NOW、EOMONTH、EDATE等
查找与引用	VLOOKUP、HLOOKUP、INDIRECT、ADDRESS、COLUMN、ROW、RTD等
数学和三角	SUM、ROUND、ROUNDUP、ROUNDDOWN、PRODUCT、INT、SIGN、ABS等
统计	AVERAGE、RANK、MEDIAN、MODE、VAR、STDEV等
工程	BIN2DEC、COMPLEX、IMREAL、IMAGINARY、BESSELJ、CONVERT等
信息	ISERROR、ISBLANK、ISTEXT、ISNUMBER、NA、CELL、INFO等

7.1.5 函数的使用方法

由于函数的种类很多，初学者很难快速掌握每种函数的拼写方式以及用法。下面介绍几种常用的函数输入方法。

1. 使用功能区按钮插入函数

“公式”选项卡中保存了各种类型的函数按钮，通过这些按钮可快速找到并插入需要使用的函数。

Step 01 选择需要插入函数的单元格，打开“公式”选项卡，单击需要使用的函数按钮，此处单击“数学和三角”下拉按钮，在下拉列表中选择“SUMIF”选项，如图7-9所示。

Step 02 系统随即弹出“函数参数”对话框，依次设置好参数，单击“确定”按钮，即可在所选单元格中插入相应函数并自动返回计算结果，如图7-10所示。

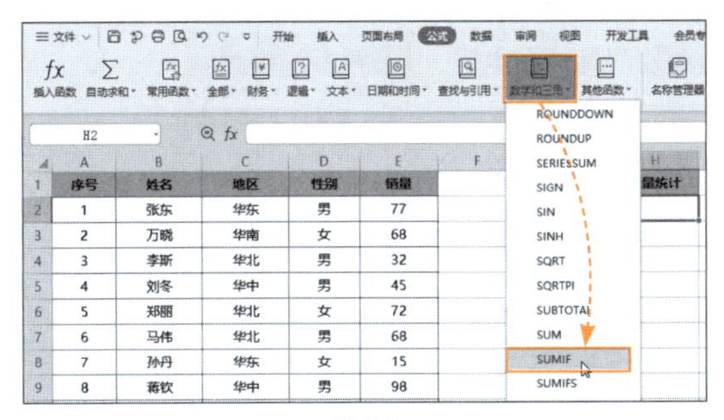

图 7-9

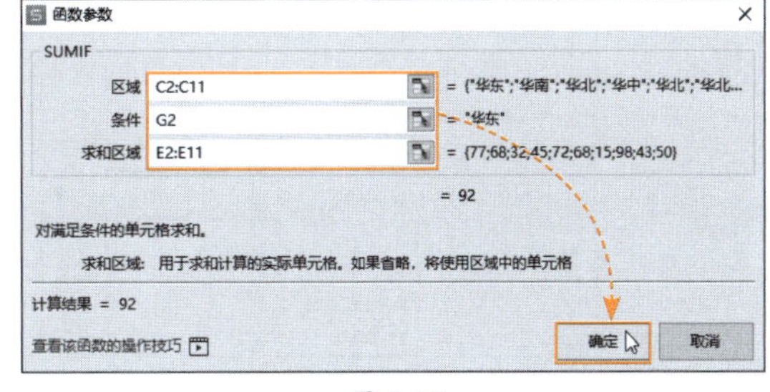

图 7-10

2. 使用“插入函数”对话框插入函数

除了通过功能区中的命令按钮插入函数，用户也可使用“插入函数”对话框插入函数。具体操作方法如下。

Step 01 选中需要输入函数的单元格，在“公式”选项卡中单击“插入函数”按钮（或单击编辑栏左侧的“fx”按钮），如图7-11所示。

Step 02 打开“插入函数”对话框。选择好函数类型以及需要使用的函数，单击“确定”按钮，如图7-12所示。随后系统会弹出“函数参数”对话框，设置好参数后单击“确定”按钮即可插入函数，并自动返回计算结果。

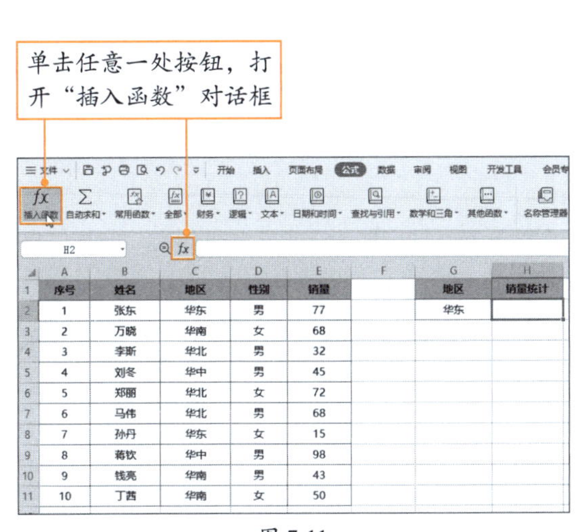

图 7-11

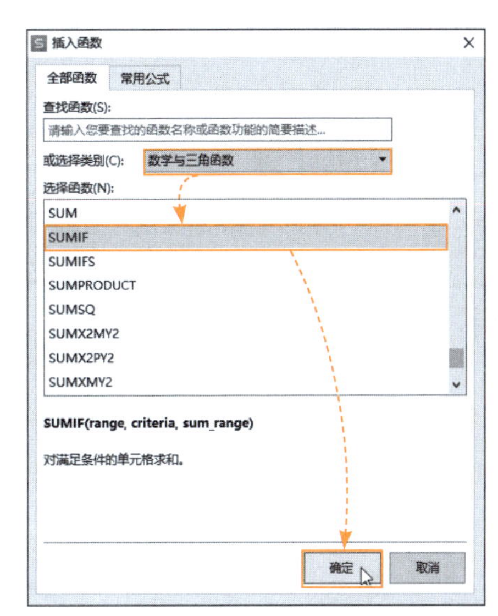

图 7-12

动手练 手动输入函数

若用户对将要使用的函数比较熟悉，知道该函数的拼写方式，或能拼出函数的前几个字母，可以选择直接手动输入函数。

Step 01 先在单元格中输入等号，输入函数名的第一个字母后，屏幕中会出现一个列表，显示以该字母开头的所有函数，用户也可以多输入几个字母以缩小列表中的函数范围。在列表中双击需要使用的函数名，如图7-13所示。

Step 02 该函数名称随即被自动输入等号，并且在函数名后面显示一对括号，如图7-14所示。

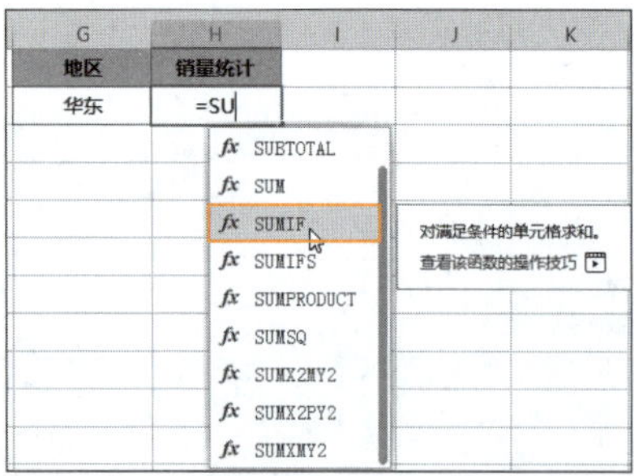

图 7-13

地区	性别	销量		地区	销量统计
华东	男	77		华东	=SUMIF()
华南	女	68			SUMIF（区域，条件，[求和区域]）
华北	男	32			
华中	男	45			
华北	女	72			
华北	男	68			
华东	女	15			
华中	男	98			
华南	男	43			
华南	女	50			

图 7-14

Step 03 接着在括号中输入各项参数，每个参数之间用逗号分隔，如图7-15所示。公式输入完成后按Enter键，即可返回计算结果。

SUMIF　×　✓　fx　=SUMIF(C2:C11,G2,E2:E11)

序号	姓名	地区	性别	销量		地区	销量统计
1	张东	华东	男	77		=SUMIF(C2:C11,G2,E2:E11)	
2	万晓	华南	女	68		SUMIF（区域，条件，[求和区域]）	
3	李斯	华北	男	32			
4	刘冬	华中	男	45			
5	郑丽	华北	女	72			
6	马伟	华北	男	68			
7	孙丹	华东	女	15			
8	蒋钦	华中	男	98			
9	钱亮	华南	男	43			
10	丁茜	华南	女	50			

图 7-15

动手练 自动计算

WPS表格为常用计算提供了快捷操作按钮，只需单击相应按钮即可快速完成计算。下面以自动求和为例进行介绍。

Step 01 选择放置求和结果的单元格，打开“公式”选项卡，单击“自动求和”下拉按钮，在下拉列表中选择“求和”选项，如图7-16所示。

Step 02 所选单元格中随即插入求和函数SUM，参数自动引用要求和的单元格区域，如图7-17所示。按Enter键即可返回求和结果，如图7-18所示。

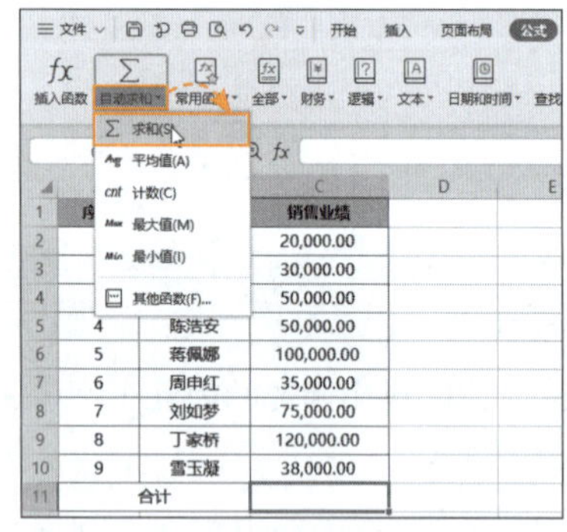

图 7-16

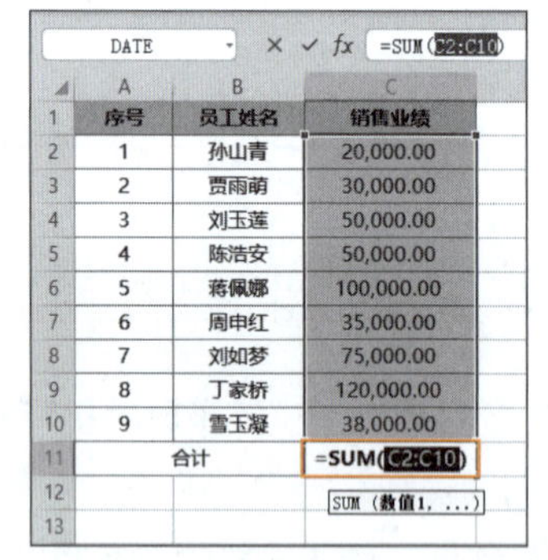

图 7-17

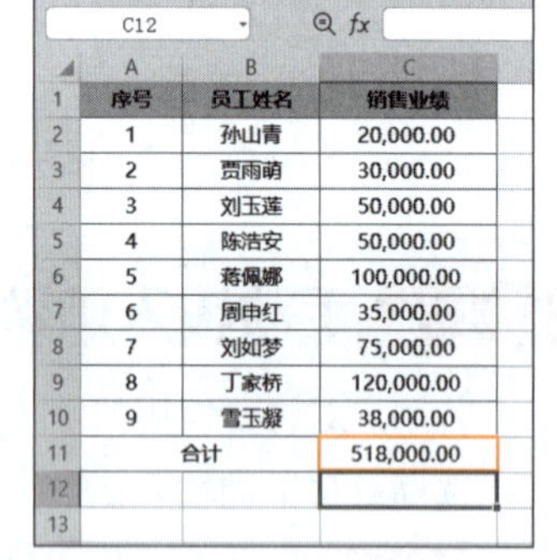

图 7-18

> **知识点拨**
> 使用“自动求和”下拉列表中的选项可自动求平均值、计数、求最大值以及求最小值。

7.1.6 常见的错误值类型

公式返回的错误值类型主要包括#DIV/0!、#REF!、#NAME?、#NULL!、#NUM!、#N/A、#VALUE! 7种。每种类型的错误值并不是由单纯的一种原因造成的，常见的错误值形成原因如表7-2所示。

表 7-2

错误值	产生原因
#DIV/0!	除数为0或空单元格。例如=E2/0
#REF!	公式引用了无效单元格。例如单元格被删除，或单元格内容被替换等
#NAME?	公式中使用了不能识别的文本。例如函数名拼写错误、文本常量未加双引号等
#NULL!	单元格区域范围出现错误。例如将A1:A5写成了A1,A5
#NUM!	公式中出现了超出Excel限定计算范围的值。例如=3^10307
#N/A	函数或公式中没有可用值。例如查询表中不包含要查询的内容等
#VALUE!	使用了错误的参数或运算对象。例如参数的类型设置错误等

7.2 名称的应用

在公式中使用名称可以简化公式，也能解决数据验证和条件格式中无法直接使用常量数组、工作表中无法调用宏表函数等问题。

7.2.1 定义名称

用户可以为常量、单元格或单元格区域、公式、图形对象等定义名称。定义名称有很多种方法，用户可以根据要定义名称的对象选择合适的方法。

1. 使用名称管理器定义名称

使用名称管理器可以为单元格或单元格区域、公式、常量等定义名称。具体操作方法如下。

Step 01 打开“公式”选项卡，单击“名称管理器”按钮，如图7-19所示。

Step 02 打开“名称管理器”对话框，单击“新建”按钮。弹出“新建名称”对话框，在“名称”文本框中输入名称，在“引用位置”文本框中引用需要定义名称的单元格区域，单击“确定”按钮，即可为所选单元格区域定义名称，如图7-20所示。

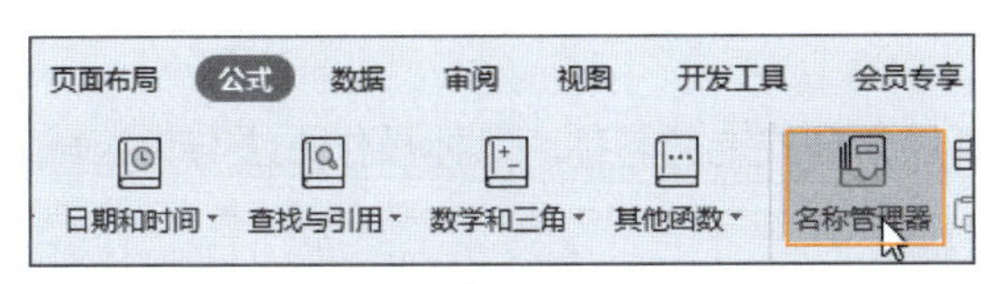

图 7-19

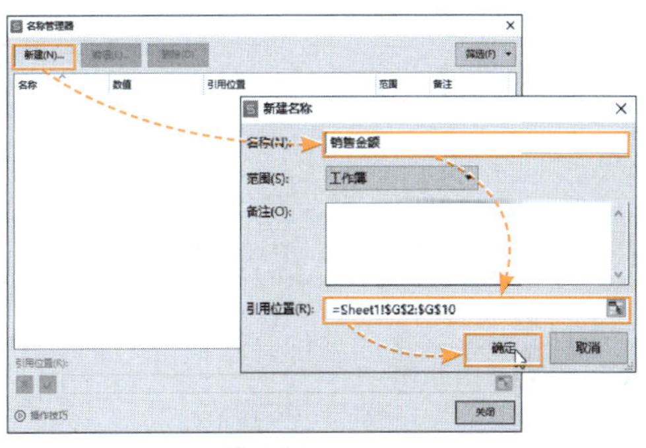

图 7-20

2. 使用名称框定义名称

使用名称框可以快速为指定的单元格或单元格区域定义名称。具体操作方法如下。

Step 01 选中需要定义名称的单元格区域，在名称框中输入名称，输入完成后按Enter键进行确认，如图7-21所示。

Step 02 名称定义完成后，单击名称框右侧的下拉按钮，可以在下拉列表中看到最近定义的名称，选择名称即可快速定位该名称所对应的区域，如图7-22所示。

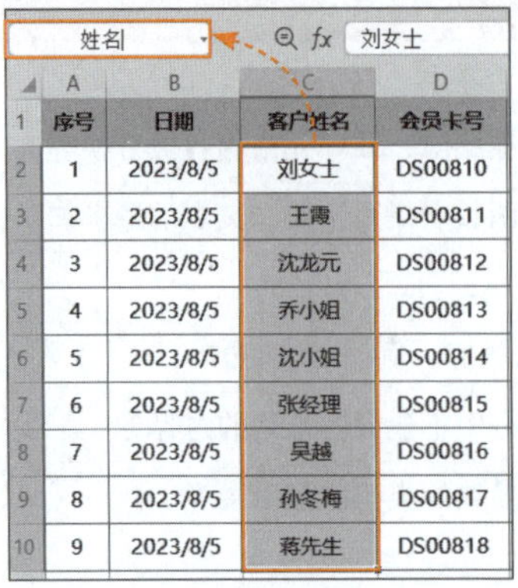

名称框：姓名　fx 刘女士

	A	B	C	D
1	序号	日期	客户姓名	会员卡号
2	1	2023/8/5	刘女士	DS00810
3	2	2023/8/5	王霞	DS00811
4	3	2023/8/5	沈龙元	DS00812
5	4	2023/8/5	乔小姐	DS00813
6	5	2023/8/5	沈小姐	DS00814
7	6	2023/8/5	张经理	DS00815
8	7	2023/8/5	吴越	DS00816
9	8	2023/8/5	孙冬梅	DS00817
10	9	2023/8/5	蒋先生	DS00818

图 7-21

名称框：K9　下拉列表：销售金额、姓名

	A	B	C	D
1	序号	日期	客户姓名	会员卡号
2	1	2023/8/5	刘女士	DS00810
3	2	2023/8/5	王霞	DS00811
4	3	2023/8/5	沈龙元	DS00812
5	4	2023/8/5	乔小姐	DS00813
6	5	2023/8/5	沈小姐	DS00814
7	6	2023/8/5	张经理	DS00815
8	7	2023/8/5	吴越	DS00816
9	8	2023/8/5	孙冬梅	DS00817
10	9	2023/8/5	蒋先生	DS00818

图 7-22

动手练 自动创建名称

当需要为多行或多列数据批量定义名称时，可以使用“指定名称”对话框自动创建名称。

Step 01 选中需要定义名称的区域，打开“公式”选项卡，单击“指定”按钮，如图7-23所示。

Step 02 弹出“指定名称”对话框，勾选“首行”复选框，单击“确定”按钮，如图7-24所示，即可将所选区域中的每一列以各自首行的标题定义名称。

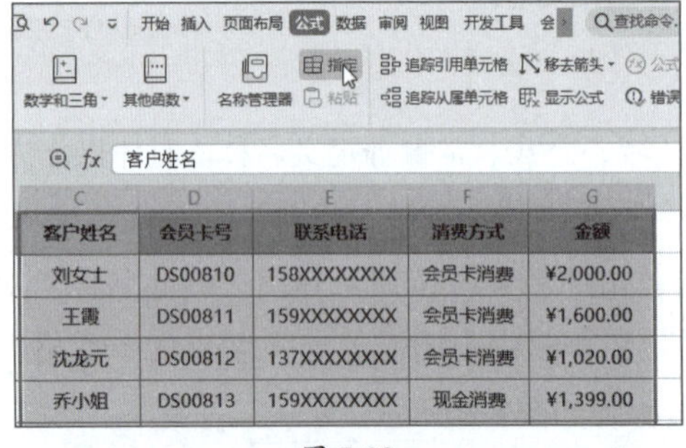

客户姓名	会员卡号	联系电话	消费方式	金额
刘女士	DS00810	158XXXXXXXX	会员卡消费	¥2,000.00
王霞	DS00811	159XXXXXXXX	会员卡消费	¥1,600.00
沈龙元	DS00812	137XXXXXXXX	会员卡消费	¥1,020.00
乔小姐	DS00813	159XXXXXXXX	现金消费	¥1,399.00

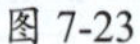
图 7-23

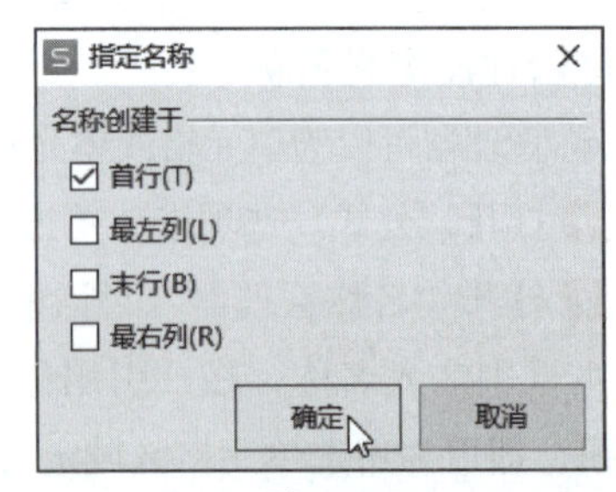

图 7-24

定义的名称可直接带入到公式中使用，例如，用数组公式一次性录入金陵十二钗的十二个姓名。

动手练 为常用公式定义名称

在“名称管理器”对话框中还可以为公式定义名称。具体操作方法与为区域定义名称基本相同。

Step 01 在“公式”选项卡中单击“名称管理器”按钮（或按Ctrl+F3组合

键），打开“名称管理器”对话框，单击“新建”按钮，如图7-25所示。

Step 02 在“名称”文本框中输入名称，在“引用位置”文本框中输入公式，最后单击“确定”按钮，即可完成为公式定义名称的操作，如图7-26所示。

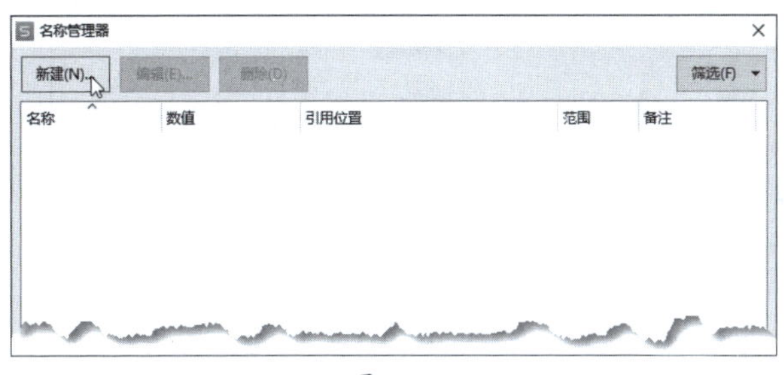

图 7-25

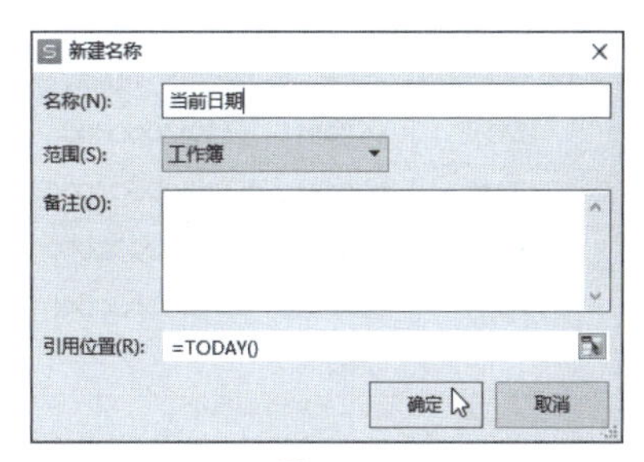

图 7-26

知识点拨

当工作簿中包含多张工作表时，还可在“新建名称”对话框中设置名称的应用范围。单击“范围”下拉按钮，通过选择不同工作表的名称可将名称的应用范围锁定在指定的工作表，如图7-27所示。

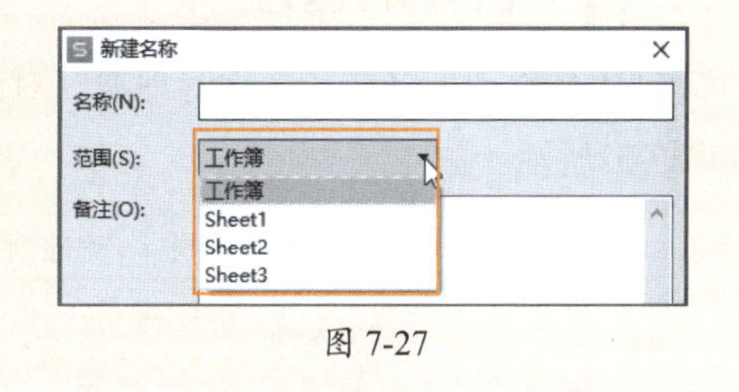

图 7-27

7.2.2 在公式中应用名称

定义名称后便可以应用名称，名称通常在公式中应用，应用的方法也很简单。首先，在公式输入过程中直接将名称作为参数输入，如图7-28所示。公式输入完成后，按Enter键即可返回计算结果，如图7-29所示。

	A	B	C	D	E	F	G
1	序号	日期	客户姓名	会员卡号	联系电话	消费方式	金额
2	1	2023/8/5	刘女士	DS00810	158XXXXXXXX	会员卡消费	¥2,000.00
3	2	2023/8/5	王霰	DS00811	159XXXXXXXX	会员卡消费	¥1,600.00
4	3	2023/8/5	沈龙元	DS00812	137XXXXXXXX	会员卡消费	¥1,020.00
5	4	2023/8/5	乔小姐	DS00813	159XXXXXXXX	现金消费	¥1,399.00
6	5	2023/8/5	沈小姐	DS00814	158XXXXXXXX	现金消费	¥588.00
7	6	2023/8/5	张经理	DS00815	159XXXXXXXX	现金消费	¥546.00
8	7	2023/8/5	吴越	DS00816	136XXXXXXXX	信用卡消费	¥988.00
9	8	2023/8/5	孙冬梅	DS00817	151XXXXXXXX	信用卡消费	¥266.00
10	9	2023/8/5	蒋先生	DS00818	160XXXXXXXX	信用卡消费	¥3,200.00
11				合计			=SUM(销售金额)

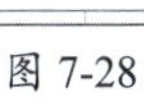

图 7-28

	A	B	C	D	E	F	G
1	序号	日期	客户姓名	会员卡号	联系电话	消费方式	金额
2	1	2023/8/5	刘女士	DS00810	158XXXXXXXX	会员卡消费	¥2,000.00
3	2	2023/8/5	王霰	DS00811	159XXXXXXXX	会员卡消费	¥1,600.00
4	3	2023/8/5	沈龙元	DS00812	137XXXXXXXX	会员卡消费	¥1,020.00
5	4	2023/8/5	乔小姐	DS00813	159XXXXXXXX	现金消费	¥1,399.00
6	5	2023/8/5	沈小姐	DS00814	158XXXXXXXX	现金消费	¥588.00
7	6	2023/8/5	张经理	DS00815	159XXXXXXXX	现金消费	¥546.00
8	7	2023/8/5	吴越	DS00816	136XXXXXXXX	信用卡消费	¥988.00
9	8	2023/8/5	孙冬梅	DS00817	151XXXXXXXX	信用卡消费	¥266.00
10	9	2023/8/5	蒋先生	DS00818	160XXXXXXXX	信用卡消费	¥3,200.00
11				合计			¥11,607.00

图 7-29

动手练 粘贴名称

当工作簿中定义了多个名称，或记不清有哪些名称时，可通过“粘贴名称”对话框粘贴名称。

Step 01 在单元格中输入函数，在需要插入名称时，打开“公式”选项卡，单击“粘贴”按钮，如图7-30所示。

Step 02 弹出“粘贴名称”对话框，选择需要使用的名称，单击“确定”按钮，即可将其插入公式中，如图7-31所示。

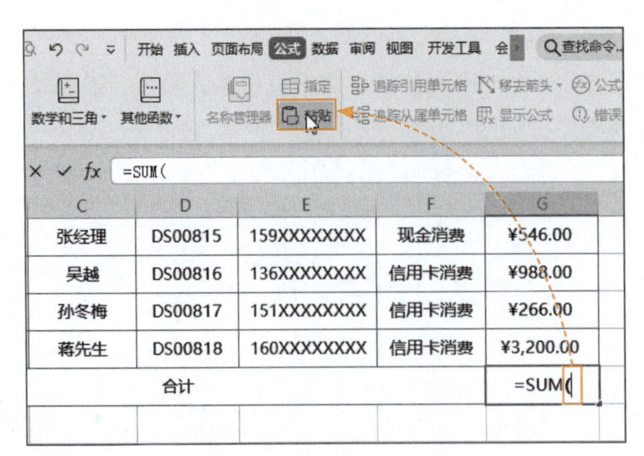

图 7-30

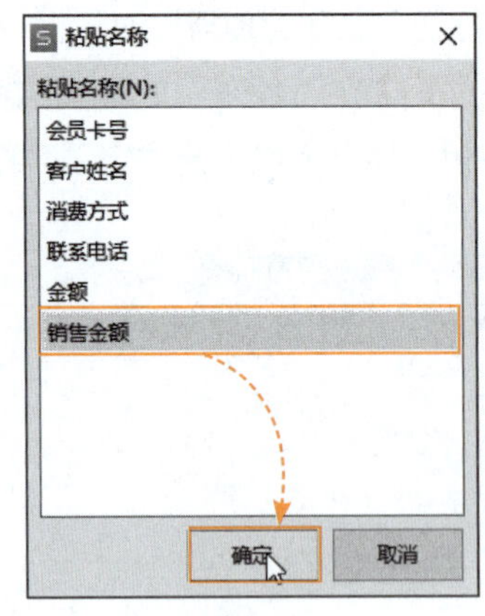

图 7-31

7.2.3　名称的管理

创建名称后可以在“名称管理器”对话框中对名称进行查看、修改、筛选、删除等操作，如图7-32所示。

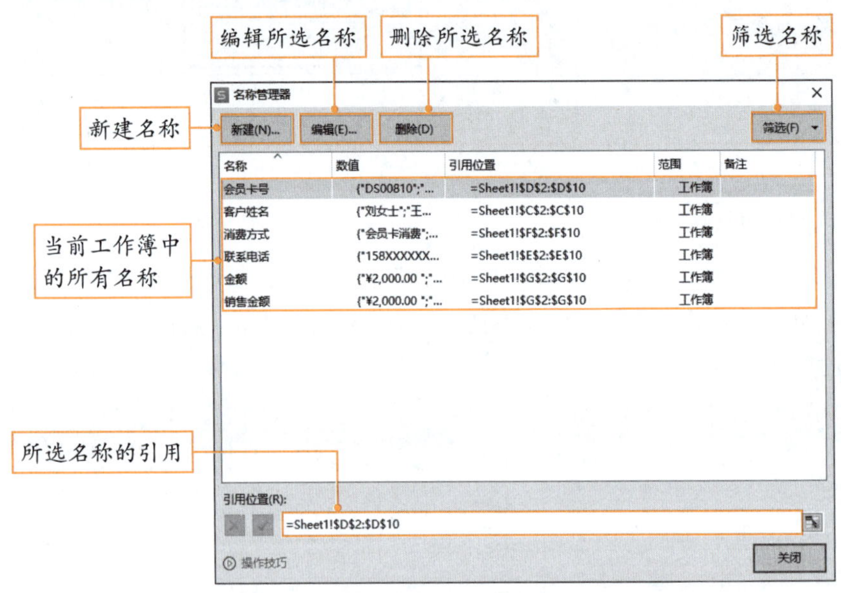

图 7-32

7.3　公式与函数的典型应用

了解了函数的基础知识后便可以使用函数解决实际问题。下面对不同类型的常见函数应用进行介绍。

7.3.1　数学和三角函数的应用

WPS表格包含的数学和三角函数种类繁多，使用这些函数可以轻松处理诸如求和、数值取舍、求余、求乘积等计算。常用的数学和三角函数如表7-3所示。

表 7-3

函数	作用
SUM	返回某一单元格区域中所有数字之和
SUMIF	对范围中符合指定条件的值求和
SUMIFS	计算其满足多个条件的全部参数的总量
SUBTOTAL	返回列表或数据库中的分类汇总
ROUND	将数字四舍五入到指定的位数
ROUNDDOWN	朝着0的方向将数字进行向下舍入
ROUNDUP	朝着远离0的方向将数字进行向上舍入
ODD	返回数字向上舍入到的最接近的奇数
EVEN	返回数字向上舍入到的最接近的偶数
INT	将数字向下舍入到最接近的整数
TRUNC	将数字的小数部分截去，返回整数
ABS	返回数字的绝对值
MOD	返回两数相除的余数
QUOTIENT	返回除法的整数部分
RAND	返回一个大于等于0且小于1的平均分布的随机数
RANDBETWEEN	返回位于两个指定数之间的一个随机整数

动手练 统计指定类别商品的销售金额

计算指定商品类别的销售总金额，可以使用SUMIF函数。SUMIF函数可以对满足条件的单元格进行求和。该函数有3个参数，语法格式及参数说明如下。

语法格式：=SUMIF(区域,条件,求和区域)

参数说明：

- **区域：** 表示用于条件判断的单元格区域。该参数可以是单元格区域、名称、数组等。
- **条件：** 表示求和的条件。该参数可以是数字、表达式、单元格引用、文本或函数等。可使用通配符。
- **求和区域：** 表示要求和的实际单元格。若省略该参数，则在参数1指定的区域中求和。

Step 01 选中需要输入公式的单元格，单击编辑栏右侧的fx按钮，如图7-33所示。

Step 02 弹出“插入函数”对话框，设置函数类型为“数学与三角函数”，在“选择函数”列表中选择“SUMIF”选项，单击“确定”按钮，如图7-34所示。

Step 03 弹出“函数参数”对话框，分别设置参数为“B2:B21”“H2”“F2:F21”，设置完成后单击“确定”按钮，如图7-35所示。

Step 04 所选单元格中随即返回公式结果，在编辑栏中可以看到完整的公式，如图7-36所示。

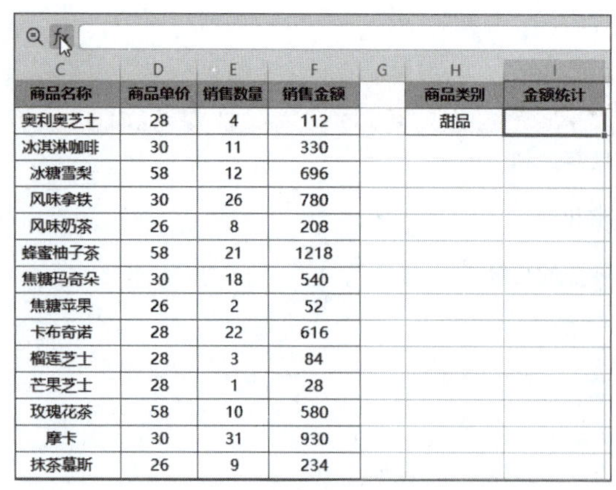

商品名称	商品单价	销售数量	销售金额		商品类别	金额统计
奥利奥芝士	28	4	112		甜品	
冰淇淋咖啡	30	11	330			
冰糖雪梨	58	12	696			
风味拿铁	30	26	780			
风味奶茶	26	8	208			
蜂蜜柚子茶	58	21	1218			
焦糖玛奇朵	30	18	540			
焦糖苹果	26	2	52			
卡布奇诺	28	22	616			
榴莲芝士	28	3	84			
芒果芝士	28	1	28			
玫瑰花茶	58	10	580			
摩卡	30	31	930			
抹茶慕斯	26	9	234			

图 7-33

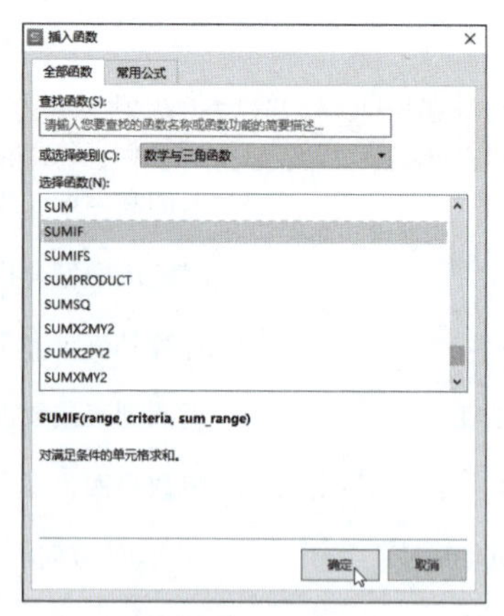

图 7-34

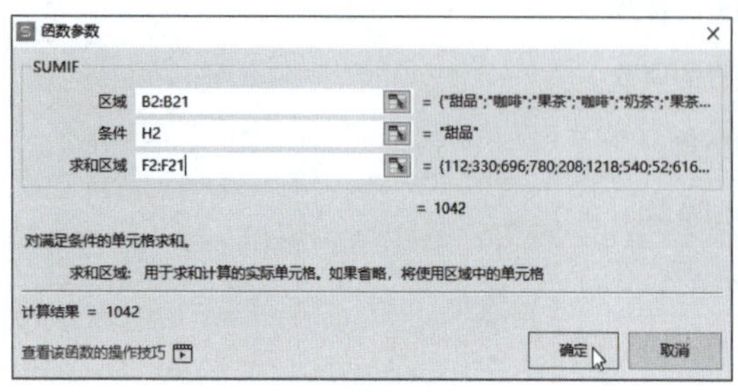

图 7-35

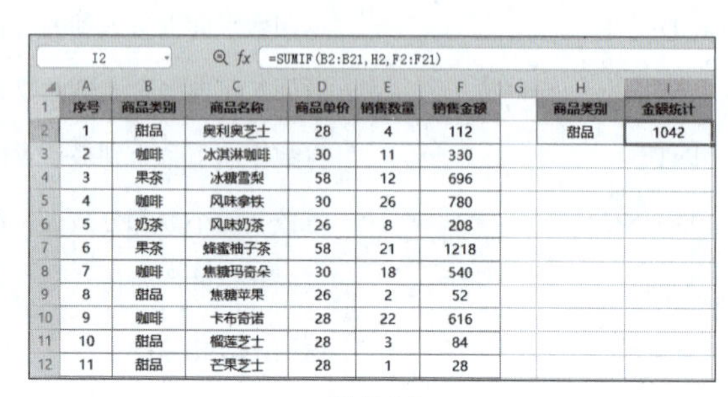

序号	商品类别	商品名称	商品单价	销售数量	销售金额		商品类别	金额统计
1	甜品	奥利奥芝士	28	4	112		甜品	1042
2	咖啡	冰淇淋咖啡	30	11	330			
3	果茶	冰糖雪梨	58	12	696			
4	咖啡	风味拿铁	30	26	780			
5	奶茶	风味奶茶	26	8	208			
6	果茶	蜂蜜柚子茶	58	21	1218			
7	咖啡	焦糖玛奇朵	30	18	540			
8	甜品	焦糖苹果	26	2	52			
9	咖啡	卡布奇诺	28	22	616			
10	甜品	榴莲芝士	28	3	84			
11	甜品	芒果芝士	28	1	28			

图 7-36

7.3.2 统计函数的应用

统计函数常用于分析统计数据，以及判定数据的平均值或偏差值的基础统计量。日常办公中使用的求平均值或数据个数的函数也归于统计函数中。常用的统计函数如表7-4所示。

表 7-4

函数	作用
AVERAGE	返回参数的平均值（算术平均值）
AVERAGEA	计算参数列表中数值的平均值（算术平均值）
AVERAGEIF	返回某个区域内满足给定条件的所有单元格的平均值（算术平均值）
AVERAGEIFS	返回满足多个条件的所有单元格的平均值（算术平均值）
COUNT	计算包含数字的单元格个数以及参数列表中数字的个数
COUNTA	计算范围中不为空的单元格的个数
COUNTBLANK	用于计算单元格区域中的空单元格的个数
COUNTIF	用于统计满足某个条件的单元格的数量
COUNTIFS	计算区域内符合多个条件的单元格的数量
LARGE	返回数据集中第k个最大值
MAX	返回参数列表中的最大值
MAXA	返回参数列表中的最大值，包括数字、文本和逻辑值

（续表）

函数	作用
MAXIFS	返回一组给定条件或标准指定的单元格之间的最大值
MIN	返回参数列表中的最小值
MINA	返回参数列表中的最小值，包括数字、文本和逻辑值
MINIFS	返回一组给定条件或标准指定的单元格之间的最小值
SMALL	返回数据集中的第k个最小值

动手练 计算平均值

计算员工平均工资可以使用AVERAGE函数。AVERAGE函数可以求参数的平均值，其是使用最频繁的函数之一。该函数至少需要1个参数，最多可设置255个参数，语法格式及参数说明如下。

语法格式：=AVERAGE(数值1,数值2,…)

参数说明：“数值1,数值2,…”表示需要参与求平均值计算的值。参数可以是单元格或单元格区域引用、数字、名称、数组等。数组或引用参数中包含文本、逻辑值或空白单元格，则这些值将被忽略。如果参数为数值以外的文本，则返回错误值“#VALUE!”。分母为0，则返回错误值#DIV/0!。

下面使用AVERAGE函数计算所有部门的平均工资。

Step 01 选择D11单元格，输入等号，输入函数的前两个字母，随后在下拉列表中双击AVERAGE函数，如图7-37所示。

Step 02 单元格中随即自动录入函数和一对括号，此时光标自动定位于括号中，如图7-38所示。

	A	B	C	D	E
1	工号	姓名	所属部门	基本工资	
2	DSN12	丁雯雯	财务部	¥4,200.00	
3	DSN13	艾丽华	销售部	¥4,500.00	
4	DSN03	周凯宁	人事部	¥3,700.00	
5	DSN04	孙伟生	办公室	¥3,900.00	
6	DSN05	吴美月	人事部	¥3,500.00	
7	DSN06	刘瑜	设计部	¥5,000.00	
8	DSN07	孙琦	销售部	¥5,000.00	
9	DSN10	王海	办公室	¥3,600.00	
10	DSN11	范宇	办公室	¥4,000.00	
11	平均基本工资			=AV	
12				fx AVEDEV	
13				fx AVERAGE	
14				fx AVERAGEA	
15					

图 7-37

SUMIF　×　✓　fx　=AVERAGE()

	A	B	C	D	E
1	工号	姓名	所属部门	基本工资	
2	DSN12	丁雯雯	财务部	¥4,200.00	
3	DSN13	艾丽华	销售部	¥4,500.00	
4	DSN03	周凯宁	人事部	¥3,700.00	
5	DSN04	孙伟生	办公室	¥3,900.00	
6	DSN05	吴美月	人事部	¥3,500.00	
7	DSN06	刘瑜	设计部	¥5,000.00	
8	DSN07	孙琦	销售部	¥5,000.00	
9	DSN10	王海	办公室	¥3,600.00	
10	DSN11	范宇	办公室	¥4,000.00	
11	平均基本工资			=AVERAGE()	
12				AVERAGE（数值1, ...）	
13					

图 7-38

Step 03 拖动光标选择D2：D11单元格区域，将该区域设置为函数的参数，如图7-39所示。

Step 04 按Enter键即可返回平均值统计结果，如图7-40所示。

	A	B	C	D
1	工号	姓名	所属部门	基本工资
2	DSN12	丁雯雯	财务部	¥4,200.00
3	DSN13	艾丽华	销售部	¥4,500.00
4	DSN03	周凯宁	人事部	¥3,700.00
5	DSN04	孙伟生	办公室	¥3,900.00
6	DSN05	吴美月	人事部	¥3,500.00
7	DSN06	刘瑜	设计部	¥5,000.00
8	DSN07	孙琦	销售部	¥5,000.00
9	DSN10	王海	办公室	¥3,600.00
10	DSN11	范宇	办公室	¥4,000.00
11	平均基本工资			=AVERAGE(D2:D10

图 7-39

	A	B	C	D
1	工号	姓名	所属部门	基本工资
2	DSN12	丁雯雯	财务部	¥4,200.00
3	DSN13	艾丽华	销售部	¥4,500.00
4	DSN03	周凯宁	人事部	¥3,700.00
5	DSN04	孙伟生	办公室	¥3,900.00
6	DSN05	吴美月	人事部	¥3,500.00
7	DSN06	刘瑜	设计部	¥5,000.00
8	DSN07	孙琦	销售部	¥5,000.00
9	DSN10	王海	办公室	¥3,600.00
10	DSN11	范宇	办公室	¥4,000.00
11	平均基本工资			¥4,155.56

图 7-40

动手练 提取最大值

使用MAX函数可求一组值中的最大值，其是使用率最高的函数之一。MAX函数至少设置1个参数，最多设置255个参数。语法格式及参数说明如下：

语法格式：=MAX(数值1,数值2,…)

参数说明："数值1,数值2,…"表示需要从中求取最大值的区域。参数为数值以外的文本时，返回错误值"#VALUE!"。数组或引用中的文本、逻辑值或空白单元格会被忽略。

下面使用MAX函数从所有考试成绩中提取出最高成绩。

Step 01 选择E2单元格，输入公式"=MAX(C2:C10)"，如图7-41所示。

Step 02 按Enter键，公式返回提取到的最大值，如图7-42所示。

	A	B	C	D	E
1	学号	姓名	成绩		提取最高成绩
2	01	丁雯雯	61		=MAX(C2:C10)
3	02	艾丽华	72		
4	03	周凯宁	67		
5	04	孙伟生	50		
6	05	吴美月	85		
7	06	刘瑜	92		
8	07	孙琦	80		
9	08	王海	54		
10	09	范宇	65		

图 7-41

	A	B	C	D	E
1	学号	姓名	成绩		提取最高成绩
2	01	丁雯雯	61		92
3	02	艾丽华	72		
4	03	周凯宁	67		
5	04	孙伟生	50		
6	05	吴美月	85		
7	06	刘瑜	92		
8	07	孙琦	80		
9	08	王海	54		
10	09	范宇	65		

图 7-42

知识点拨

若要从一组数中提取最小值，可以使用MIN函数。MIN函数的使用方法和MAX基本相同。

7.3.3 日期和时间函数的应用

日期和时间函数是用来处理日期和时间值的一类函数，例如用TODAY函数计算当前日期、用YEAR函数提取年份值、用MONTH提取月份值等。常用的日期和时间函数如表7-5所示。

表 7-5

函数	作用
DATE	返回日期时间代码中代表日期的数字
DATEDIF	计算两个日期之间的天数、月数或年数

（续表）

函数	作用
DATEVALUE	将存储为文本的日期转换为日期的序列号
DAY	返回以序列数表示的某日期的天数
DAYS	返回两个日期之间的天数
HOUR	将序列号转换为小时
MINUTE	返回时间值中的分钟
MONTH	返回日期中的月份（以序列数表示）
NOW	返回当前日期和时间的序列号
SECOND	返回时间值的秒数
TIME	在给定时、分、秒三个值的情况下，将三个值合并为一个内部表示时间的小数
TODAY	返回当前日期
WEEKDAY	返回对应于某个日期的一周中的第几天
WORKDAY	返回在某日期（起始日期）之前或之后、与该日期相隔指定工作日的某一日期的日期值
YEAR	返回对应于某个日期的年份

动手练 返回当前日期和时间

TODAY函数可以返回当前日期，NOW函数可以返回当前日期和时间。这两个函数是为数不多的没有参数的函数。下面介绍TODAY函数和NOW函数的具体用法。

Step 01 在B1单元格中输入公式“=TODAY()”，按Enter键即可返回系统当前日期，如图7-43所示。

Step 02 在B2单元格中输入公式“=NOW()”，按Enter键即可返回系统当前日期和时间，如图7-44所示。

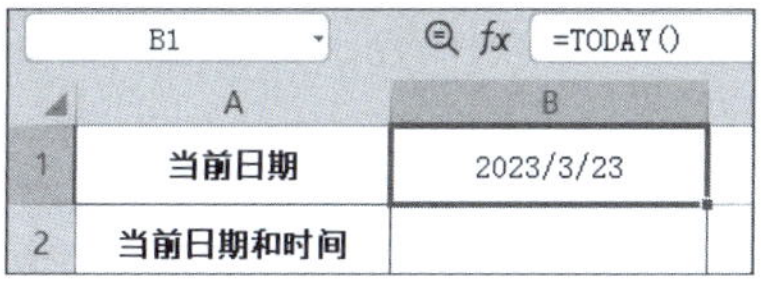

B1 fx =TODAY()

	A	B
1	当前日期	2023/3/23
2	当前日期和时间	

图 7-43

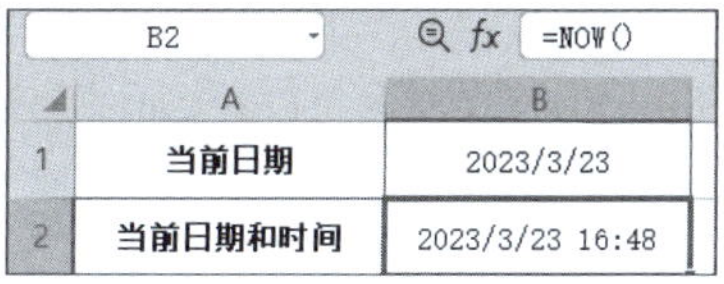

B2 fx =NOW()

	A	B
1	当前日期	2023/3/23
2	当前日期和时间	2023/3/23 16:48

图 7-44

知识点拨

按F9键可刷新公式生成的日期和时间。关闭工作簿，再次打开后公式也会自动刷新结果，始终保持和系统当前日期时间一致。

动手练 提取日期中的年份

使用YEAR函数可以提取指定日期中的年份，返回值为1900~9999间的整数。YEAR函数只要一个参数，即要提取其年份的日期。下面使用YEAR函数从出生日期中提取年份信息。

Step 01 在D2单元格中输入公式“=YEAR(C2)”，输入完成后按Enter键返回提取结果，如图7-45所示。

Step 02 再次选中D2单元格，拖动填充柄，将公式向下方填充，提取出其他日期中的年份，如图7-46所示。

	A	B	C	D	E
1	姓名	性别	出生日期	出生年份	
2	李雷	男	2005/6/10	=YEAR(C2)	
3	韩梅梅	女	2019/8/3	YEAR（日期序号）	
4	舒克	女	1996/7/1		
5	贝塔	男	2020/5/20		
6	刘远芳	男	1998/3/18		
7	张晓霞	女	2009/6/5		
8	马良	男	2018/8/16		
9	孙青	女	2004/5/8		
10	刘宁远	男	2000/9/1		
11	刘佩琪	女	2004/3/15		
12	赵肖恩	男	1995/3/10		

图 7-45

	A	B	C	D	E
1	姓名	性别	出生日期	出生年份	
2	李雷	男	2005/6/10	2005	
3	韩梅梅	女	2019/8/3	2019	
4	舒克	女	1996/7/1	1996	
5	贝塔	男	2020/5/20	2020	
6	刘远芳	男	1998/3/18	1998	
7	张晓霞	女	2009/6/5	2009	
8	马良	男	2018/8/16	2018	
9	孙青	女	2004/5/8	2004	
10	刘宁远	男	2000/9/1	2000	
11	刘佩琪	女	2004/3/15	2004	
12	赵肖恩	男	1995/3/10	1995	

图 7-46

7.3.4 逻辑函数的应用

逻辑函数主要运用于条件的判断及后续的处理，其返回结果为逻辑值。逻辑值的类型有TRUE和FALSE两种，条件成立时返回逻辑值TRUE，条件不成立时返回逻辑值FALSE。常用的逻辑函数如表7-6所示。

表 7-6

函数	作用
AND	用于确定测试中的所有条件是否均为TRUE
IF	执行真假值判断，根据逻辑测试的真假值返回不同的结果
IFERROR	可捕获和处理公式中的错误。如果公式的计算结果错误，则返回指定的值；否则返回公式的结果
IFNA	如果公式返回错误值#N/A，则结果返回指定的值；否则返回公式的结果
IFS	IFS函数检查是否满足一个或多个条件，并返回与第一个TRUE条件对应的值。IFS可以替换多个嵌套的IF语句，并且更易于在多个条件下读取
NOT	对其参数的逻辑求反
OR	用于确定测试中的所有条件是否均为TRUE

动手练 判断考试成绩是否及格

IF函数可以执行真假值判断，并根据逻辑测试值返回不同的结果。IF函数包含3个参数，语法格式及参数说明如下。

语法格式：=IF(测试条件,真值,假值)

参数说明：

- **测试条件：** 表示用带有比较运算符的逻辑值指定条件判定公式。该参数的结果为TRUE或FALSE的任意值或表达式。
- **真值：** 表示逻辑式成立时返回的值。除公式或函数外，也可指定需显示的数值或文本。被显示的文本需加双引号。如果不进行任何处理，则省略该参数。
- **假值：** 表示逻辑式不成立时返回的值。除公式或函数外，也可指定需显示的数值或文本。被显示的文本需加双引号。不进行任何处理时，则省略该参数。

下面使用IF函数判断考试成绩是否合格，要求成绩大于等于60为及格，小于60为不及格。

Step 01 选择D2单元格，输入公式“=IF(C2>=60,"及格","不及格")”，公式输入完成后按Enter键，返回判断结果，如图7-47所示。

Step 02 选中D2单元格，拖动填充柄将公式向下方填充，判断其他成绩是否及格，当成绩大于等于60时公式返回“及格”，成绩小于60时返回“不及格”，如图7-48所示。

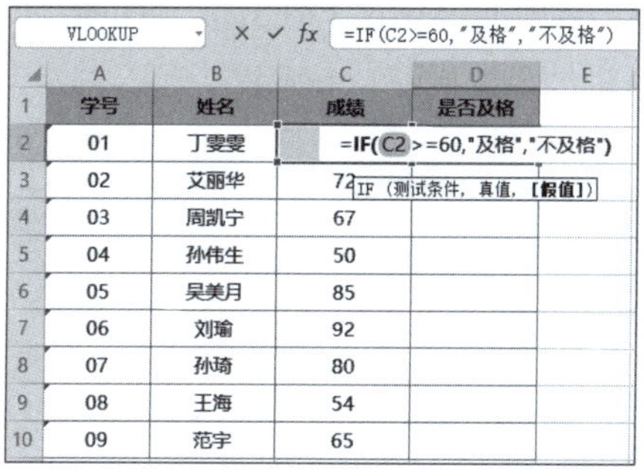

图 7-47

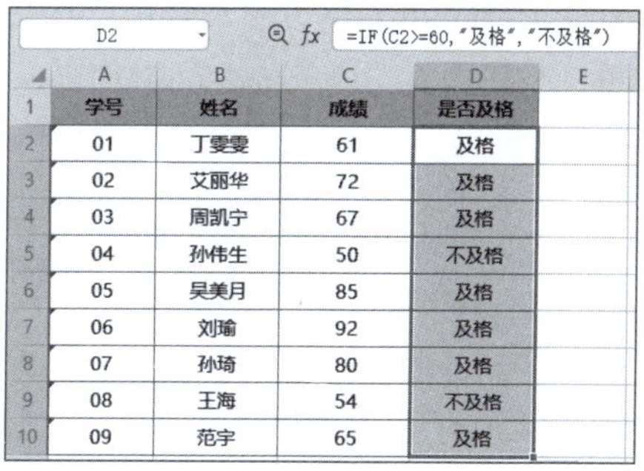

图 7-48

7.3.5 查找与引用函数的应用

查找与引用函数可以根据指定的关键字从数据表中查找需要的值，也可以识别单元格位置或表的大小等。常用的查找与引用函数如表7-7所示。

表 7-7

函数	作用
CHOOSE	使用CHOOSE可以根据索引号从最多254个数值中选择一个
COLUMN	返回指定单元格引用的列号
COLUMNS	返回数组或引用的列数
INDEX	返回表格或区域中的值或值的引用
LOOKUP	查询一行或一列并查找另一行或列中的相同位置的值
MATCH	在范围单元格中搜索特定的项，然后返回该项在此区域中的相对位置
OFFSET	返回对单元格或单元格区域中指定行数和列数的区域的引用
ROW	返回引用的行号
ROWS	返回引用或数组的行数
VLOOKUP	在数组或表格第一列中查找，将一个数组或表格中一列数据引用到另外一个表中

动手练 查询指定商品的库存数量

VLOOKUP函数可以按照给定的查找值从工作表中查找相应位置的数据。VLOOKUP函数有4个参数。语法格式及参数说明如下。

语法格式：=VLOOKUP(查找值,数据表,列序数,匹配条件)

参数说明：

- **查找值：** 表示需要在数组第一列中查找的值。该参数可以是数值、引用或文本字符串。

- **数据表：** 表示指定的查找范围。该参数可以使用对区域或区域名称的引用。
- **列序数：** 为必需参数。表示待返回的匹配值的序列号。指定为1时，返回数据表第一列中的数值，指定为2时，返回第二列中的数值，依次类推。
- **匹配条件：** 表示指定在查找时是要精确匹配，还是大致匹配。FALSE表示精确匹配，TRUE或忽略表示大致匹配。

下面使用VLOOKUP函数查询指定商品的库存数量。

Step 01 选择G2单元格，输入公式“=VLOOKUP(F2,B1:D10,3,FALSE)”，如图7-49所示。

Step 02 公式输入完成后按Enter键即可返回查询结果，如图7-50所示。

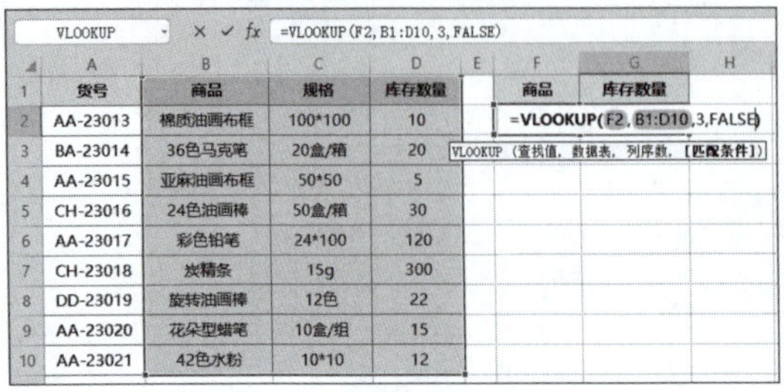

	A	B	C	D	E	F	G	H
1	货号	商品	规格	库存数量		商品	库存数量	
2	AA-23013	棉质油画布框	100*100	10		=VLOOKUP(F2,B1:D10,3,FALSE)		
3	BA-23014	36色马克笔	20盒/箱	20				
4	AA-23015	亚麻油画布框	50*50	5				
5	CH-23016	24色油画棒	50盒/箱	30				
6	AA-23017	彩色铅笔	24*100	120				
7	CH-23018	炭精条	15g	300				
8	DD-23019	旋转油画棒	12色	22				
9	AA-23020	花朵型蜡笔	10盒/组	15				
10	AA-23021	42色水粉	10*10	12				

图 7-49

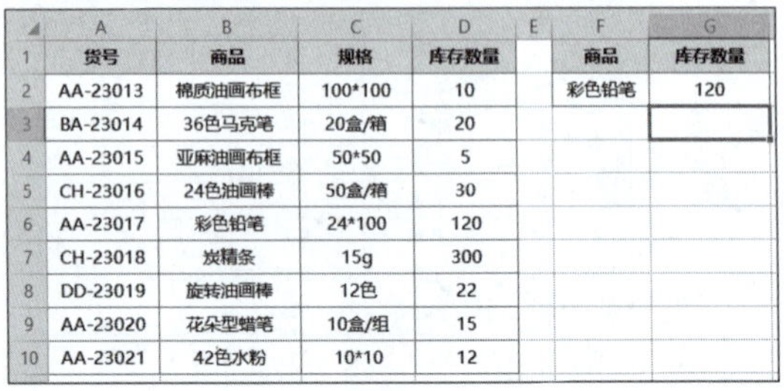

	A	B	C	D	E	F	G
1	货号	商品	规格	库存数量		商品	库存数量
2	AA-23013	棉质油画布框	100*100	10		彩色铅笔	120
3	BA-23014	36色马克笔	20盒/箱	20			
4	AA-23015	亚麻油画布框	50*50	5			
5	CH-23016	24色油画棒	50盒/箱	30			
6	AA-23017	彩色铅笔	24*100	120			
7	CH-23018	炭精条	15g	300			
8	DD-23019	旋转油画棒	12色	22			
9	AA-23020	花朵型蜡笔	10盒/组	15			
10	AA-23021	42色水粉	10*10	12			

图 7-50

7.3.6 文本函数的应用

使用文本函数可以对文本进行提取、查找、替代、结合、确认长度、大小写转换等操作。常用的文本函数如表7-8所示。

表 7-8

函数	作用
FIND	返回一个字符串在另一个字符串中出现的起始位置。（区分大小写，且不允许使用通配符）
FINDB	与FIND函数作用相同，需要与双字节字符集（DBCS）一起使用
LEFT	从文本字符串的第一个字符开始返回指定个数的字符
LEFTB	基于所指定的字节数返回文本字符串中的第一个或前几个字符
LEN	返回文本字符串中的字符个数
LENB	返回文本字符串中用于代表字符的字节数
MID	从文本字符串中的指定位置起返回特定个数的字符
REPLACE	将一个字符串中的部分字符用另一字符串替换
REPLACEB	与REPLACE函数作用相同，需要与双字节字符集（DBCS）一起使用
REPT	按给定次数重复文本
RIGHT	从一个文本字符串的最后一个字符开始返回指定个数的字符
RIGHTB	与RIGHT函数作用相同，需要与双字节字符集（DBCS）一起使用
SEARCH	在一个文本值中查找另一个文本值（不区分大小写）
SUBSTITUTE	在文本字符串中用新文本替换旧文本
TEXT	设置数字格式并将其转换为文本
TRIM	除了单词之间的单个空格外，移除文本中的所有空格

动手练 从身份证号码中提取出生日期

MID函数可以从字符串中指定的位置起返回指定数量的字符。MID函数有3个参数，语法格式及参数说明如下。

语法格式：=MID(字符串,开始位置,字符个数)

参数说明：

- **字符串：** 表示包含要提取字符的文本字符串。如果直接指定文本字符串，需用双引号引起来。如果不加双引号，则返回错误值“#NAME?”。
- **开始位置：** 表示文本中要提取的第一个字符的位置。该参数以文本字符串的开头作为第一个字符，并用字符单位指定数值。如果该参数大于文本长度，则MID函数返回空文本("")。如果该参数小于1，则MID返回错误值“#VALUE!”。
- **字符个数：** 表示指定的返回字符的个数。数值不分全角和半角字符，全作为一个字符计算。

身份证号码的第7至14位数代表出生日期，下面使用MID函数从身份证号码中提取代表出生日期的8个数字。

Step 01 选择D2单元格，输入公式“=MID(C2,7,8)”，公式输入完成后按Enter键确认，如图7-51所示。

Step 02 将公式向下方填充，即可提取出其他身份证号码中代表出生日期的数字，如图7-52所示。

VLOOKUP　× ✓ fx　=MID(C2,7,8)

	A	B	C	D
1	序号	姓名	身份证号码	出生日期
2	1	陈小毛	4403001995101563**	=MID(C2,7,8)
3	2	吴明月	4201001988121	MID（字符串，开始位置，字符个数）
4	3	赵海波	3601001997051123**	
5	4	林小丽	3205031978061087**	
6	5	王冕	1401002002070925**	
7	6	许强	6101001993040225**	
8	7	姜洪峰	3401042003061027**	
9	8	陈芳芳	2301031992122525**	

图 7-51

D2　fx　=MID(C2,7,8)

	A	B	C	D
1	序号	姓名	身份证号码	出生日期
2	1	陈小毛	4403001995101563**	19951015
3	2	吴明月	4201001988121563**	19881215
4	3	赵海波	3601001997051123**	19970511
5	4	林小丽	3205031978061087**	19780610
6	5	王冕	1401002002070925**	20020709
7	6	许强	6101001993040225**	19930402
8	7	姜洪峰	3401042003061027**	20030610
9	8	陈芳芳	2301031992122525**	19921225

图 7-52

知识点拨

若要将提取出的代表出生日期的数字转换为标准日期格式，可以使用MID函数嵌套TEXT函数实现格式转换。将D2单元格中的公式修改为“=--TEXT(MID(C2,7,8),"0000-00-00")”，随后重新填充公式，此时会得到一组日期代码，如图7-53所示。将单元格格式设置为“日期”，即可将日期代码转换成标准日期格式，如图7-54所示。

D2　fx　=--TEXT(MID(C2,7,8),"0000-00-00")

	A	B	C	D
1	序号	姓名	身份证号码	出生日期
2	1	陈小毛	4403001995101563**	34987
3	2	吴明月	4201001988121563**	32492
4	3	赵海波	3601001997051123**	35561
5	4	林小丽	3205031978061087**	28651
6	5	王冕	1401002002070925**	37446
7	6	许强	6101001993040225**	34061
8	7	姜洪峰	3401042003061027**	37782
9	8	陈芳芳	2301031992122525**	33963

图 7-53

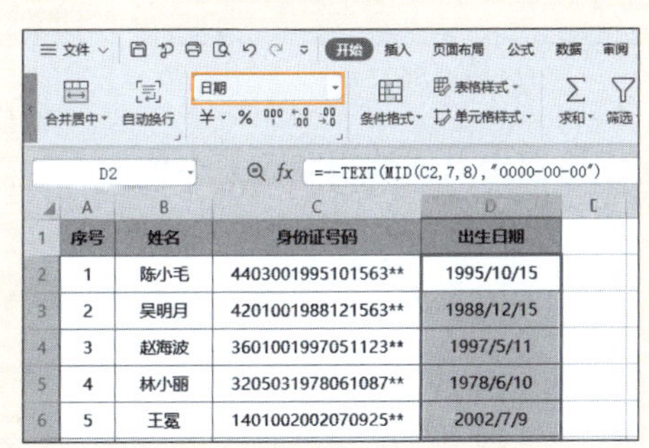

D2　fx　=--TEXT(MID(C2,7,8),"0000-00-00")

	A	B	C	D
1	序号	姓名	身份证号码	出生日期
2	1	陈小毛	4403001995101563**	1995/10/15
3	2	吴明月	4201001988121563**	1988/12/15
4	3	赵海波	3601001997051123**	1997/5/11
5	4	林小丽	3205031978061087**	1978/6/10
6	5	王冕	1401002002070925**	2002/7/9

图 7-54

新手答疑

1. Q：如何排查公式错误？

A：WPS表格提供了一系列的公式审核、查错工具，当公式遇到问题时可以利用这些工具进行错误排查。这些公式审核工具保存在“公式”选项卡中，如图7-55所示。

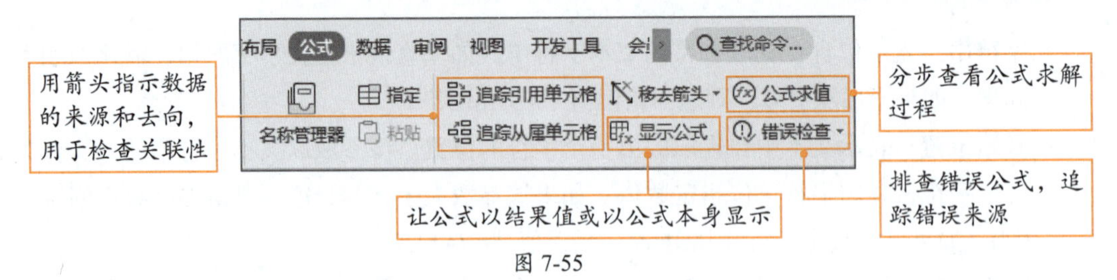

图 7-55

2. Q：如何快速了解一个陌生函数的用法？

A：要想了解一个不熟悉的函数有很多种方法，下面介绍其中一种方法。打开“插入函数”对话框，在“查找函数”文本框中输入函数，对话框底部随即会显示该函数的作用，如图7-56所示。单击“确定”按钮，打开“函数参数”对话框，将光标定位于不同参数文本框中，通过对话框底部的文字提示可以了解每个参数的含义以及设置方法。另外，单击该对话框左下角的“查看该函数的操作技巧”文字链接，若计算机为联网状态，还可以自动打开相关网页观看视频，了解函数的更详细用法，如图7-57所示。

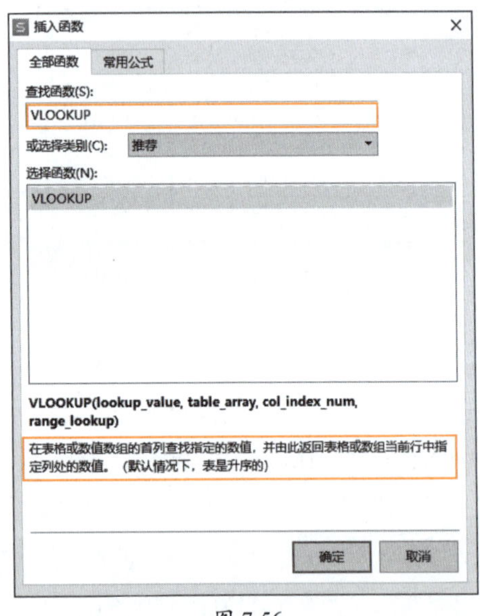

图 7-56

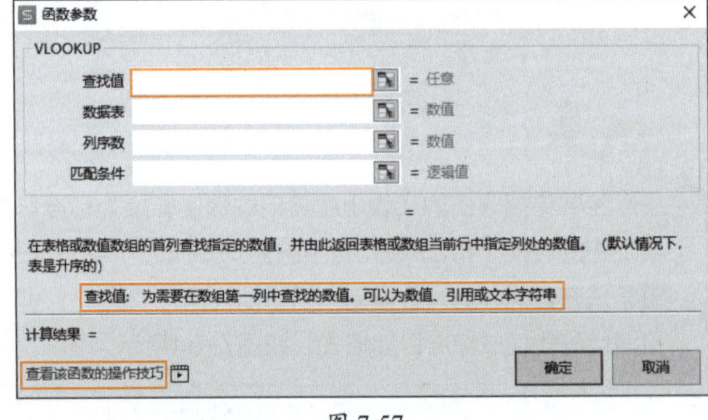

图 7-57

3. Q：无法退出公式编辑状态怎么办？

A：当编辑的公式存在错误或其他原因时，可能会造成无法退出公式编辑状态的现象，此时可以按Esc键退出，或删除公式前面的等号再退出编辑。

第8章 图形和图表的应用

图形能够带来比数字更直观的视觉感受，在WPS表格中，图表以图形化的方式展示数据，使抽象的数据变得更形象、更具体。以便直观地对比数据之间的差异、呈现数据变化趋势。本章对图形和图表的应用进行详细介绍。

8.1 图形图片的使用

WPS表格中也可以插入图形和图片，并支持对图形和图片的各种编辑，以增强数据表的视觉效果。

8.1.1 形状的插入及编辑

WPS表格提供线条、矩形、基本形状、箭头总汇、公式形状、流程图、星与旗帜、标注8种类型的形状。打开“插入”选项卡，单击“形状”下拉按钮，在下拉列表中可以选择一种形状，并将其添加到工作表中，如图8-1所示。

插入形状后，选中形状，功能区中会显示“绘图工具”选项卡，通过该选项卡中的命名按钮或选项可以对形状的填充效果、轮廓效果、形状样式、对齐方式、尺寸等进行设置，如图8-2所示。

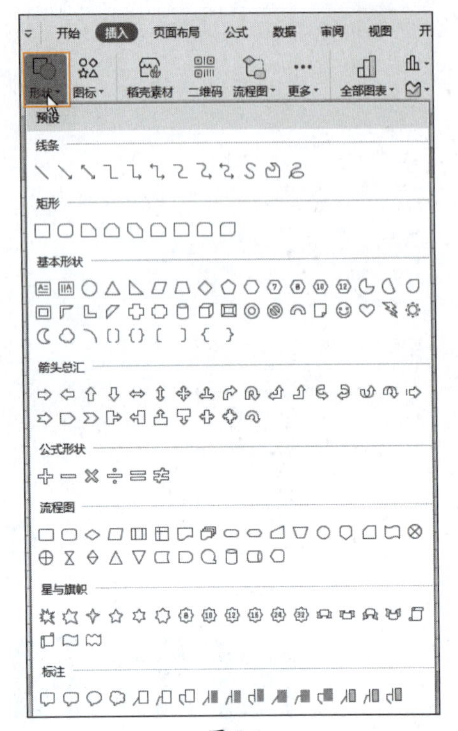

图 8-1

图 8-2

8.1.2 图片的插入及编辑

向WPS表格中插入图片时可以选择以“浮动图片”形式或“嵌入单元格”形式插入。这两种形式的区别如下。

- **浮动图片：**插入的图片浮于表格上方，可任意修改图片的大小和位置，可以通过“图片工具”选项卡中提供的工具对图片的样式进行设置。
- **嵌入单元格：**插入的图片自动嵌入单元格中，图片被当成单元格中的一个字符处理，图片的大小和位置随着单元格的变化而变化。不能设置图片的样式。

动手练 将图片嵌入单元格

将图片嵌入单元格可以对表格执行排序、筛选、增加行/列、删除单元格等操作，图片始终跟随单元格一起被移动或删除。将图片嵌入单元格的方法如下。

Step 01 选择需要嵌入图片的单元格，打开“插入”选项卡，单击“图片”下拉按钮，在下拉列表中选择“嵌入单元格”选项，随后单击“本地图片”按钮，如图8-3所示。

Step 02 系统随即弹出“插入图片”对话框，选中需要使用的图片，单击“打开”按钮，即可将图片嵌入到所选单元格中，效果如图8-4所示。

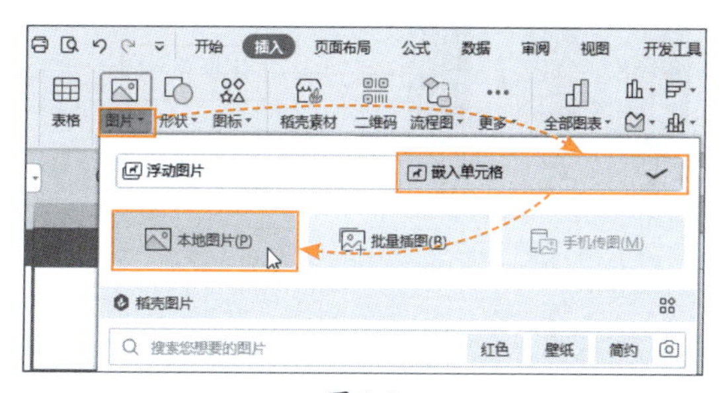

图 8-3

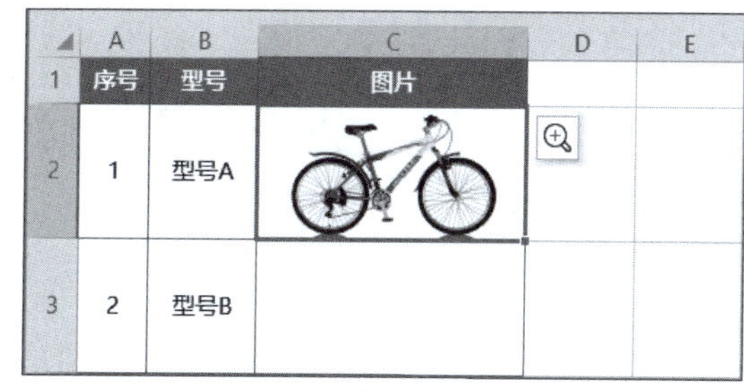

图 8-4

8.2 图表的创建方法

要想制作出简洁大方且数据表达清晰直观的图表，首先要掌握图表的基本操作，例如了解图表的结构、常用的图表类型、创建图表、对图表进行简单的编辑等。

8.2.1 图表构成

图表分为两大区域，即图表区和绘图区。图表区相当于一个容器，所有图表元素都在这个容器中显示，如图8-5所示。绘图区则是图表的核心区域，包含图表不可或缺的元素，例如数据系列、坐标轴、数据标签、网格线等，如图8-6所示。

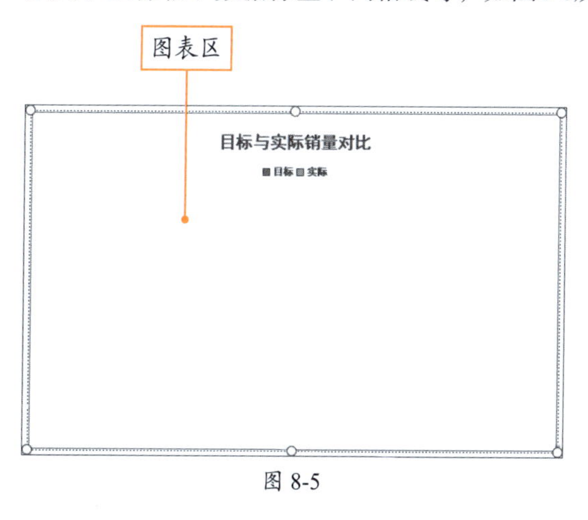

图 8-5

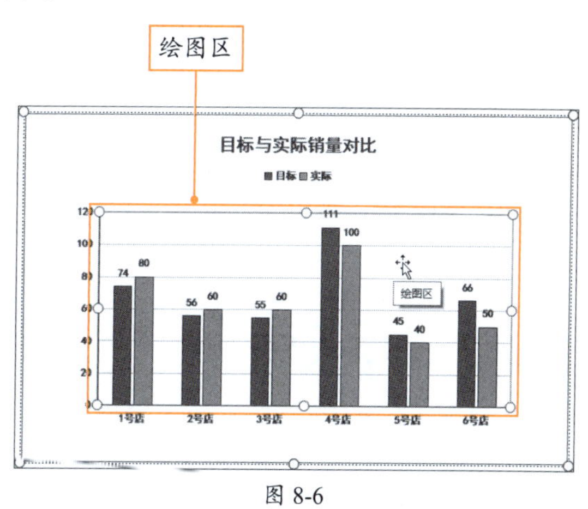

图 8-6

绝大多数图表包含图表标题、数据系列、数据标签、坐标轴、坐标轴标题、图例、网格线、趋势线、数据表等元素，如图8-7所示。

图表中常见元素的作用介绍如下。

- **图表标题：** 图表标题是对图表作用的概括和说明。

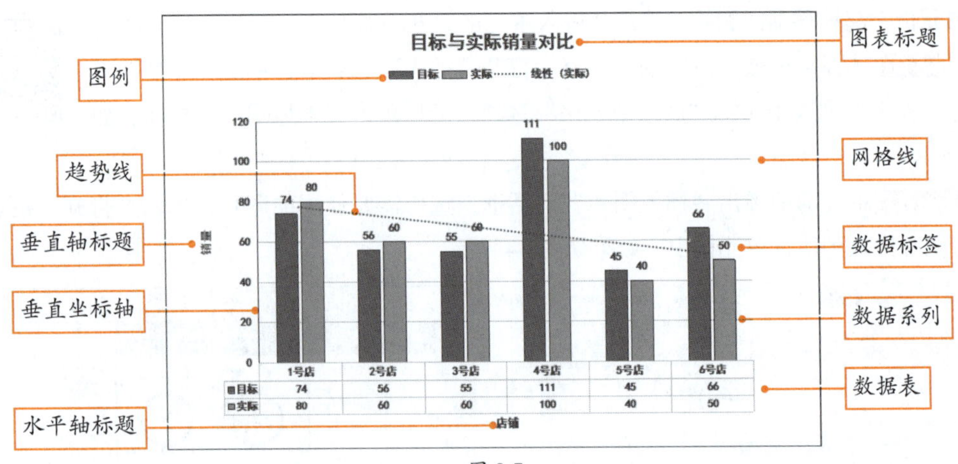

图 8-7

- **数据系列：**数据系列用图形的方式显示数值的大小。由一个或多个数据点构成，在绘图区中表现为彩色的点、线、面等图形。每个数据系列对应工作表中的一行或一列数据。当数据系列全部被删除时，图表中的所有元素都会被自动删除。
- **数据标签：**数据标签可以显示每个数据系列点的具体数值、名称等。
- **坐标轴：**坐标轴分为水平坐标轴和垂直坐标轴，水平坐标轴为类别轴，垂直坐标为数值轴。
- **坐标轴标题：**坐标轴标题分为水平轴标题和垂直轴标题，用于对坐标轴进行说明。
- **图例：**图例用于对数据系列进行说明标识，由图例项和图例项标识组成。
- **网格线：**网格线分为水平网格线和垂直网格线。其作用是引导视线，帮助用户找到数据项目对应的X轴和Y轴坐标，从而更准确地判断数据大小。
- **趋势线：**趋势线用于展示数据的变化趋势，并且可以用来预测未来的数据值。
- **数据表：**数据表显示图表中所有数据系列的源数据列表，可以在一定程度上取代图例、数据标签、主要横坐标轴和刻度值。

知识点拨

不同类型的图表，其组成元素稍有不同。例如柱形图、条形图、折线图等大部分图表都有“坐标轴”元素，而饼图却没有“坐标轴”元素。

8.2.2 图表类型

常见的图表类型包括柱形图、条形图、折线图、面积图、饼图、圆环图、雷达图以及组合图等。

- **柱形图：**柱形图通过高度差反映数据差异对比，数据由柱形图展示，可以有效地对一系列甚至几个系列的数据进行直观对比。
- **条形图：**条形图和柱形图十分相似，如果将柱形图顺时针旋转90°，则会得到条形图。
- **折线图：**折线图用来反映数据随着时间的变化幅度，适用于显示在某段时间内数据的趋势。

- **面积图：** 面积图和折线图的作用基本相同，都用来呈现数据的变化趋势。
- **饼图：** 饼图展示每个部分所占整体的百分比，呈现的是整体形象。常用来展示消费占比、数据的分布占比等。
- **圆环图：** 用户也可以使用圆环图展示数据比例，圆环图的表达形式更多样化，通过调节颜色能够得到意想不到的效果。
- **雷达图：** 雷达图通常用来表达各个参数的分布情况，适用于多维数据。适用于能力分析、多维数据对比等。

8.2.3 创建图表

WPS表格中主要通过两种途径创建图表。分别为通过功能区中的命令按钮创建，以及通过对话框创建。

1. 使用功能区命令按钮创建

打开“插入”选项卡，可以看到很多图表按钮集中在一个区域中显示，通过这些按钮可创建相应类型的图表，如图8-8所示。

图 8-8

2. 使用对话框插入图表

在“插入”选项卡中单击“全部图表”下拉按钮，在下拉列表中选择“全部图表”选项，如图8-9所示。在随后弹出的“插入图表”对话框中可选择需要的图卡类型，并单击“插入”按钮插入图表，如图8-10所示。

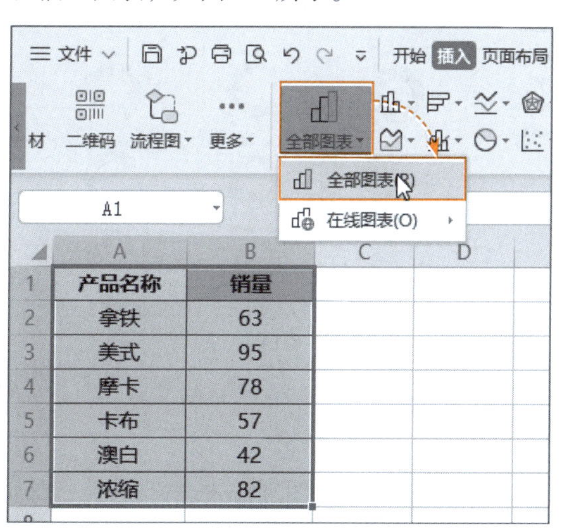

图 8-9

图 8-10

动手练 插入柱形图

Step 01 选中数据源，打开“插入”选项卡，单击“插入柱形图”下拉按钮，在下拉列表中选择“簇状柱形图”选项，如图8-11所示。

Step 02 工作表中随即被插入一张簇状柱形图，如图8-12所示。

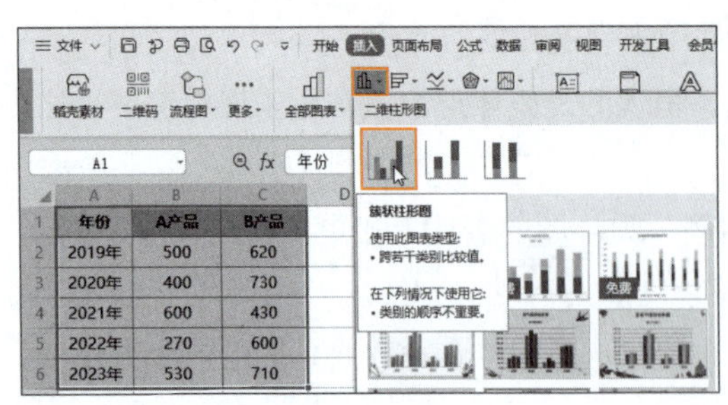

图 8-11

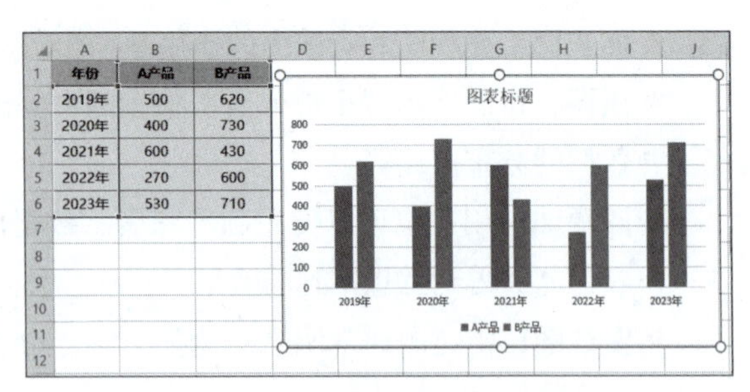

图 8-12

动手练 更改图表类型

若对创建的图表类型不满意，不需要删除图表重新创建，更改图表类型即可，具体操作方法如下。

Step 01 选中图表，打开“图表工具”选项卡，单击“更改类型”按钮，如图8-13所示。

Step 02 弹出“更改图表类型”对话框，在左侧选择“饼图”选项，在打开的界面中选择“圆环图”选项，并选择需要的图表样式，单击“插入”按钮，即可更改图表类型，如图8-14所示。

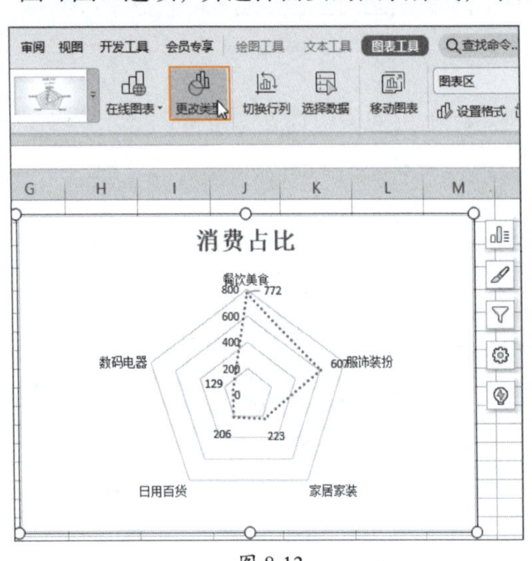

图 8-13

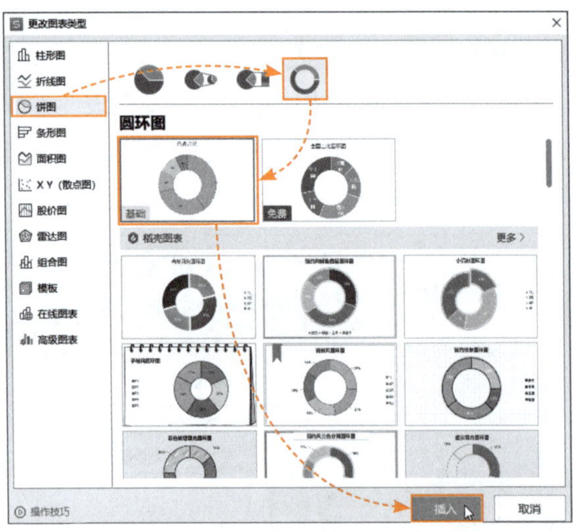

图 8-14

8.2.4 编辑和修饰图表

为了让图表呈现出更理想的效果，还需要对图表进行编辑，并对图表样式进行设置。下面对常用的图表编辑方法进行介绍。

1. 调整图表大小

图表的大小可以根据实际需要进行调整，用户可以使用鼠标拖曳的方法快速调整图表大小，在功能区中精确设置图表大小。

（1）快速调整图表大小

选中图表后，图表周围会出现6个圆形的控制点，将光标放在任意控制点上方，此时光标会变成双向箭头，如图8-15所示。按住鼠标左键进行拖动，即可快速调整图表的大小，如图8-16所示。

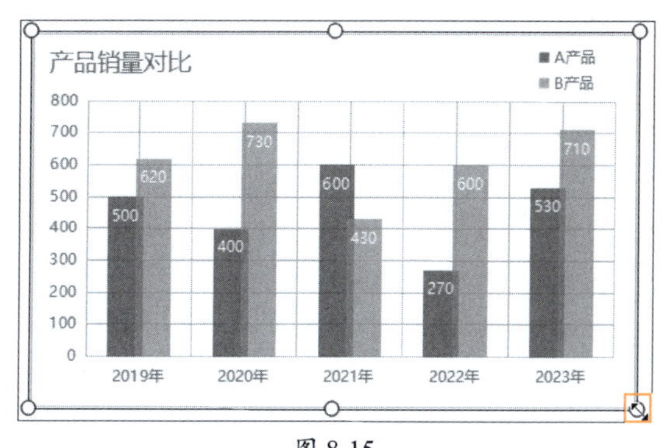

图 8-15

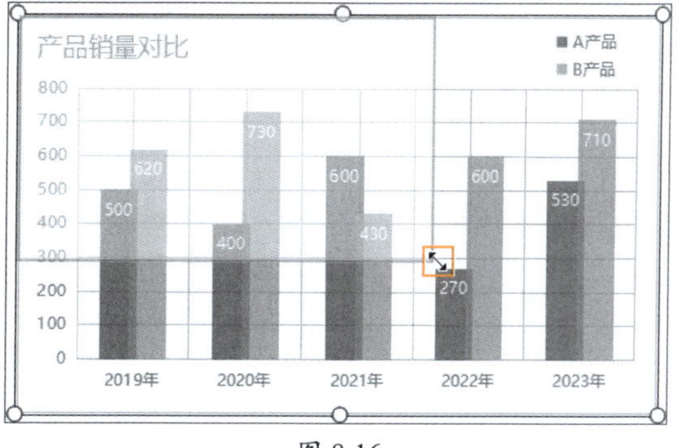

图 8-16

（2）精确调整图表大小

选中图表，打开“绘图工具”选项卡，在“高度”和“宽度”文本框中输入具体数值即可精确调整图表大小，如图8-17所示。

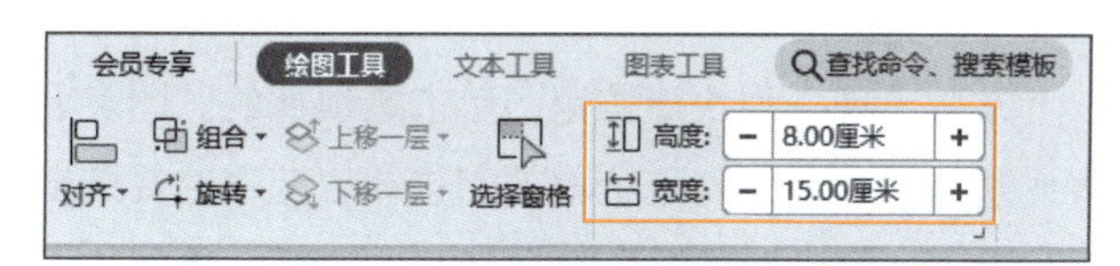

图 8-17

2. 移动图表

插入图表后，可以在当前工作表中移动图表，也可以将图表移动到其他工作表中，具体操作方法如下。

（1）在当前工作表中移动图表

将光标移动到图表绘图区上方，如图8-18所示。按住鼠标左键不放，同时拖动光标，即可快速移动图表位置，如图8-19所示。

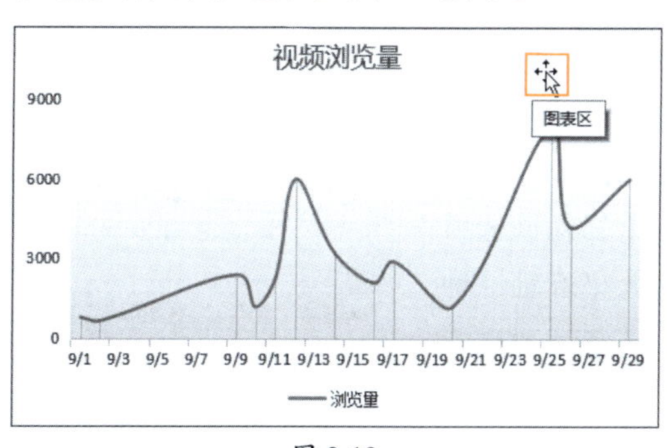

图 8-18

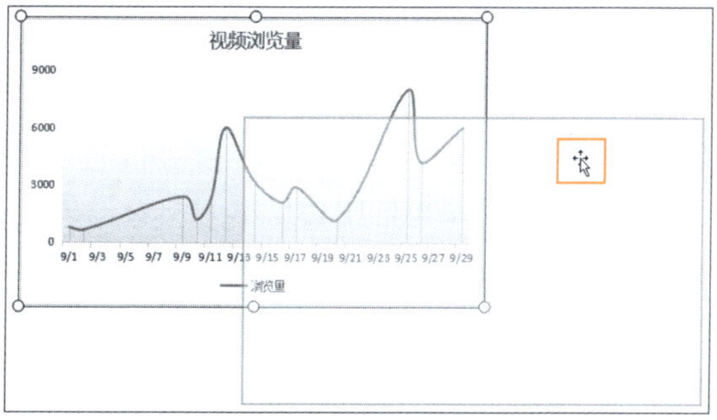

图 8-19

（2）将图表移动到其他工作表

首先右击图表区任意位置，在弹出的快捷菜单中选择“移动图表”选项，如图8-20所示。弹出“移动图表”对话框，其中包含两个选项，若选中“新工作表”单选按钮，当前工作簿中会自动新建工作表，并将图表移动到新工作表中；若要将图表移动到现有的其他工作表中，可以选中“对象位于”单选按钮，随后单击其右侧的下拉按钮，在下拉列表中选择需要移动至的工作表名称，操作完成后单击“确定”按钮即可，如图8-21所示。

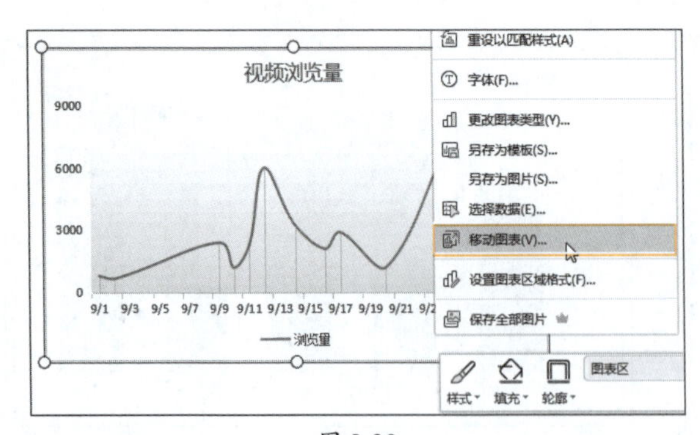

图 8-20

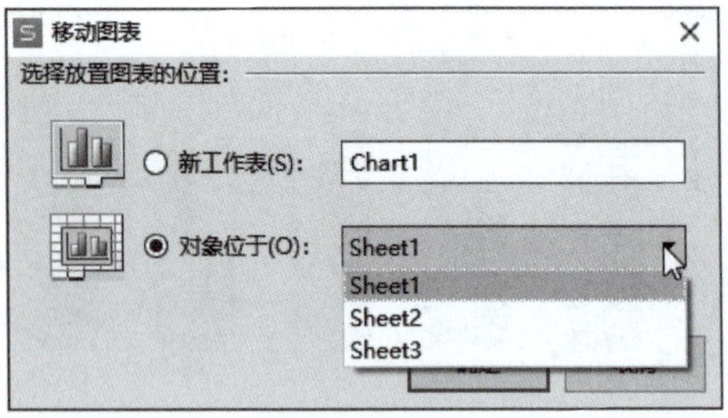

图 8-21

3. 添加或删除图表元素

在设计图表的过程中可以根据需要添加或删除图表元素。用户可通过以下两种方式添加或删除图表元素。

（1）使用“图表元素”快捷按钮

选中图表，图表右上方会出现一列快捷按钮，单击最顶部的“图表元素”按钮，在展开的列表中提供了各种图表元素选项，通过勾选或取消勾选相应选项的复选框，可向图表中添加或删除相应元素，如图8-22所示。将光标停留在某个选项上方时，该选项右侧会显示黑色三角形按钮，单击该按钮，在展开的下级列表中还可以选择该元素在图表中的位置，如图8-23所示。

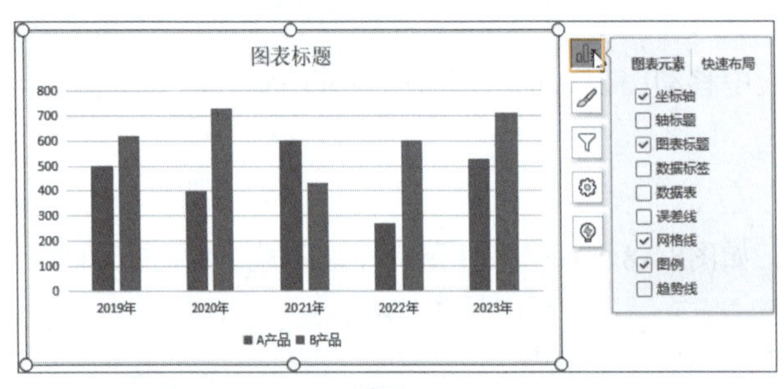

图 8-22

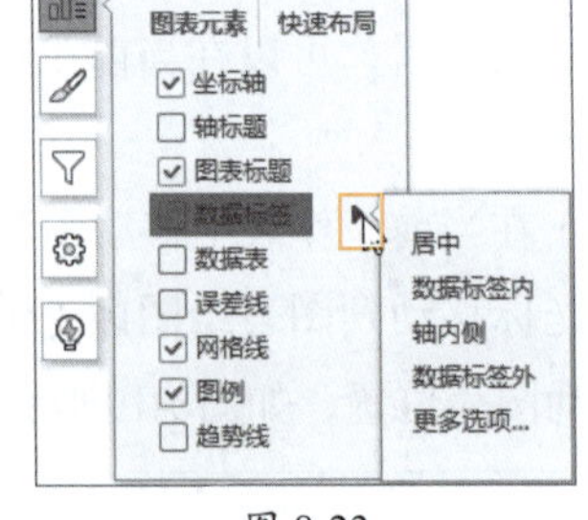

图 8-23

（2）使用功能区“添加元素”按钮

选中图表，菜单栏中会显示“图表工具”选项卡，在该选项卡中单击“添加元素”下拉按钮，在下拉列表中包含坐标轴、轴标题、图表标题、数据标签等选项。通过这些选项可添加或删除相应图表元素，如图8-24所示。

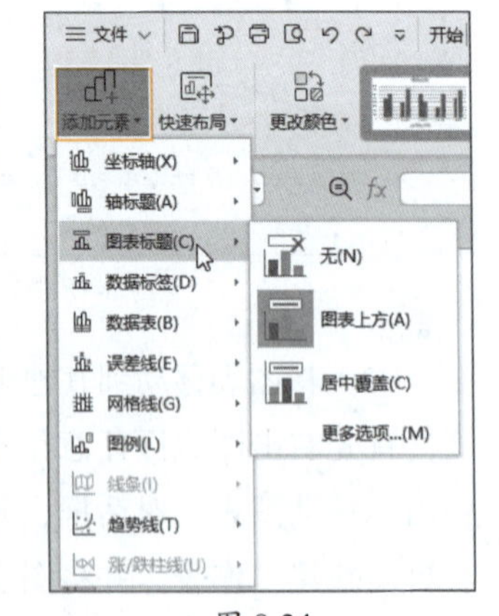

图 8-24

4. 设置图表系列颜色

用户若对默认生成的图表系列颜色不满意，可以根据需要进行修改。首先单击图表系列中的任意系列点，整个图表系列随即被选中，单击图表右侧的“设置图表区域格式”按钮，如图8-25所示。

随即在窗口右侧打开“属性”窗格，此时该窗格中默认显示“系列选项”选项卡。切换到“填充与线条”界面，单击“颜色”下拉按钮，在下拉列表中选择一种颜色，即可将图表系列设置为相应颜色，如图8-26所示。

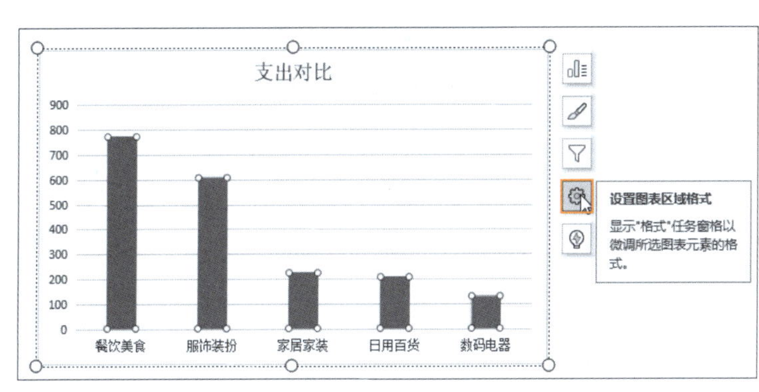

图 8-25

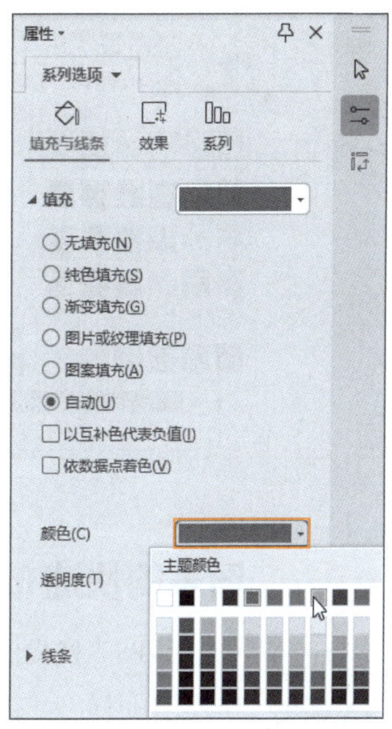

图 8-26

动手练 编辑图表标题

图表标题其实是一个文本框，用于对图表的作用进行概括和说明。下面介绍如何添加和编辑图表标题。

Step 01 选中图表，单击图表右上角的“图表元素”按钮，在展开的列表中勾选“图表标题”复选框，图表中随即被添加标题，如图8-27所示。

Step 02 选中图表标题，随后将光标定位于标题文本框中，删除“图表标题”文本，重新输入新文本，即可完成图表标题的设置，如图8-28所示。

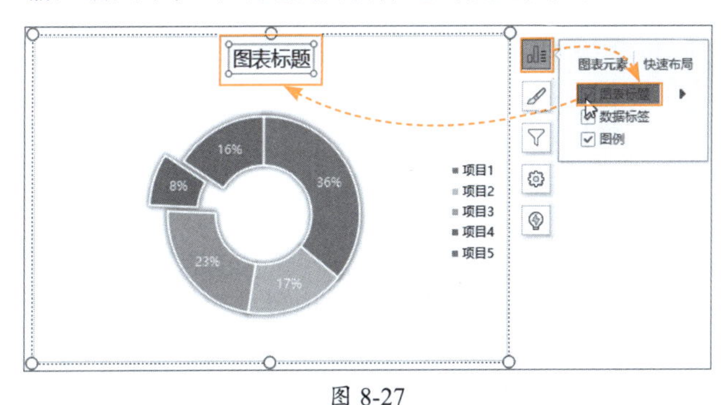

图 8-27

图 8-28

动手练 快速更改图表系列颜色

除了手动设置图表系列颜色，用户也可以使用WPS表格内置的配色快速更改系列颜色。

Step 01 选中图表，打开“图表工具”选项卡，单击“更改颜色”下拉按钮，在下拉列表中选择一种满意的颜色，如图8-29所示。

Step 02 图表系列的颜色随即被更改，如图8-30所示。

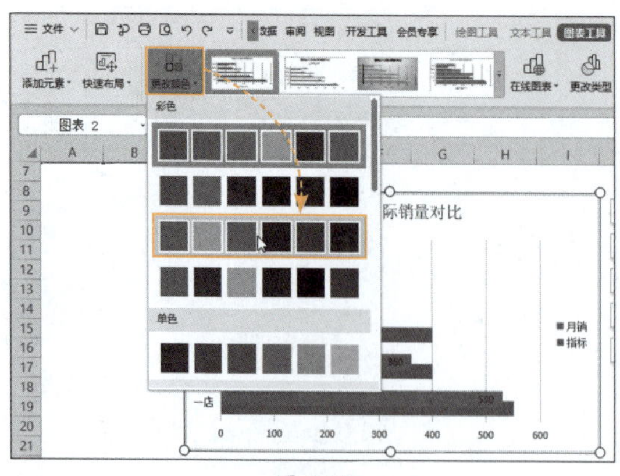

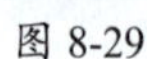

图 8-29

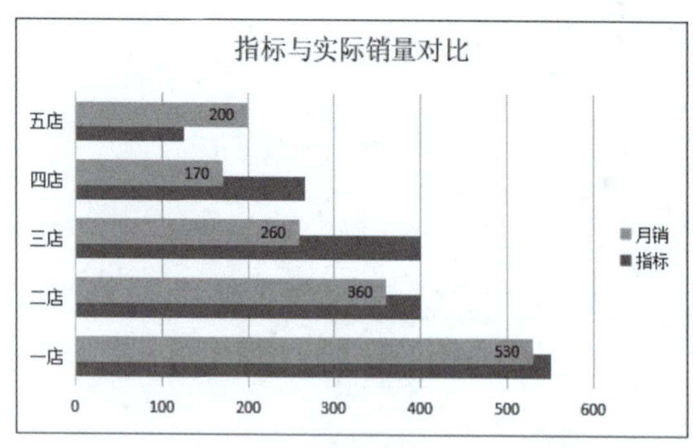

图 8-30

动手练 图表的快速布局

WPS表格提供了多种图表布局，用户可根据需要进行选择，以便快速更改图表的整体布局。

Step 01 选中图表，打开“图表工具”选项卡，单击“快速布局”下拉按钮。下拉列表中包含了10种布局，在需要使用的布局选项上方单击，如图8-31所示。

Step 02 所选图表随即应用该布局，如图8-32所示。

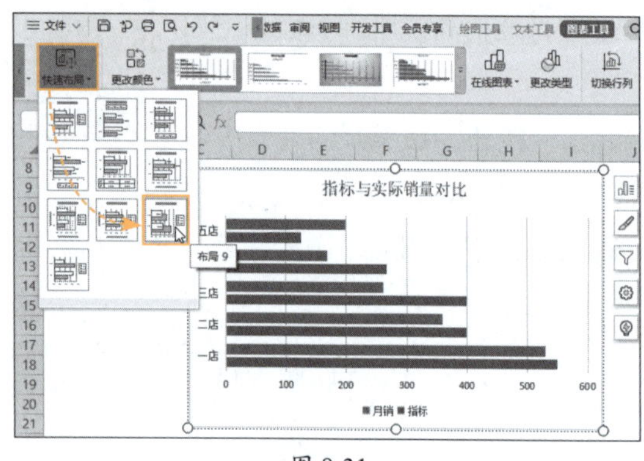

图 8-31

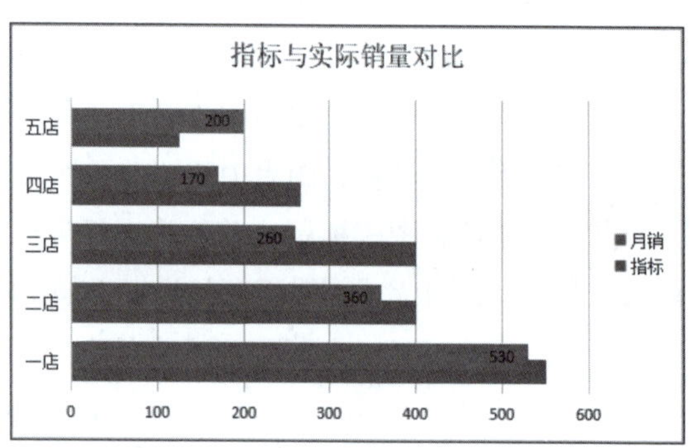

图 8-32

动手练 快速设置图表样式

默认创建的图表样式看起来比较普通，为图表套用一个内置样式能够快速提升图表的美观度。

Step 01 选中图表，打开“图表工具”选项卡，单击“▮”按钮，展开图表样式下拉列表，选择一种满意的样式。

Step 02 所选图表随即应用该样式，如图8-33所示。

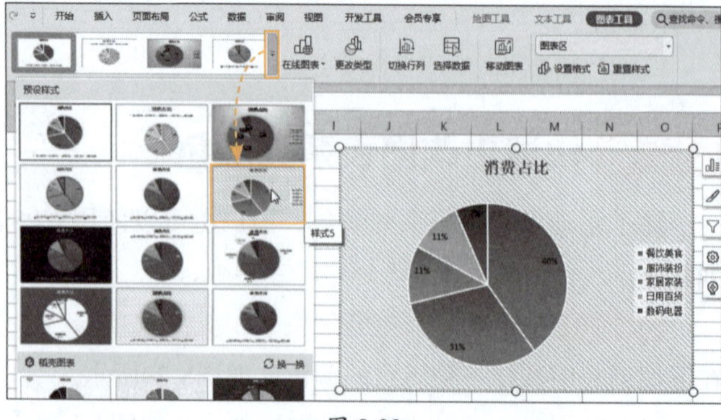

图 8-33

8.3 组合图表的应用

通常情况下一个图表中只有一种样式的图表系列。而组合图表则可以在一张图表中用多种系列样式展示不同属性的数据。下面介绍组合图表的制作方法。

8.3.1 创建组合图表

WPS表格提供了创建组合图表的按钮，用户可通过“插入”选项卡中的“插入组合图表”按钮创建组合图表。操作方法如下。

首先选中数据源，打开“插入”选项卡，单击“插入组合图”按钮，在下拉列表中选择“簇状柱形图-折线图”选项，如图8-34所示。随即在工作表中插入相应样式的组合图表，最后设置图表标题名称即可，如图8-35所示。

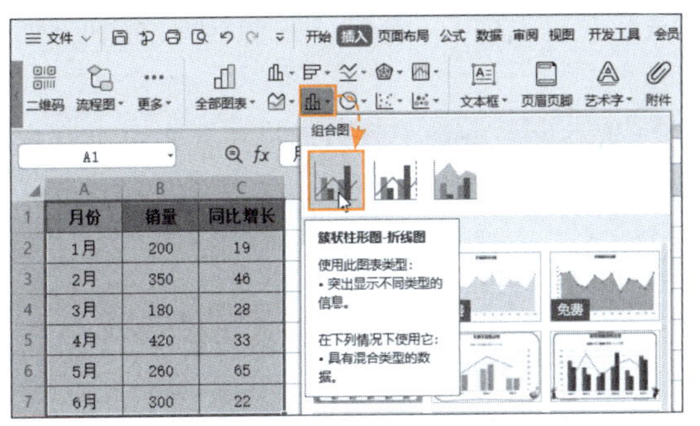

图 8-34

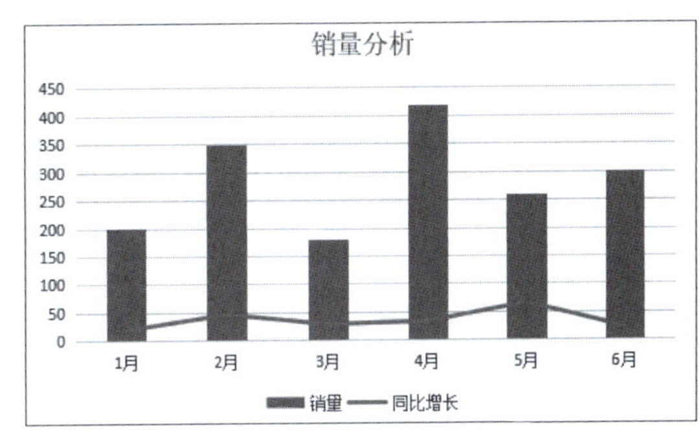

图 8-35

8.3.2 编辑组合图表

创建组合图表后还需要对图表进行一些编辑，以便更直观地展示及对比数据。例如添加次要坐标轴、设置坐标轴格式等。

Step 01 选中图表中的折线系列，单击图表右侧的“设置图表区格式”按钮，如图8-36所示。

Step 02 打开“属性”窗格，此时窗格中显示“系列选项”选项卡，打开“系列”界面，选中“次坐标轴”单选按钮，将折线系列设置为在“次坐标轴”上显示，图表同时显示次坐标轴，如图8-37所示。

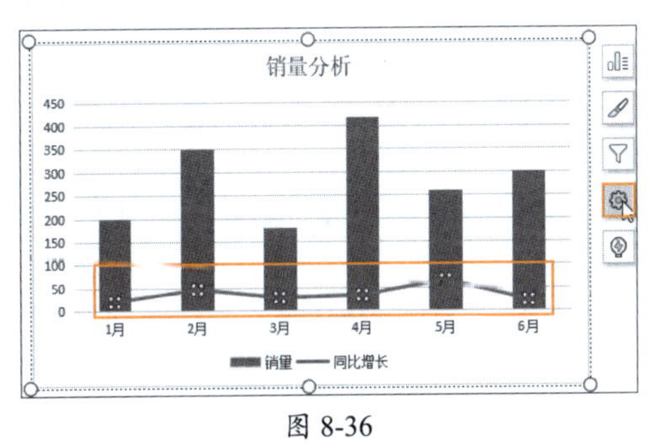

图 8-36

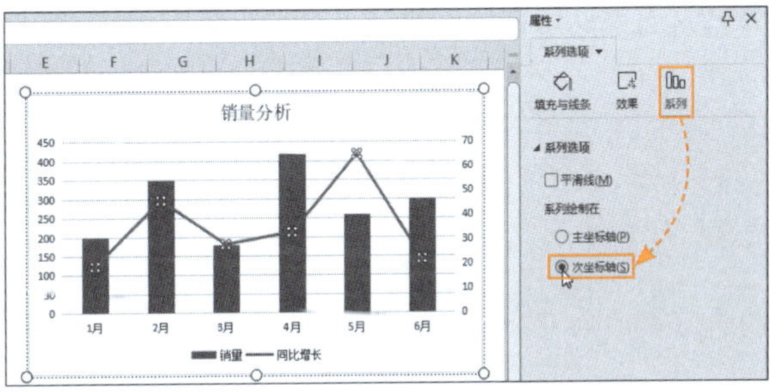

图 8-37

Step 03 在图表中选中主要垂直坐标轴，窗格中的选项卡随即发生变化。在“坐标轴选项”选项卡中的“坐标轴”界面内设置主要单位为“200”，主要垂直轴的单位随即发生相应变化，如图8-38所示。选择次坐标轴，设置“标签”为“无”，将次坐标轴隐藏，如图8-39所示。

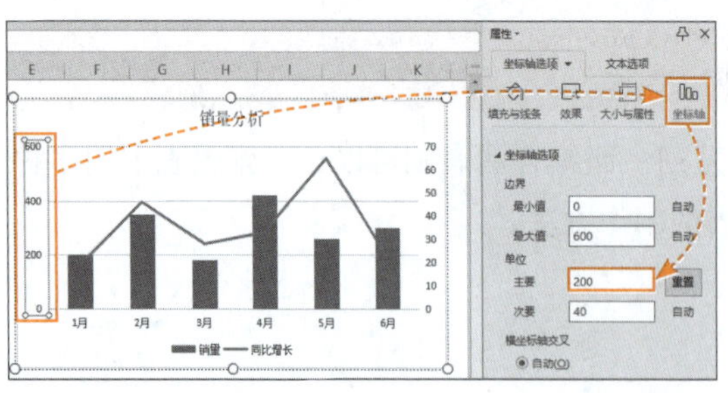

图 8-38

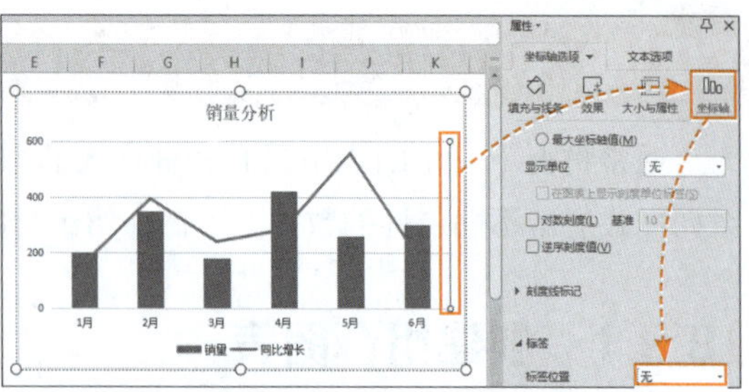

图 8-39

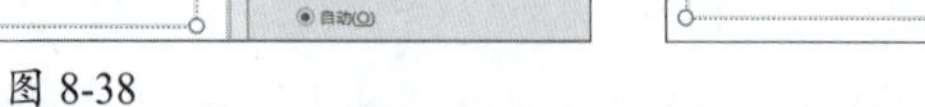

动手练 更改组合图表系列样式

默认创建的组合图表，其系列样式可以根据需要进行更改。下面介绍具体操作方法。

Step 01 选中组合图表，打开“图表工具”选项卡，单击“更改类型”按钮，如图8-40所示。

Step 02 弹出“更改图表类型”对话框，选择“组合图”选项，在打开的界面中单击“折线图”下拉按钮，在下拉列表中选择“带数据标记的折线图”选项，设置完成后单击“插入”按钮，如图8-41所示。

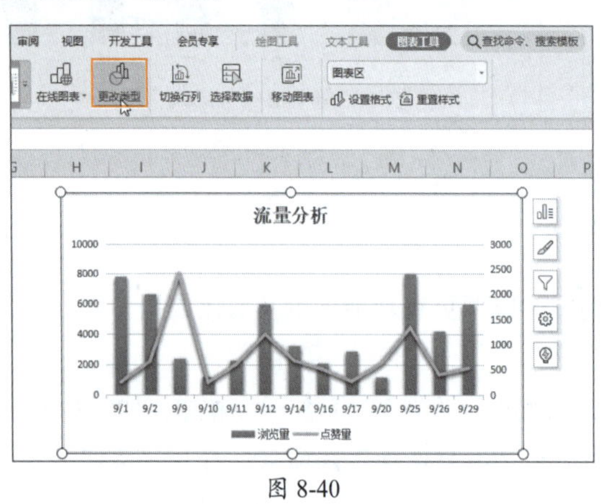

图 8-40

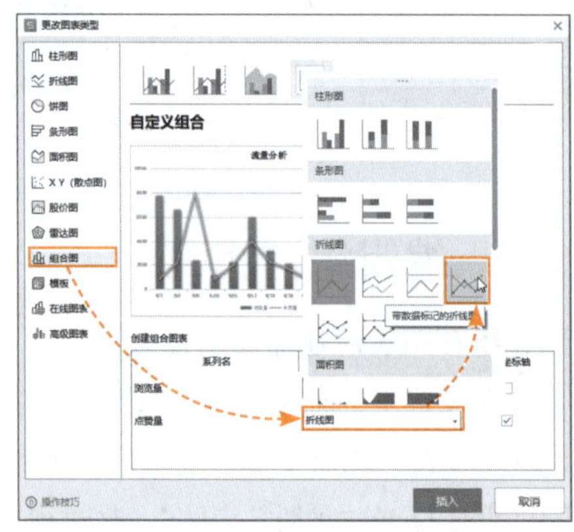

图 8-41

Step 03 所选组合图表中的折线系列随即被更改为带数据标记的折线，如图8-42所示。

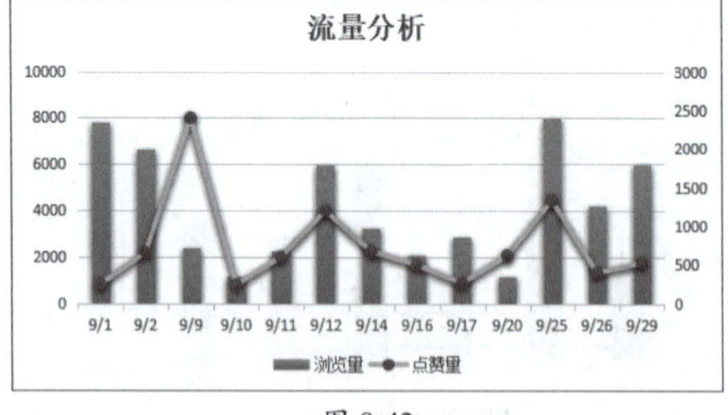

图 8-42

8.4 动态图表的应用

WPS表格支持动态图表的创建。所谓动态图表其实是一种交互式图表，可以通过选择不同的预设选项，在图表中动态呈现相应的数据。下面使用VLOOKUP函数结合下拉列表创建一张简单的动态图表。

Step 01 选择G2单元格，打开“数据”选项卡，单击“下拉列表”按钮，如图8-43所示。

Step 02 弹出“插入下拉列表”对话框，选中“从单元格选择下拉选项”单选按钮，将光标定位于文本框中，在工作表中引用A2:A7单元格区域，设置完成后单击“确定”按钮，如图8-44所示。

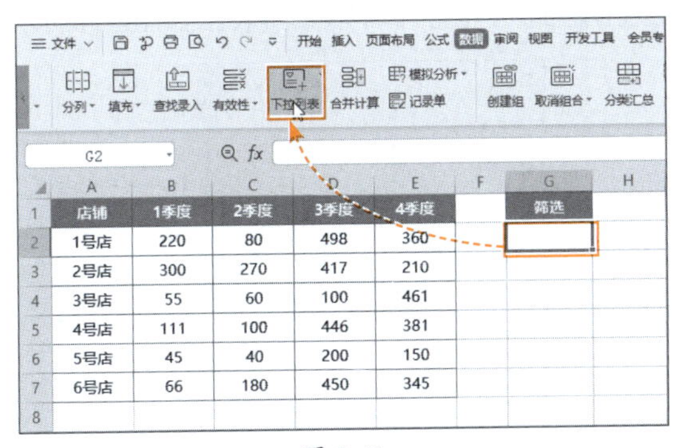

图 8-43

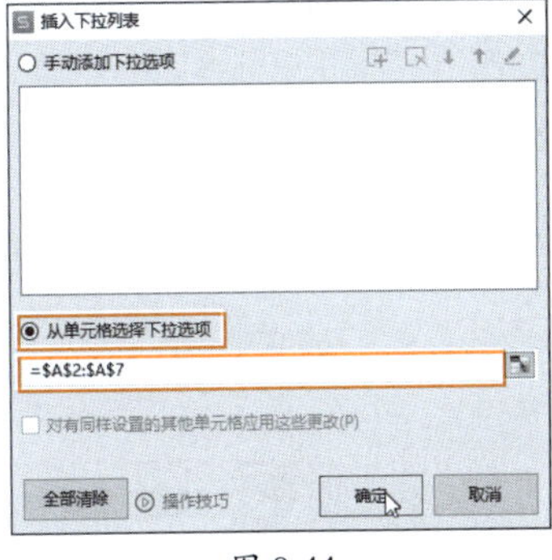

图 8-44

Step 03 选择A10单元格，输入公式“=G2&"全年销售对比"”，该公式的返回结果用于自动生成图表标题，如图8-45所示。将B1:E1单元格区域的标题复制到B9:E9单元格区域。在B10单元格中输入公式“=VLOOKUP($G$2,$A$1:$E$7,COLUMN(B1),FALSE)”，随后向右填充公式至E10单元格，如图8-46所示。

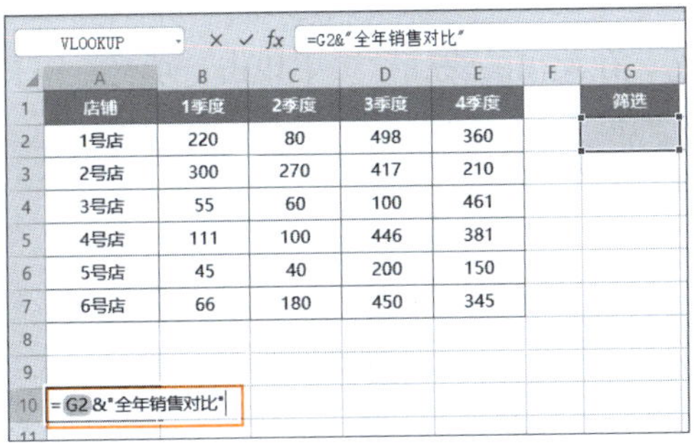

图 8-45

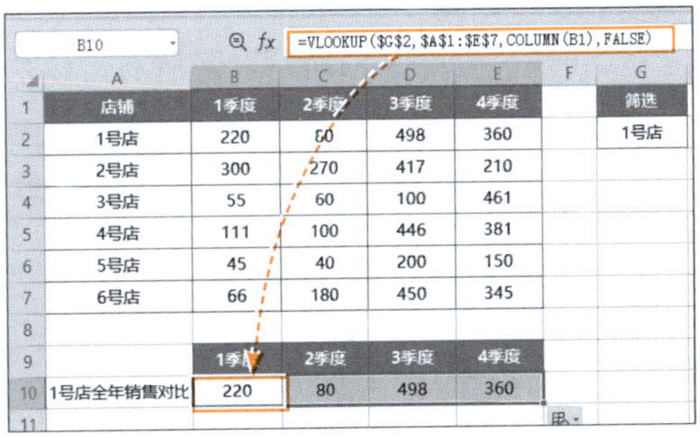

图 8-46

Step 04 选择A9:E10单元格区域，打开“插入”选项卡，单击“插入柱形图”按钮，在下拉列表中选择“簇状柱形图”选项，如图8-47所示。

Step 05 工作表中随即插入一张柱形图。适当设置图表样式，单击G2单元格右侧的下拉按钮，在下拉列表中选择不同的店铺，图表系列随即自动切换，如图8-48所示。

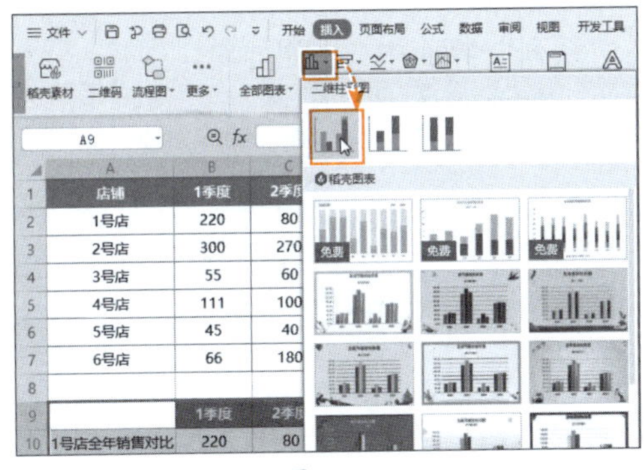

图 8-47

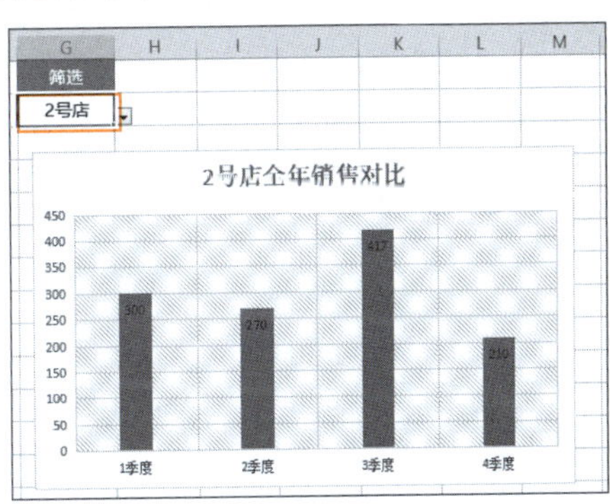

图 8-48

新手答疑

1. Q：如何设置不打印图表？

A：选中图表，单击图表右侧的“设置图表区域格式”按钮，如图8-49所示。打开“属性”窗格，此时默认打开的是“图表选项”选项卡，切换到“大小与属性”界面，在“属性”组中取消勾选“打印对象”复选框，即可在打印时隐藏图表，如图8-50所示。

图 8-49

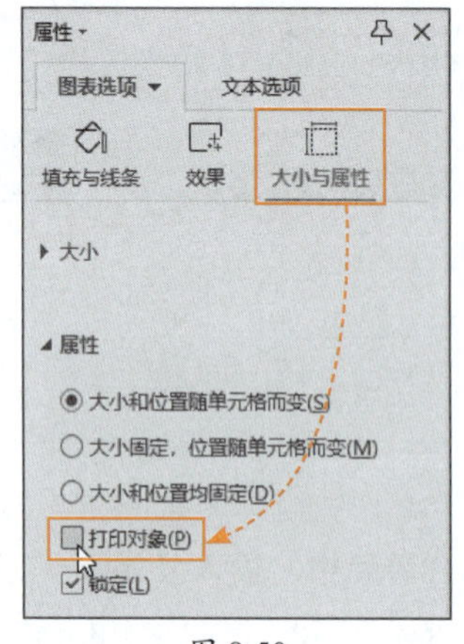

图 8-50

2. Q：如何修改指定的某个系列点颜色？

A：单击任意系列点，将整个数据系列选中，随后单击要单独设置颜色的系列点，将该系列点选中，如图8-51所示。随后右击该系列点，在弹出的快捷菜单中单击“填充”下拉按钮，在展开的颜色列表中选择满意的颜色，即可为其单独设置颜色，如图8-52所示。

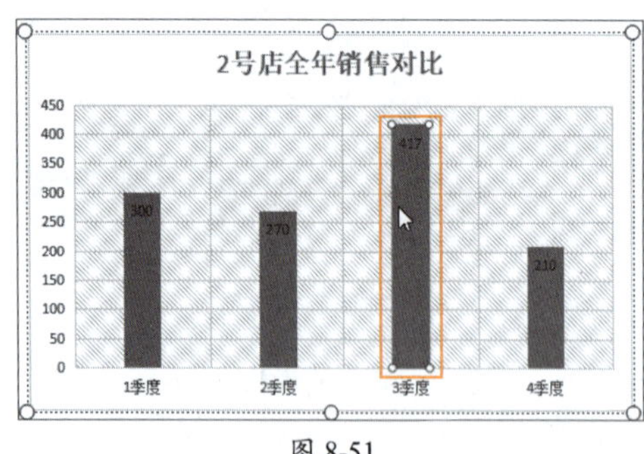

图 8-51

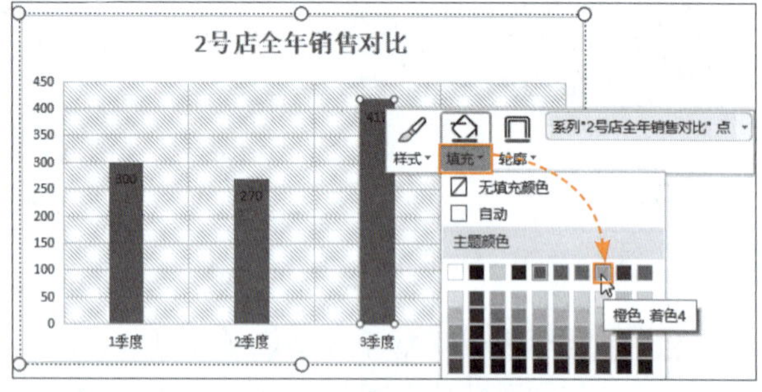

图 8-52

3. Q：如何将折线图的折线设置为平滑的曲线？

A：选中图表中的折线系列，单击图表右侧的“设置图表区域格式”按钮，打开“属性”窗格，在“系列”界面中勾选“平滑线”复选框，即可将折线设置为平滑曲线，如图8-53所示。

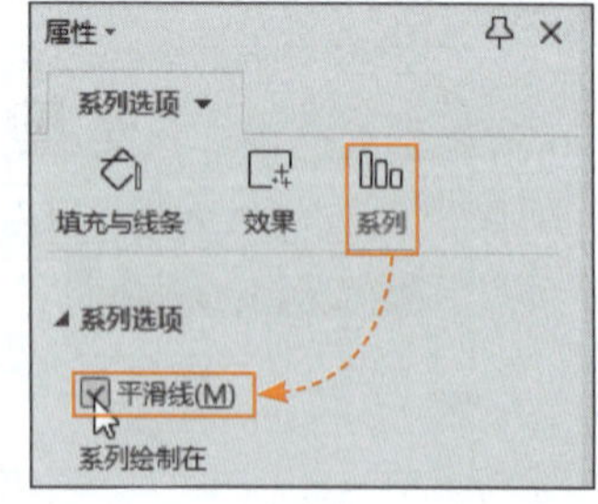

图 8-53

第9章 对数据进行处理与分析

WPS表格具有强大的数据处理和分析能力，熟练使用数据分析工具可以快速对数据进行排序、筛选、合并计算、分类汇总等操作，对于提高工作效率和工作质量有很大帮助。本章对数据处理与分析的常用工具进行详细介绍。

9.1 数据排序

使用排序功能能够让表格中的数据按照指定顺序进行排列。排序的方法有很多种，用户可以根据数据的类型以及实际需要选择排序方法。

9.1.1 简单排序

简单排序包括“升序”和“降序”两种方式。“升序”可将数据按照从高到低的顺序进行排序；“降序”则正好相反，是将数据按照从低到高的顺序排序。排序按钮保存在“数据”选项卡中，如图9-1所示。

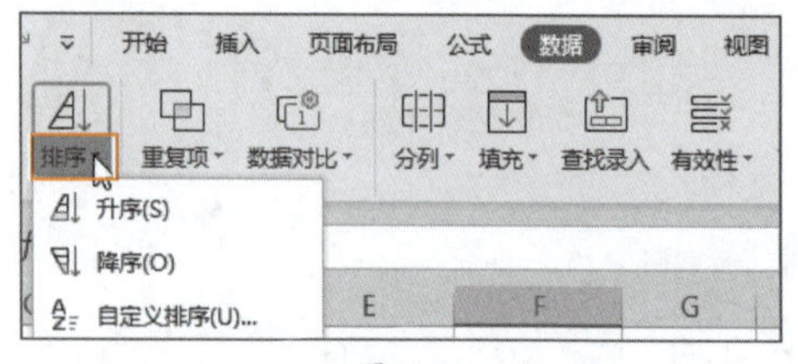

图 9-1

动手练 对考试总分进行降序排序

下面对学生考试成绩的总分进行升序排序。具体操作方法如下。

Step 01 选中“总分”列中的任意一个单元格，打开“数据”选项卡，单击“排序”下拉按钮，在下拉列表中选择“降序”选项，如图9-2所示。

Step 02 “总分”列中的所有数值随即按照从高到低的顺序进行排序，如图9-3所示。

学号	姓名	语文	数学	英语	总分
01	韩文清	100	60	90	250
02	张新杰	80	59	70	209
03	白言飞	90	63	120	273
04	林敬言	94	54	94	242
05	秦牧云	79	58	58	195
06	宋奇英	70	62	77	209
07	张佳乐	96	68	75	239
08	郑乘风	86	66	85	237

图 9-2

学号	姓名	语文	数学	英语	总分
15	朱校平	95	103	84	282
03	白言飞	90	63	120	273
09	季冷	99	73	89	261
10	王池轩	100	81	79	260
16	唐昊	110	90	56	256
01	韩文清	100	60	90	250
04	林敬言	94	54	94	242
14	张伟	96	51	94	241
13	曾信然	83	72	85	240
07	张佳乐	96	68	75	239
08	郑乘风	86	66	85	237
12	莫楚辰	105	67	65	237
11	于锋	96	72	52	220
02	张新杰	80	59	70	209
06	宋奇英	70	62	77	209
05	秦牧云	79	58	58	195

图 9-3

9.1.2 多条件排序

除了对单列数据执行简单的升序或降序排序，还可以对多列数据同时进行排序。多条件排序可在“排序”对话框中进行。例如，对员工信息表中的“职务”和“基本工资”进行排序。要求“职务”升序排序，当“所属部门”相同时“基本工资”按降序排序。

动手练 多条件排序报表

Step 01 选中数据表中的任意一个单元格，打开“数据”选项卡，单击“排序”下拉按钮，在下拉列表中选择“自定义排序”选项，如图9-4所示。

Step 02 弹出“排序”对话框，设置“主要关键字”为“职务”，次序为“升序”，随后单击“添加条件”按钮，如图9-5所示。

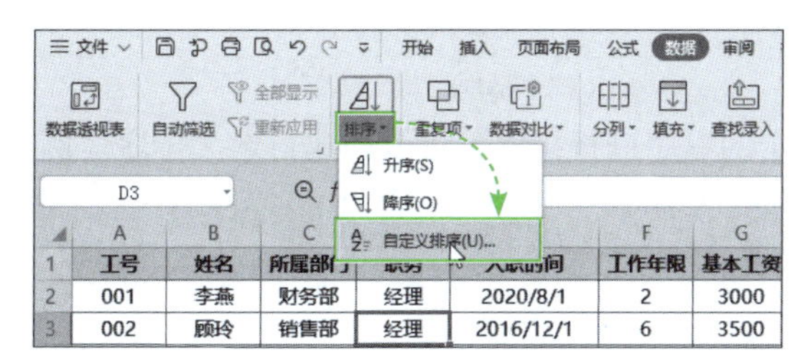

图 9-4

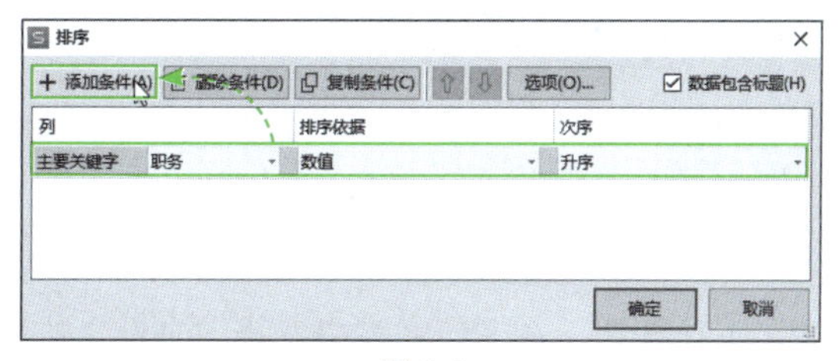

图 9-5

Step 03 对话框中随即被添加“次要关键字”选项。设置“次要关键字”的列为“基本工资”，次序为“降序”，单击“确定”按钮，如图9-6所示。

Step 04 数据表中的“职务”列随即按照升序排序，相同职务所对应的基本工资按照降序排序，如图9-7所示。

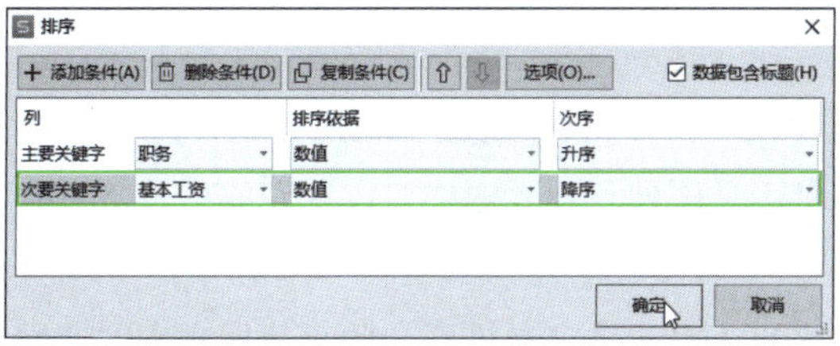

图 9-6

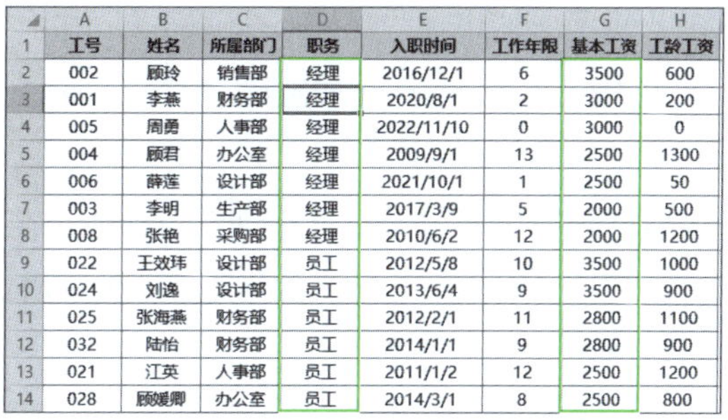

工号	姓名	所属部门	职务	入职时间	工作年限	基本工资	工龄工资
002	顾玲	销售部	经理	2016/12/1	6	3500	600
001	李燕	财务部	经理	2020/8/1	2	3000	200
005	周勇	人事部	经理	2022/11/10	0	3000	0
004	顾君	办公室	经理	2009/9/1	13	2500	1300
006	薛莲	设计部	经理	2021/10/1	1	2500	50
003	李明	生产部	经理	2017/3/9	5	2000	500
008	张艳	采购部	经理	2010/6/2	12	2000	1200
022	王效玮	设计部	员工	2012/5/8	10	3500	1000
024	刘逸	设计部	员工	2013/6/4	9	3500	900
025	张海燕	财务部	员工	2012/2/1	11	2800	1100
032	陆怡	财务部	员工	2014/1/1	9	2800	900
021	江英	人事部	员工	2011/1/2	12	2500	1200
028	顾媛卿	办公室	员工	2014/3/1	8	2500	800

图 9-7

知识点拨

通常情况下，表格中的数据默认按照单元格中的值进行排序（数字和日期按照大小排序，文本按照拼音排序）。除此之外，也可以按照单元格颜色、字体颜色以及单元格图标排序。在“排序”对话框中的“排序依据”下拉列表中可切换排序依据，如图9-8所示。

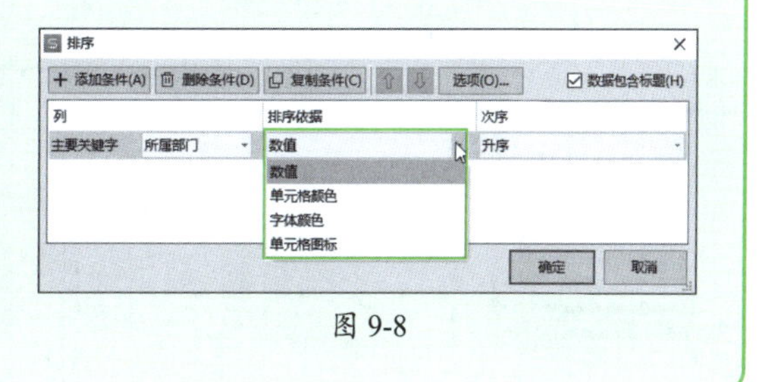

图 9-8

9.1.3 特殊排序

工作中经常需要让数据按照某些特殊要求进行排序，例如按行排序、按笔画排序等。打开“排序”对话框，设置好主要关键字，单击“选项”按钮，如图9-9所示。在弹出的“排序选项”对话框中可更改排序的方向，或将文本排序方式更改为按笔画排序，如图9-10所示。

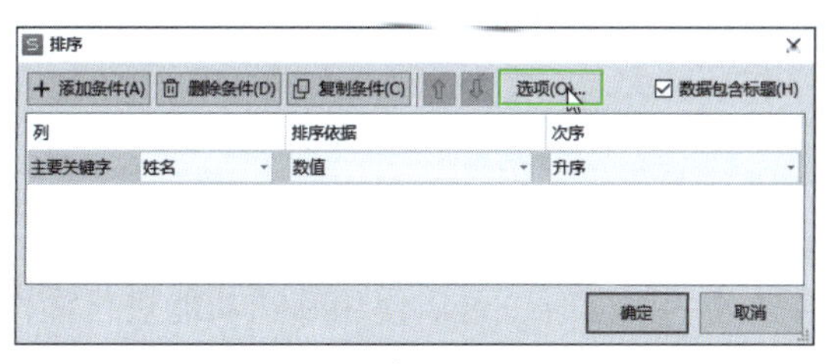

图 9-9

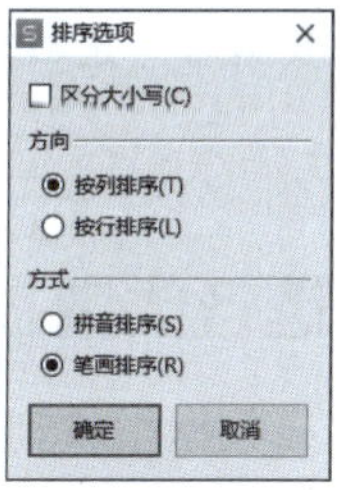

图 9-10

动手练 自定义排序

若工作中需要让数据按照某种特定的顺序进行排序，可以创建自定义排序。例如在销售表中将地区按照“华东”“华南”“华西”“华北”的顺序进行排序。

Step 01 选中数据表中的任意一个单元格，打开“数据”选项卡，单击“排序”下拉按钮，在下拉列表中选择“自定义排序”选项，如图9-11所示。

Step 02 打开“排序”对话框，设置“主要关键字”为“地区”，单击“次序”下拉按钮，在下拉列表中选择“自定义序列”选项，如图9-12所示。

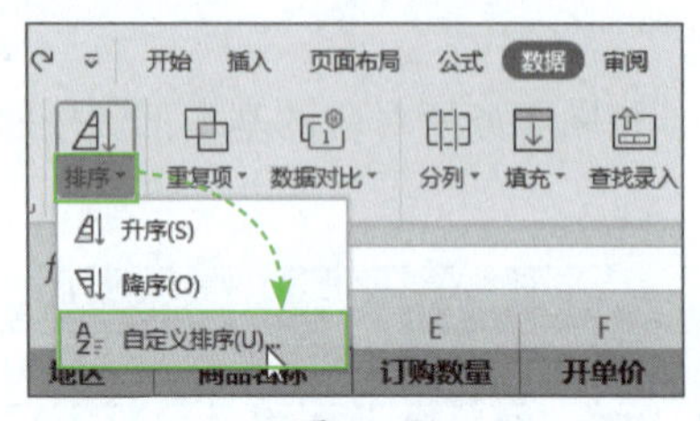

图 9-11

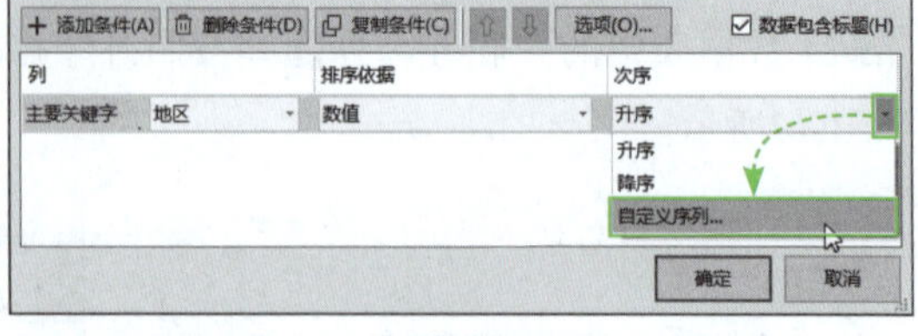

图 9-12

Step 03 打开“自定义序列”对话框，在“输入序列”列表框中输入自定义的序列内容，单击“添加”按钮。自定义的序列随即被添加到“自定义序列”列表框中，设置完成后单击“确定”按钮，如图9-13所示。

Step 04 返回“排序”对话框，单击“确定”按钮，完成自定义排序，此时数据表中的“地区”已经按照自定义的序列进行了排序，如图9-14所示。

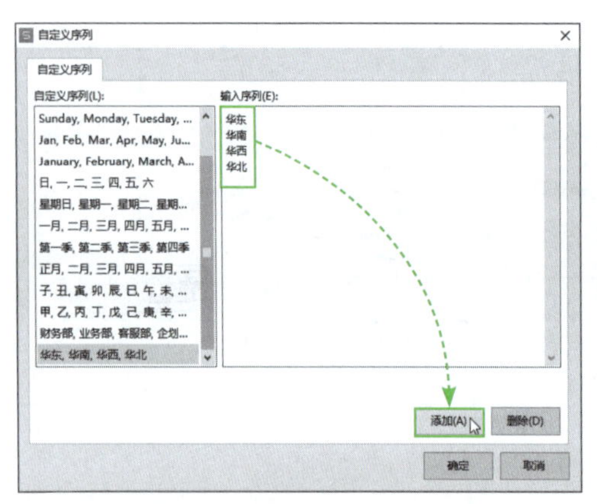

图 9-13

	A	B	C	D	E	F	G
1	序号	订货日期	地区	商品名称	订购数量	开单价	总金额
2	2	2023/5/1	华东	果仁甜心	12	130	1560
3	8	2023/5/8	华东	金丝香芋酥	30	120	3600
4	10	2023/5/10	华东	雪花香芒酥	16	110	1760
5	4	2023/5/4	华南	雪花香芒酥	15	110	1650
6	11	2023/5/11	华南	脆皮香蕉	22	130	2860
7	13	2023/5/12	华南	红糖发糕	10	90	900
8	15	2023/5/15	华南	草莓大福	30	150	4500
9	5	2023/5/4	华西	脆皮香蕉	62	130	8060
10	7	2023/5/7	华西	红糖发糕	20	90	1800
11	9	2023/5/10	华西	果仁甜心	50	83	4150
12	12	2023/5/11	华西	草莓大福	50	150	7500
13	18	2023/5/18	华西	雪花香芒酥	60	45	2700
14	1	2023/5/1	华北	草莓大福	43	150	6450
15	3	2023/5/3	华北	金丝香芒酥	21	120	2520
16	6	2023/5/5	华北	果仁甜心	35	130	4550
17	14	2023/5/14	华北	脆皮香蕉	20	130	2600
18	16	2023/5/15	华北	红糖发糕	40	90	3600
19	17	2023/5/17	华北	雪花香芋酥	36	100	3600

图 9-14

9.2 数据筛选与对比

数据筛选和数据对比是数据处理与分析时的常用工具。下面对这两项工具的应用进行详细介绍。

9.2.1 筛选各类数据

当需要从大量数据中找到符合条件的数据时，可以使用筛选功能进行操作，数据类型不同，筛选器中所提供的选项也不同，下面对数据的筛选方法进行详细介绍。

1. 筛选文本

筛选文本字段，可以通过在筛选器中输入关键字或勾选指定项目的复选框来完成，具体操作方法如下。

Step 01 选中数据表中的任意一个单元格，打开“数据”选项卡，单击“自动筛选”按钮，此时，数据表标题的每个单元格中都会出现一个下拉按钮，如图9-15所示。

Step 02 单击“项目”标题中的下拉按钮，在展开的筛选器中取消“全选”复选框的勾选，随后勾选要筛选的数据的复选框，此处勾选“防水”复选框，单击“确定”按钮，如图9-16所示。

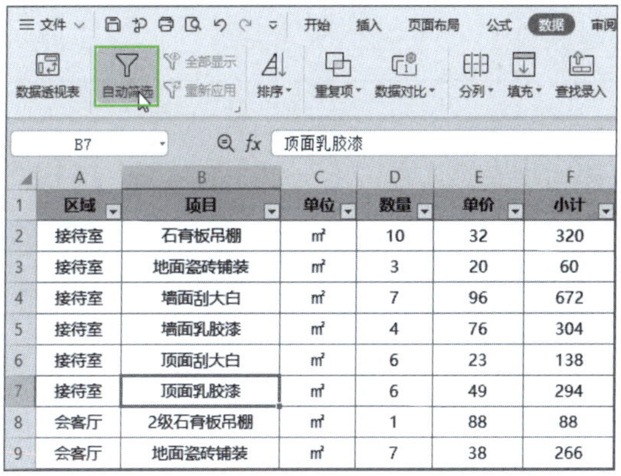

自动筛选
B7
顶面乳胶漆
区域 项目 单位 数量 单价 小计
接待室 石膏板吊棚 ㎡ 10 32 320
接待室 地面瓷砖铺装 ㎡ 3 20 60
接待室 墙面刮大白 ㎡ 7 96 672
接待室 墙面乳胶漆 ㎡ 4 76 304
接待室 顶面刮大白 ㎡ 6 23 138
接待室 顶面乳胶漆 ㎡ 6 49 294
会客厅 2级石膏板吊棚 ㎡ 1 88 88
会客厅 地面瓷砖铺装 ㎡ 7 38 266

图 9-15

升序
降序
颜色排序
高级模式
内容筛选
颜色筛选
文本筛选
清空条件
名称
选项
(全选)（31）
防水（2）
确定
取消

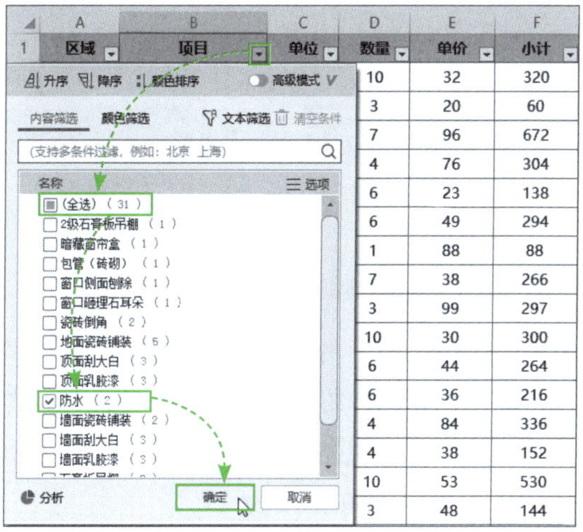

图 9-16

Step 03 数据表中随即筛选出项目为“防水”的数据信息，如图9-17所示。

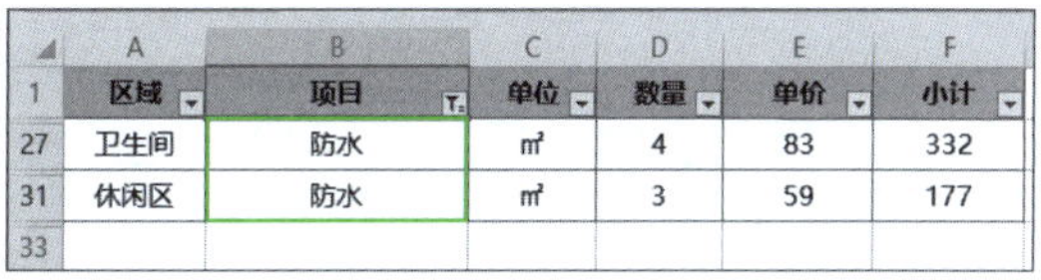

区域 项目 单位 数量 单价 小计
卫生间 防水 ㎡ 4 83 332
休闲区 防水 ㎡ 3 59 177

图 9-17

知识点拨

在筛选器中的文本框内输入要筛选的内容或关键词，如图9-18所示。单击“确定”按钮，可快速完成筛选。

升序
降序
颜色排序
高级模式
内容筛选
颜色筛选
文本筛选
清空条件
大白
名称
选项
(全选)（31）
将当前所选内容添加到筛选器
顶面刮大白（3）
墙面刮大白（3）

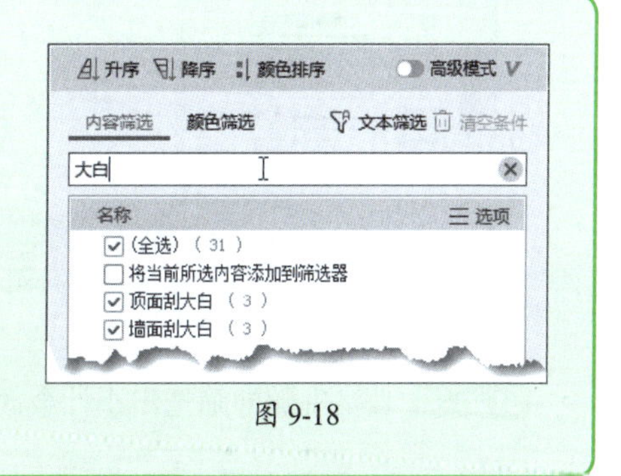

图 9-18

2. 筛选数字

筛选数值字段时筛选器中会提供内容筛选、颜色筛选、前十项、高于平均值、低于平均值等选项，通过这些选项可执行相应筛选，如图9-19所示。单击“数字筛选”按钮，通过下拉列表中提供的选项还可以执行更多筛选，如图9-20所示。

3. 筛选日期

筛选日期段类时，筛选器中会提供与日期筛选相关的选项，例如上月、本月、下月。单击“更多”按钮，在展开的下级列表中还包含了更多日期筛选的相关选项，如图9-21所示。

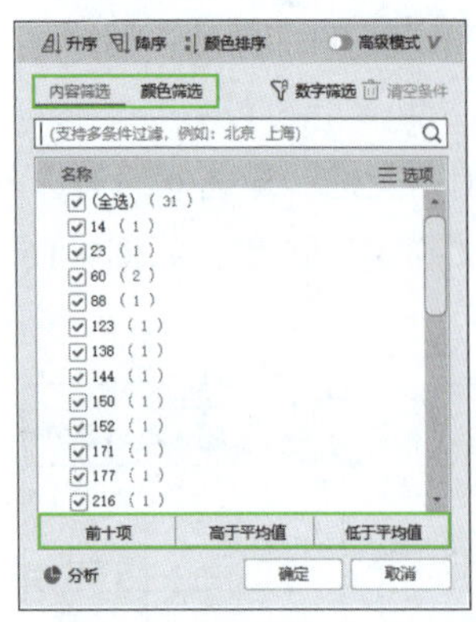

图 9-19

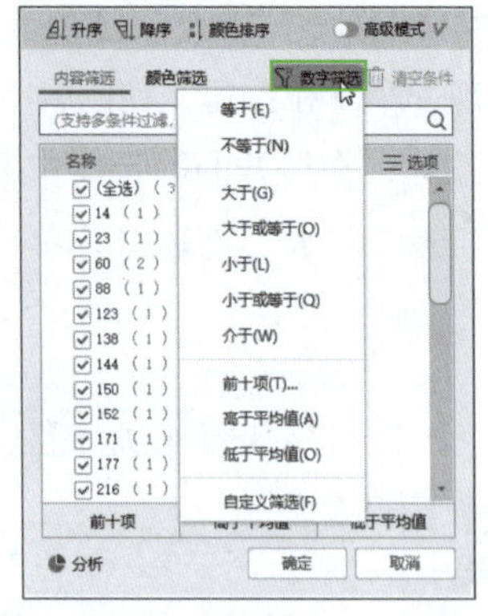

图 9-20

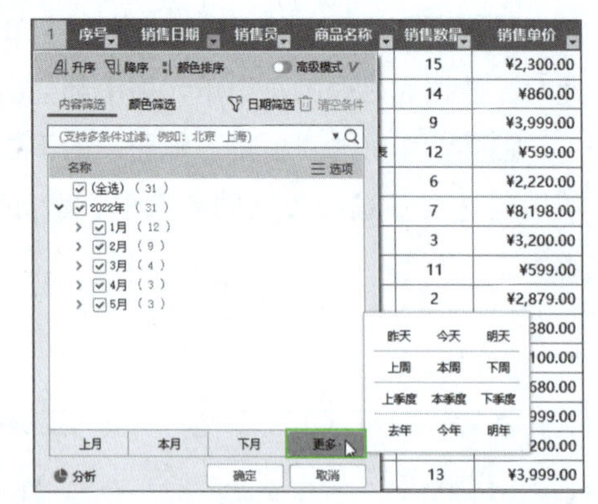

图 9-21

动手练 筛选最大的3个值

使用筛选器中的“前十项”工具可筛选出数值型字段中最大或最小的几个值。下面介绍如何在装修材料表中筛选小计金额最大的3个值。

Step 01 在表格中单击“小计”标题中的下拉按钮，在展开的筛选器中单击“前十项”按钮，如图9-22所示。

Step 02 弹出“自动筛选前10个”对话框，在条形框中修改数字为“3”，其他选项保持默认，单击“确定”按钮，如图9-23所示。

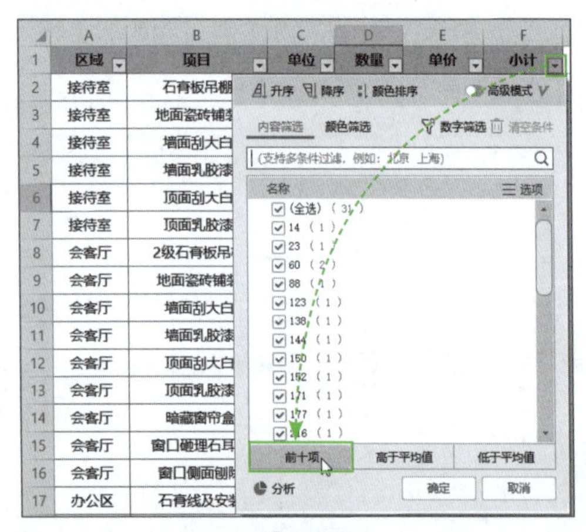

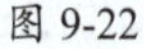

图 9-22

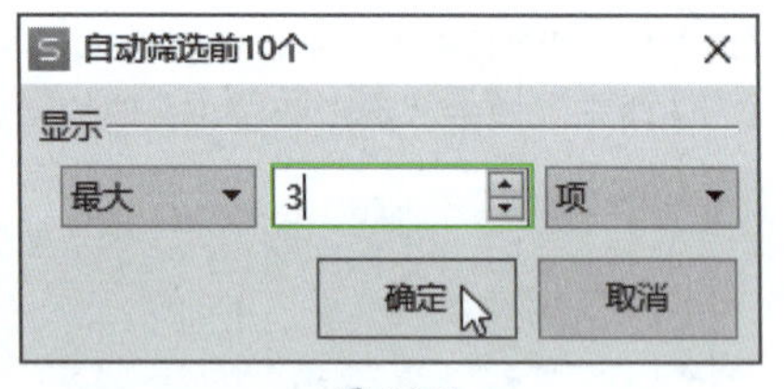

图 9-23

Step 03 表格中随即筛选出小计金额最大的3条记录，如图9-24所示。

	A	B	C	D	E	F	G
1	区域	项目	单位	数量	单价	小计	
4	接待室	墙面刮大白	m²	7	96	672	
16	会客厅	窗口侧面刨除	套	10	53	530	
18	办公区	石膏板吊棚	m²	6	99	594	
33							

图 9-24

若要清除某列数据的筛选可以在相应字段的筛选器中单击“清空条件”按钮，如图9-25所示。若要清除整个数据表中所有字段的筛选，可以在“数据”选项卡中单击“全部显示”按钮，如图9-26所示。

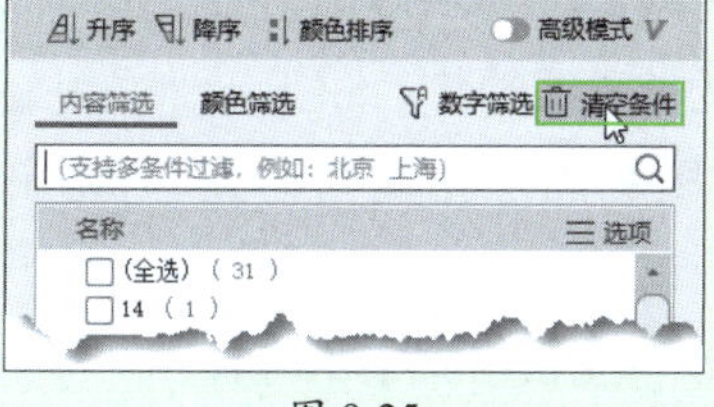

图 9-25

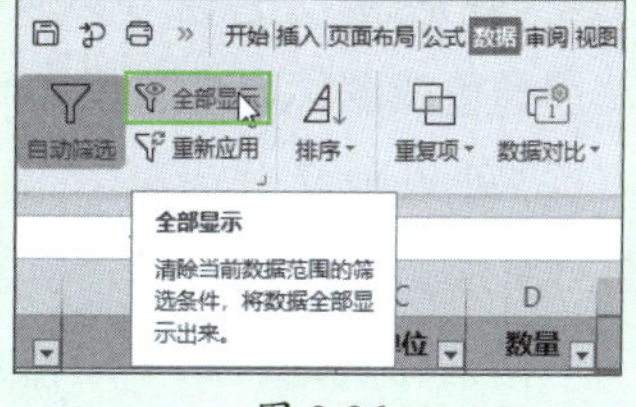

图 9-26

9.2.2 高级筛选

当需要筛选符合多个条件的数据时，可以使用高级筛选功能。例如在家庭消费清单表中同时筛选出商品分类为“服饰美容”且日常价格大于500，以及所有使用人员为“孩子”的数据。

Step 01 在工作表中的合适位置设置条件区域，条件区域由标题和条件两部分组成，可以直接复制数据表的标题，然后在对应的标题下方输入筛选条件，如图9-27所示。

Step 02 选中数据表中的任意一个单元格，打开“开始”选项卡，单击“筛选”下拉按钮，在下拉列表中选择“高级筛选”选项，如图9-28所示。

	A	B	C	D	E	F
1	序号	商品分类	商品名称	使用人员	日常价格	
22	21	餐饮美食	大米	饮食	¥80.00	
23	22	餐饮美食	花生油	饮食	¥180.00	
24	23	餐饮美食	蚝油	饮食	¥30.00	
25	24	生活日用	卫生纸	日化	¥40.00	
26	25	生活日用	洗衣液	日化	¥20.00	
27	26	生活日用	牙膏	条件区域	0.00	
28	27	生活日用	沐浴乳		5.00	
29						
30	序号	商品分类	商品名称	使用人员	日常价格	
31		服饰美容			>500	
32				孩子		

图 9-27

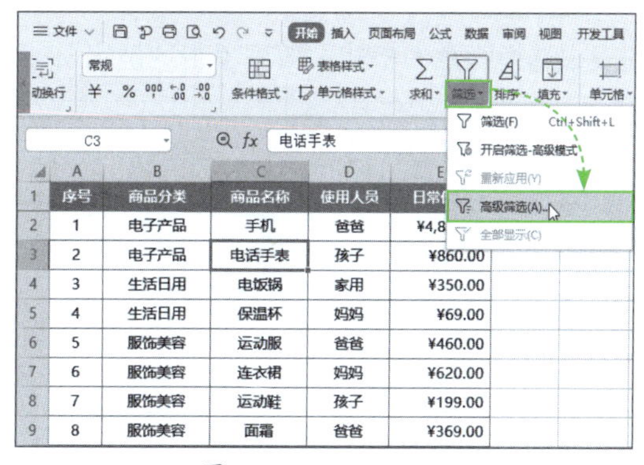

图 9-28

Step 03 弹出“高级筛选”对话框，此时“列表区域”文本框中默认引用了数据源所在的区域。将光标定位于“条件区域”文本框中，在工作表中引用条件区域，设置完成后单击“确定”按钮，如图9-29所示。数据表中随即自动筛选出符合条件的数据，如图9-30所示。

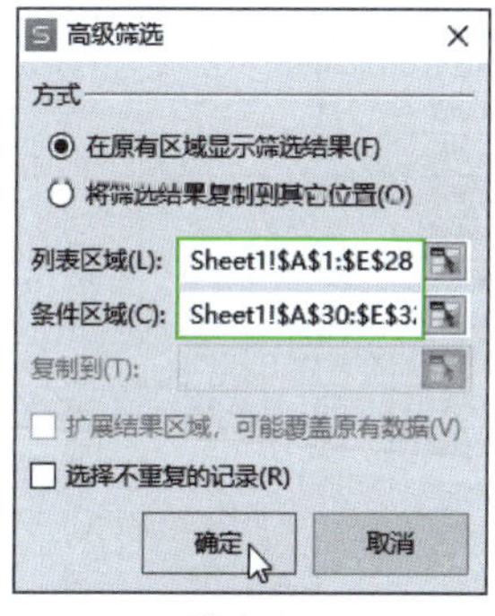

图 9-29

	A	B	C	D	E	F
1	序号	商品分类	商品名称	使用人员	日常价格	
3	2	电子产品	电话手表	孩子	¥860.00	
7	6	服饰美容	连衣裙	妈妈	¥620.00	
8	7	服饰美容	运动鞋	孩子	¥199.00	
12	11	服饰美容	精华液	妈妈	¥1,200.00	
20	19	生活日用	羊绒被	孩子	¥600.00	
21	20	生活日用	乳胶枕	孩子	¥260.00	
29						
30	序号	商品分类	商品名称	使用人员	日常价格	
31		服饰美容			>500	
32				孩子		

图 9-30

9.2.3 条件格式筛选

条件格式包括“突出显示单元格规则”“项目选取规则”“数据条”“色阶”以及“图标集”5种规则，分别使用颜色或图标呈现数据之间的差异或趋势。

这5种规则又分为格式化规则和图形化规则，如图9-31所示。

- **格式化规则：**用字体格式、单元格格式突出符合条件的单元格。
- **图形化规则：**用条形、色阶和图标标识数据。

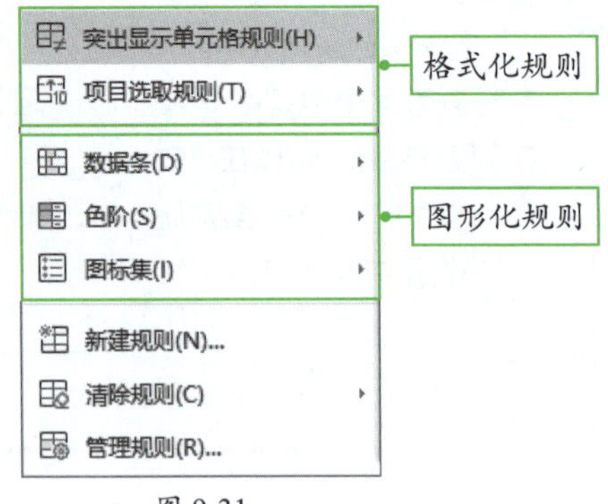

图 9-31

动手练 突出显示低于平均值的单元格

使用条件格式的“项目选取规则”可以突出显示低于平均值的单元格。下面使用该功能突出显示总分低于平均分的单元格。

Step 01 选择包含考试总分的单元格区域，打开“开始”选项卡，单击“条件格式”下拉按钮，在下拉列表中选择“项目选取规则”选项，在其下级列表中选择“低于平均值”选项，如图9-32所示。

Step 02 弹出“低于平均值”对话框，单击“针对选定区域，设置为”下拉按钮，在下拉列表中选择满意的格式，随后单击“确定”按钮，如图9-33所示。

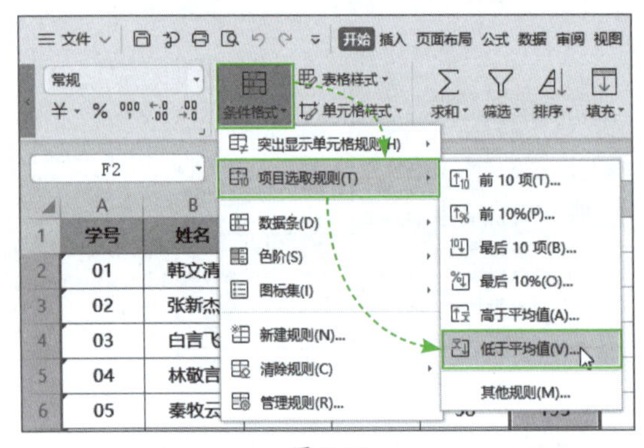

图 9-32

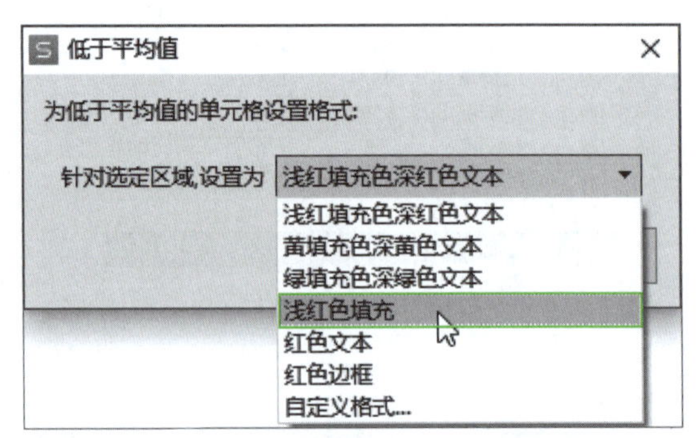

图 9-33

Step 03 所选单元格区域中低于平均分的单元格随即以指定的格式被突出显示，如图9-34所示。

学号	姓名	语文	数学	英语	总分
01	韩文清	100	60	90	250
02	张新杰	80	59	70	209
03	白言飞	90	63	120	273
04	林敬言	94	54	94	242
05	秦牧云	79	58	58	195
06	宋奇英	70	62	77	209
07	张佳乐	96	68	75	239
08	郑乘风	86	66	85	237
09	季冷	99	73	89	261
10	王池轩	100	81	79	260
11	于锋	96	72	52	220
12	莫楚辰	105	67	65	237
13	曾信然	83	72	85	240
14	张伟	96	51	94	241
15	朱校平	95	103	84	282
16	唐昊	110	90	56	256

图 9-34

动手练 为数据添加图标

图标集以各类图标展示单元格中的值，WPS表格包含方向、形状、标记以及等级4种类型的图标。下面介绍图标集的使用方法。

Step 01 选择需要添加图标的单元格区域，打开“开始”选项卡，单击“条件格式”下拉按钮，在下拉列表中选择“图标集”选项，在其下级列表中选择满意的图标样式，如图9-35所示。

Step 02 所选单元格区域随即被添加相应样式的图标，效果如图9-36所示。

图 9-35

序号	商品分类	商品名称	使用人员	价格
1	电子产品	电话手表	孩子	¥860.00
2	生活日用	电饭锅	家用	¥350.00
3	生活日用	保温杯	妈妈	¥69.00
4	服饰美容	运动服	爸爸	¥460.00
5	服饰美容	连衣裙	妈妈	¥620.00
6	服饰美容	运动鞋	孩子	¥199.00
7	服饰美容	面霜	爸爸	¥369.00
8	服饰美容	卸妆水	妈妈	¥150.00
9	服饰美容	洗脸巾	妈妈	¥20.00
10	服饰美容	精华液	妈妈	¥1,200.00
11	服饰美容	洗面奶	妈妈	¥132.00
12	服饰美容	剃须刀	爸爸	¥270.00
13	宠物用品	狗粮	狗狗	¥480.00
14	宠物用品	肉干	狗狗	¥150.00
15	宠物用品	衣服	狗狗	¥88.00
16	宠物用品	过滤器	乌龟	¥249.00
17	宠物用品	龟粮	乌龟	¥60.00

图 9-36

9.2.4 编辑条件格式规则

应用条件格式后为了达到更理想的效果，还可以对条件格式的规则进行管理，下面介绍具体操作方法。

Step 01 选中设置了条件格式的单元格区域，打开“开始”选项卡，单击“条件格式”下拉按钮，在下拉列表中选择“管理规则”选项，如图9-37所示。

Step 02 打开“条件格式规则管理器”对话框，单击“编辑规则”按钮，如图9-38所示。若所选区域中包含多种条件格式，则需要在该对话框中先选中要编辑的规则，再单击“编辑规则”按钮。

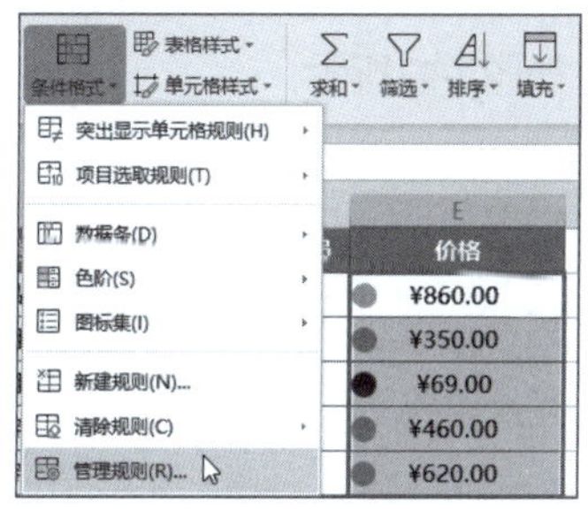

图 9-37

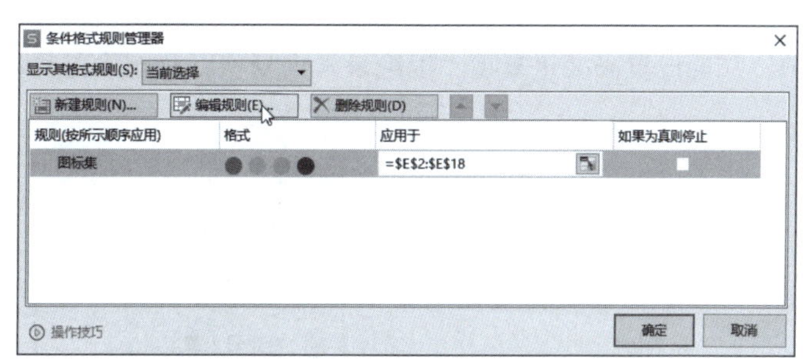

图 9-38

Step 03 弹出“编辑规则”对话框，在该对话框中可以修改图标的样式、重设每个图标的取值范围以及图标类型等。此处勾选“仅显示图标”复选框，单击“确定”按钮，如图9-39所示。

Step 04 所选单元格区域中的值随即被隐藏，只保留图标，如图9-40所示。

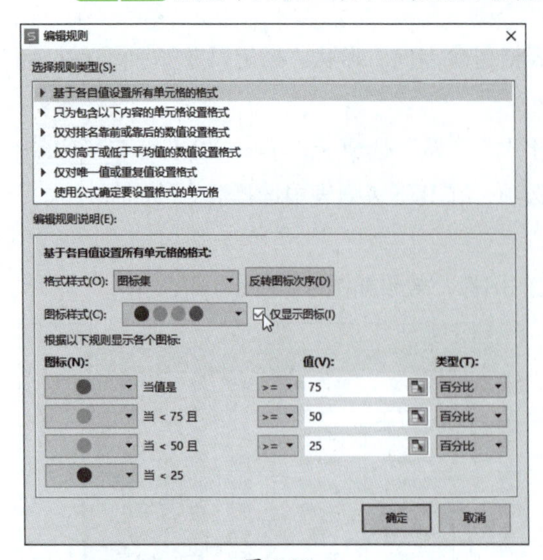

图 9-39

序号	商品分类	商品名称	使用人员	价格
1	电子产品	电话手表	孩子	
2	生活日用	电饭锅	家用	
3	生活日用	保温杯	妈妈	
4	服饰美容	运动服	爸爸	
5	服饰美容	连衣裙	妈妈	
6	服饰美容	运动鞋	孩子	
7	服饰美容	面霜	爸爸	
8	服饰美容	卸妆水	妈妈	
9	服饰美容	洗脸巾	妈妈	
10	服饰美容	精华液	妈妈	
11	服饰美容	洗面奶	妈妈	
12	服饰美容	剃须刀	爸爸	
13	宠物用品	狗粮	狗狗	
14	宠物用品	肉干	狗狗	
15	宠物用品	衣服	狗狗	
16	宠物用品	过滤器	乌龟	
17	宠物用品	龟粮	乌龟	

图 9-40

知识点拨

若要清除条件格式，可以选中应用了条件格式的单元格区域，打开“开始”选项卡，单击“条件格式”下拉按钮，在下拉列表中选择“清除规则”选项，在其下级列表中可选择“清除所选单元格的规则”或“清除整个工作表的规则”选项，如图9-41所示。

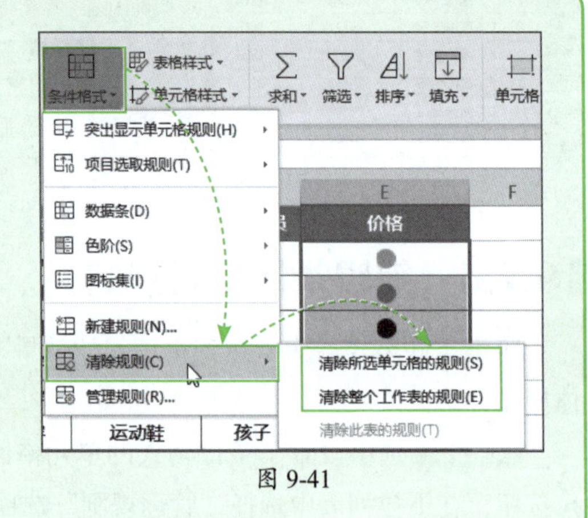

图 9-41

9.2.5 处理重复数据

当表格中包含重复值时，手动查询或删除这些重复值会耗费大量时间。此时可以使用“重复项”功能设置高亮重复项、拒绝录入重复项以及删除重复项，如图9-42所示。

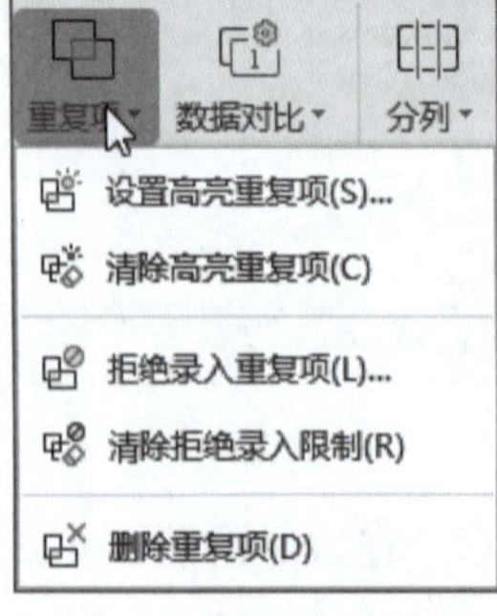

图 9-42

动手练 突出显示重复项

为了快速查看表格中包含了哪些重复内容，可以使用“重复项”功能将重复的项目突出显示。

Step 01 选中包含重复项的单元格区域，打开“数据”选项卡，单击“重复项”下拉按钮，在下拉列表中选择“设置高亮重复项”选项，如图9-43所示。

Step 02 系统随即弹出“高亮显示重复值”对话框，直接单击“确定”按钮，如图9-44所示。

Step 03 所选区域中的重复项随即被突出显示，如图9-45所示。

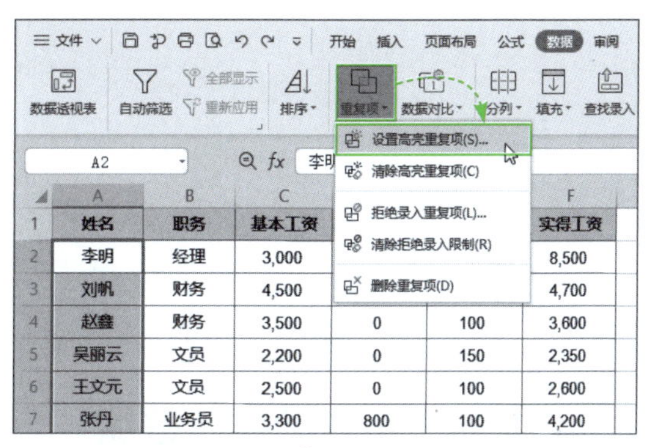

图 9-43

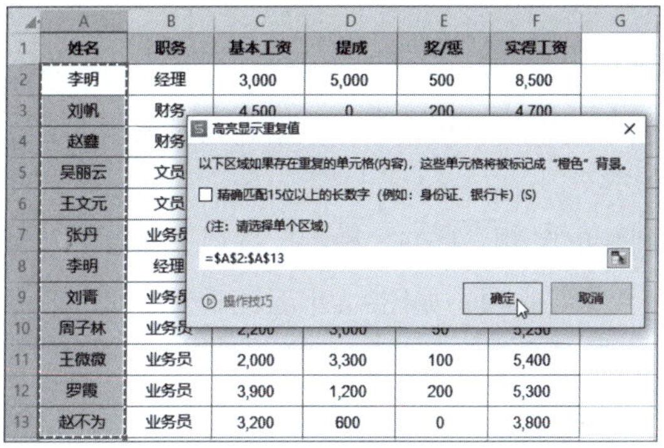

图 9-44

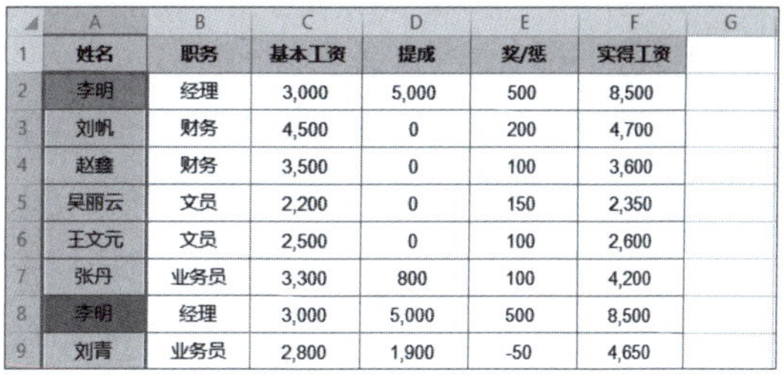

	A	B	C	D	E	F	G
1	姓名	职务	基本工资	提成	奖/惩	实得工资	
2	李明	经理	3,000	5,000	500	8,500	
3	刘帆	财务	4,500	0	200	4,700	
4	赵鑫	财务	3,500	0	100	3,600	
5	吴丽云	文员	2,200	0	150	2,350	
6	王文元	文员	2,500	0	100	2,600	
7	张丹	业务员	3,300	800	100	4,200	
8	李明	经理	3,000	5,000	500	8,500	
9	刘青	业务员	2,800	1,900	-50	4,650	

图 9-45

动手练 删除重复项

若要删除表格中的重复内容，可以使用“删除重复项”功能来完成。下面介绍具体操作方法。

Step 01 选中整个数据表区域，打开“数据”选项卡，单击“重复项”下拉按钮，在下拉列表中选择“删除重复项”选项，如图9-46所示。

Step 02 弹出“删除重复项”对话框，根据需要在对话框中勾选要进行重复项检查的复选框，此处保持所有复选框为选中状态，单击“删除重复项”按钮，如图9-47所示，即可删除表格中的重复项。

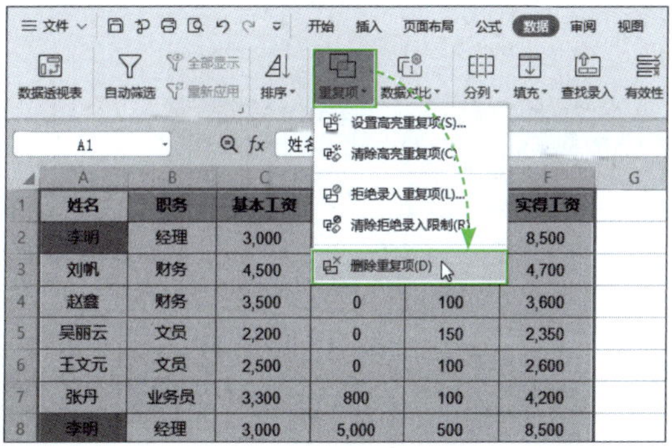

图 9-46

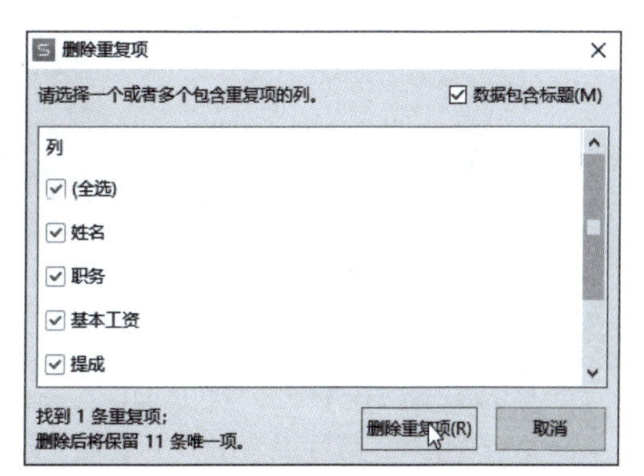

图 9-47

9.2.6 数据对比

WPS表格中的“数据对比”功能可以对当前表格或两个表格中的数据进行对比，进而标识或提取出相同或不同的数据，如图9-48所示。

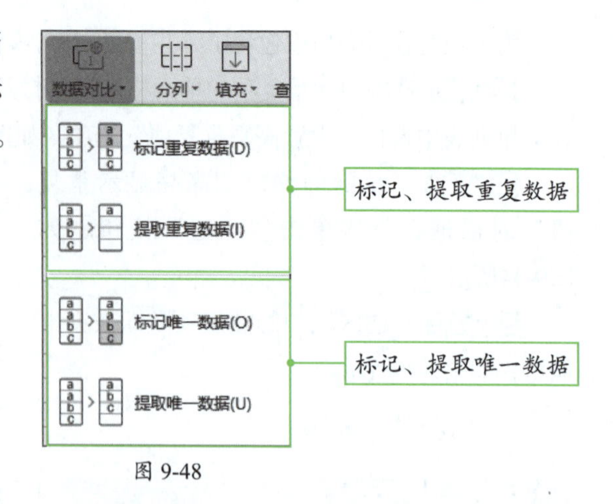

图 9-48

动手练 标记重复或唯一数据

使用“数据对比”功能可以将表格中的重复数据或唯一数据高亮显示，下面以标记重复数据为例进行介绍。

Step 01 在表格中选中需要对比的数据区域，打开“数据”选项卡，单击“数据对比”下拉按钮，在下拉列表中选择“标记重复数据”选项，如图9-49所示。

Step 02 弹出“标记重复数据”对话框，单击“确认标记”按钮，如图9-50所示。

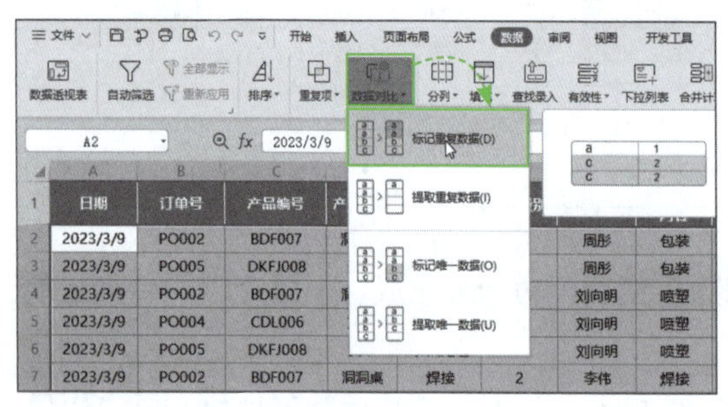

图 9-49

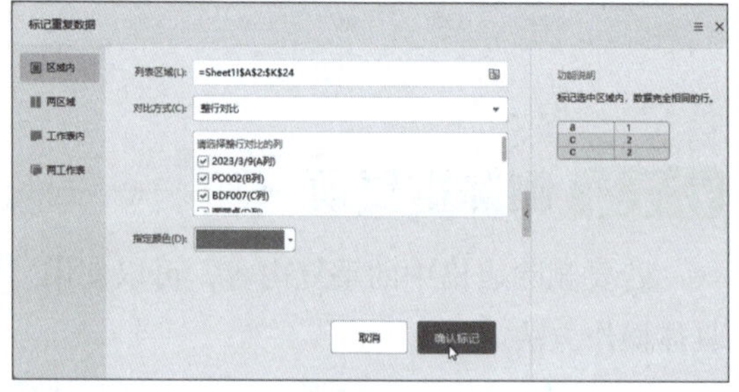

图 9-50

Step 03 所选区域中整行重复的数据随即被突出显示，如图9-51所示。

日期	订单号	产品编号	产品名称	车间	进度级别	主要负责人	作业/工序内容	小组人数	部件名称	完成套数
2023/3/9	PO002	BDF007	洞洞桌	包装	4	周彤	包装	10	成品包装	2000
2023/3/9	PO005	DKFJ008	货架	包装	4	周彤	包装	10	成品包装	1000
2023/3/9	PO002	BDF007	洞洞桌	表面处理	3	刘向明	喷塑	8	成品喷塑	2000
2023/3/9	PO004	CDL006	支架	表面处理	3	刘向明	喷塑	8	成品喷塑	1500
2023/3/9	PO005	DKFJ008	货架	表面处理	3	刘向明	喷塑	8	成品喷塑	1000
2023/3/9	PO002	BDF007	洞洞桌	焊接	2	李伟	焊接	4	组焊侧框架	2000
2023/3/9	PO002	BDF007	洞洞桌	焊接	2	李伟	焊接	4	组焊侧框架	2000
2023/3/9	PO004	CDL006	支架	焊接	2	李伟	焊接	4	组焊侧框架	1500
2023/3/9	PO005	DKFJ008	货架	焊接	2	李伟	焊接	4	组焊侧框架	1000

图 9-51

知识点拨

标记唯一数据与标记重复数据操作方法基本相同，只需在“对比数据”下拉列表中选择“标记唯一数据”选项，随后在弹出的“标记唯一数据”对话框中进行相应设置即可。

动手练 提取重复或唯一数据

除了标记出重复或唯一数据，也可以将表格中的重复或唯一数据提取出来。具体操作方法如下。

Step 01 选中需要提取重复数据的单元格区域，打开“数据”选项卡，单击“数据对比”下拉按钮，在下拉列表中选择“提取重复数据”选项，如图9-52所示。

Step 02 弹出“提取重复数据”对话框，单击“确认提取”按钮，如图9-53所示。

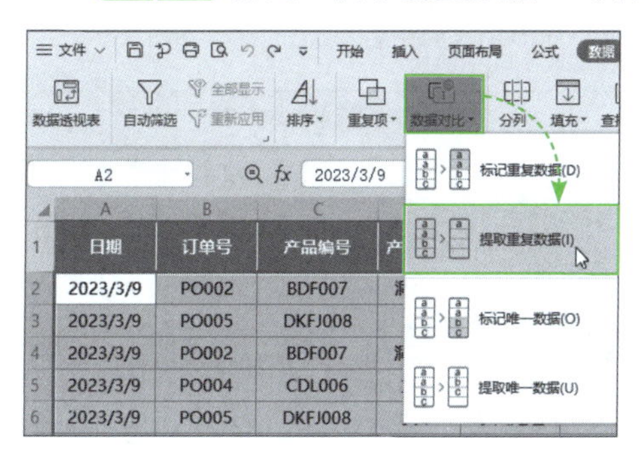

图 9-52

图 9-53

Step 03 所选区域中整行重复的数据将被自动提取到新工作表中，如图9-54所示。

	A	B	C	D	E	F	G	H	I	J	K	L
1	2023/3/9	P0002	BDF007	洞洞桌	焊接	2	李伟	焊接	4	组焊侧框架	2000	
2	2023/3/9	P0002	BDF007	洞洞桌	切冲折备料	1	王凯	折弯	5	靠背折弯	2000	
3												
4												
5												

图 9-54

知识点拨

除了对一个区域中的数据进行对比，也可以对两个区域的数据进行对比、对指定的某个工作表中的数据进行对比，以及对两个工作表中的数据进行对比，如图9-55所示。

图 9-55

9.3 数据汇总、合并与拆分

除了排序、筛选、数据对比之外，WPS表格还包含分类汇总、合并计算等常用数据分析工具。下面对其进行详细介绍。

9.3.1 分类汇总数据

分类汇总是数据处理与分析的重要手段之一，可以为选定的单元格插入小计和合计，汇总多个相关的数据行。执行分类汇总之前需要先对分类字段进行简单排序，将几种相同信息在一起显示。下面介绍分类汇总的具体操作步骤。

Step 01 选择商品名称列中的任意单元格，打开“数据”选项卡，单击“排序”按钮，对商品名称进行简单排序，如图9-56所示。

Step 02 在“数据”选项卡中单击“分类汇总”按钮，如图9-57所示。

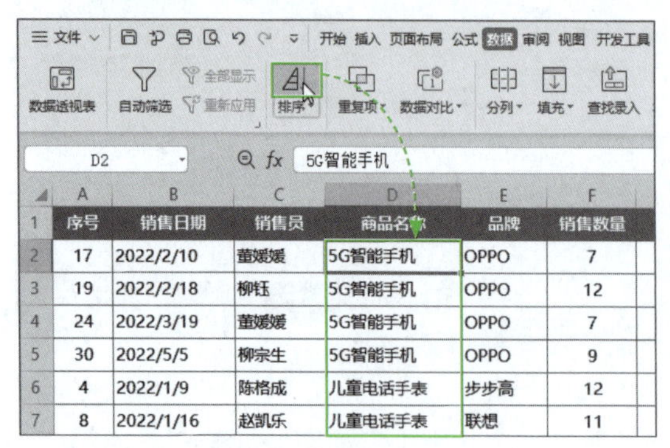

图 9-56 图 9-57

Step 03 弹出“分类汇总”对话框，设置分类字段为“商品名称”，汇总方式使用默认的“求和”，选定汇总项为“销售金额”，单击“确定”按钮，如图9-58所示。

Step 04 表格中的数据随即按照商品名称进行分类，并按销售金额汇总，如图9-59所示。

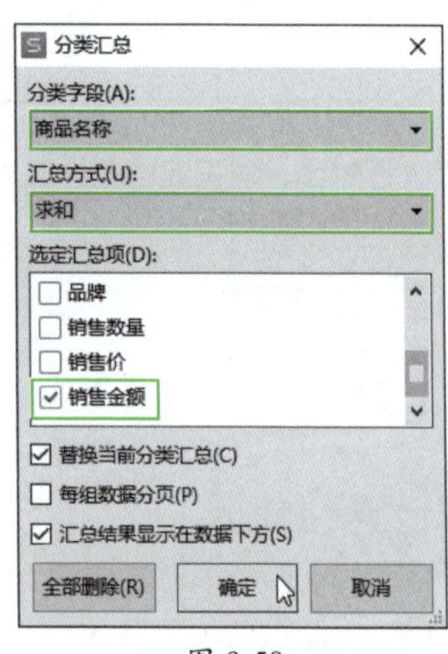

图 9-58

序号	销售日期	销售员	商品名称	品牌	销售数量	销售价	销售金额
17	2022/2/10	董媛媛	5G智能手机	OPPO	7	¥3,399.00	¥23,793.00
19	2022/2/18	柳钰	5G智能手机	OPPO	12	¥3,380.00	¥40,560.00
24	2022/3/19	董媛媛	5G智能手机	OPPO	7	¥4,699.00	¥32,893.00
30	2022/5/5	柳宗生	5G智能手机	OPPO	9	¥2,380.00	¥21,420.00
			5G智能手机 汇总				¥118,666.00
4	2022/1/9	陈格成	儿童电话手表	步步高	12	¥599.00	¥7,188.00
8	2022/1/16	赵凯乐	儿童电话手表	联想	11	¥599.00	¥6,589.00
23	2022/3/10	李梅	儿童电话手表	联想	8	¥800.00	¥6,400.00
25	2022/3/23	陈格成	儿童电话手表	步步高	1	¥659.00	¥659.00
			儿童电话手表 汇总				¥20,836.00
1	2022/1/1	李梅	平板电脑	联想	15	¥2,300.00	¥34,500.00
9	2022/1/18	李梅	平板电脑	华为	2	¥2,879.00	¥5,758.00
10	2022/1/22	柳钰	平板电脑	华为	5	¥3,380.00	¥16,900.00
14	2022/2/3	柳钰	平板电脑	联想	4	¥2,200.00	¥8,800.00
22	2022/3/7	董媛媛	平板电脑	联想	10	¥5,580.00	¥55,800.00
27	2022/4/15	赵凯乐	平板电脑	联想	13	¥4,580.00	¥59,540.00
			平板电脑 汇总				¥181,298.00

图 9-58 图 9-59

动手练 嵌套分类汇总

对数据表执行两次或两次以上的分类汇总称为嵌套分类汇总。下面介绍具体操作方法。

Step 01 对需要分类的多个字段进行排序，此处使用“排序”对话框对“商品名称”和“品牌”字段进行排序，如图9-60所示。

Step 02 在“数据”选项卡中单击“分类汇总”按钮，弹出“分类汇总”对话框，设置分类字段为“商品名称”，汇总方式为“求和”，选定汇总项为“销售金额”，单击“确定”按钮，如图9-61所示。完成第一次分类汇总。

Step 03 再次单击“分类汇总”按钮，打开“分类汇总”对话框，设置分类字段为“品牌”，汇总方式为“求和”，选定汇总项为“销售数量”和“销售金额”，取消勾选“替换当前分类汇总”复选框，单击“确定”按钮，如图9-62所示。

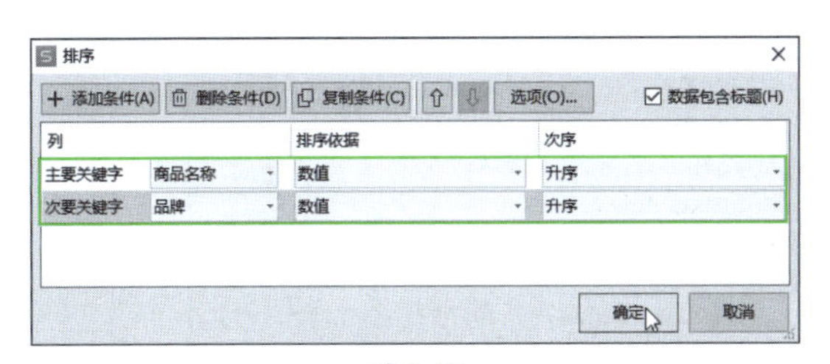

图 9-60

图 9-61

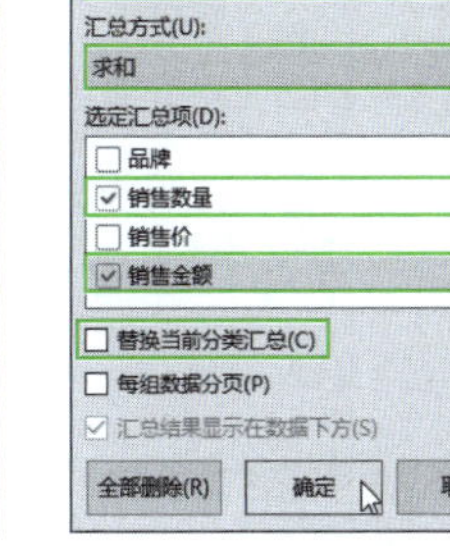

图 9-62

Step 04 数据表随即完成嵌套分类汇总，效果如图9-63所示。

序号	销售日期	销售员	商品名称	品牌	销售数量	销售价	销售金额
17	2022/2/10	董媛媛	5G智能手机	OPPO	7	¥3,399.00	¥23,793.00
19	2022/2/18	柳钰	5G智能手机	OPPO	12	¥3,380.00	¥40,560.00
24	2022/3/19	董媛媛	5G智能手机	OPPO	7	¥4,699.00	¥32,893.00
30	2022/5/5	柳宗生	5G智能手机	OPPO	9	¥2,380.00	¥21,420.00
				OPPO 汇总	35		¥118,666.00
			5G智能手机 汇总				¥118,666.00
4	2022/1/9	陈楷成	儿童电话手表	步步高	12	¥599.00	¥7,188.00
25	2022/3/23	陈楷成	儿童电话手表	步步高	1	¥659.00	¥659.00
				步步高 汇总	13		¥7,847.00
8	2022/1/16	赵凯乐	儿童电话手表	联想	11	¥599.00	¥6,589.00
23	2022/3/10	李梅	儿童电话手表	联想	8	¥800.00	¥6,400.00
				联想 汇总	19		¥12,989.00
			儿童电话手表 汇总				¥20,836.00

图 9-63

9.3.2 合并计算数据

工作中经常遇到需要合并多张表的数据的情况，应用合并计算功能便可以轻松实现。例如，将保存在不同工作表中的分店销售数据合并到一张空白工作表中。

动手练 将分店销售报表进行汇总

Step 01 在需要放置合并结果的空白工作表中选择存放数据的起始单元格，打开“数据”选项卡，单击“合并计算”按钮，如图9-64所示。

Step 02 弹出“合并计算”对话框，将光标定位于“引用位置”文本框中，在工作簿中单击“步行街店”工作表标签，随后在该工作表中引用包含数据的单元格区域，该区域名称随即自动出现在光标所在文本框中，如图9-65所示。

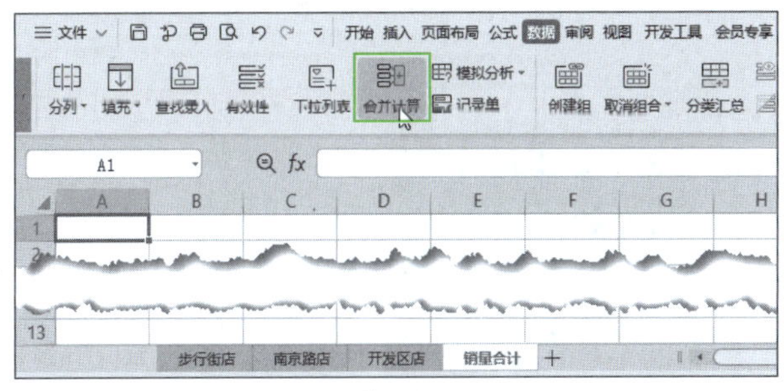

图 9-64

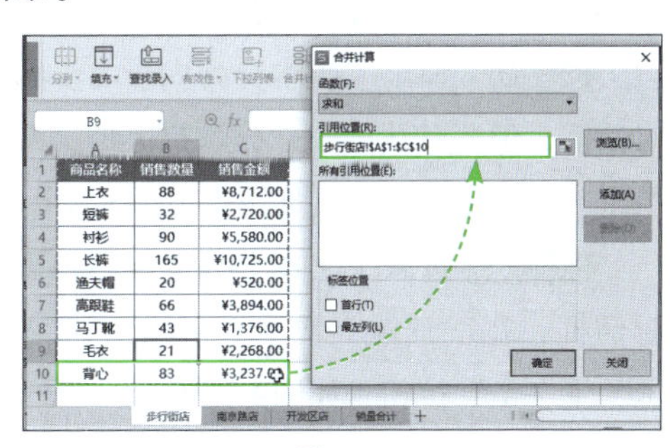

图 9-65

Step 03 单击“添加”按钮，将引用的单元格区域添加到“所有引用位置”列表框中，如图9-66所示。

Step 04 参照上述步骤，继续添加“南京路店”和“开发区店”中要进行合并计算的单元格区域，勾选“首行”和“最左列”复选框，单击“确定”按钮，如图9-67所示。

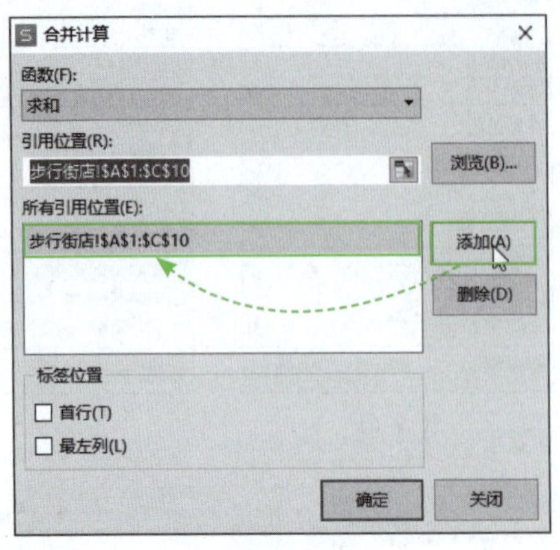

图 9-66

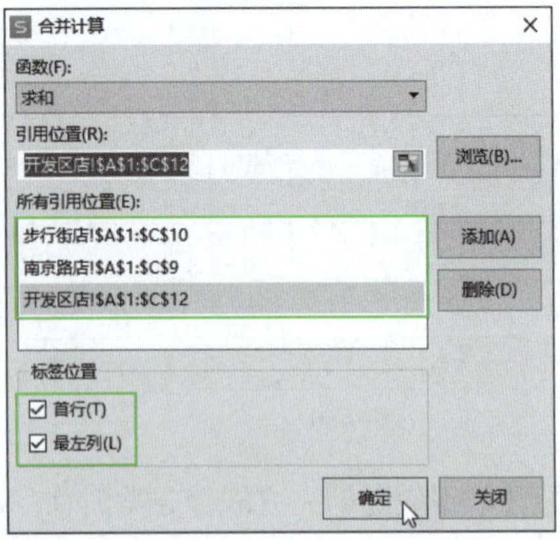

图 9-67

Step 05 三张工作表中的数据随即被合并到一张工作表中，合并后的数据左上角单元格中不显示标题，需要手动输入标题，如图9-68所示。

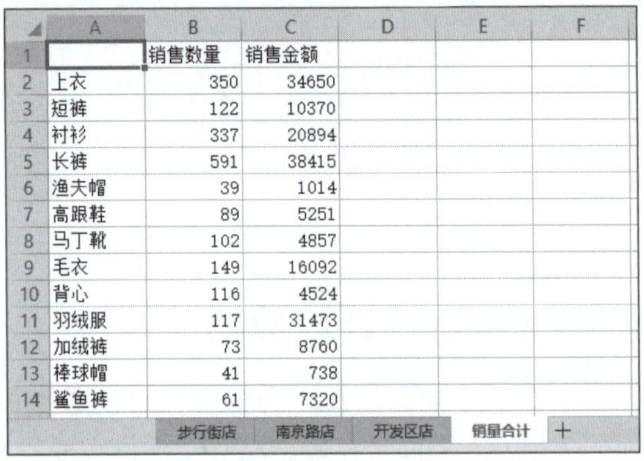

	A	B	C	D	E	F
1		销售数量	销售金额			
2	上衣	350	34650			
3	短裤	122	10370			
4	衬衫	337	20894			
5	长裤	591	38415			
6	渔夫帽	39	1014			
7	高跟鞋	89	5251			
8	马丁靴	102	4857			
9	毛衣	149	16092			
10	背心	116	4524			
11	羽绒服	117	31473			
12	加绒裤	73	8760			
13	棒球帽	41	738			
14	鲨鱼裤	61	7320			

步行街店 南京路店 开发区店 销量合计

图 9-68

9.3.3 数据分列

多种属性的数据在同一个单元格中时应该及时将其分开存储。下面使用WPS表格的“分列”功能进行操作。

Step 01 选择需要分列的数据区域，打开“数据”选项卡，单击“分列”下拉按钮，在下拉列表中选择“分列”选项，如图9-69所示。

Step 02 弹出“文本分列向导-3步骤之1”对话框，保持默认选中“分隔符”单选按钮，单击“下一步”按钮，如图9-70所示。

Step 03 进入“文本分列向导-3步骤之2”对话框，在“其他”文本框中输入“、”，单击“下一步”按钮，如图9-71所示。

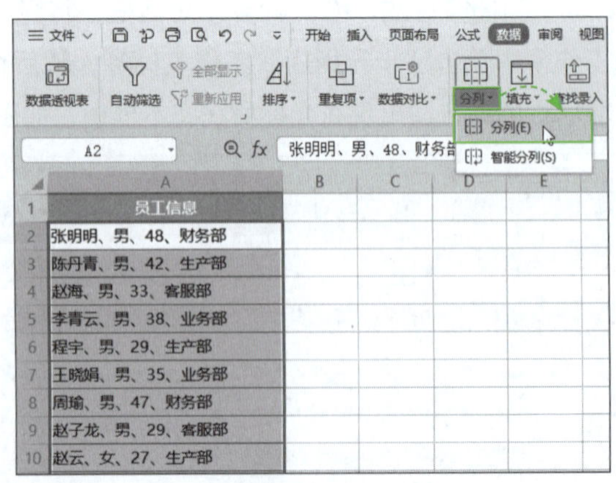

图 9-69

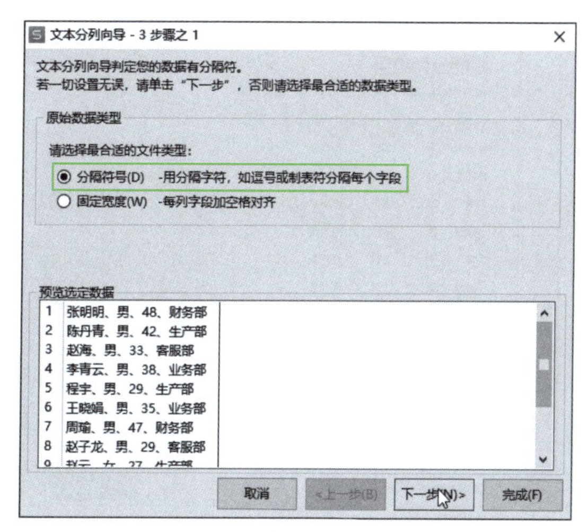

图 9-70

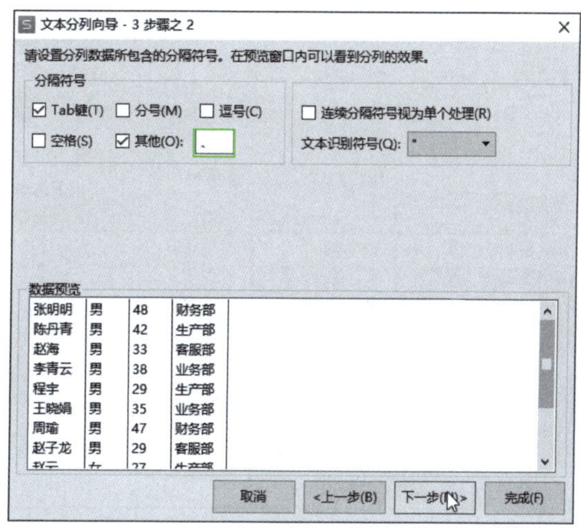

图 9-71

Step 04 进入"文本分列向导-3步骤之3"对话框，将光标定位于"目标区域"文本框中，在工作表中引用存放分列数据的首个单元格，单击"完成"按钮，如图9-72所示。

Step 05 所选区域中的数据随即以"、"为分隔符，将一个单元格中的数据自动分列显示，如图9-73所示。

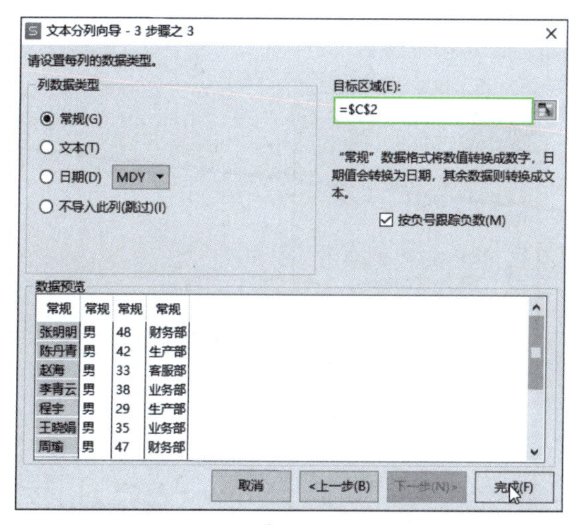

图 9-72

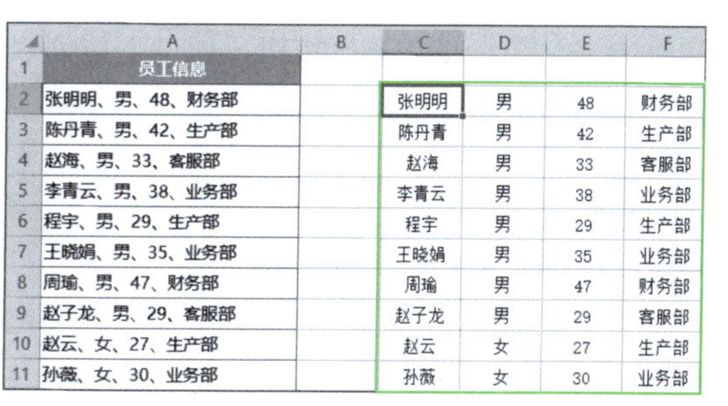

	A	B	C	D	E	F
1	员工信息					
2	张明明、男、48、财务部		张明明	男	48	财务部
3	陈丹青、男、42、生产部		陈丹青	男	42	生产部
4	赵海、男、33、客服部		赵海	男	33	客服部
5	李青云、男、38、业务部		李青云	男	38	业务部
6	程宇、男、29、生产部		程宇	男	29	生产部
7	王晓娟、男、35、业务部		王晓娟	男	35	业务部
8	周瑜、男、47、财务部		周瑜	男	47	财务部
9	赵子龙、男、29、客服部		赵子龙	男	29	客服部
10	赵云、女、27、生产部		赵云	女	27	生产部
11	孙薇、女、30、业务部		孙薇	女	30	业务部

图 9-73

动手练 数据智能分列

使用"智能分列"功能可以根据单元格中数据的特点快速自动分列，"智能分列"的操作方法如下。

Step 01 选中需要分列显示的数据区域，打开"数据"选项卡，单击"分列"下拉按钮，在下拉列表中选择"智能分列"选项，如图9-74所示。

Step 02 弹出"智能分列结果"对话框，对话框中显示了数据分列后的效果，若对该分列效果满意，直接单击"完成"按钮即可完成数据分列，如图9-75所示。

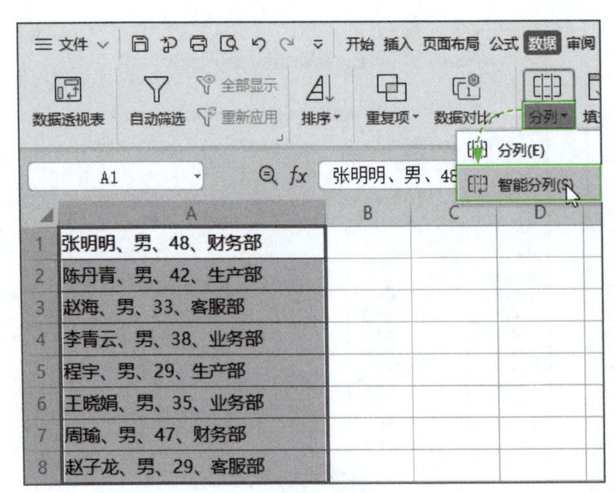

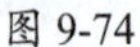
图 9-74

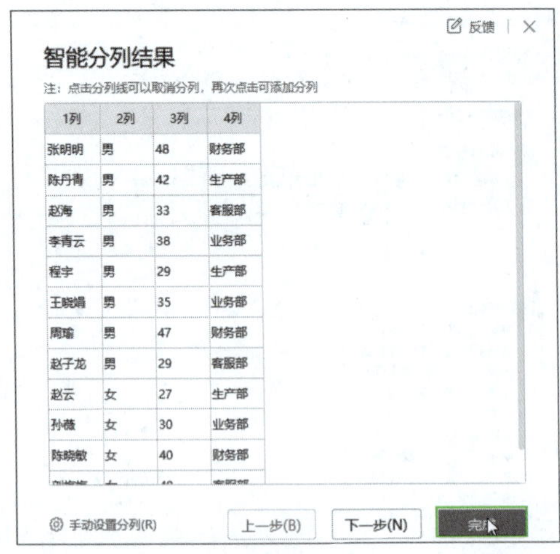

图 9-75

9.3.4 合并与拆分表格

合并或拆分表格是数据整理时的常见操作。当要处理的数据很多时，手动操作效率很低，此时可使用WPS表格提供的“拆分表格”或“合并表格”功能快速完成操作。

1. 合并表格

合并表格功能可以将多个工作表合并成一个工作表、合并多个工作簿中同名工作表、将多个工作簿合并成一个工作簿等。在“数据”选项卡中单击“合并表格”下拉按钮，通过下拉列表中提供的选项即可执行相应的合并表格操作，如图9-76所示。

2. 拆分表格

拆分表格功能可按内容拆分工作表，或把工作簿按工作表拆分，还可以将一个工作簿拆分成多个工作簿。打开“数据”选项卡，单击“拆分表格”按钮，在下拉列表中可以选择不同的拆分选项，如图9-77所示。

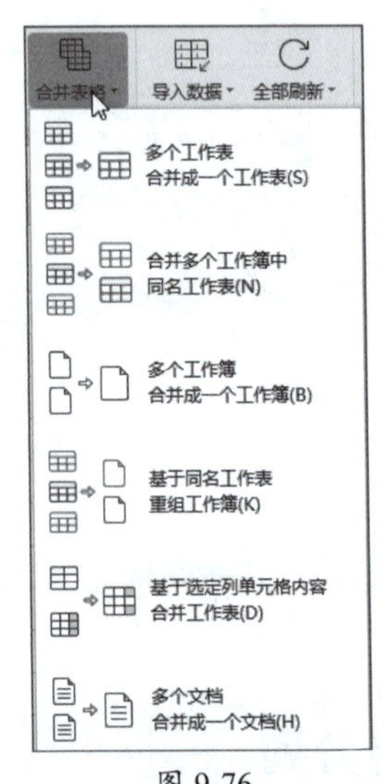

图 9-76

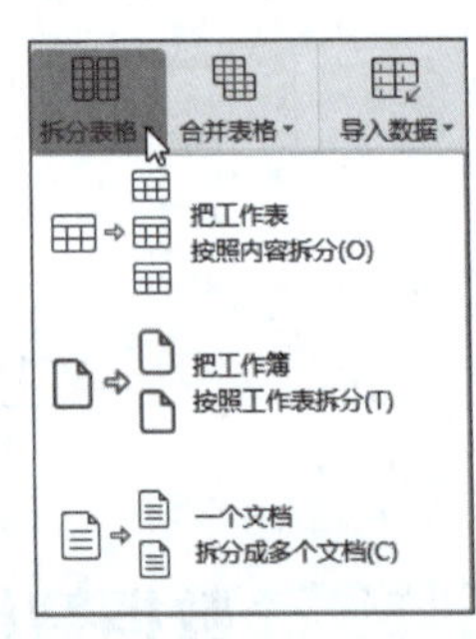

图 9-77

动手练 合并工作簿中的多个工作表

下面使用“合并表格”功能将工作簿中的“3月”和“4月”工作表中的数据合并。

Step 01 打开“数据”选项卡，单击“合并表格”下拉按钮，在下拉列表中选择“多个工作表合并成一个工作表”选项，如图9-78所示。

Step 02 弹出“合并成一个工作表”对话框，勾选“3月”和“4月”复选框，单击“开始合并”按钮，如图9-79所示。

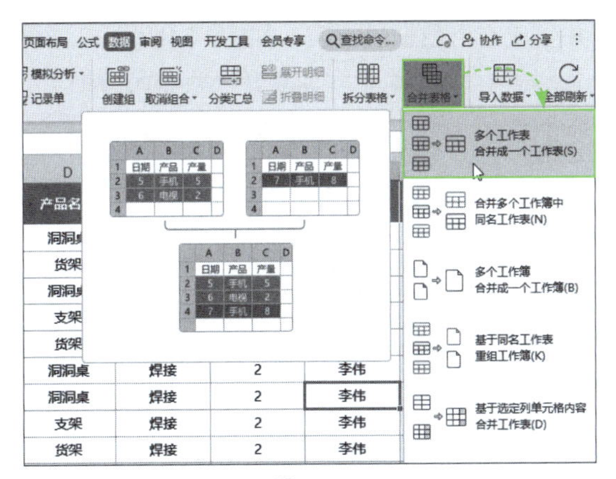

图 9-78

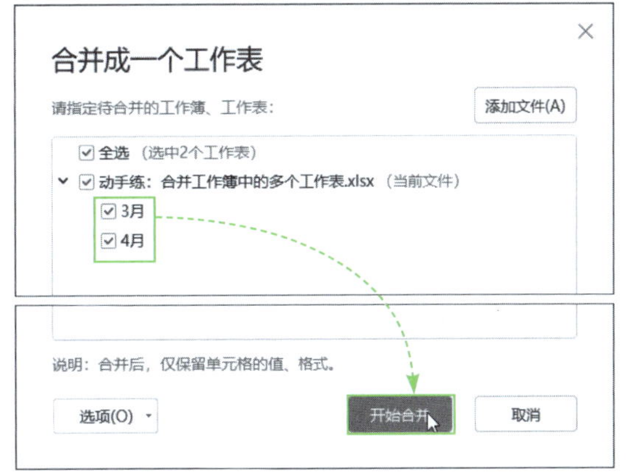

图 9-79

Step 03 系统随即新建工作簿，该工作簿中包含“报告”和“总表”两张工作表。“报告”工作表中显示合并表格的基本信息，如图9-80所示。“总表”工作表中显示合并的数据，A列中显示每行数据的原始路径，如图9-81所示。

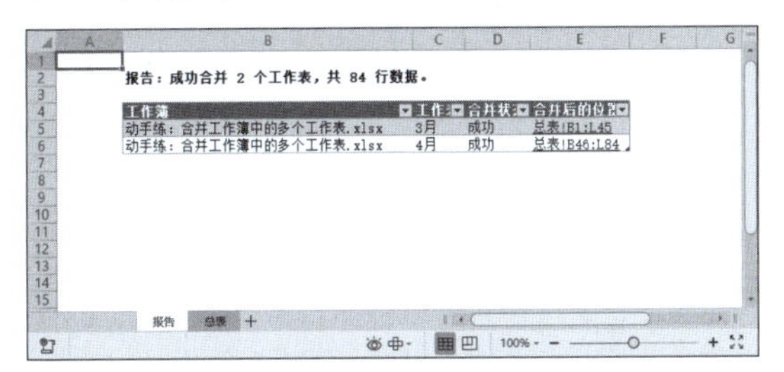

图 9-80

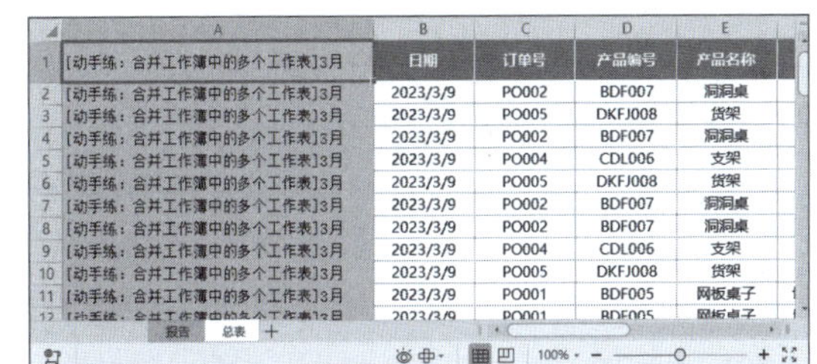

图 9-81

9.4 数据透视表的应用

数据透视表是一种交互式的表，可以动态地改变版面布局，以便从多种角度分析数据。每次改变版面布置，数据透视表都会立即按照新的布局重新计算，让数据分析变得更轻松、更便利。

9.4.1 数据透视表的创建

对于数据很多的表格，采用数据透视表进行分析不仅操作简单，而且效率很高。下面介绍如何创建数据透视表。

Step 01 选中数据源中的任意一个单元格，打开“插入”选项卡，单击“数据透视表”按钮，如图9-82所示。

Step 02 弹出“创建数据透视表”对话框，此时“请选择单元格区域”文本框中自动引用整个数据源区域，用户也可手动更改引用区域。此处保持对话框中的所有设置为默认，单击“确定”按钮，如图9-83所示。

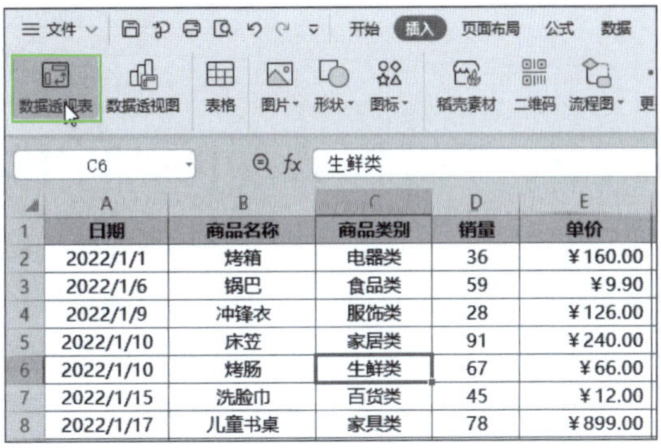

日期	商品名称	商品类别	销量	单价
2022/1/1	烤箱	电器类	36	¥160.00
2022/1/6	锅巴	食品类	59	¥9.90
2022/1/9	冲锋衣	服饰类	28	¥126.00
2022/1/10	床笠	家居类	91	¥240.00
2022/1/10	烤肠	生鲜类	67	¥66.00
2022/1/15	洗脸巾	百货类	45	¥12.00
2022/1/17	儿童书桌	家具类	78	¥899.00

图 9-82

Step 03 工作簿中随即自动新建一张工作表，并生成空白数据透视表，如图9-84所示。

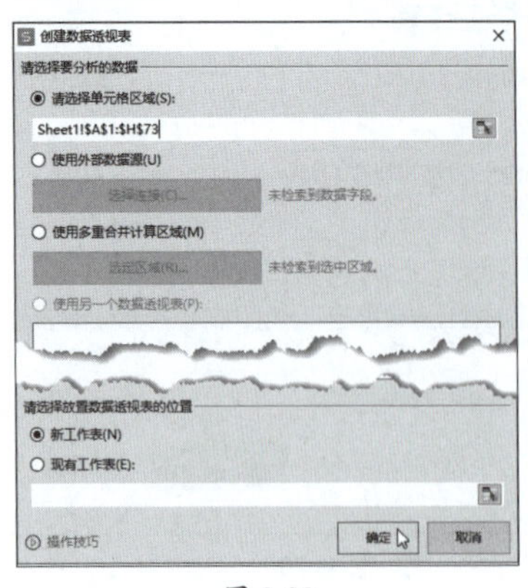

图 9-83

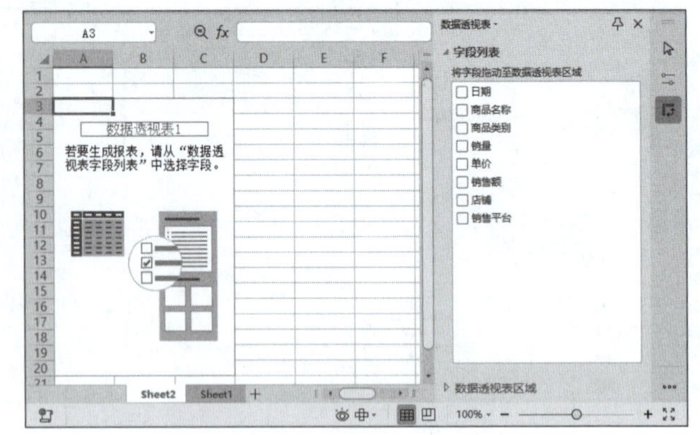

图 9-84

9.4.2 数据透视表窗格

选中数据透视表中的任意一个单元格时，窗口右侧会显示“数据透视表”窗格，该窗格中包含“字段列表”和“数据透视表区域”两个分组，用户可通过该窗格向数据透视表中添加、删除或移动字段，如图9-85所示。

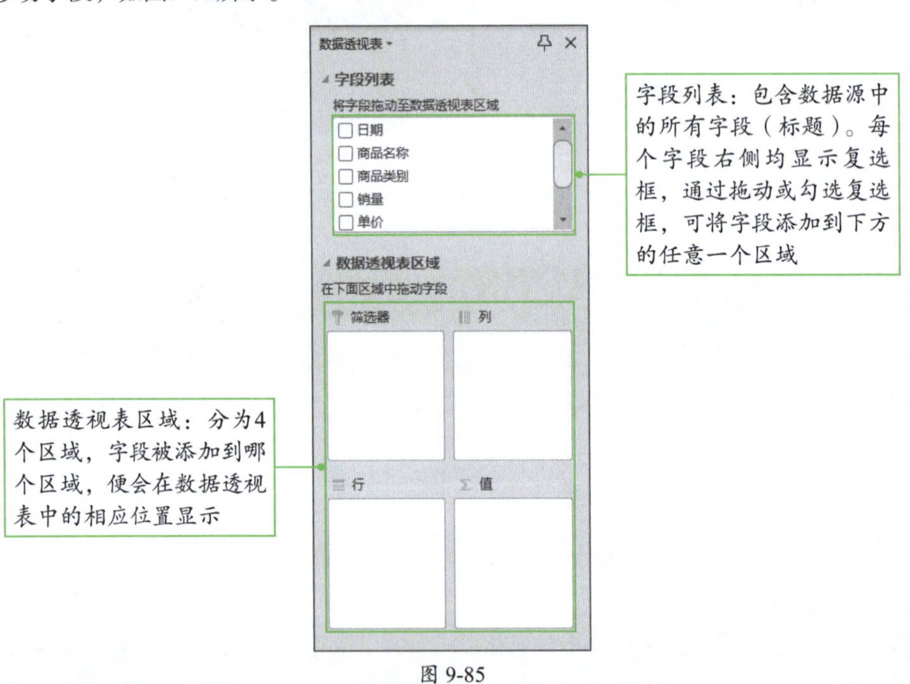

图 9-85

动手练 向数据透视表中添加字段

Step 01 在“数据透视表”窗格中的“字段列表”组内勾选“商品类别”“销量”以及“店铺”复选框，被勾选的字段随即自动添加到数据透视表中。默认情况下数值型字段在“值”区域显示，其他类型的字段在“行”区域显示，如图9-86所示。

Step 02 在“数据透视表”窗格的“行”区域中单击“店铺”下拉按钮，在下拉列表中选择“添加到列标签”选项，如图9-87所示。

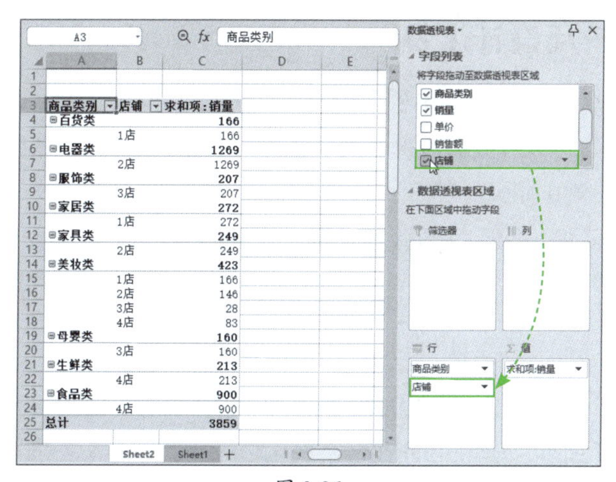

图 9-86

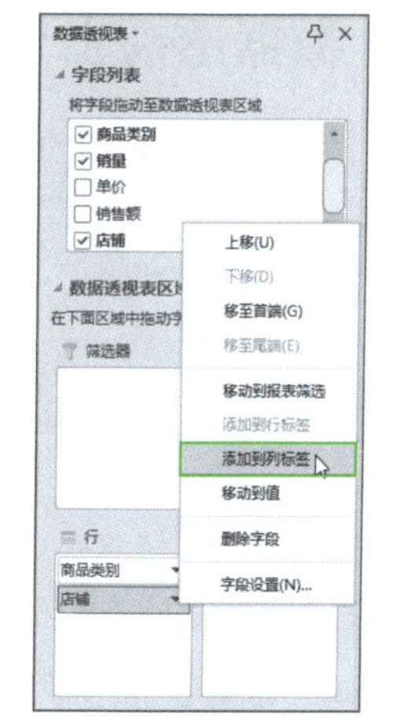

图 9-87

Step 03 “店铺”字段被移动到“列”区域，数据透视表中的字段布局随即发生相应更改，如图9-88所示。

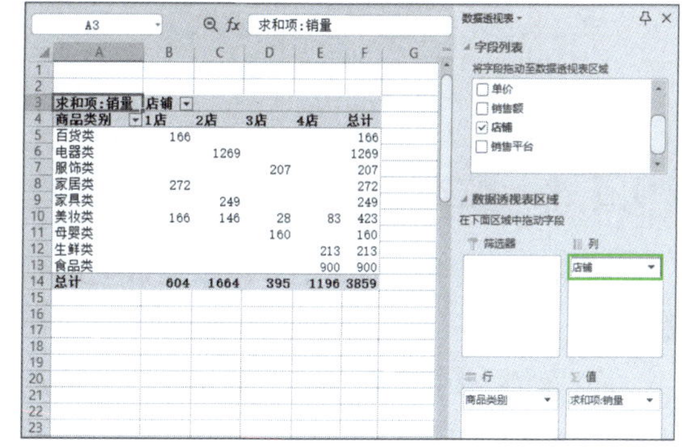

图 9-88

动手练 添加筛选字段

用户也可在“数据透视表”窗格中直接将字段拖动到目标区域。下面使用鼠标拖动的方法向数据透视表中添加筛选字段。

Step 01 在“数据透视表”窗格中，将光标置于“销售平台”字段上方，按住鼠标左键向“筛选器”区域中拖动，如图9-89所示。

Step 02 松开鼠标左键后，“销售平台”字段即被添加到了筛选区域。在数据透视表中单击该筛选字段的下拉按钮，可以执行需要的筛选操作，如图9-90所示。

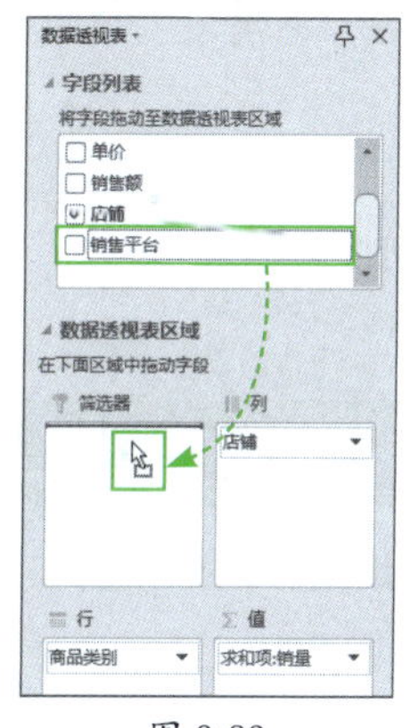

图 9-89

图 9-90

9.4.3 数据透视表分析及设计工具

选中数据透视表中的任意一个单元格，菜单栏中会显示“分析”和“设计”选项。通过“分析”选项中的命令按钮及选项，可以对数据透视表执行刷新、移动、删除、更改数据源、插入切片器、设置字段等操作，如图9-91所示。

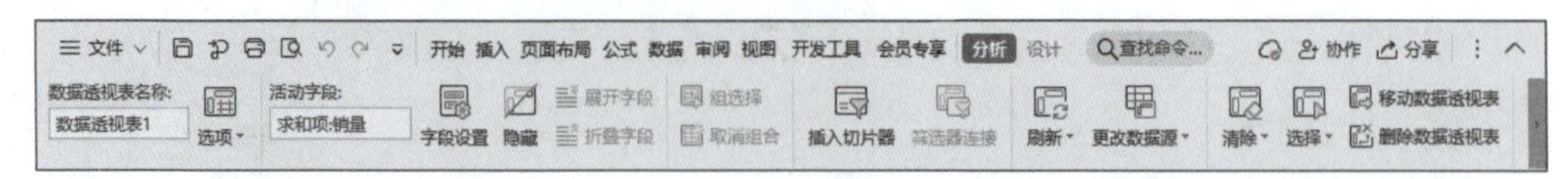

图 9-91

使用“设计”选项卡中的命令按钮及选项可以对数据透视表的外观进行设置，例如调整数据透视表布局、设置数据透视表样式等，如图9-92所示。

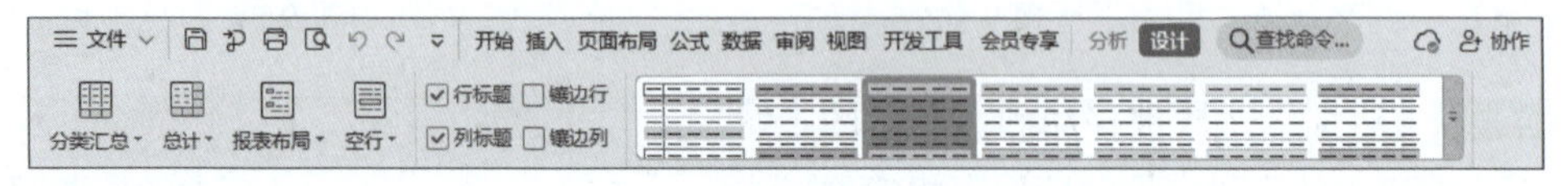

图 9-92

9.4.4 数据透视图的生成

创建数据透视表后，还可以根据数据透视表中的数据创建数据透视图，以图形的方式浏览数据。

Step 01 选中数据透视表中任意一个单元格，打开“插入”选项卡，单击“数据透视图”按钮，如图9-93所示。

Step 02 弹出“插入图表”对话框，选择一种图表类型，并在右侧界面中选择图表样式，单击“插入”按钮，即可根据数据透视表中的数据插入相应样式的数据透视图，如图9-94所示。

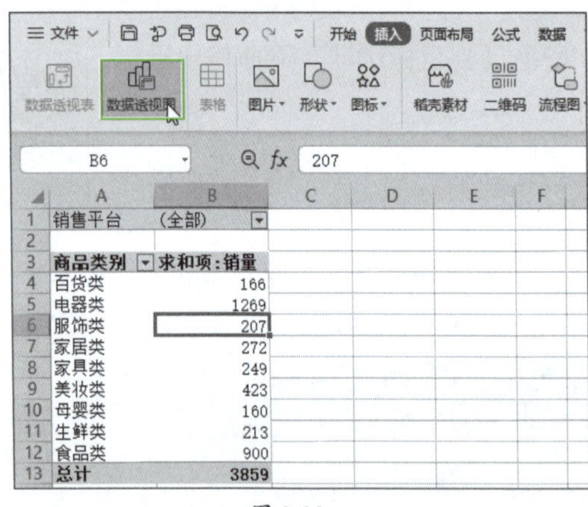

商品类别	求和项:销量
百货类	166
电器类	1269
服饰类	207
家居类	272
家具类	249
美妆类	423
母婴类	160
生鲜类	213
食品类	900
总计	3859

图 9-93

图 9-94

9.5 模拟分析数据

WPS表格提供了“单变量求解”和“规划求解”工具，可以帮助用户精准预测和分析数据，作出商业决策。

9.5.1 单变量求解

如果已知单个的预期结果，而用于确定此公式结果的输入值未知，这种情况可以使用“单变量求解”。单变量求解是函数公式的逆运算。例如，如果要贷款20年（240个月）购买一套住房，年利率假设为6%，想要知道每月还款4000元，可以购买总价为多少的住房。

Step 01 选择B4单元格，输入公式“=-PMT(B3/12,B2,B1)”，公式输入完成后按Enter键确认，计算每月还款额，如图9-95所示。

Step 02 再次选中B4单元格，打开“数据”选项卡，单击“模拟分析”下拉按钮，在下拉列表中选择“单变量求解”选项，如图9-96所示。

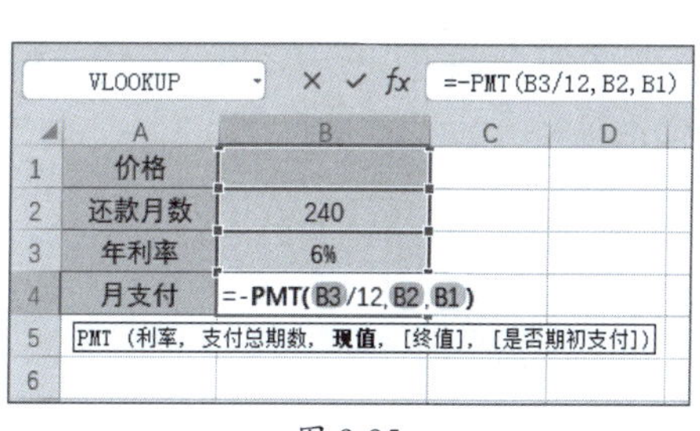

图 9-95

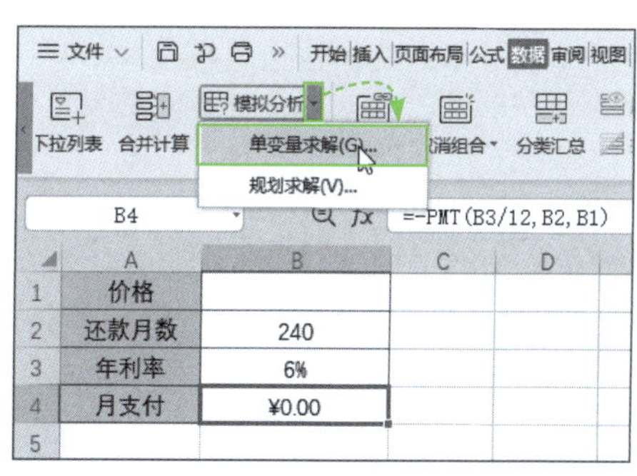

图 9-96

Step 03 打开“单变量求解”对话框，将“目标单元格”设置为“B4”，将“目标值”设置为“4000”，将“可变单元格”设置为“$B$1”，单击“确定”按钮，如图9-97所示。

Step 04 弹出“单变量求解状态”对话框，进行求解运算后单击“确定”按钮，如图9-98所示。

Step 05 工作表中的B1单元格内随即求出每月还款4000元，可以购买总价为558323.09的住房，如图9-99所示。

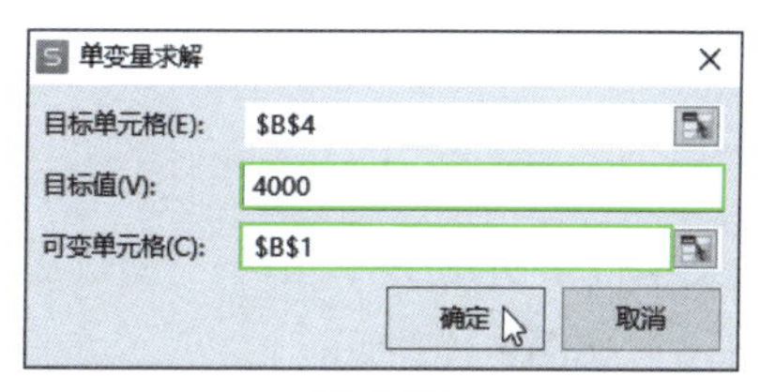

图 9-97

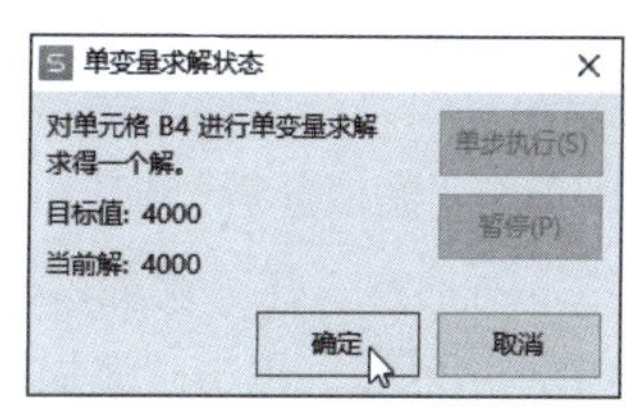

图 9-98

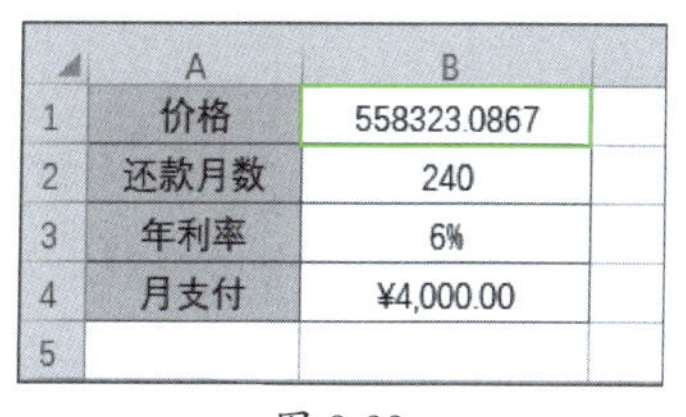

图 9-99

知识点拨

在使用单变量求解以后，公式仍然是活动的，还可改变月数、年利率和价格的值进行新的计算。

9.5.2 建立规划求解模型

“规划求解”也可以称为假设分析工具，使用“规划求解”可以求出工作表中某个单元格中公式的最佳值。一个规划求解问题由3部分组成：可变单元格、目标函数和约束条件。要解决一个线性规划问题，首先需要建立相应问题的规划求解模型。下面介绍如何根据实际问题建立规划求解模型。

例如，某企业生产两种产品，生产一个A产品可以盈利90元，生产一个B产品可以盈利70元。制造一个A产品需要4小时机时，并且耗费原料5公斤；制造一个B产品需要3小时机时，并且耗费原料6公斤。现在每个月能得到的原料为900公斤，每个月能分配的机时为700小时。现在面临的问题是该公司每个月应该如何分配两种产品的生产，才能赚取最大的利润。为上述问题建立规划求解模型的具体步骤如下。

Step 01 首先根据问题制作一个表格框架，如图9-100所示。

Step 02 在B7单元格中输入公式“=C2*E2+C3*E3”，按Enter键计算出“实际使用机时”；在B8单元格中输入公式“=D2*E2+D3*E3”，按Enter键计算出“实际使用原料”；在B9单元格中输入公式“=B2*E2+B3*E3”，按Enter键计算出“总利润”，如图9-101所示。

	A	B	C	D	E	F
1	产品名称	利润/件	机时/件	耗费原料/件	生产量	
2	A产品	¥90	4	5		
3	B产品	¥70	3	6		
4						
5	机时配额（时）	700				
6	原料配额（公斤）	900				
7	实际使用机时					
8	实际使用原料					
9	总利润					
10						

图 9-100

B9 fx =B2*E2+B3*E3

	A	B	C	D	E
1	产品名称	利润/件	机时/件	耗费原料/件	生产量
2	A产品	¥90	4	5	
3	B产品	¥70	3	6	
4					
5	机时配额（时）	700			
6	原料配额（公斤）	900			
7	实际使用机时	0			
8	实际使用原料	0			
9	总利润	¥0			

图 9-101

知识点拨

由于“生产量”没有确定，所以计算出的“实际使用机时”“实际使用原料”和“总利润”为0。

动手练 应用规划求解

前面已经建立了利润最大化的规划求解模型，下面利用“规划求解”功能来解决该问题，并生成“运算结果报告”。

Step 01 在“数据”选项卡中单击“模拟分析”选项组的“规划求解”按钮，如图9-102所示。

Step 02 弹出“规划求解参数”对话框，在“设置目标”文本框中引用B9单元格，“通过更改可变单元格”选项引用E2：E3单元格区域，单击“添加”按钮，如图9-103所示。

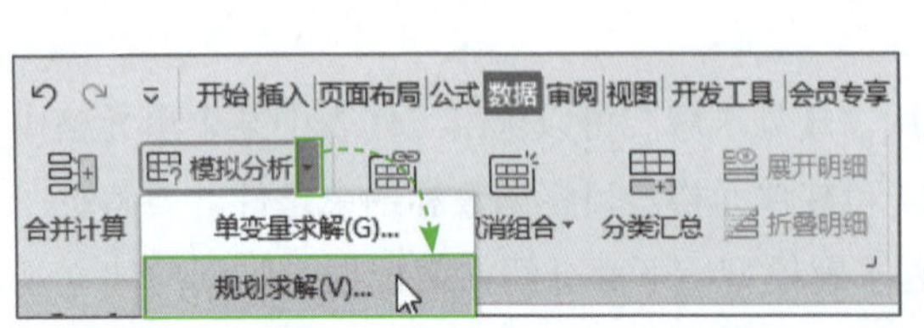

图 9-102

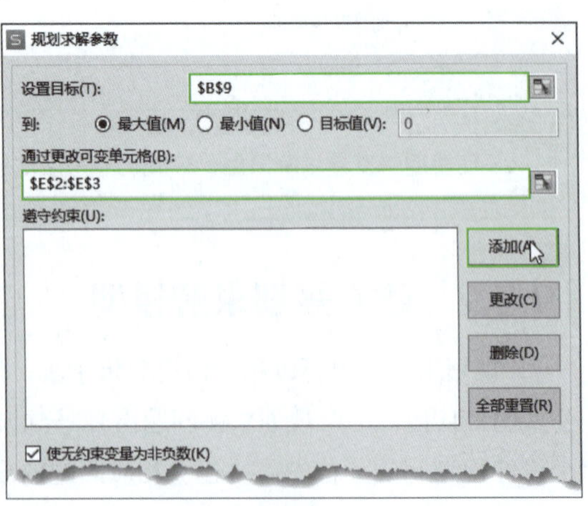

图 9-103

Step 03 弹出“添加约束”对话框，分别设置E2、E3为整数，B7<=B5、B8<=B6，如图9-104～图9-107所示。设置完成后关闭对话框。

图 9-104

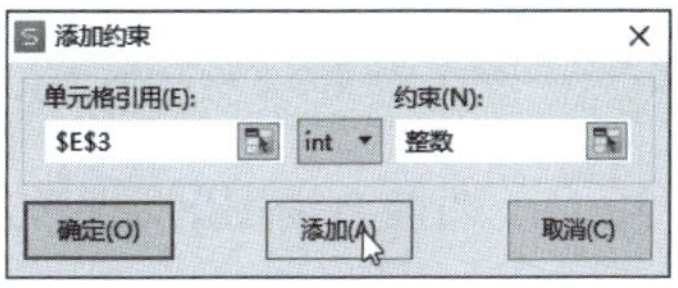

图 9-105

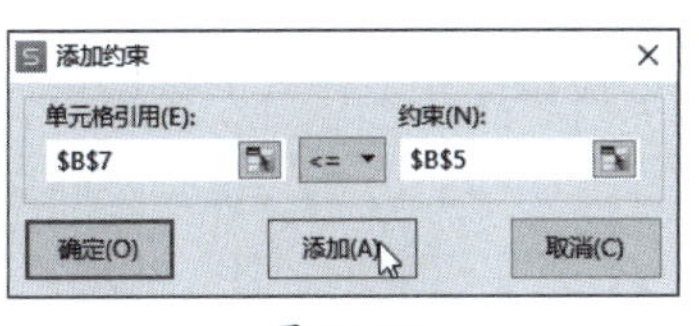

图 9-106

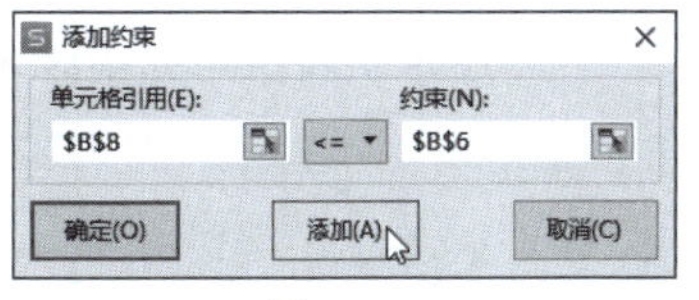

图 9-107

Step 04 约束条件设置完成后返回“规划求解参数”对话框，单击“求解”按钮，如图9-108所示。

Step 05 弹出“规划求解结果”对话框，选择“运算结果报告”选项，单击“确定”按钮，如图9-109所示。

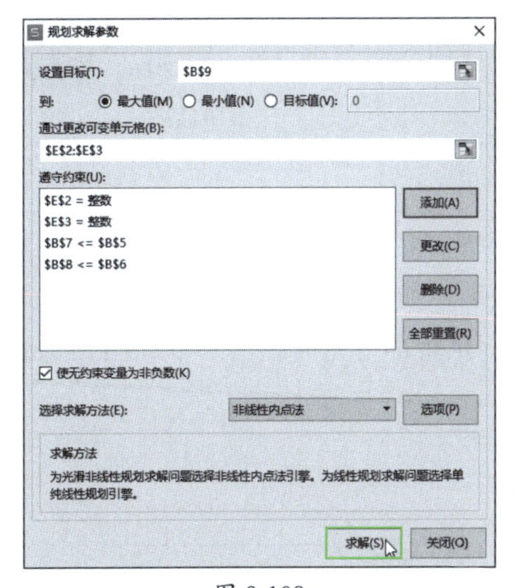

图 9-108

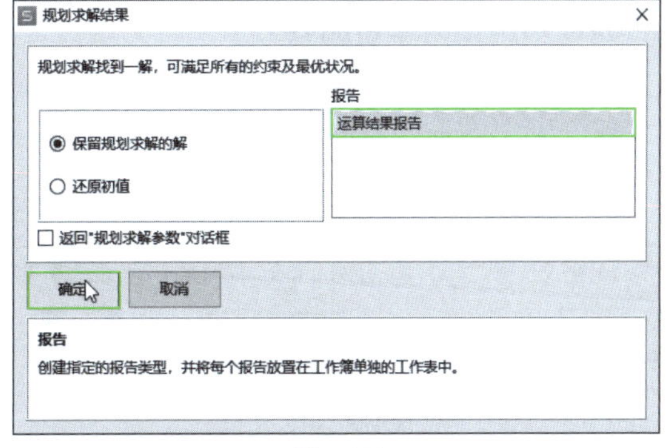

图 9-109

Step 06 规划求解模型中计算出最优解，如图9-110所示，并在当前工作簿中自动生成“运算结果报告”工作表，在该报告中可以看到目标单元格的最优值、可变单元格的取值以及约束条件情况，如图9-111所示。

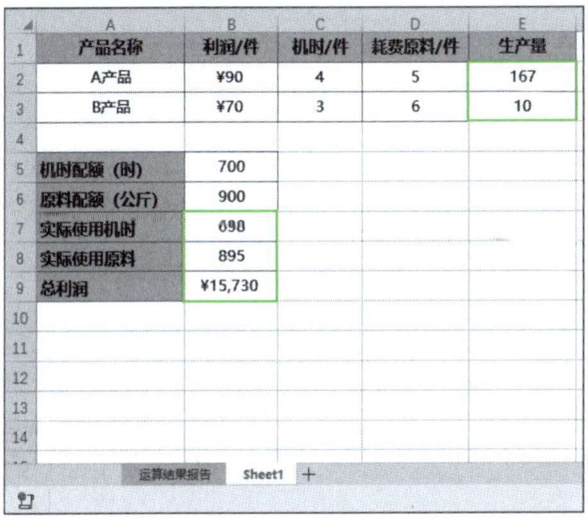

	A	B	C	D	E
1	产品名称	利润/件	机时/件	耗费原料/件	生产量
2	A产品	¥90	4	5	167
3	B产品	¥70	3	6	10
4					
5	机时配额（时）	700			
6	原料配额（公斤）	900			
7	实际使用机时	698			
8	实际使用原料	895			
9	总利润	¥15,730			

运算结果报告 | Sheet1

图 9-110

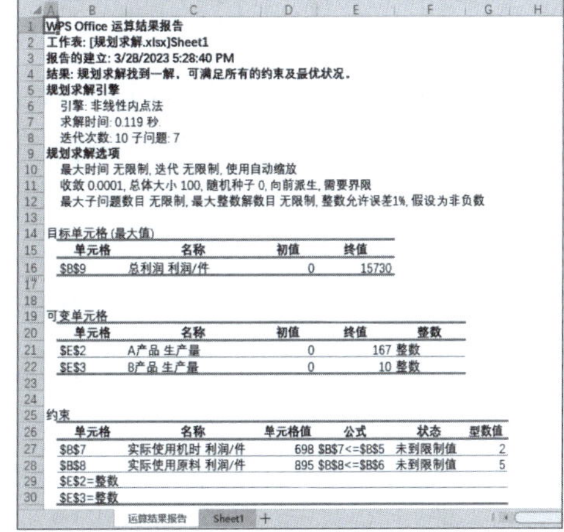

WPS Office 运算结果报告
工作表: [规划求解.xlsx]Sheet1
报告的建立: 3/28/2023 5:28:40 PM
结果: 规划求解找到一解，可满足所有的约束及最优状况。
规划求解引擎
引擎: 非线性内点法
求解时间: 0.119 秒.
迭代次数: 10 子问题: 7
规划求解选项
最大时间 无限制, 迭代 无限制, 使用自动缩放
收敛 0.0001, 总体大小 100, 随机种子 0, 向前派生, 需要界限
最大子问题数目 无限制, 最大整数解数目 无限制, 整数允许误差1%, 假设为非负数

目标单元格 (最大值)

单元格	名称	初值	终值
$B$9	总利润 利润/件	0	15730

可变单元格

单元格	名称	初值	终值	整数
$E$2	A产品 生产量	0	167	整数
$E$3	B产品 生产量	0	10	整数

约束

单元格	名称	单元格值	公式	状态	型数值
$B$7	实际使用机时 利润/件	698	$B$7<=$B$5	未到限制值	2
$B$8	实际使用原料 利润/件	895	$B$8<=$B$6	未到限制值	5
$E$2=整数					
$E$3=整数					

运算结果报告 | Sheet1

图 9-111

新手答疑

1. Q：如何为指定区域中的值添加数据条？

A：选择需要设置数据条的单元格区域，打开“开始”选项卡，单击“条件格式”下拉按钮，在下拉列表中选择“数据条”选项，在其下级列表中选择满意的数据条样式，如图9-112所示。所选单元格区域随即被添加相应样式的数据条，效果如图9-113所示。

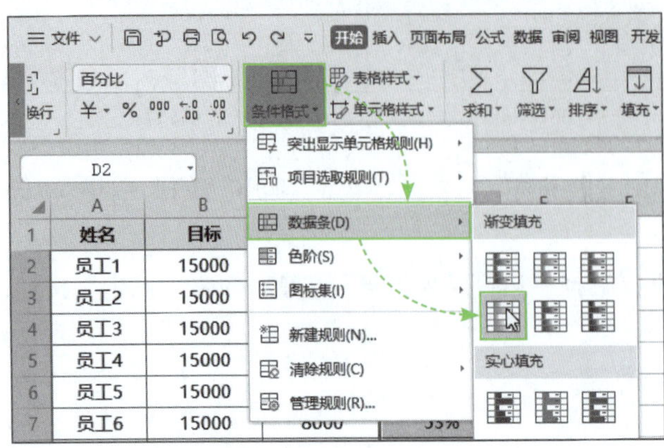

图 9-112

	A	B	C	D
1	姓名	目标	完成	完成率
2	员工1	15000	1300	9%
3	员工2	15000	1200	8%
4	员工3	15000	9000	60%
5	员工4	15000	4000	27%
6	员工5	15000	11000	73%
7	员工6	15000	8000	53%
8	员工7	15000	1450	10%
9	员工8	15000	6000	40%
10	员工9	15000	3000	20%
11	员工10	15000	1500	10%
12	员工11	15000	10000	67%
13	员工12	15000	2000	13%

图 9-113

2. Q：如何拒绝录入重复内容？

A：选中要拒绝录入重复数据的单元格区域，打开“数据”选项卡，单击“重复项”下拉按钮，在下拉列表中选择“拒绝录入重复项”选项，如图9-114所示。随后系统弹出“拒绝重复输入”对话框，单击“确定”按钮关闭对话框即可完成设置，如图9-115所示。

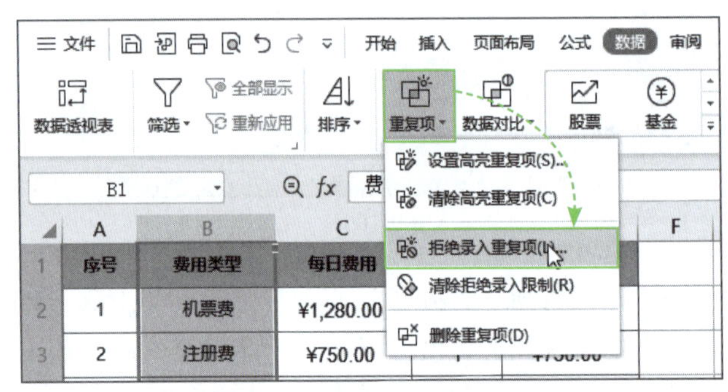

图 9-114

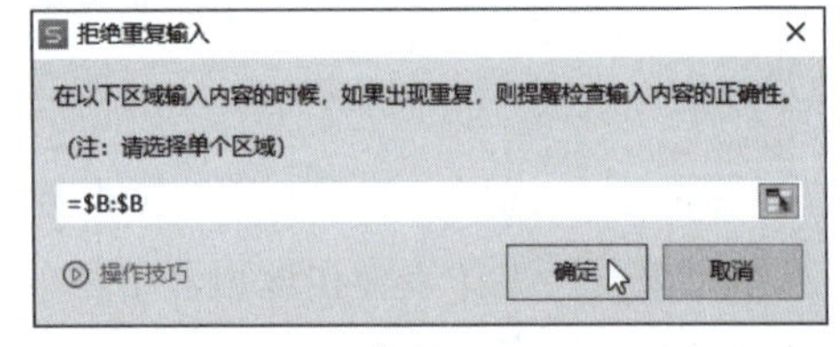

图 9-115

3. Q：如何将多个单元格中的数据合并到一个单元格？

A：可以使用一个简单的公式进行合并。以合并A1、B1、C1三个单元格中的数据为例。在单元格中输入公式“=A1&B1&C1”，如图9-116所示。按Enter键即可合并数据，如图9-117所示。

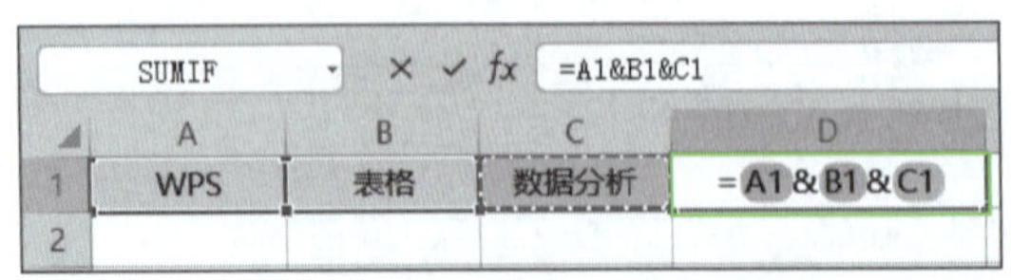

图 9-116

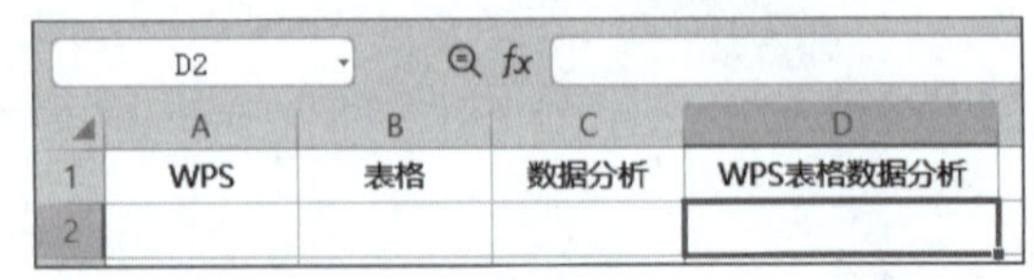

图 9-117

WPS演示篇

第10章 基本演示文稿的创建

WPS演示是WPS Office的重要组件之一，用它可以制作优秀的演示文稿，并适用各种工作场合。例如，企业员工培训、产品推介、个人演讲、课堂教学等。本章将介绍演示文稿的基本创建方法，包括文字、图片、表格等基本元素的添加与使用。

10.1 创建演示文稿

启动WPS Office软件后，在新建界面中选择演示选项，即可切换到演示文稿界面，在这里可以根据需求来创建演示文稿。下面介绍两种演示文稿的创建方法。

10.1.1 新建空白演示文稿

在WPS演示界面中单击“新建空白文档”按钮，即可创建一张空白的演示文稿，如图10-1所示。在“新建空白文档”下方会显示三个文档背景色，其中“灰色渐变”为默认文档背景用户可根据需要选择以哪一种背景色新建演示文稿。

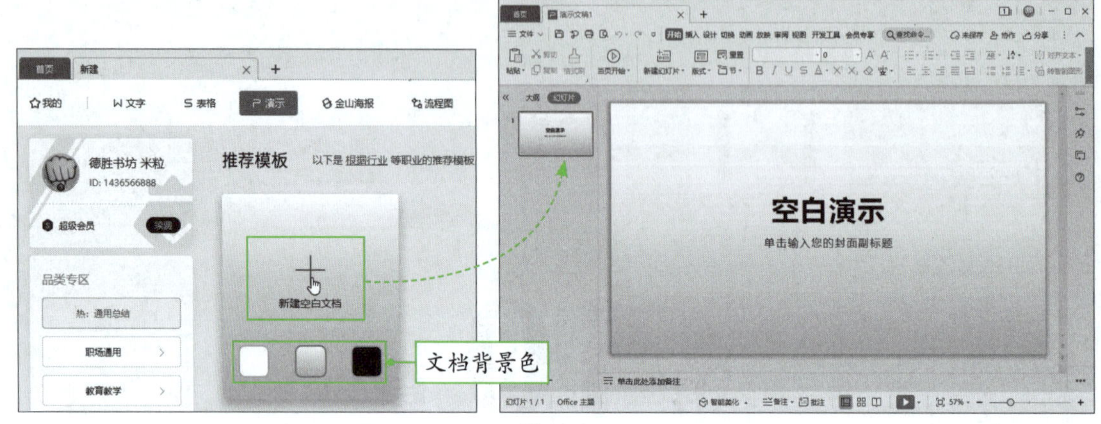

图 10-1

新建演示文稿后，系统会以默认“演示文稿1”进行命名。

10.1.2 基于模板创建

如果使用软件自带的模板创建，演示文稿的制作效率将会大幅提升。

在WPS演示界面中，根据演示文稿的种类，在“我的品类”专区中选择一款合适的模板，单击模板上的“使用模板”按钮即可，如图10-2所示。

注意事项 所有带免标识的模板，用户可直接下载使用，其他均为付费模板。

图 10-2

动手练 利用模板创建英语教学课件

下面利用系统自带的模板新建一个英语教学课件。

Step 01 在WPS演示界面的“我的品类”专区中选择“教学通用PPT”选项，如图10-3所示。

Step 02 打开该品类模板界面，在此选择一款合适的模板，并单击“免费使用”按钮，如图10-4所示。

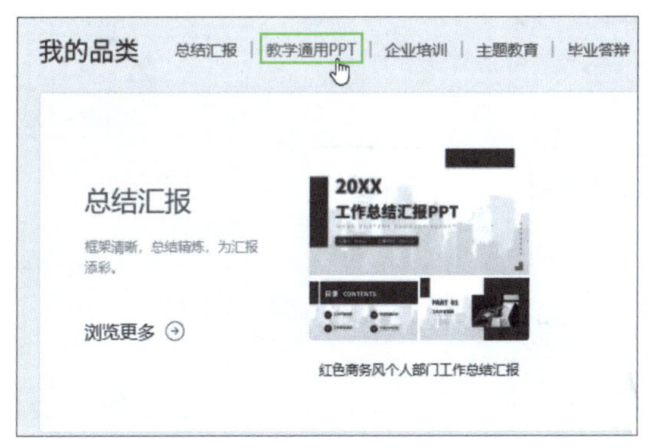

图 10-3

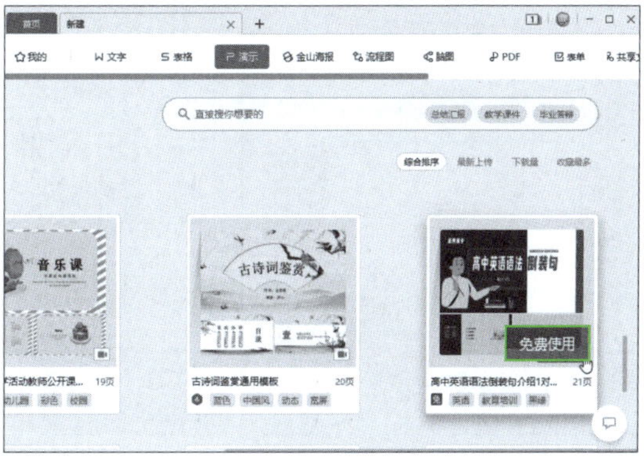

图 10-4

Step 03 系统会自动下载模板，下载完毕后会打开该模板，如图10-5所示。用户只需在该模板的基础上进行修改和编辑即可。

图 10-5

知识点拨

右击文档标题，在弹出的快捷菜单中选择“另存为”选项，可以将当前演示文稿进行保存操作，如图10-6所示。

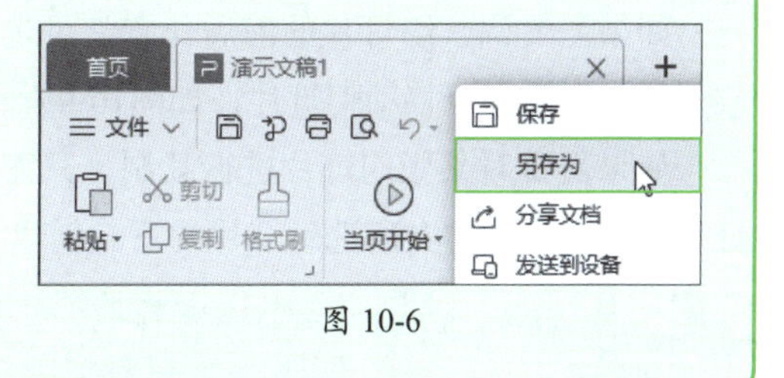

图 10-6

10.2 操作幻灯片

一份演示文稿是由多张幻灯片组合起来的。在制作演示文稿时，几乎所有的操作都是在幻灯片中进行的，所以掌握幻灯片的常规操作很有必要。

10.2.1 新建与删除幻灯片

默认情况下，新建空白演示文稿后，系统只会显示一张幻灯片。如果要在此基础上添加新的幻灯片，只需在左侧导航栏中选择这张幻灯片，然后单击⊕按钮，在展开的新建版式面板中选择页面版式即可，如图10-7所示。

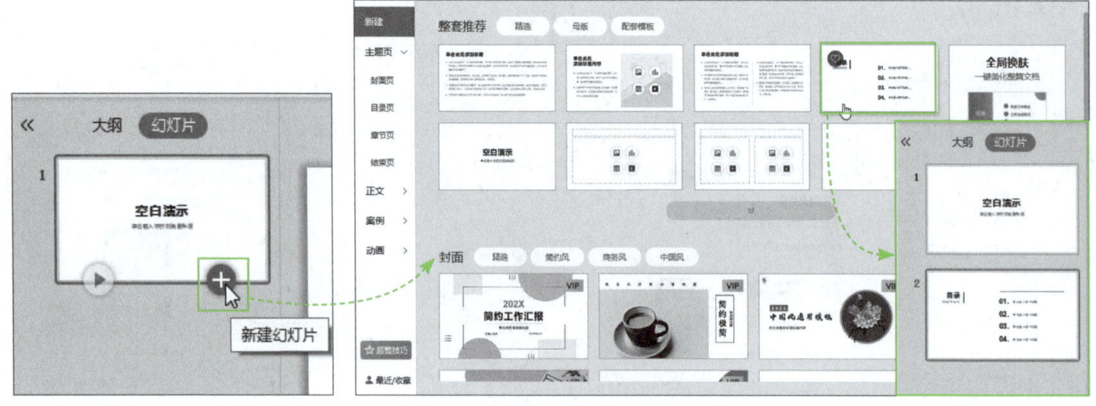

图 10-7

如果想要删除多余的幻灯片，可在导航栏中选择该幻灯片，按Delete键即可删除，如图10-8所示。

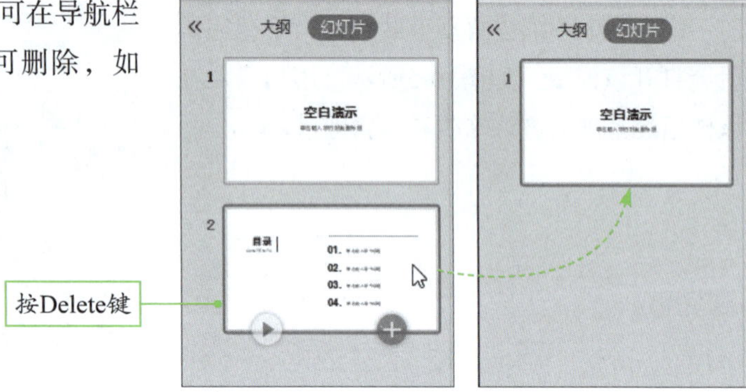

图 10-8

10.2.2　移动与复制幻灯片

如果需要调整幻灯片的前后位置，可选中该幻灯片，按住鼠标左键将其拖曳至合适位置，放开鼠标左键即可移动幻灯片，如图10-9所示。

如果需要对某张幻灯片进行复制，只需右击该幻灯片，在弹出的快捷菜单中选择“复制幻灯片”选项，即可在所选幻灯片的下方创建一张相同内容的幻灯片，如图10-10所示。

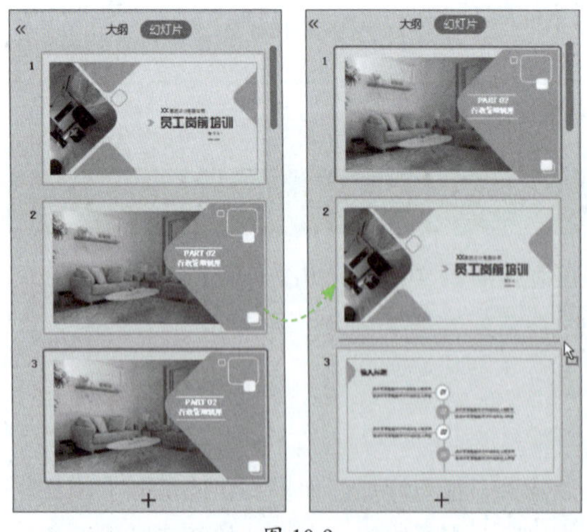

图 10-9

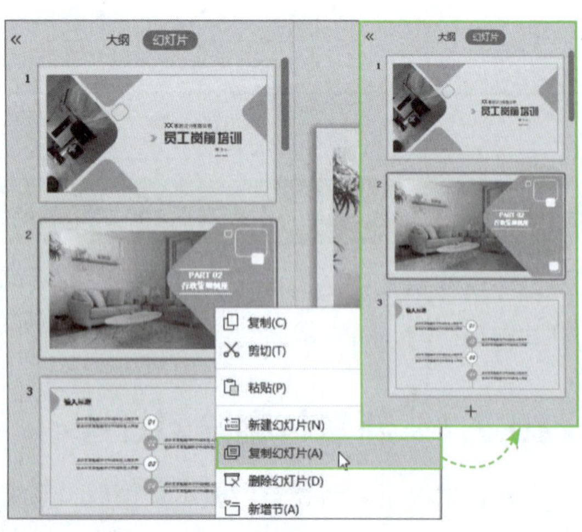

图 10-10

10.2.3 为幻灯片添加编号、日期和时间

如果要为每张幻灯片进行编号，以便后续统一编排，可在导航窗格中选择一张幻灯片，在“插入”选项卡中单击“幻灯片编号”按钮，如图10-11所示。在“页眉和页脚”对话框中勾选“幻灯片编号”复选框，单击“全部应用”按钮即可，如图10-12所示。

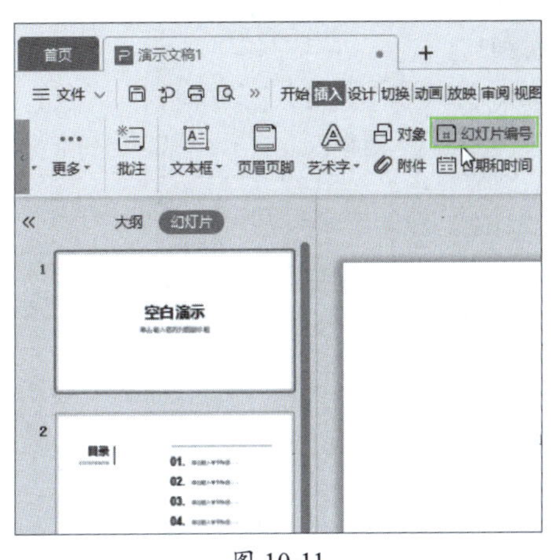

图 10-11

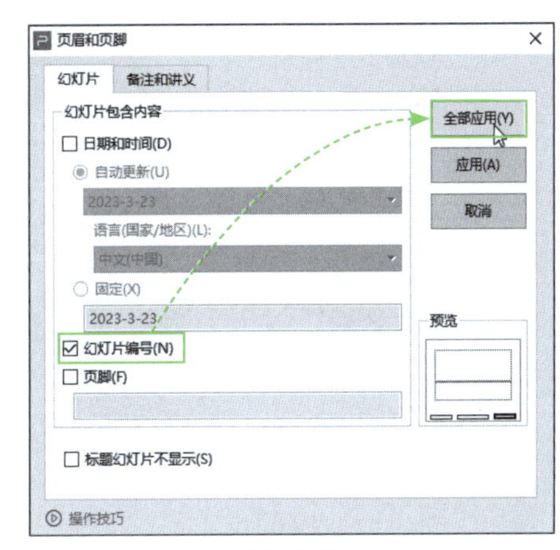

图 10-12

在“页眉和页脚”对话框中勾选“日期和时间”复选框，可在幻灯片左下角处添加制作时间。选中“自动更新”单选按钮后，每次打开该演示文稿时，系统将自动更新到当前日期和时间，如图10-13所示。如果选中“固定”单选按钮，用户可指定一个日期，设置后该日期将不会随系统日期的更新而更新，如图10-14所示。

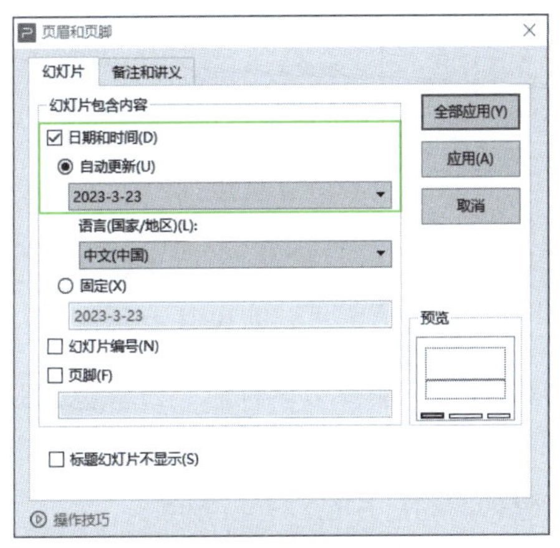

图 10-13

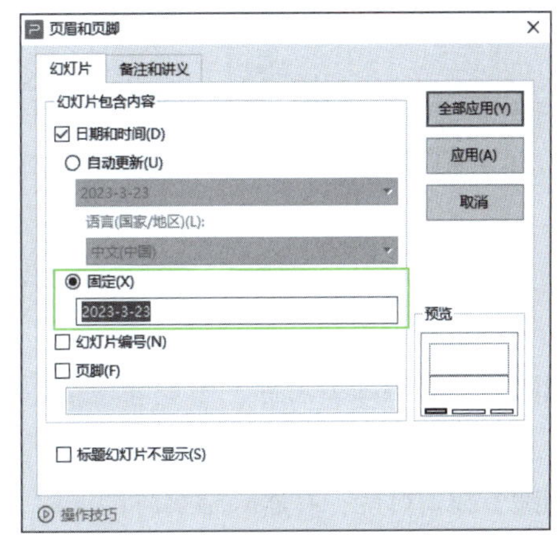

图 10-14

10.2.4 分节显示幻灯片

为幻灯片分节可以使其内容逻辑更加清晰，结构更加分明。在导航窗格中右击要分节的位置，在弹出的快捷菜单中选择“新增节”选项，此时的演示文稿将被分成两小节，如图10-15所示。

选中所需节名称，此时该节包含的所有幻灯片均会被选中，如图10-16所示。

右击节名称，在弹出的快捷菜单中选择“重命名节”选项，可对当前节名称进行重命名。单击节标题前的折叠◢或展开▶按钮，可对该节内容进行折叠或展开操作，图10-17所示的是折叠节内容的效果。

如果要删除多余的节或节名称，可右击所需的节名称，在弹出的快捷菜单中根据需要选择相应的删除选项即可，如图10-18所示。

图 10-15

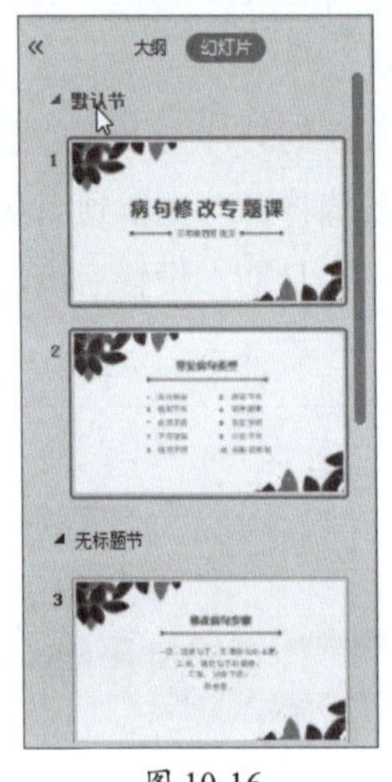

图 10-16

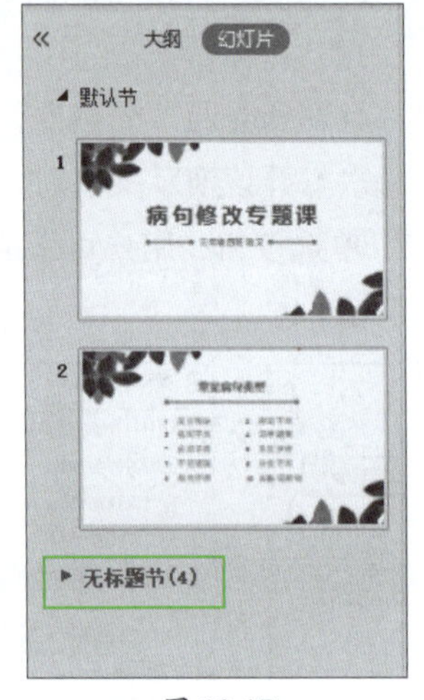

图 10-17

图 10-18

- **删除节：** 只删除节名称，不删除该节包含的幻灯片。删除节名称后，该节包含的幻灯片会合并到上一节中。
- **删除节和幻灯片：** 在删除节名称的同时，其包含的幻灯片也一并被删除。
- **删除所有节：** 只删除所有节名称，而不删除其包含的幻灯片。

10.2.5 设置幻灯片页面大小

新建空白演示文稿后，其幻灯片大小默认为宽屏（16：9）的尺寸。有时为了配合场地的放映条件及要求，需要对默认的尺寸进行调整。此时，用户可在“页面设置”对话框中进行相关设置，如图10-19所示。

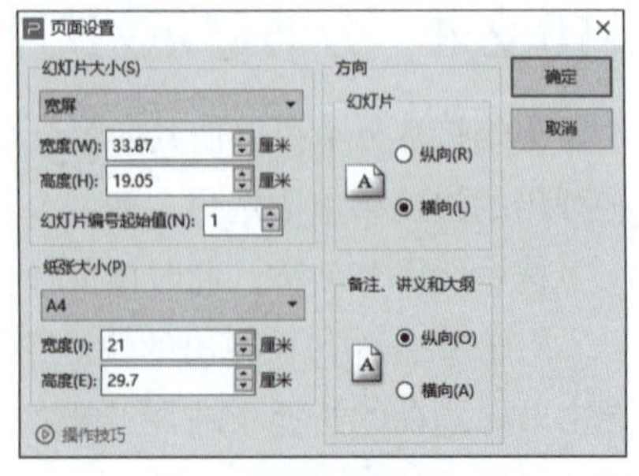

图 10-19

动手练 设置适应手机端显示的页面尺寸

下面以设置720×1280页面尺寸介绍幻灯片页面大小的设置方法。

Step 01 新建一个空白演示文稿。可以看到当前页面尺寸是以16：9显示的，如图10-20所示。

Step 02 在“设计”选项卡中单击“幻灯片大小”下拉按钮，在下拉列表中选择“自定义大小”选项，打开“页面设置”对话框，如图10-21所示。

图 10-20

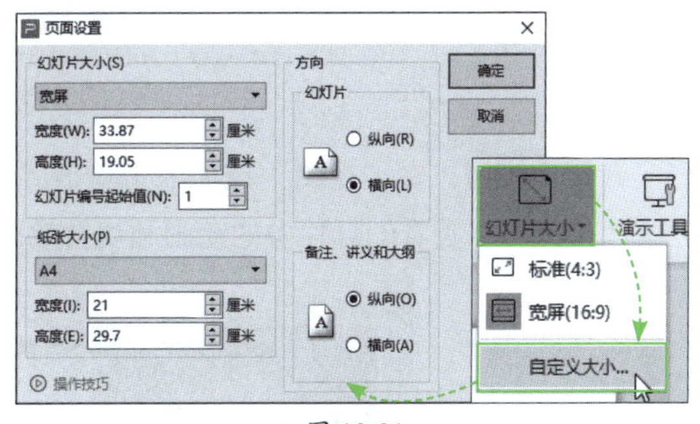

图 10-21

Step 03 将“宽度”设置为7.2厘米，“高度”设置为12.8厘米。在“方向”选项组中选中“纵向”单选按钮，单击“确定”按钮，打开“页面缩放选项”对话框，单击“确保适合”按钮，如图10-22所示。

Step 04 设置完成后，当前幻灯片尺寸已发生了相应的变化，结果如图10-23所示。

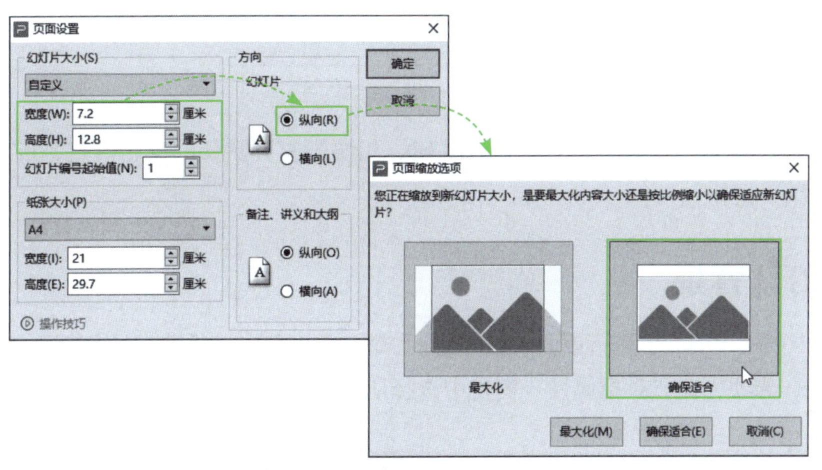

图 10-22

图 10-23

10.2.6 三种幻灯片查看模式

演示文稿有三种视图模式，分别为普通视图、幻灯片浏览视图和阅读视图。

- **普通视图：** 该模式为默认查看模式。将光标移至编辑区上方，滚动鼠标滚轮即可查看所有幻灯片内容。
- **幻灯片浏览视图：** 在“视图”选项卡中单击“幻灯片浏览”按钮，或者在状态栏中单击“幻灯片浏览”按钮，即可切换至幻灯片浏览视图模式，在该视图下可以对演示文稿中的所有幻灯片进行查看或重新排列，如图10-24所示。

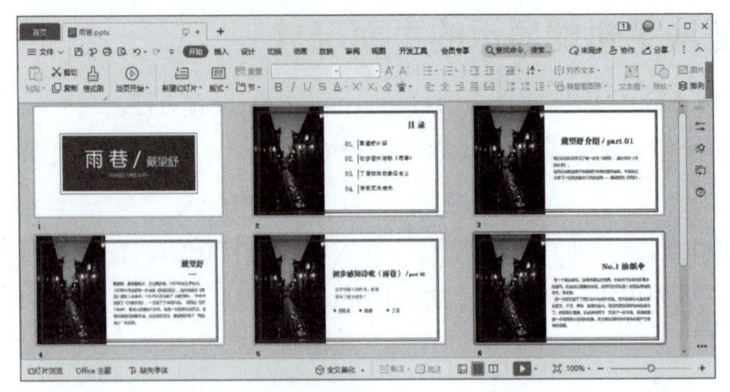

图 10-24

- **阅读视图：**在“视图”选项卡中单击“阅读视图”按钮，即可切换至阅读视图模式。该模式可以查看幻灯片中的动画和切换效果，无须切换到全屏幻灯片放映，如图10-25所示。

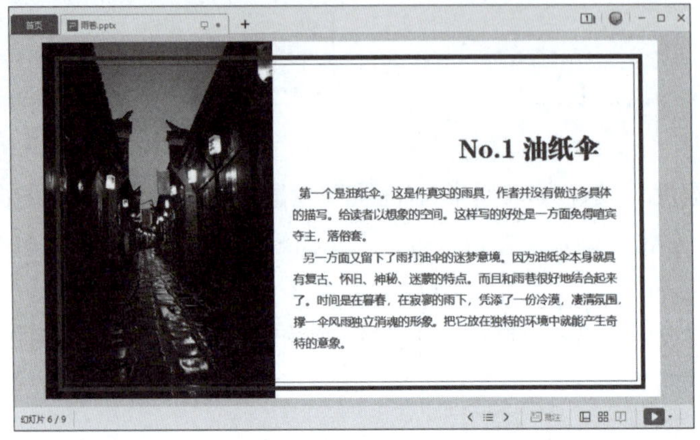

图 10-25

当演示文稿处于幻灯片浏览视图模式或阅读视图模式时，想要恢复到默认的视图模式，可在状态栏中单击“普通视图”按钮。

10.2.7　设置幻灯片背景

幻灯片的背景色可以根据用户的需求进行更改。在“设计”选项卡中单击“背景”下拉按钮，在下拉列表中选择“背景”选项，在“对象属性”窗格中选择所需的背景类型即可，如图10-26所示。

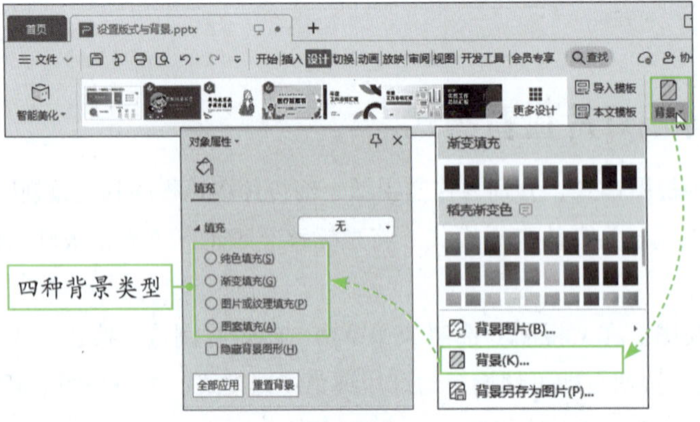

图 10-26

1. 设置纯色背景

在“对象属性”窗格中选中“纯色填充”单选按钮，并单击“颜色”下拉按钮，在展开的颜色面板中选择一款合适的背景色，此时当前幻灯片背景色会发生相应的变化，如图10-27所示。

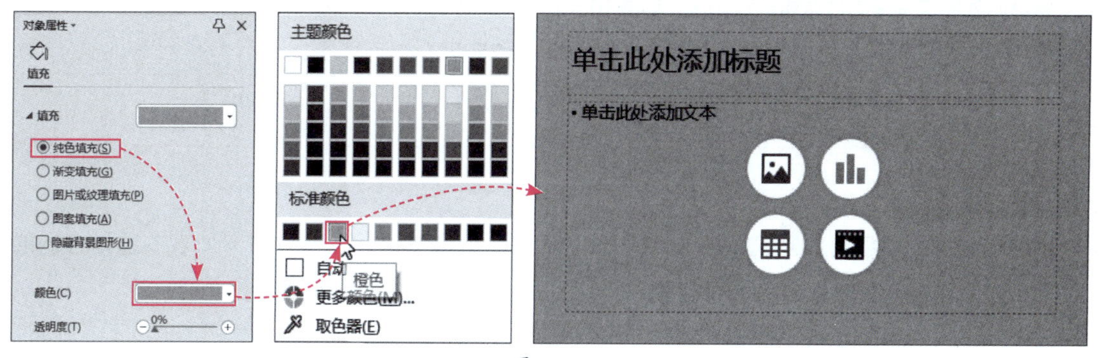

图 10-27

2. 设置渐变背景

在“对象属性”窗格中选中“渐变填充”单选按钮，调整好渐变滑块的位置和颜色，即可为幻灯片设置渐变背景颜色，如图10-28所示。

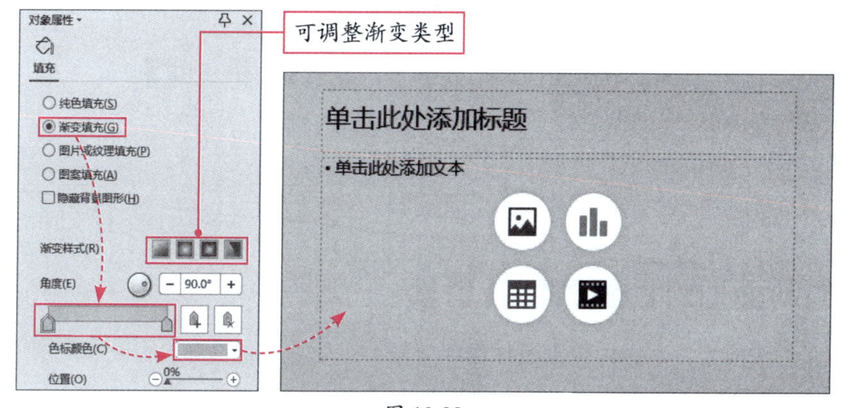

图 10-28

3. 设置图片或纹理背景

在“对象属性”窗格中选中“图片或纹理填充”单选按钮，单击“图片填充”下拉按钮，在下拉列表中选择“本地文件”选项，在打开的“选择纹理”对话框中选择所需背景图片，单击“打开”按钮，即可为幻灯片设置图片背景，如图10-29所示。

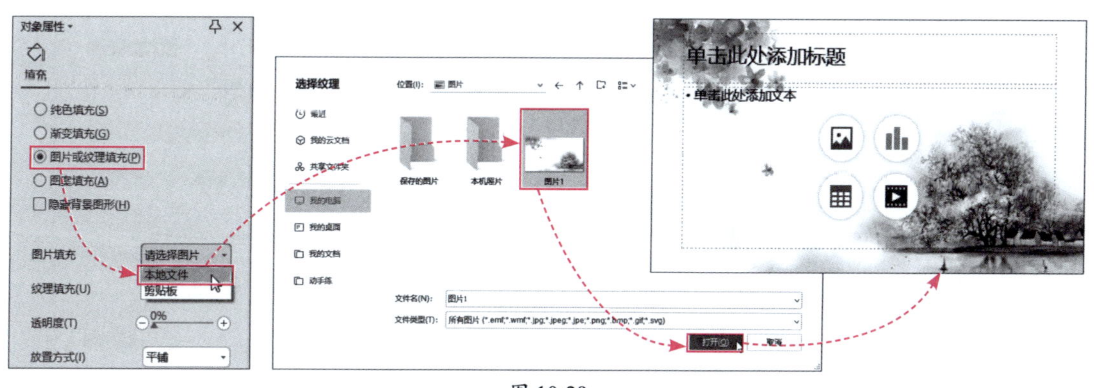

图 10-29

知识点拨

为幻灯片设置图片背景后，用户可以通过设置透明度值来调整图片背景的透明度，如图10-30所示。

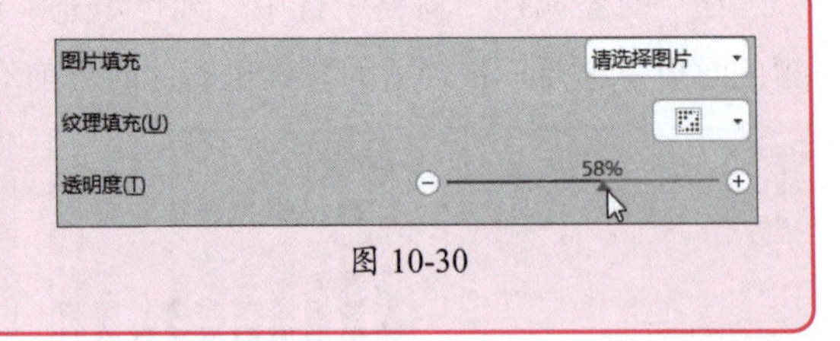

图 10-30

4. 设置图案背景

在打开的“对象属性”窗格中选中“图案填充”单选按钮，在下方图案列表中选择合适的图案，并设置好图案的前景色和背景色，即可添加图案背景，如图10-31所示。

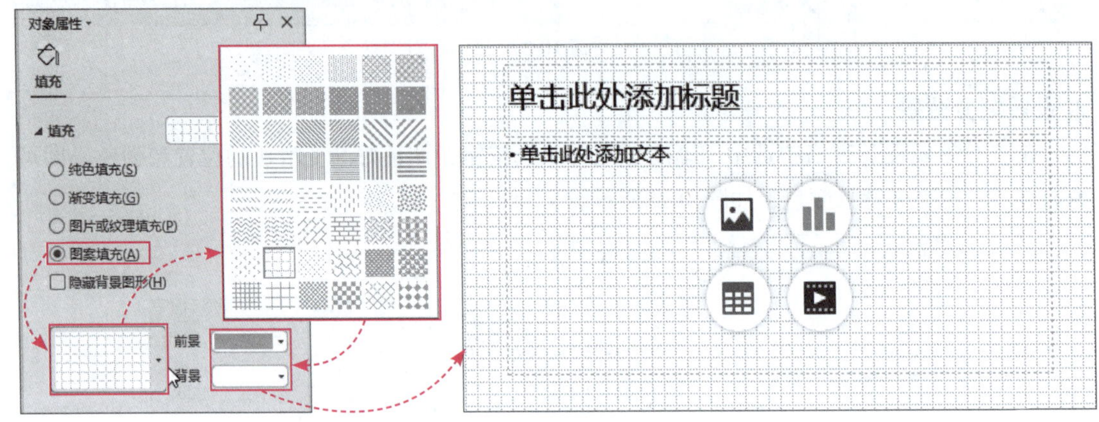

图 10-31

动手练 为封面幻灯片设置图片背景

下面为教学课件封面添加图片背景，以美化页面效果。

Step 01 打开“开学第一课”素材文件，可以看到当前页面较单调，如图10-32所示。

Step 02 单击“背景”按钮，打开“对象属性”窗格，选中“图片或纹理填充”单选按钮，并在“图片填充”选项中选择“本地文件”选项，在打开的“选择纹理”对话框中选择图片，单击“打开”按钮，如图10-33所示。

图 10-32

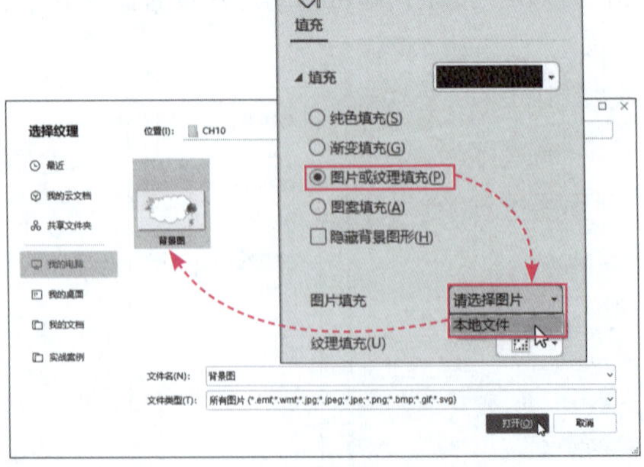

图 10-33

Step 03 此时该页面背景已更换成所选择的图片，如图10-34所示。

图 10-34

10.3 文本内容的编辑

文本是演示文稿不可或缺的元素，默认情况下，在幻灯片中无法直接输入文字内容，必须要通过文本框或文本占位符等载体才可输入。

10.3.1 在幻灯片中添加文字

新建幻灯片后，单击幻灯片中的文字占位符（空白演示/单击输入您的封面副标题）就可以输入文字内容，如图10-35所示。

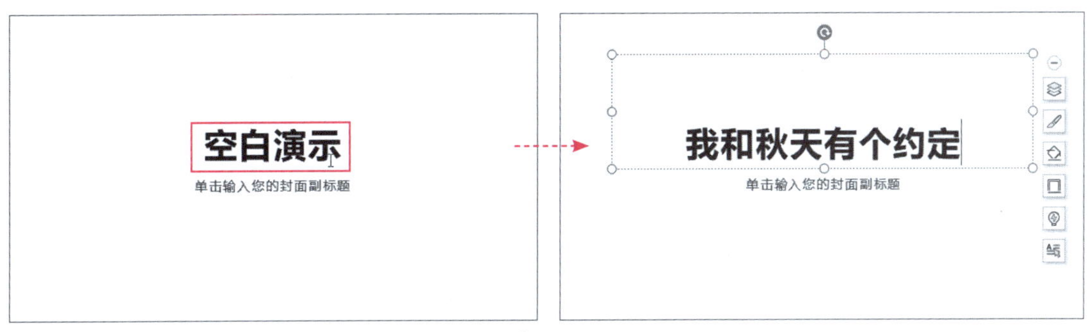

图 10-35

1. 文字占位符

文字占位符是一类特殊的文本框，其在页面中先规划出文字的范围和位置，整个页面版式编排好后，再往文字占位符中填写文字。所以，文字占位符常被用于页面版式的设计，如图10-36所示。单击文字占位符，会进入文字编辑状态，在此输入或修改文字即可。

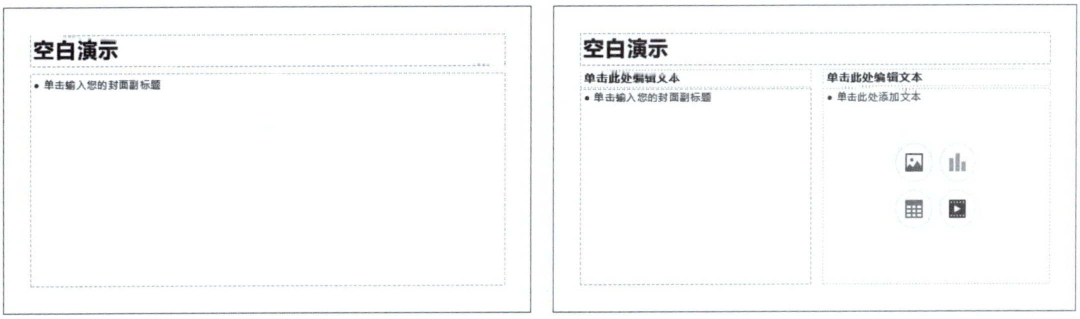

图 10-36

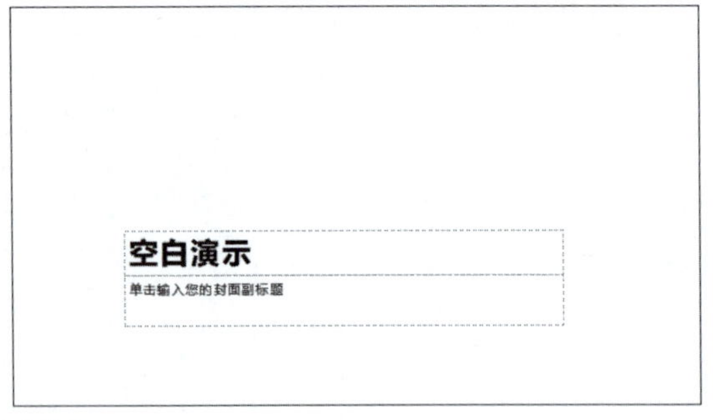

图 10-36（续）

2. 文本框

文本框相对于文字占位符来说比较灵活。利用文本框可随时在页面任意位置插入文字内容，使用起来非常方便。在“插入”选项卡中单击“文本框”下拉按钮，在下拉列表中选择“横向文本框”或“竖向文本框”选项，然后在页面中拖曳光标，绘制出文本框区域，即可输入文字内容，如图10-37所示。

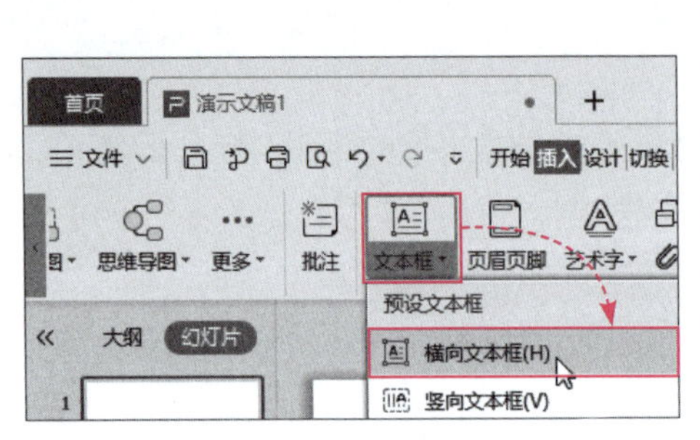

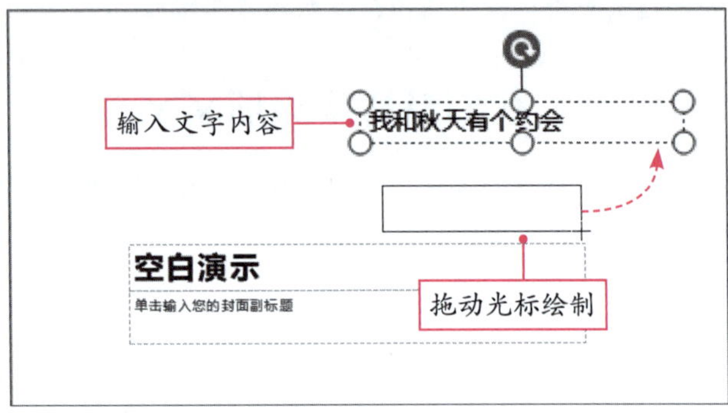

图 10-37

3. 艺术字

艺术字是一个自带文字样式的文字模板。在“插入”选项卡中单击“艺术字”下拉按钮，在下拉列表中选择一款艺术字样式，随即在幻灯片中会插入该样式的文本框，输入文本内容即可，如图10-38所示。

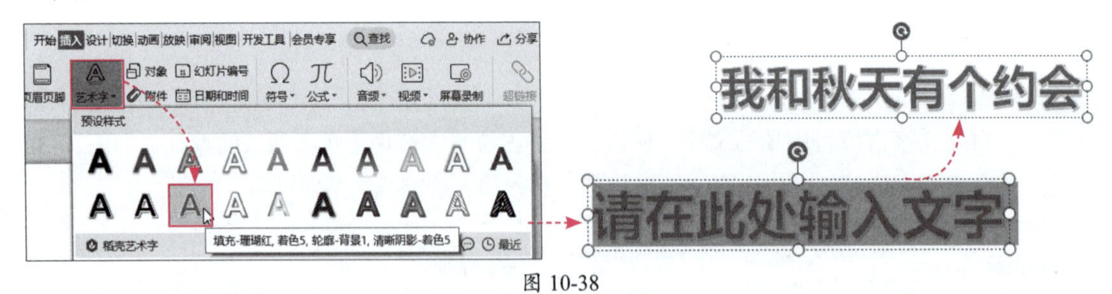

图 10-38

动手练 制作变形文字

下面利用“文字效果”中的“三维旋转”效果来对文字进行变形设计。

Step 01 打开“蓝色的天空”素材文件。选中白色文字的文本框，在“文本工具”选项卡中单击“文本效果”下拉按钮，在下拉列表中选择“更多设置”选项，如图10-39所示。

Step 02 在打开的“对象属性”窗格中展开“三维旋转”选项列表，并按照如图10-40所示的参数将字体进行三维旋转。

图 10-39

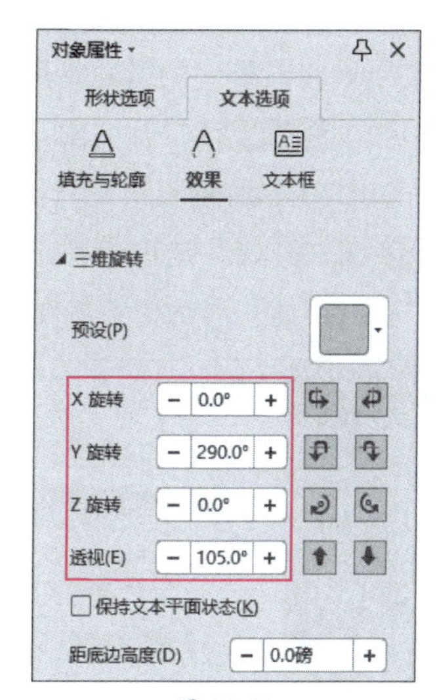

图 10-40

Step 03 设置完成后，被选中的文字会发生相应的变化，在此调整好文字的位置，效果如图10-41所示。

图 10-41

10.3.2 设置文本和段落格式

输入文字后，用户可根据需要对其字体格式或段落格式进行设置，以美化页面效果。

1. 设置文本格式

选中文本，在“开始”选项卡中进行相关设置，其中包括字体、字号、字体颜色、字形、文字效果等，如图10-42所示。

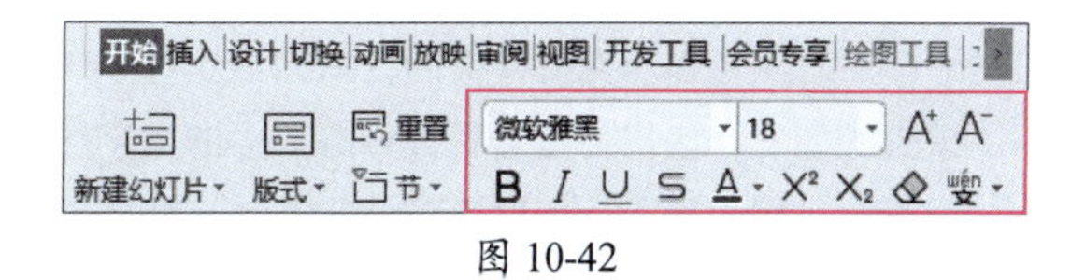

图 10-42

2. 设置段落格式

段落设置就是设置段落的对齐方式、段落行间距、为段落添加项目符号和编号等，这些操作均可在“开始”选项卡中进行设置，如图10-43所示，其方法与在WPS文本中的设置方法相同。

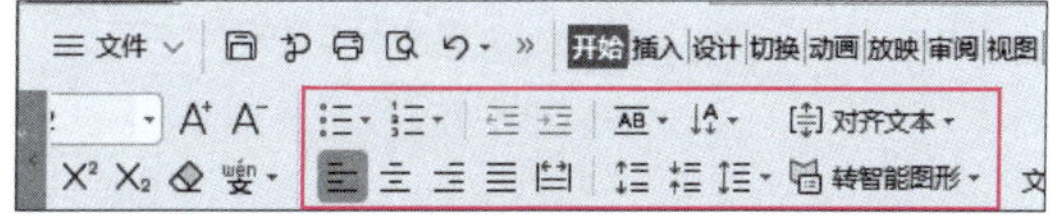

图 10-43

动手练 批量更换幻灯片中的字体

如果需要对文稿中的某一类字体进行更换，可使用“替换字体”的功能来操作。下面将文稿中的微软雅黑字体批量替换成楷体。

Step 01 打开“雨巷”素材文件，可以看到该文稿中正文的字体使用的是微软雅黑字体，如图10-44所示。

Step 02 在“开始”选项卡中单击“替换”下拉按钮，在下拉列表中选择“替换字体”选项，打开“替换字体”对话框，如图10-45所示。

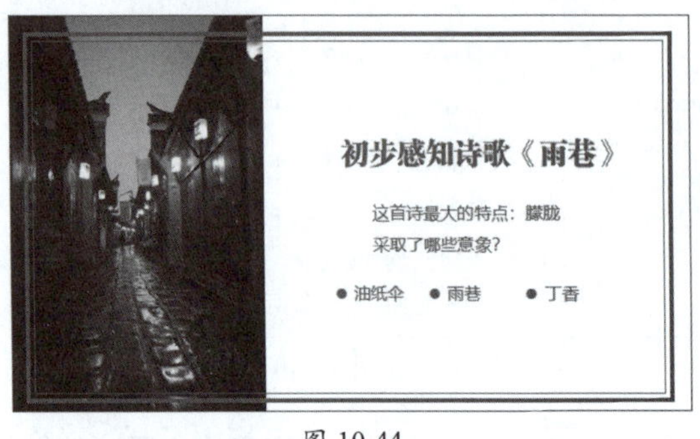

图 10-44

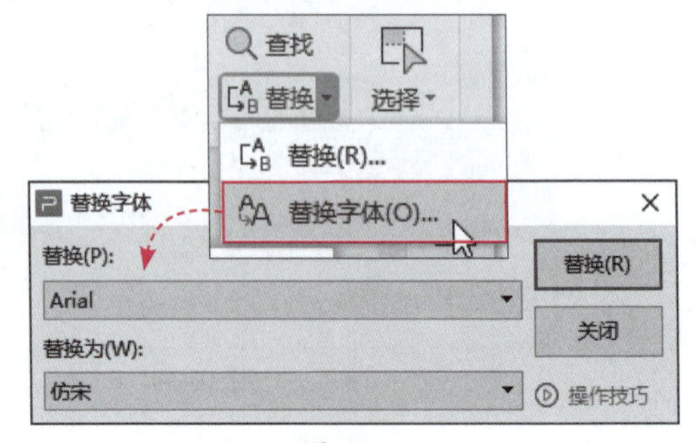

图 10-45

Step 03 将“替换”选项设置为“微软雅黑”字体，将“替换为”选项设置为“楷体”，如图10-46所示。

Step 04 单击“替换”按钮，此时文稿中所有微软雅黑字体已统一替换为楷体，如图10-47所示。

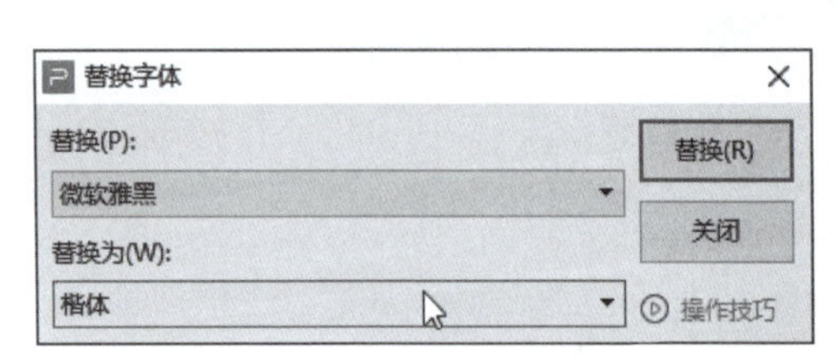

图 10-46

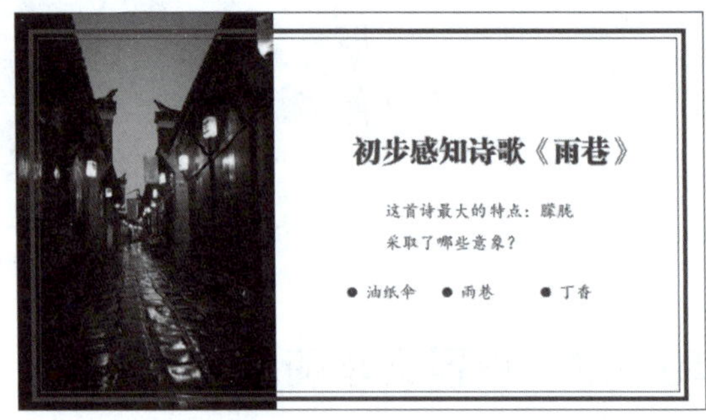

图 10-47

知识点拨

下载一个演示文稿模板后，有时会出现字体缺失的情况，这样可能会导致幻灯片中的文字显示错乱，用户也可使用替换字体的方法来操作。在状态栏中单击“缺失字体”按钮，在列表中选择“替换为其他字体”选项，在“字体替换”对话框中可根据需要进行替换操作，如图10-48所示。

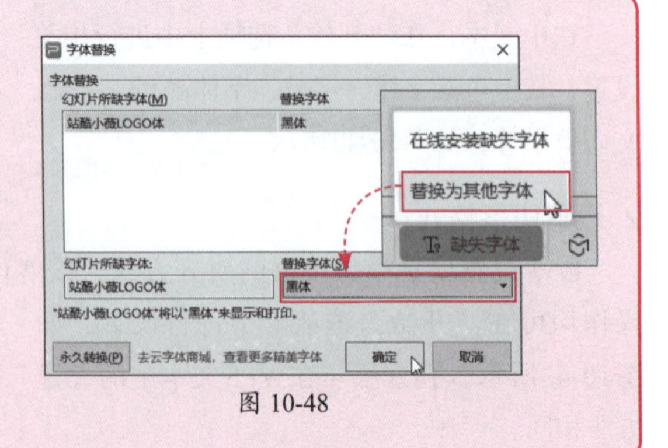

图 10-48

10.3.3 在大纲窗格中编辑文本

在WPS演示文稿中，除了以上介绍的文本输入方法外，还可以利用预览窗格中的“大纲”功能输入文字。

新建演示文稿后，在左侧预览窗格中选择“大纲”选项卡，单击缩略图右侧空白位置，即可输入文字内容，按Shift+Enter组合键可换行，按Enter键可快速新建幻灯片，如图10-49所示。

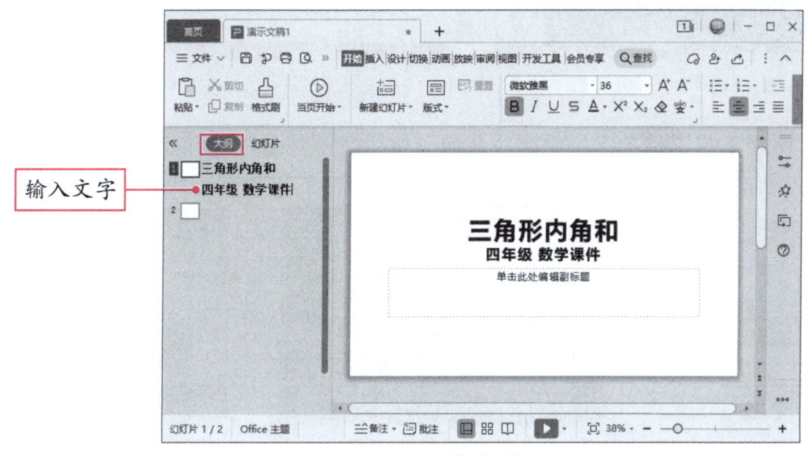

图 10-49

10.4 添加图片、图形、表格元素

在演示文稿中适当添加一些图形、图片、图表或表格元素，可以丰富文稿内容，增强文稿的可读性。

10.4.1 插入与美化图片

在幻灯片中插入图片的方法有很多种，最快速的方法是直接将图片拖曳至页面中，如图10-50所示。

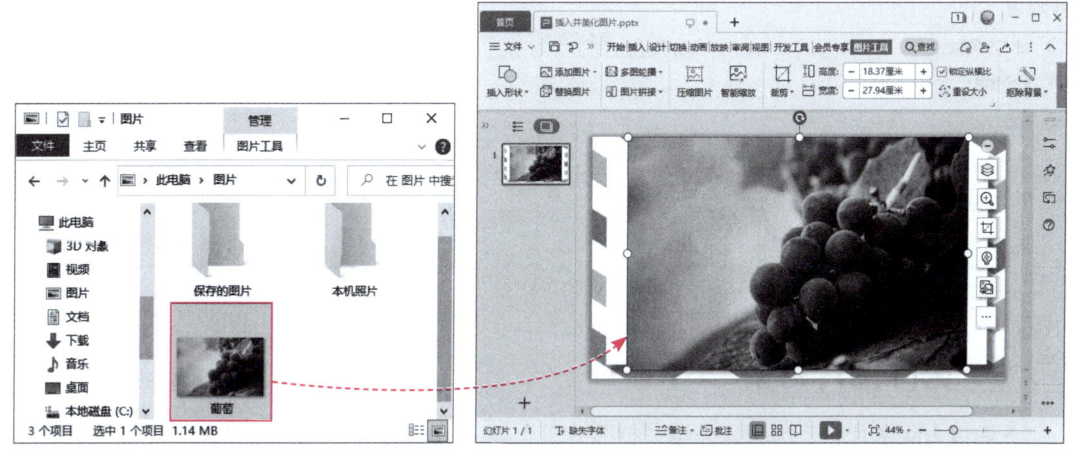

图 10-50

图片插入后，选中并拖动图片任意角点，可快速调整图片的大小，如图10-51所示。

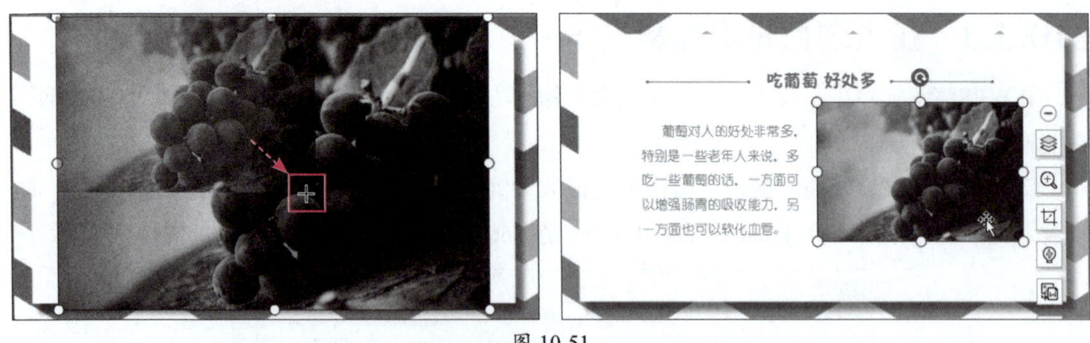

图 10-51

选中图片，在“图片工具”选项卡中单击“裁剪”按钮，可对图片进行裁剪，如图10-52所示。

图 10-52

在“图片工具”选项卡中，用户还可以设置图片的亮度、图片的色调、图片的效果、图片的边框样式、图片的对齐方式、图片的旋转等，如图10-53所示。

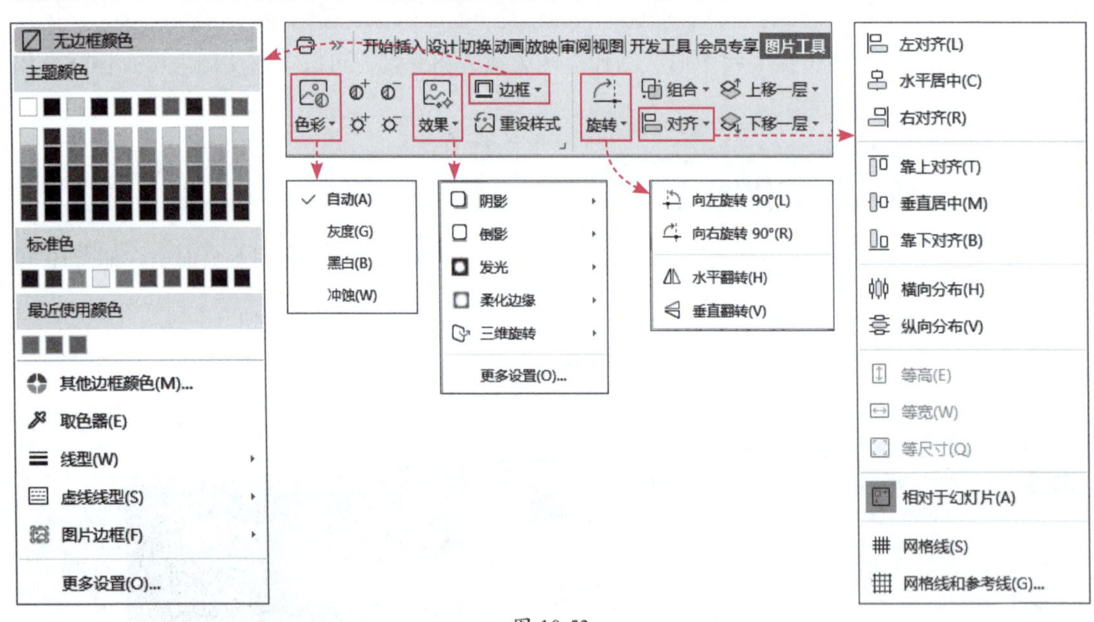

图 10-53

动手练 去除图片背景

下面以去除图片背景为例，介绍“抠除背景”功能的应用。

Step 01 打开“鸟类”素材文件，选中文档中的图片，在“图片工具”选项卡中单击“抠除背景”按钮，打开“抠除背景”界面，如图10-54所示。

Step 02 分别使用“保留”和“抠除”画笔调整要删除的图片背景区域，如图10-55所示。

图 10-54

图 10-55

Step 03 调整完成后，单击“完成抠图”按钮即可完成去除图片背景的操作，效果如图10-56所示。

图 10-56

10.4.2 插入与编辑图形

如果需要在幻灯片中插入图形来修饰页面，可在“插入”选项卡中单击“形状”下拉按钮，在下拉列表中选择所需的图形，在页面中拖动光标即可绘制该图形，如图10-57所示。

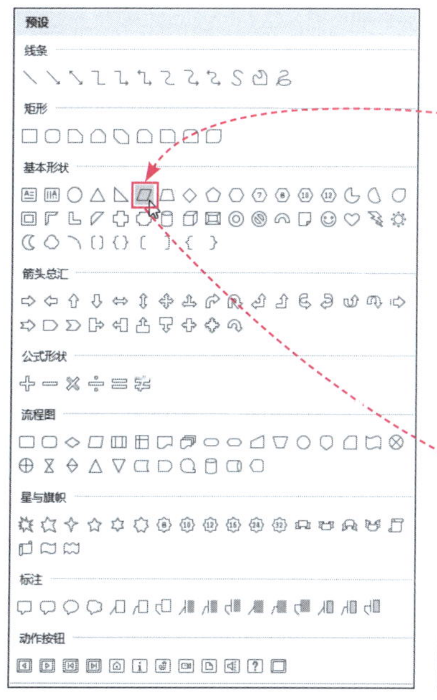

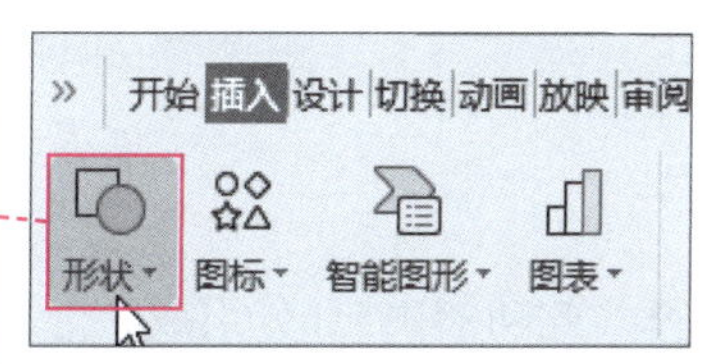

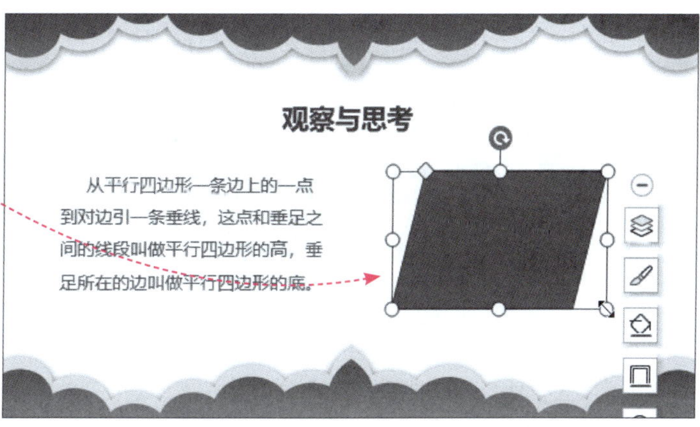

图 10-57

将光标移至图形上黄色圆点处，按住鼠标左键不放，拖动该圆点可对该图形进行微调，如图10-58所示。

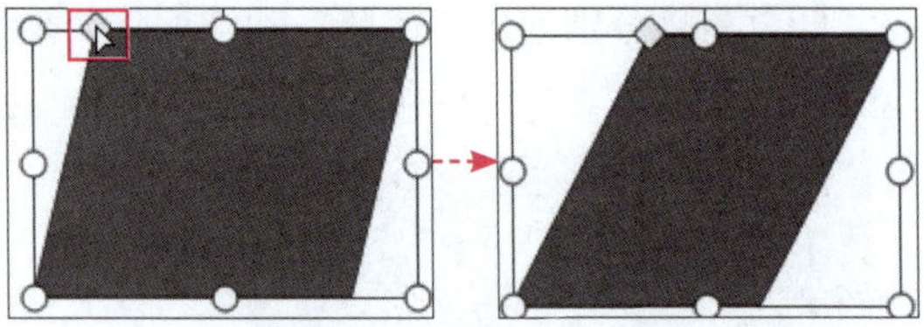

图 10-58

1. 编辑顶点

在预设形状列表中如果没有合适的图形，那么可先插入一个基本图形，然后再利用“编辑顶点”功能对该图形进行加工编辑，使其成为符合要求的图形。

选中图形，在“绘图工具”选项卡中单击“编辑形状”下拉按钮，在下拉列表中选择“编辑顶点”选项，此时被选中的图形四周会显示可编辑的顶点，如图10-59所示。选中任意顶点，并拖动其手柄至合适位置，放开手柄即可调整图形的轮廓，如图10-60所示。

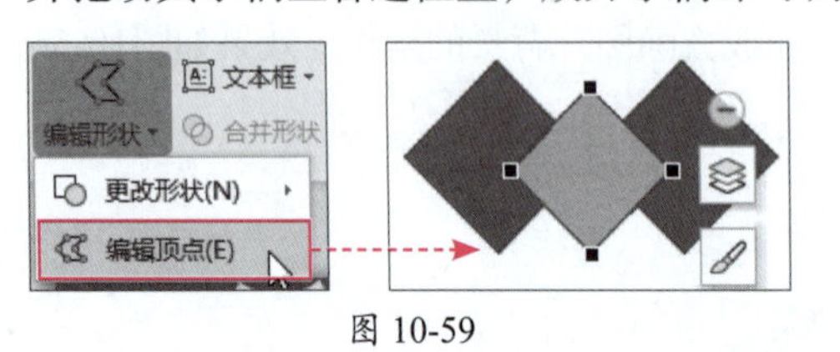

图 10-59

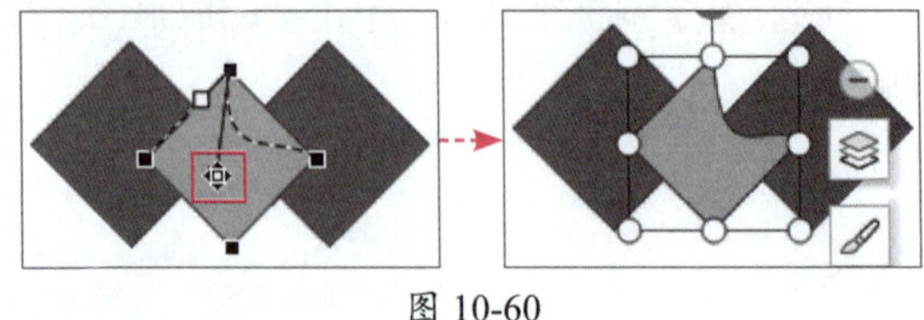

图 10-60

在编辑过程中，右击顶点，在弹出的快捷菜单中可以对当前顶点进行删除、平滑等操作，图10-61中是平滑顶点。如果想要添加顶点，只需在轮廓线上指定顶点的位置，右击，在弹出的快捷菜单中选择“添加顶点”选项即可，如图10-62所示。

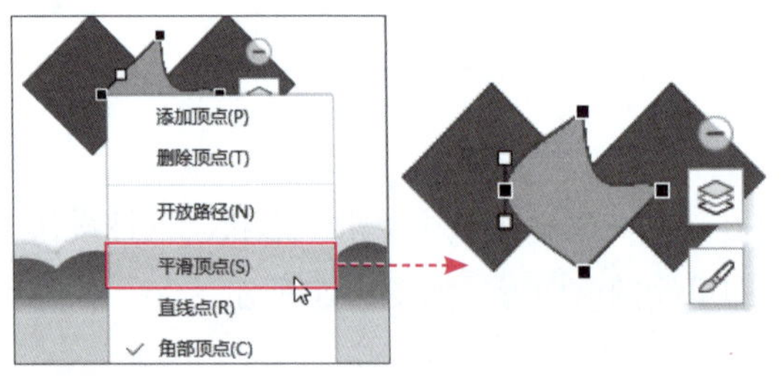

图 10-61

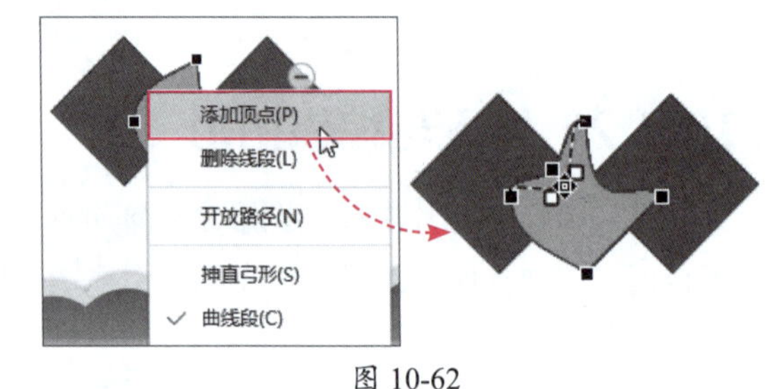

图 10-62

2. 合并形状

合并形状功能也称为布尔运算。此功能由5部分组成，分别为结合、组合、拆分、相交以及剪除。利用这些功能可将多个图形重新组合，并形成一个新图形。在“绘图工具”选项卡中单击“合并图形”下拉按钮，在下拉列表中根据需要选择相关选项即可。5种合并效果如图10-63所示。

图 10-63

下面对这5种合并功能进行简单说明。

- **结合：**将多个形状组合为一个新形状。新形状的颜色取决于先选图形的颜色。例如，先选择的是蓝色图形，那么结合后的图形的颜色则为蓝色。如果先选择图形的颜色为黄色，结合后的图形颜色就为黄色。

- **组合：**与“结合”功能相似，其区别在于两个图形重叠的部分会镂空显示。
- **拆分：**将多个形状进行分解，所有重合的部分都会变成独立的形状。
- **相交：**只保留两个或多个形状之间的重叠部分，未重叠的部分将被去除。
- **剪除：**用先选形状减去后选形状的重叠部分，通常用来做镂空效果。

动手练 利用形状填充文字

下面利用“合并形状”功能来美化标题文字。

Step 01 打开“文字”素材文件，将图片素材插入页面中，并将其放置在文字下方合适位置，如图10-64所示。

Step 02 先选图片，再选文字，在“绘图工具”选项卡中单击“合并形状”下拉按钮，在下拉列表中选择“相交”选项，如图10-65所示。

图 10-64

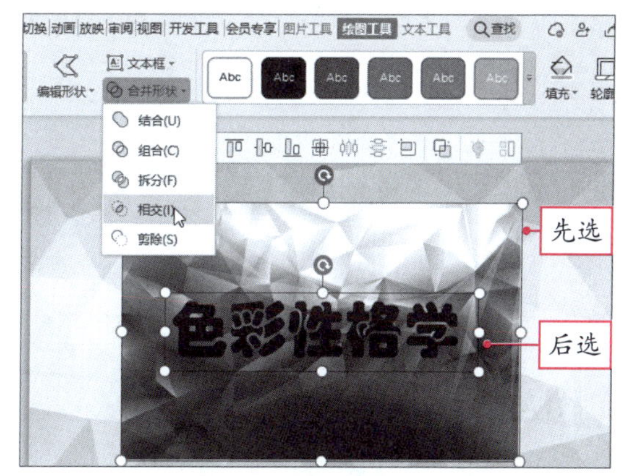

图 10-65

Step 03 选择完成后，图片和文字的重叠部分会被保留下来，图片其余的部分会被删除，从而形成文字填充效果，如图10-66所示。

图 10-66

10.4.3 对齐与组合图形

使用“对齐”功能可将多个图形按照要求进行排列分布，以保证页面的美观性。选中多个图形，在悬浮工具栏中单击所需的对齐按钮，即可快速对齐图形，如图10-67所示。

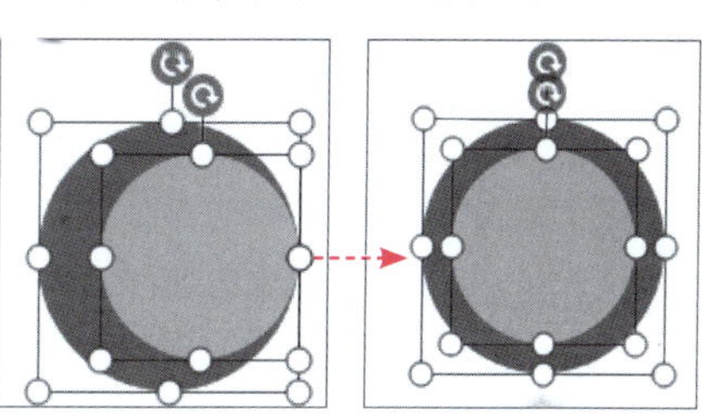

图 10-67

用户也可以在“绘图工具”选项卡中单击“对齐”下拉按钮，在下拉列表中选择所需的对齐选项进行对齐操作。

此外，用户利用“组合”功能，还可将多个图形组合成一组，从而方便图形的选择或移动操作。选中所有图形，在悬浮工具栏中单击“组合”按钮，或者在“绘图工具”选项卡中单击“组合”按钮，组合所有图形，如图10-68所示。

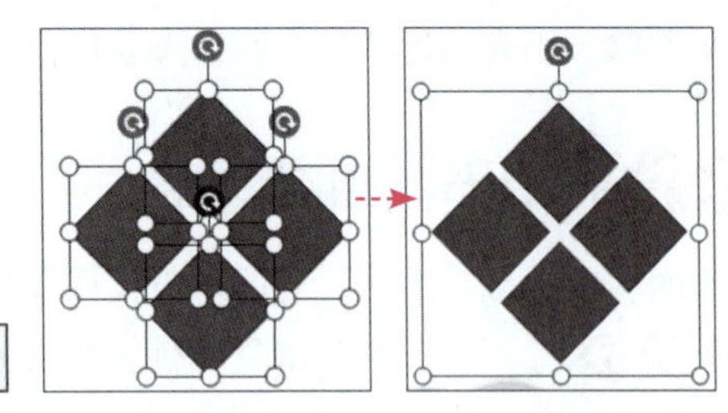

图 10-68

知识点拨

图形创建后，用户可在“绘图工具”选项卡中对图形的填充颜色、轮廓样式、形状效果进行设置，如图10-69所示。

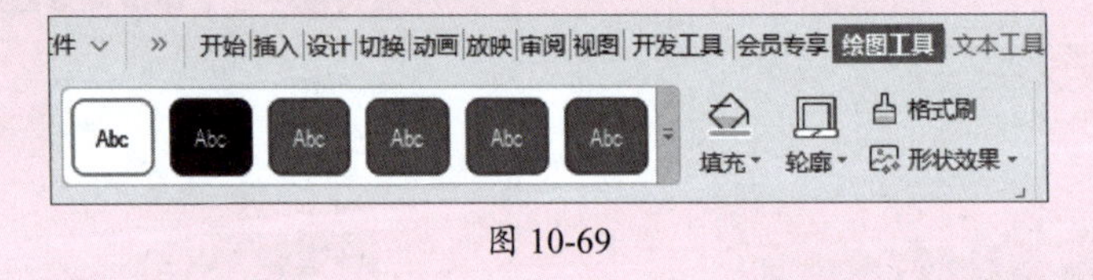

图 10-69

10.4.4 插入智能图形

当在幻灯片中输入存在一定关系的文本时，例如流程、循环、层次结构等，可以使用智能图形进行展示。

WPS演示提供了“列表”“流程”“循环”“层次结构”“关系”“矩阵”“棱锥图”“图片”8种图形类型。用户只需要在“插入”选项卡中单击“智能图形”按钮，打开“选择智能图形”对话框，从中选择合适的图形类型，单击“插入”按钮，即可插入智能图形，如图10-70所示。

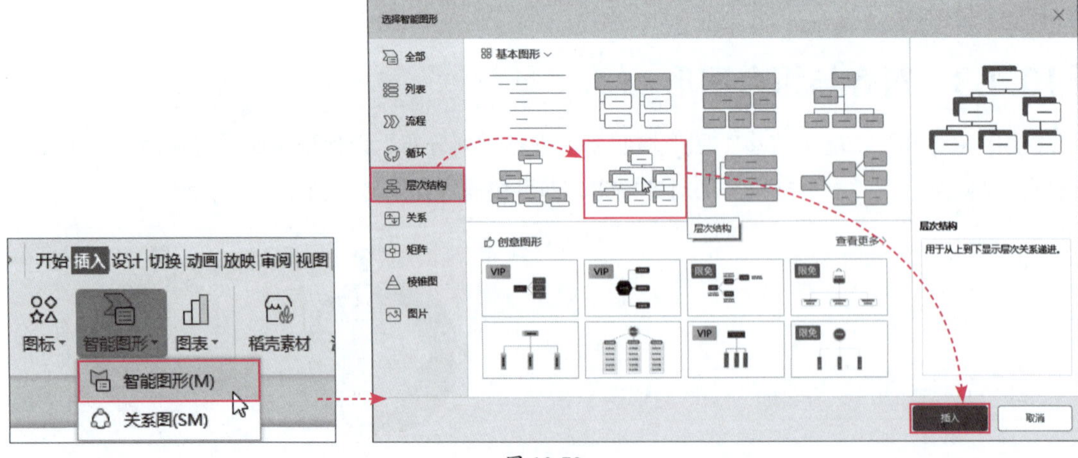

图 10-70

智能图形插入后，用户只需单击图形中的“[文本]”字样，即可输入文字内容。此外，在“设计”选项卡中还可对智能图形的结构、样式、颜色进行调整，如图10-71所示。

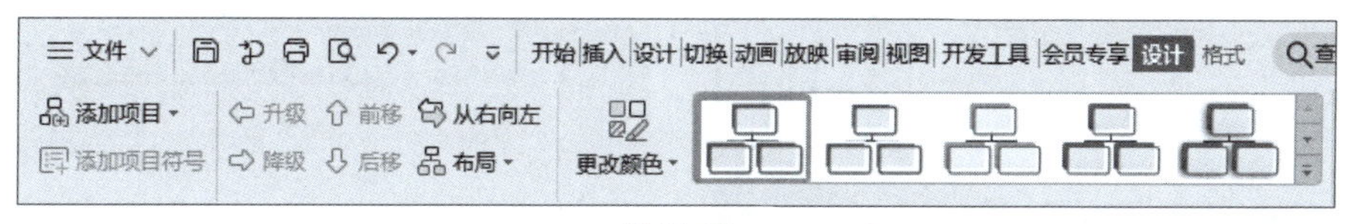

图 10-71

10.4.5 插入与编辑表格

在幻灯片中插入表格与在WPS文字中插入表格的方法相同。在“插入”选项卡中单击“表格”下拉按钮，在展开的面板中滑动光标，选取需要的行列数，即可插入表格，如图10-72所示。

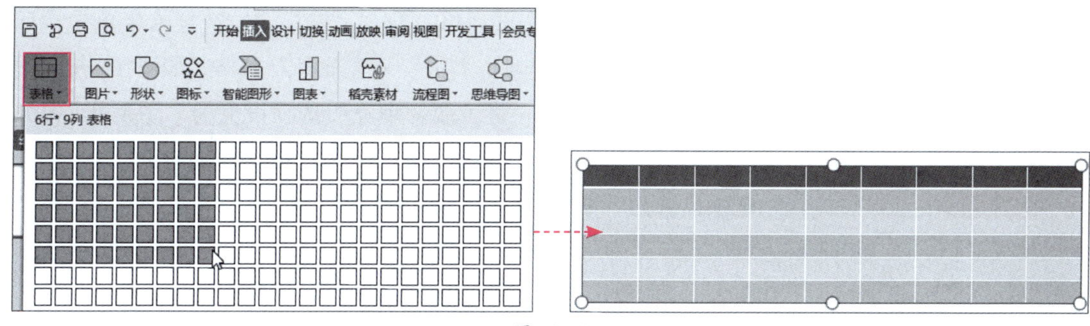

图 10-72

表格插入后，可在“表格工具”选项卡中对表格进行必要的编辑。例如插入行和列、合并单元格、设置表格文字格式、调整行高和列宽等，如图10-73所示。

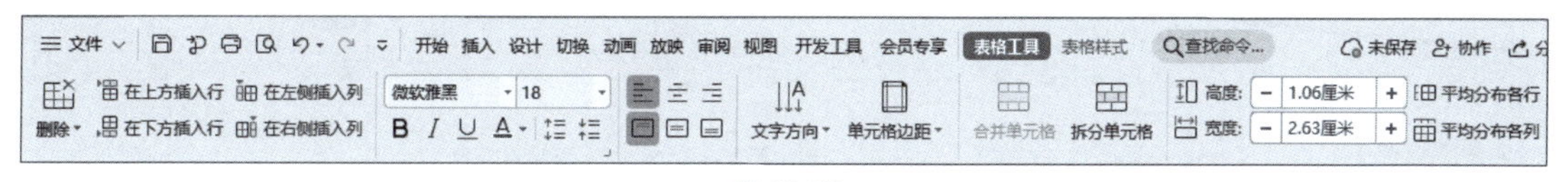

图 10-73

在“表格样式”选项卡中可对表格的样式、边框等效果进行设置，如图10-74所示。

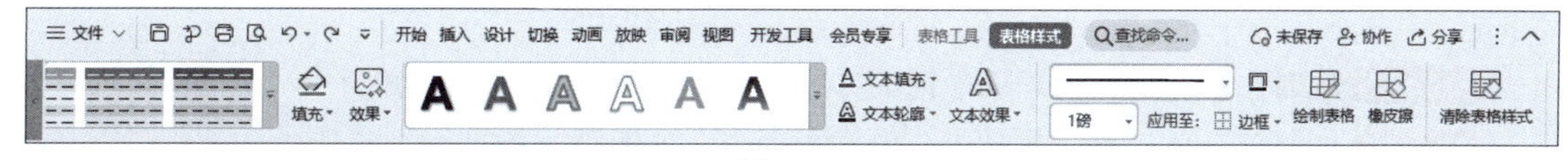

图 10-74

知识点拨

如果有现成的Excel表格，只需将该表格直接通过复制和粘贴功能导入幻灯片中即可。

动手练 利用表格制作Metro风格版式

Metro风格是一种结构简洁、颜色明快的扁平化“方块式”设计风格，下面利用表格来实现这类风格。

Step 01 新建幻灯片，并插入一张图片至幻灯片。单击“表格”按钮，插入一个7行7列的表格，将表格大小调整至与图片等大，如图10-75所示。

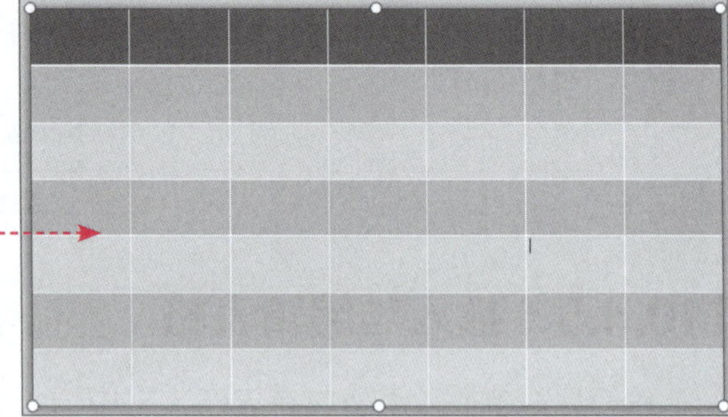

图 10-75

Step 02 选中图片，按Ctrl+X组合键剪切。全选表格，在“表格样式”选项卡中单击“填充”下拉按钮，在下拉列表中选择“更多设置”选项，打开“对象属性”窗格，如图10-76所示。

Step 03 选中“图片或纹理填充”单选按钮，将“图片填充”选项设置为“剪贴板”，如图10-77所示。

Step 04 将“放置方式”选项设置为“平铺”，如图10-78所示。

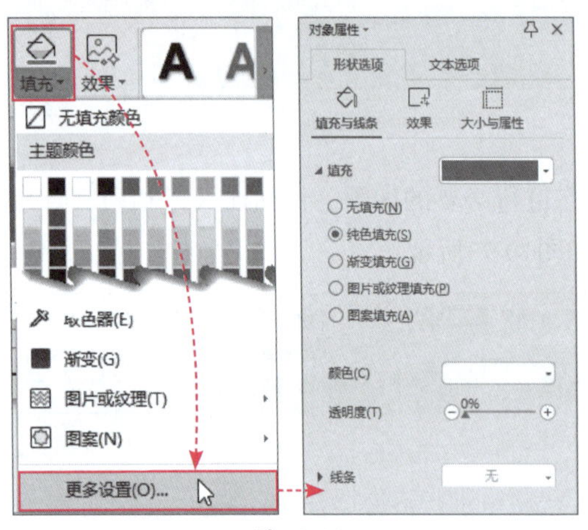

图 10-76

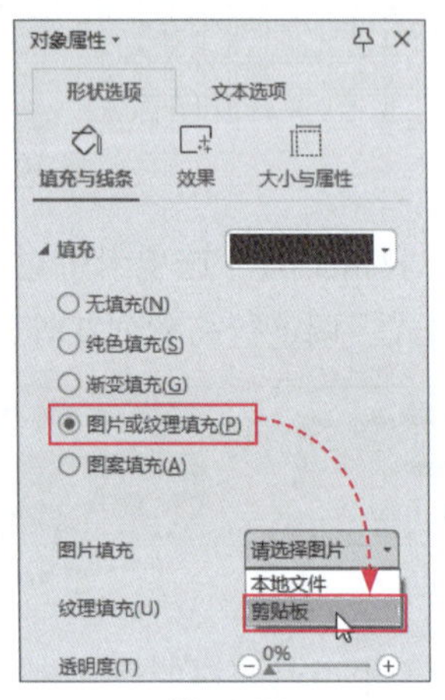

图 10-77

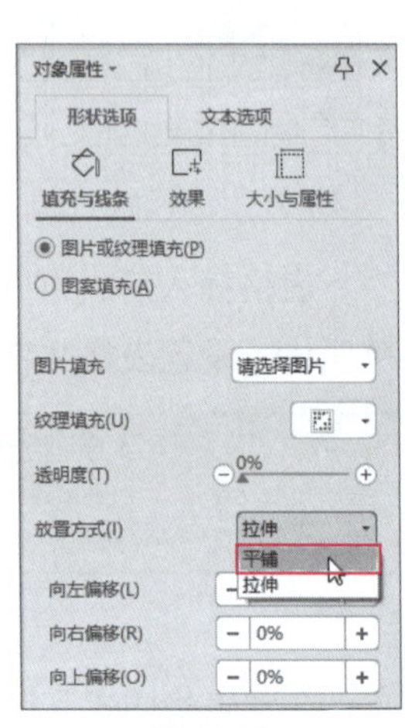

图 10-78

Step 05 此时，被剪切的图片以平铺的方式填充至表格中，如图10-79所示。

Step 06 选择部分单元格，将其底色填充为白色，如图10-80所示。

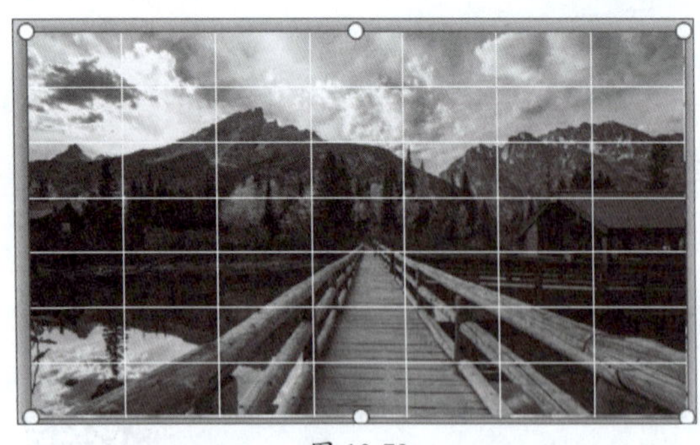

图 10-79

图 10-80

Step 07 插入横排文本框，输入文字内容进行点缀即可，如图10-81所示。

图 10-81

10.5 主题与版式的创建

WPS演示预设了多套页面版式和配色方案，如果用户在创作时没有头绪，可以尝试套用这些版式和配色来制作。

10.5.1 了解母版

在“视图”选项卡中单击“幻灯片母版”按钮，即可进入母版视图。在左侧预览窗格中可以看到母版页和版式页。母版页仅为第1张幻灯片，剩余的所有幻灯片都称为版式页，如图10-82所示。

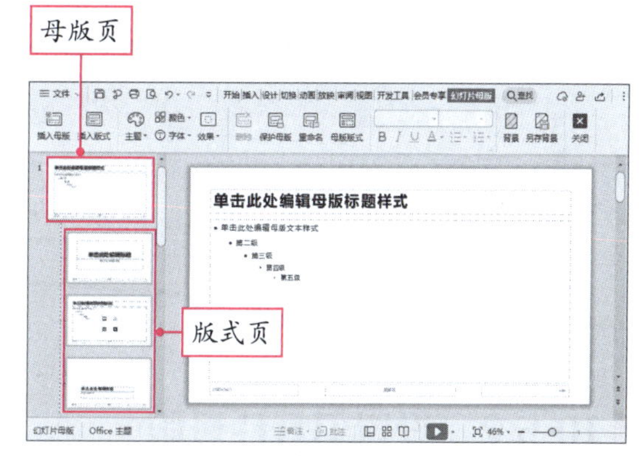

图 10-82

在母版页中添加某些元素后，该元素会应用到其他版式页中，如图10-83所示。而在版式页中添加元素后，该元素仅用于当前页，其他版式页均不受影响，如图10-84所示。

图 10-83

图 10-84

动手练 在教学课件中批量添加水印

下面以化学课件为例，介绍如何利用母版功能为其批量添加水印内容。

Step 01 打开“化学课件”素材文件。在“视图”选项卡中单击“幻灯片母版”按钮，切换到幻灯片母版视图界面，如图10-85所示。

Step 02 选择设计好的第3张版式页，利用文本框在页面右下角输入水印内容，如图10-86所示。

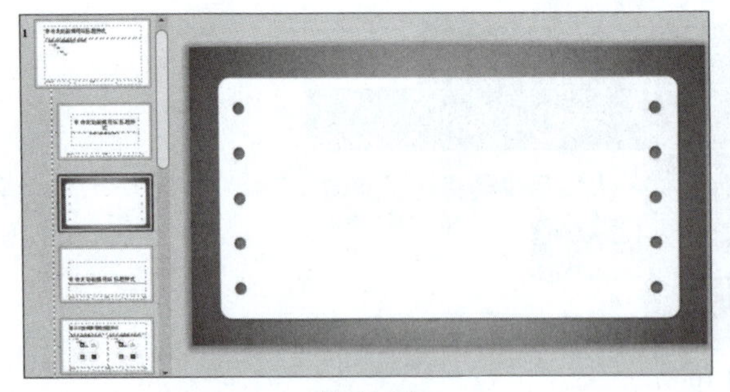

图 10-85

图 10-86

Step 03 设置完成后关闭幻灯片母版视图，切换到幻灯片浏览视图模式。此时，可以看到除了封面页未加水印外，其他页面均已添加了水印，如图10-87所示。

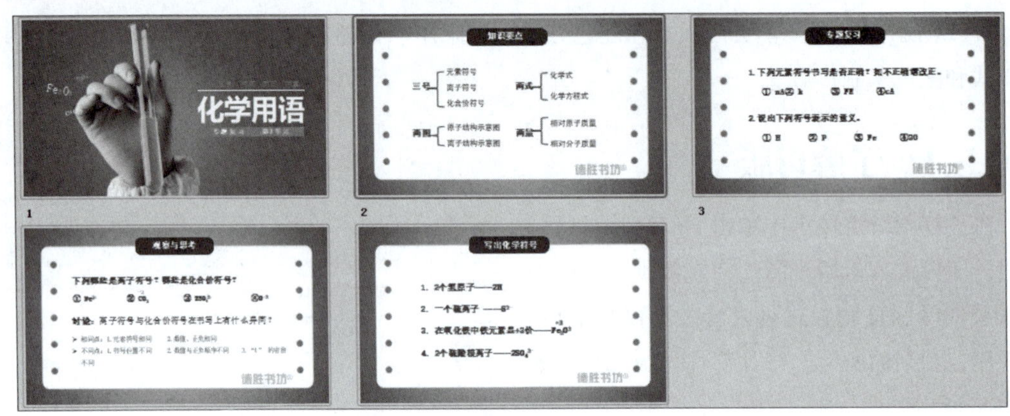

图 10-87

10.5.2 设置幻灯片母版

在幻灯片母版中，用户可以根据需要插入母版和各类占位符操作。

1. 插入母版

一份演示文稿可以继承多个幻灯片母版。在“视图”选项卡中单击“幻灯片母版”按钮，进入幻灯片母版视图。单击“插入母版”按钮，即可在母版视图中插入一个新幻灯片母版，如图10-88所示。

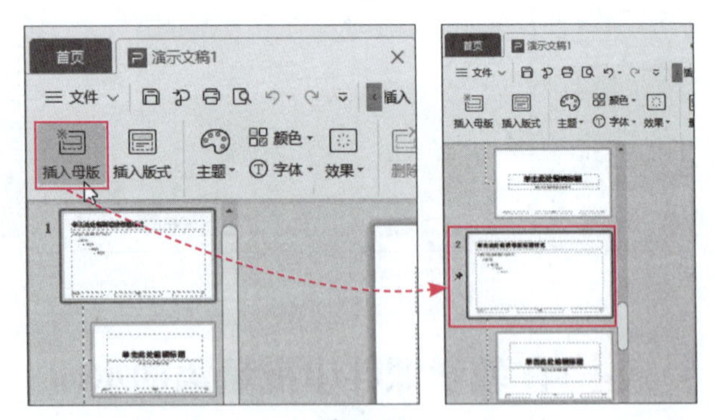

图 10-88

2. 插入占位符

如果母版中的占位符编排不合理，用户可以根据自己的需求来对这些占位符重新编排。选择母版页幻灯片，按Delete键删除页面中所有占位符。然后单击“母版版式”按钮，在打开的“母版版式”对话框中勾选需要的占位符复选框，单击“确定”按钮，即可将该占位符插入至母版页，如图10-89所示。

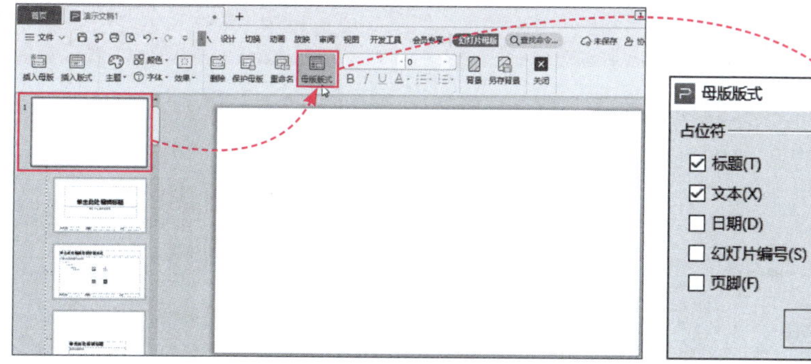

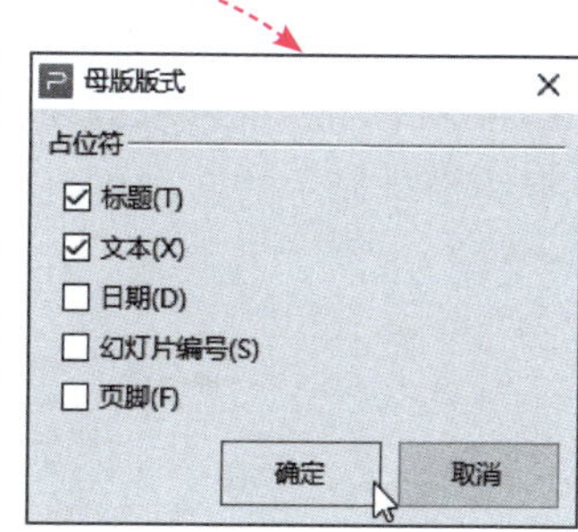

图 10-89

10.5.3 使用幻灯片版式

在“开始”选项卡中单击“版式”下拉按钮，在其下拉列表中预设了多套母版版式，以及相应的配套版式，用户根据需求选择相应的版式即可应用到当前幻灯片中，如图10-90所示。

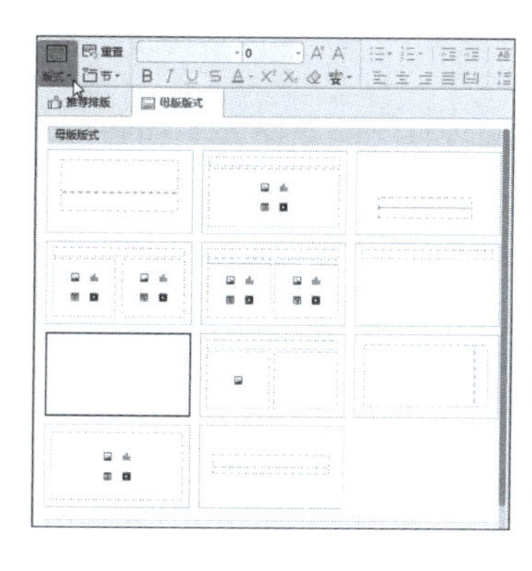

图 10-90

默认情况下，每一套新建的演示文稿都包含11种版式，常用的幻灯片版式有标题幻灯片、标题和内容幻灯片、节标题、空白这几种。

- **标题：**包含主标题和副标题两个主要内容的占位符，一般用于演示文稿的封面幻灯片，如图10-91所示。
- **标题和内容：**包含标题域内容占位符，一般用于除了封面以外的所有幻灯片，其内容占位符可输入文字，也可插入图片、图表、表格等对象，如图10-92所示。

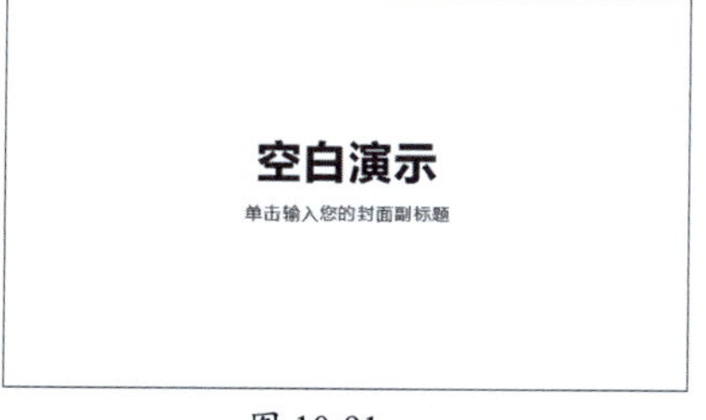

图 10-91

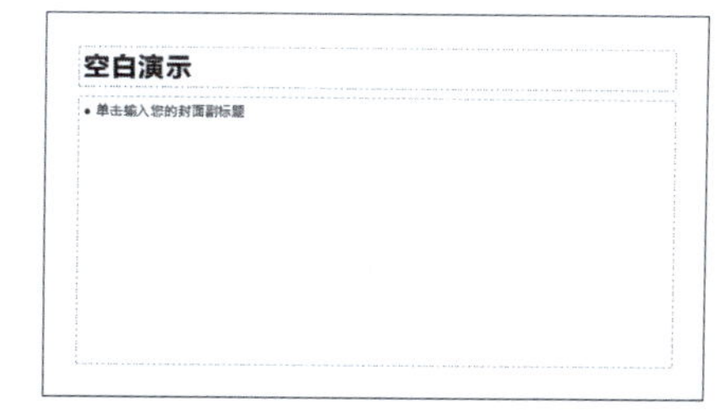

图 10-92

- **节标题：**包含主标题与副标题占位符，主要用于幻灯片的过渡页，如图10-93所示。
- **空白：**该版式不包含任何占位符，用户可以自由编排页面内容。

图 10-93

新手答疑

1. Q：横排文字怎么设置成竖排文字？

A：要将横排显示的文字更改成竖排文字时，先选择该文本框，在“开始”选项卡中单击“文字方向”下拉按钮，在下拉列表中选择“竖排”选项即可，如图10-94所示。

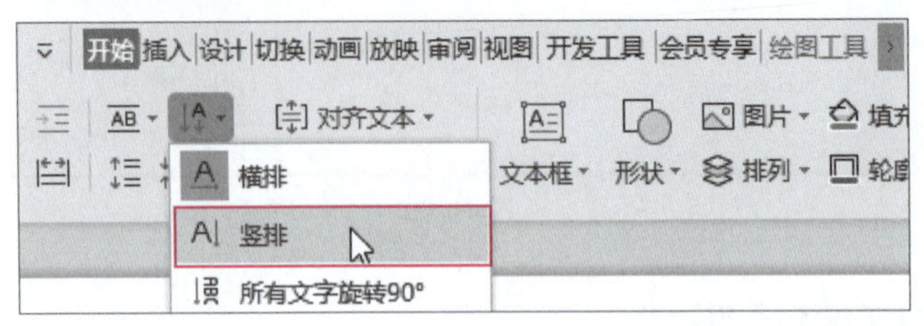

图 10-94

2. Q：如何保存幻灯片中的背景图片？

A：右击幻灯片，在弹出的快捷菜单中选择“背景另存为图片”选项，在“另存文件”对话框中设置保存路径及文件名，单击“保存”按钮即可，如图10-95所示。

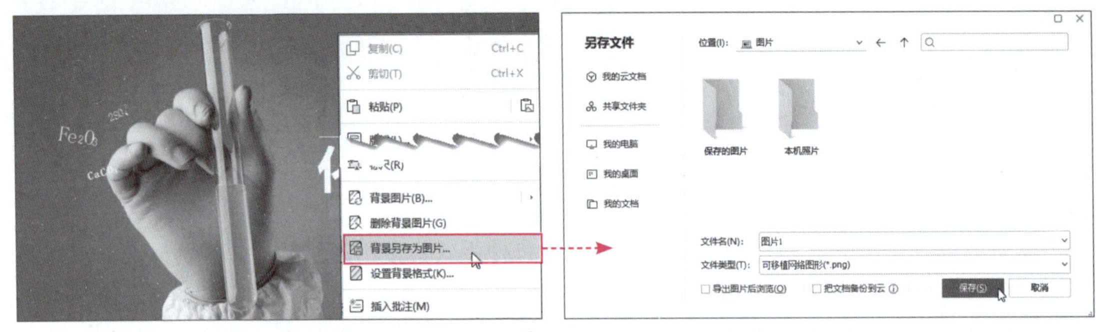

图 10-95

3. Q：在幻灯片浏览视图中，可以对幻灯片中的内容进行编辑吗？

A：不可以。在幻灯片浏览视图中用户可以新建幻灯片，可以对幻灯片的前后顺序进行调整。该视图模式主要是各幻灯片之间的衔接情况。

4. Q：WPS 演示中有主题颜色这项功能吗？在哪里找？

A：有，在“设计”选项卡中可以找到“配色方案”这一选项，如图10-96所示。单击“配色方案”下拉按钮，在下拉列表中可以选择相应的颜色选项。

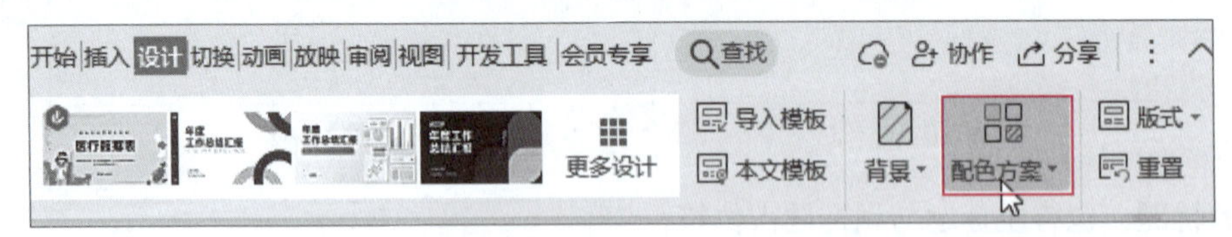

图 10-96

第11章 动态交互式演示文稿的创建

在演示文稿中加入动画和交互功能，可以丰富演示文稿，使演示文稿变得生动有趣，提高内容的可读性。本章将介绍如何运用WPS演示中的动画、链接、音视频功能来制作一套富有感染力的演示文稿。

11.1 在演示文稿中添加动画

无论多复杂的动画，都是由进入、退出、强调、动作路径这4种基础动画组合而成。所以，掌握这些基础动画的操作是学好幻灯片动画的关键。

11.1.1 添加基础动画

在“动画”选项卡中可以找到4组基础动画选项，如图11-1所示。

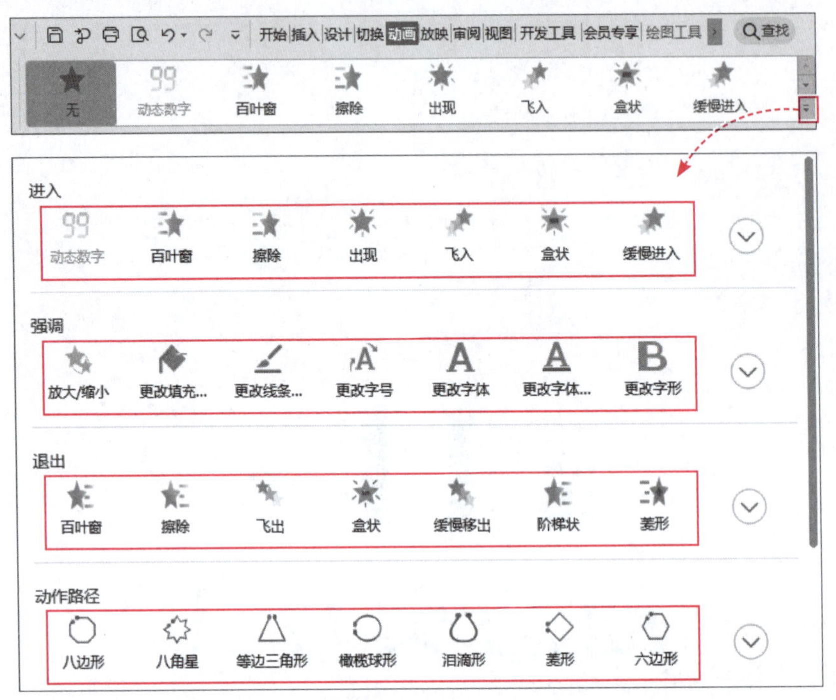

图 11-1

1. 进入动画

进入动画是指对象在页面中从无到有，以各种动画形式逐渐出现的过程。选择所需的对象，在动画列表的“进入”组中选择一款合适的进入动画即可。图11-2所示为“擦除”进入效果。

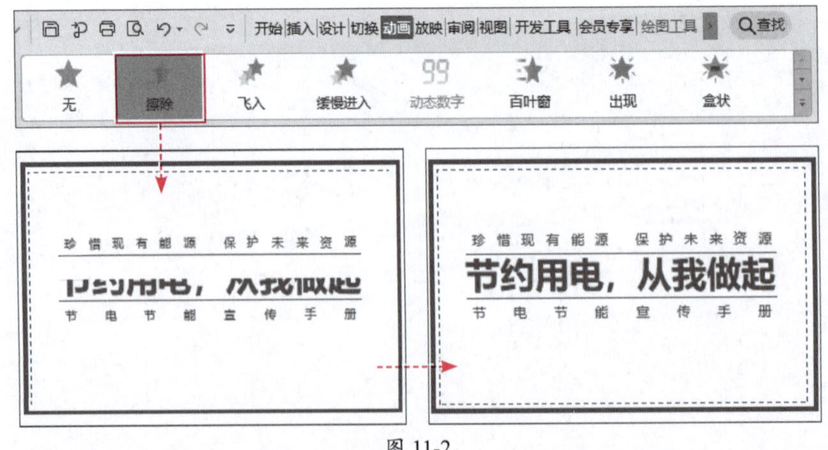

图 11-2

知识点拨

添加动画后，系统会自动播放该动画的预览效果。当然用户也可在“动画”选项卡中单击“预览效果”按钮预览动画。如果需要去除该动画，只需在动画列表中选择“无”选项即可，如图11-3所示。

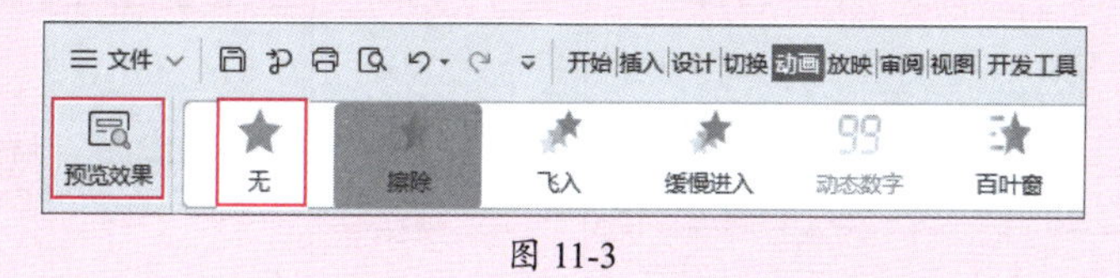

图 11-3

2. 退出动画

退出动画是指对象从有到无，以各种形式逐渐消失的过程。在动画列表的“退出”组中选择一款合适的退出动画即可。图11-4所示为“擦除”退出效果。

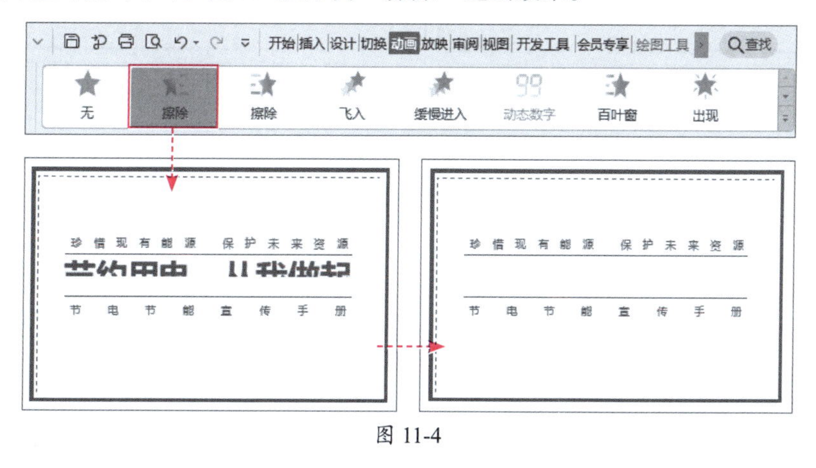

图 11-4

从动画列表中可以看出，进入动画与退出动画是一一对应的。退出动画不单独使用，通常与进入动画配合使用。

3. 强调动画

如果需要让对象突出显示以示强调，那么可使用强调动画。在动画列表的“强调”组中选择一款合适的强调动画即可。图11-5所示为“更改字体颜色”强调效果。

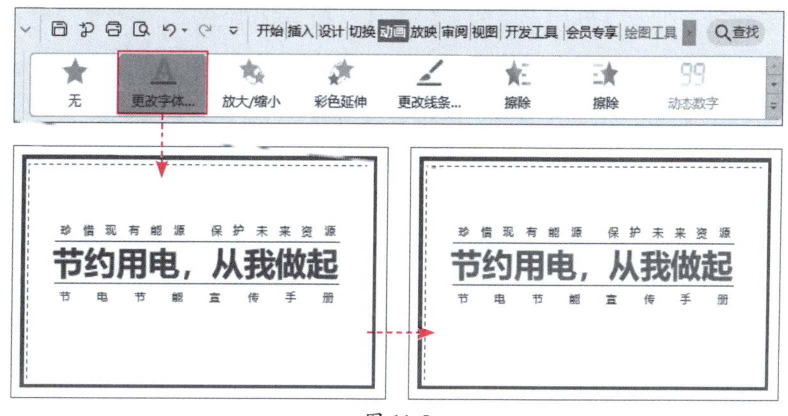

图 11-5

4. 动作路径动画

动作路径动画是让对象按照预设的轨迹进行运动的动画效果。用户可以使用内置的动作路径，也可以自定义动作路径。在动画列表的“动作路径”组或者“绘制自定义路径”组中选择合适的路径，并调整好路径的位置及方向即可，如图11-6所示。

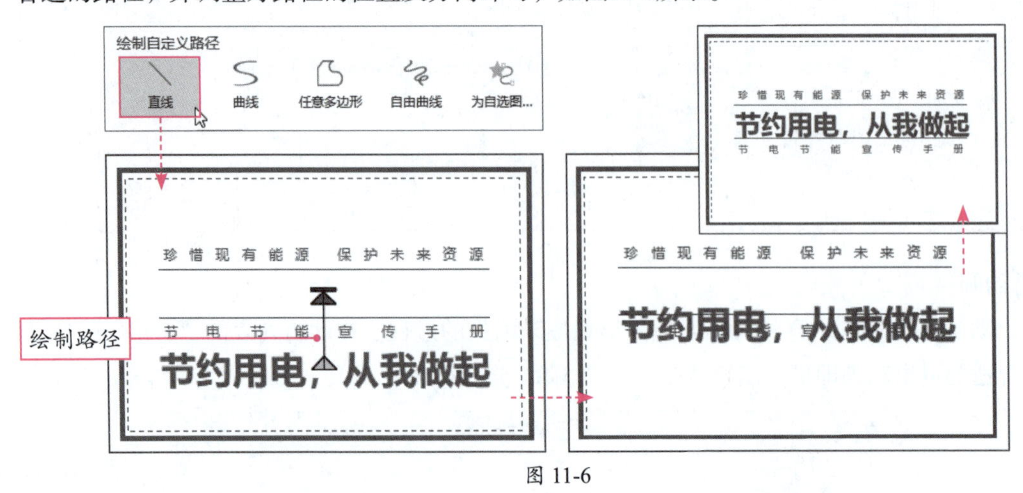

图 11-6

在软件中，动作路径中绿色箭头为运动的起始点，红色箭头为运动终点。右击该路径，在弹出的快捷菜单中选择“反转路径方向”选项，可反方向调整路径，如图11-7所示。

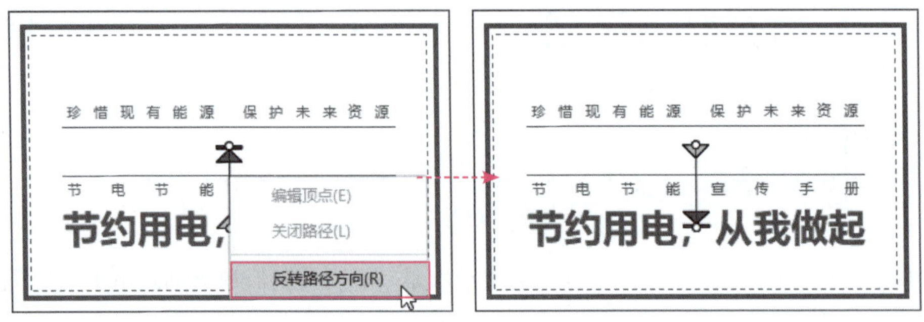

图 11-7

11.1.2 设置动画参数

添加动画后，为了让动画效果展现得更自然、更顺畅，需要对其一些属性参数进行设置。例如动画的开始方式、效果选项、计时设置等。这些属性参数都可在“自定义动画”窗格中设置。在“动画”选项卡中单击“自定义动画”按钮，即可打开“自定义动画”窗格，如图11-8所示。

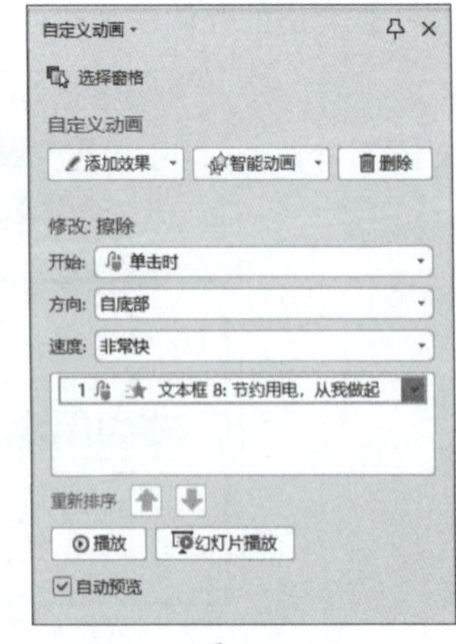

图 11-8

1. 设置开始模式

默认动画的开始模式为“单击”模式，即单击只能播放一个动画效果。如果想让它自动播放，可在“自定义动画”窗格中调整“开始”选项，如图11-9所示。

此外，在“自定义动画”窗格中，选择所需的动画选项，并单击其下拉按钮▾，在下拉列表中也可设置该动画的开始模式，如图11-10所示。

- **单击时：** 只有单击一次后才播放动画。
- **之前：** 让当前动画与上一个动画同时开始播放。
- **之后：** 在上一动画结束后自动播放当前动画。

2. 设置动画方向

添加动画后（除动作路径外），如果需要调整其运动方向，可在“自定义动画”窗格中单击“方向”下拉按钮，在下拉列表中选择所需的方向即可，如图11-11所示。不同的动画类型其方向选项也不同。

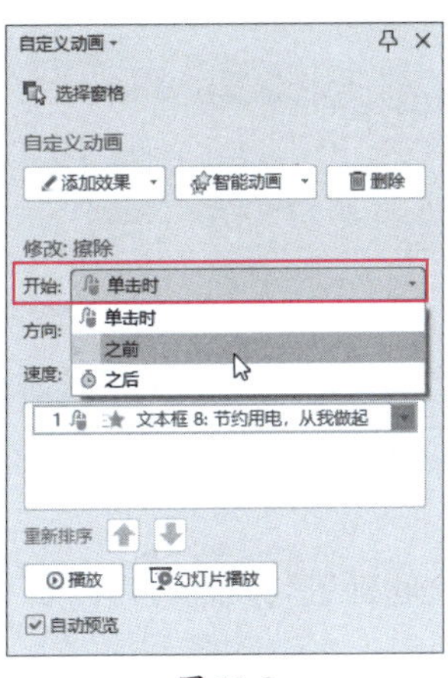

图 11-9

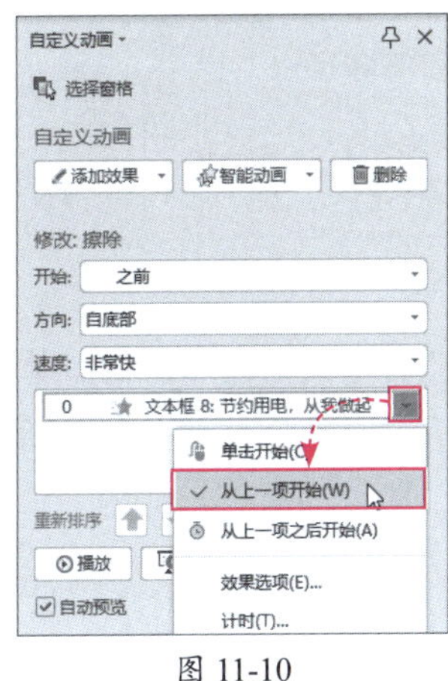

图 11-10

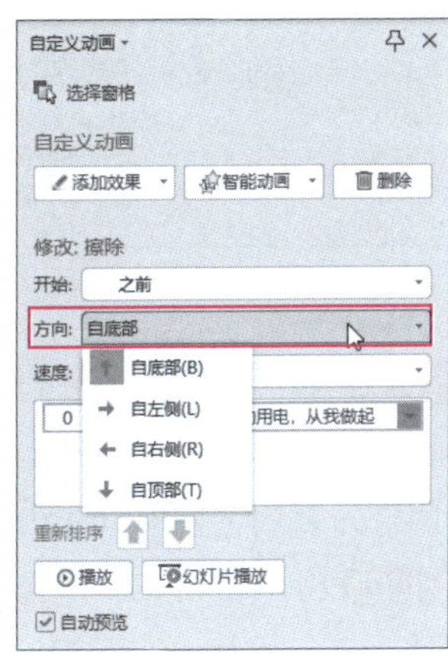

图 11-11

3. 设置动画速度

在“自定义动画”窗格中单击“速度”下拉按钮，可对当前动画的播放时长进行调整，如图11-12所示。

4. 设置效果选项

动画效果的设置与所选的动画类型有关，不同的动画类型，其效果选项也不同。在“自定义动画”窗格中右击所需动画项，在弹出的快捷菜单中选择“效果选项”选项，即可打开相应的对话框，在这里可以对当前动画的一些效果参数进行设置。图11-13是“更改字体颜色”动画效果选项对话框。

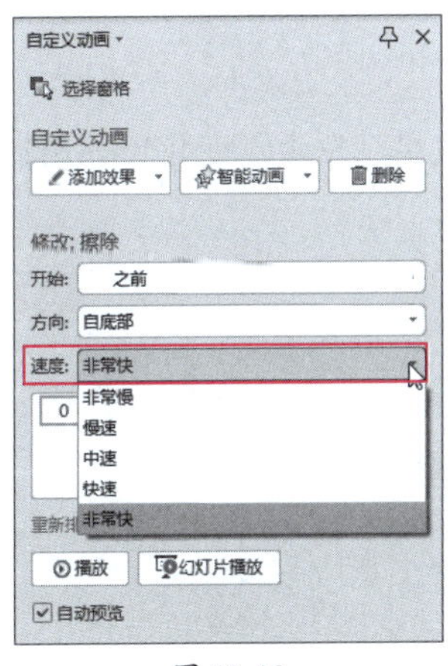

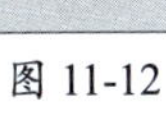
图 11-12

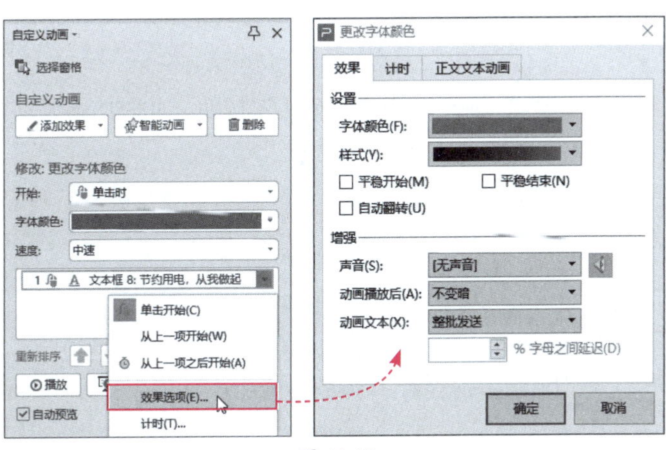

图 11-13

动手练 调整语文课件动画参数

默认的“更改字体颜色”强调动画是将文本由原本字体颜色逐渐转变为橙色，并且以文本框为单位整体变换。下面将该动画调整为以单个字体为单位进行逐一变换，并且文字的颜色由原本色转变为蓝色。

Step 01 打开“语文课件”素材文件，在“动画”选项卡中单击“预览效果”按钮，可以看到文字由默认的绿色逐渐变为橙色的效果，如图11-14所示。

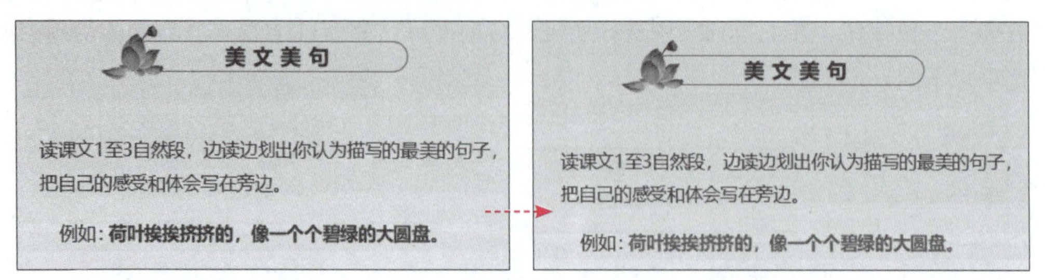

图 11-14

Step 02 选中该文本框，打开“自定义动画”窗格。单击当前动画选项下拉按钮，在下拉列表中选择“效果选项”选项，打开“更改字体颜色”对话框。在“效果”选项卡中将“字体颜色”调整为紫色，如图11-15所示。

Step 03 将“动画文本”选项设置为“按字母”，其“字母之间延迟”设置为15，如图11-16所示。

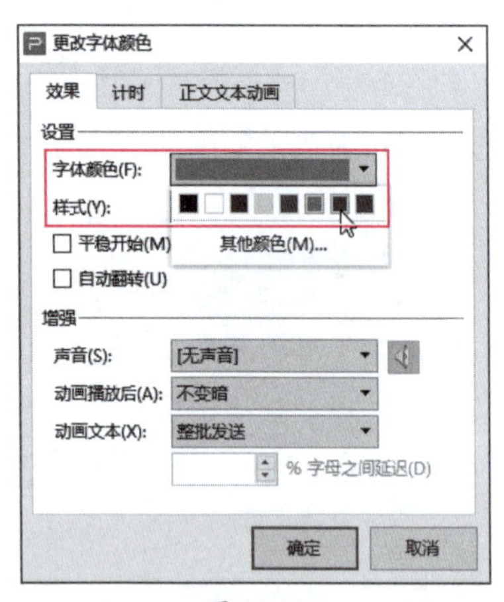

图 11-15

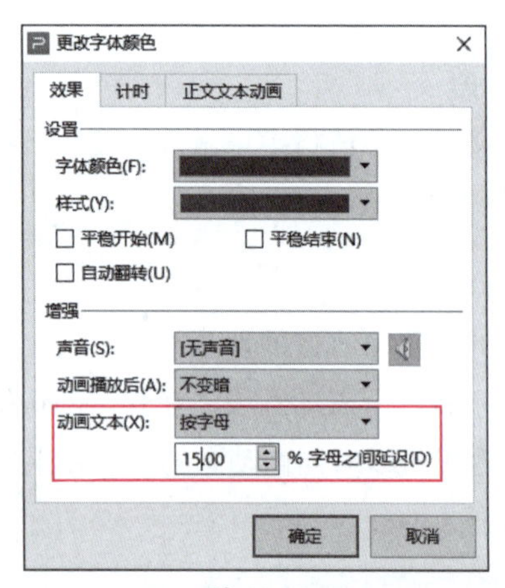

图 11-16

Step 04 设置完成后，单击“确定”按钮，此时的强调动画效果已发生了变化，如图11-17所示。

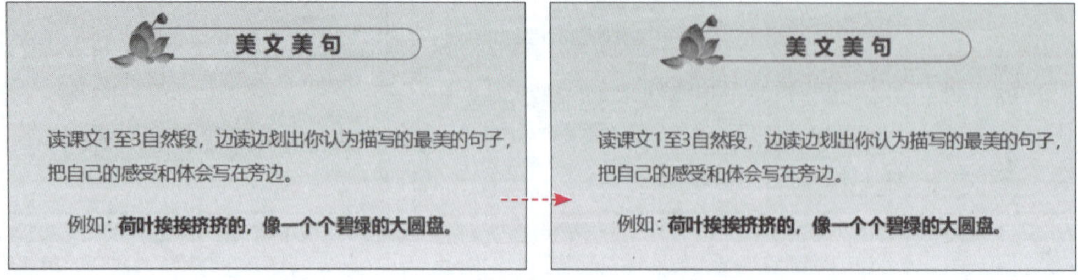

图 11-17

5. 设置计时参数

动画计时主要是对动画的时长以及延迟时间进行设置。在“自定义动画”窗格中右击所需的动画选项，在弹出的快捷菜单中选择“计时”选项，即可打开该动画的“计时”选项卡，如图11-18所示。

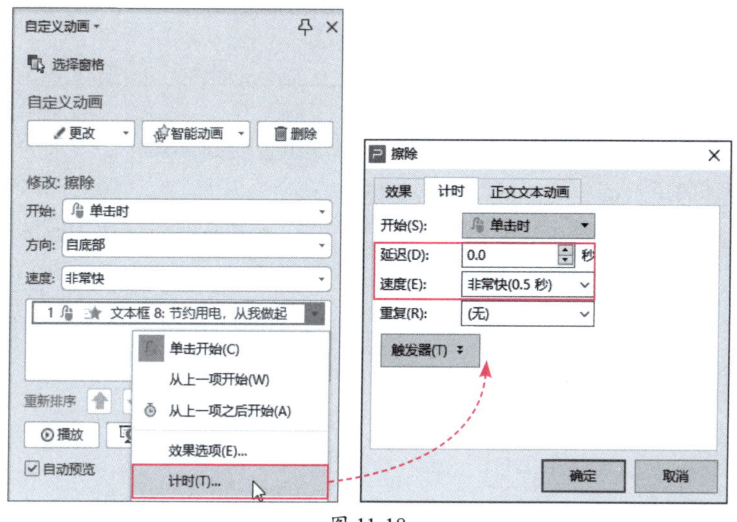

图 11-18

- **延迟：** 主要用于设置动画开始前的延迟秒数。
- **速度：** 主要用于设置动画将要运行的持续时间。

知识点拨

“计时”选项中的“重复”选项是指当前动画播放的次数。默认为1次（无），如果需要循环播放该动画，例如设置心跳动画效果，可将“重复”设置为“直到幻灯片末尾”选项。

6. 设置动画的播放顺序

如果在一张幻灯片中添加了多个动画效果，用户可在“自定义动画”窗格中通过单击⬆或⬇按钮来调整动画的播放顺序，如图11-19所示。

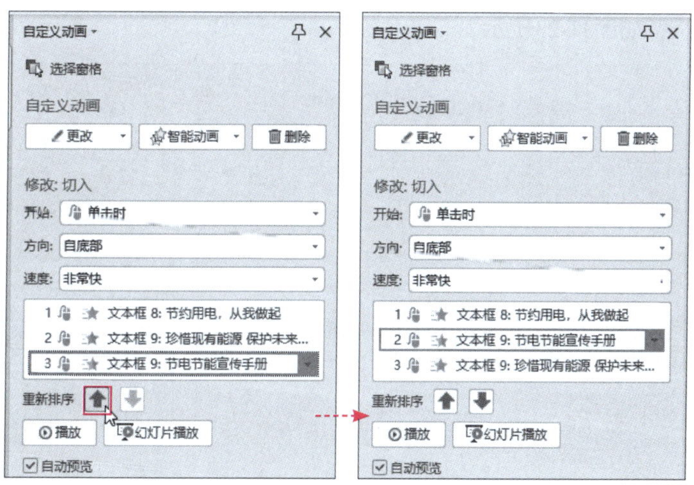

图 11-19

11.1.3 添加组合动画

组合动画是将一些单一的动画组合在一起，形成一组新的动画效果。简单来说，就是在一组动画上再叠加另一组动画。幻灯片中一个对象上可以叠加2个或3个以上的动画效果。而这样组合后的效果远比单一的效果要好得多。

动手练 为结尾幻灯片添加组合动画

下面为结尾幻灯片中的标题文字添加组合动画，其文字效果为：先进入页面，然后再退出页面，动画效果自然流畅。

Step 01 打开“节电宣传”素材文件。选择结尾幻灯片，选中主标题文本框，为其添加“切入”进入动画，如图11-20所示。

Step 02 保持主标题为选中状态，打开“自定义动画”窗口，单击“添加效果”下拉按钮，在下拉动画列表中选择“切出”退出动画，如图11-21所示。

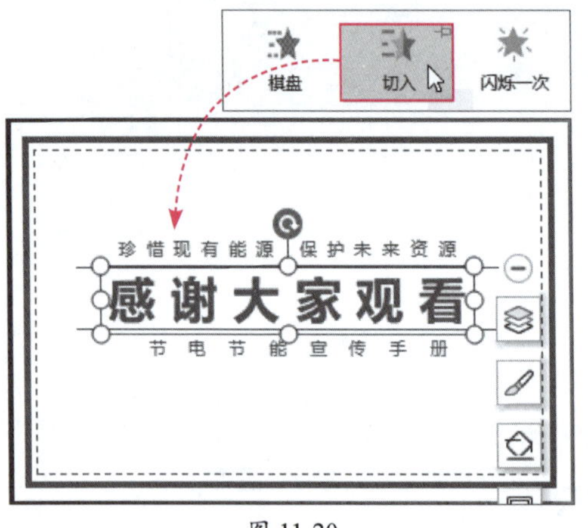

图 11-20

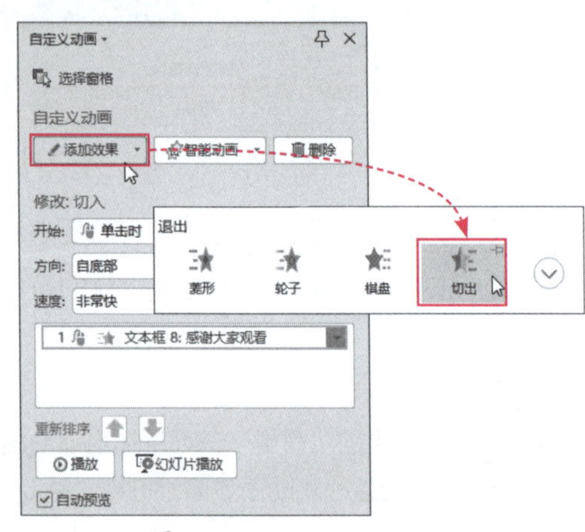

图 11-21

Step 03 在“自定义动画”窗格中选择退出动画，将“方向”设置为“到顶部”，如图11-22所示。

Step 04 选择进入动画，将“开始”设置为“之前”，然后选择退出动画，将“开始”设置为“之后”，如图11-23所示。

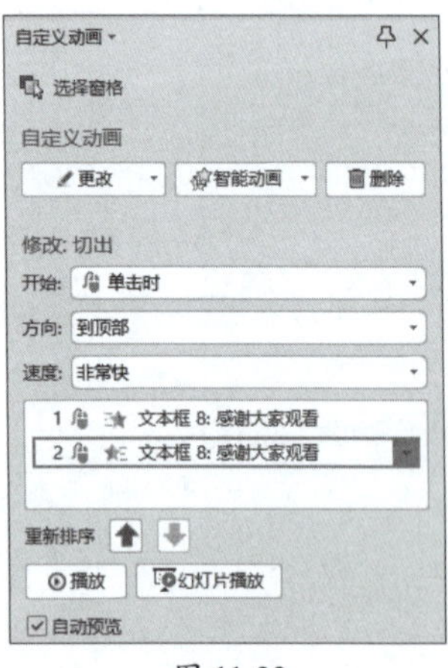

图 11-22

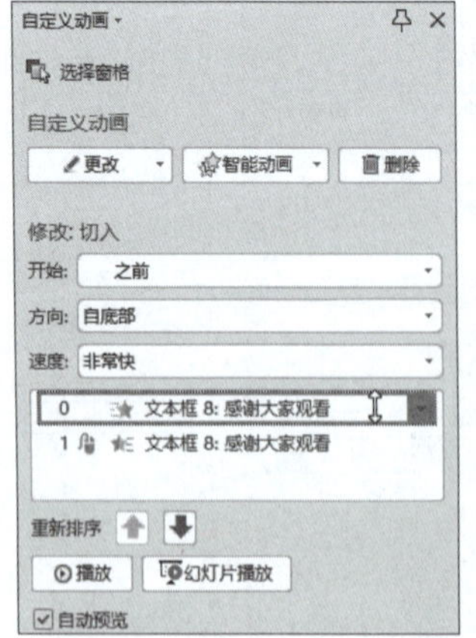

图 11-23

Step 05 右击退出动画，在弹出的快捷菜单中选择“计时”选项，如图11-24所示。

Step 06 在“切出”对话框的“计时”选项卡中将“延迟”设置为1.5秒，如图11-25所示。

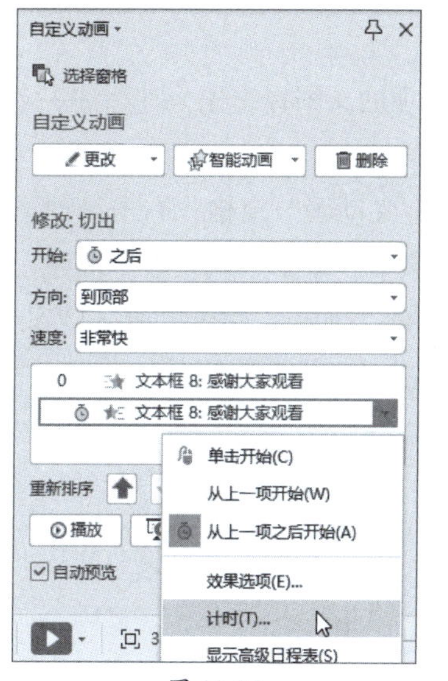

图 11-24

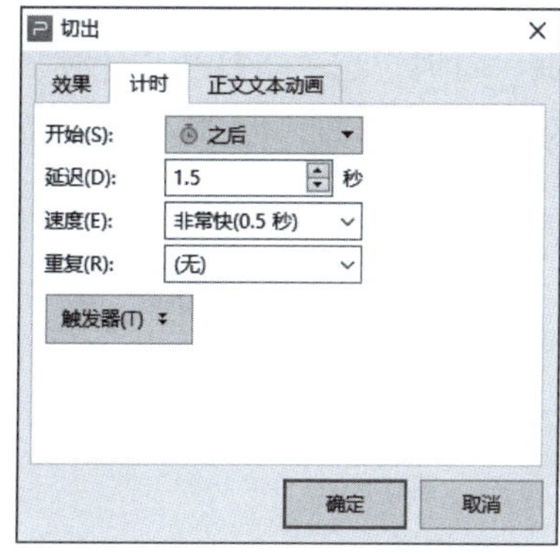

图 11-25

Step 07 设置完成后，单击“确定”按钮，关闭对话框。单击“预览效果”按钮，可预览设置的组合动画效果，如图11-26所示。

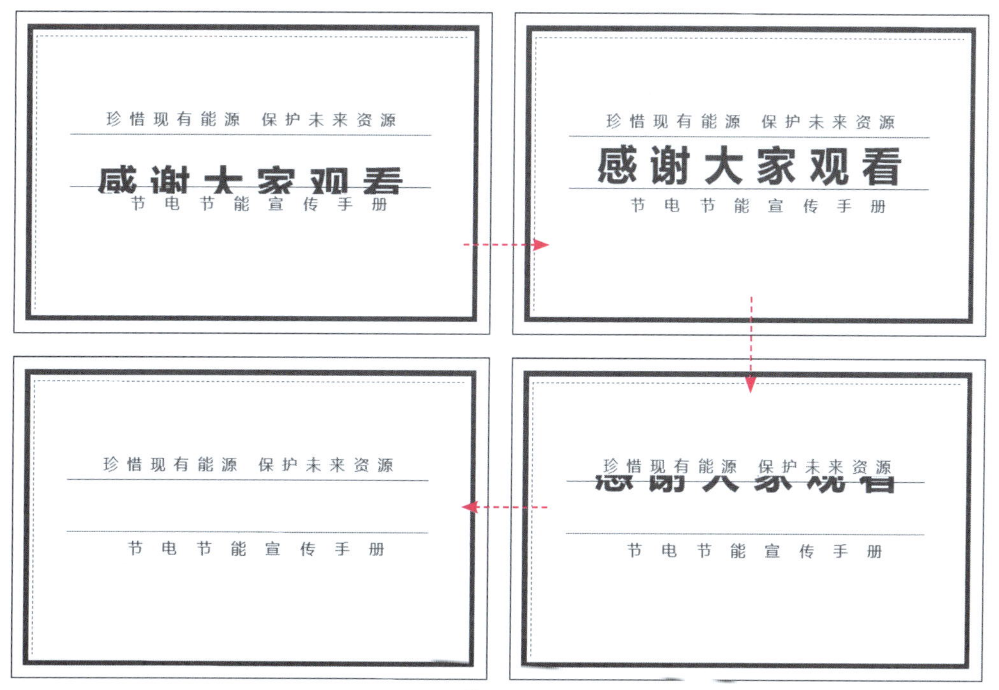

图 11-26

11.1.4 添加触发动画

触发动画是指在单击某个特定对象后才会触发的动画。运用触发动画，可以方便与别人进行互动，增强内容的趣味性。

动手练 为幻灯片添加触发效果

下面为幻灯片中的选择题添加触发动画效果。当单击A、B、C三个选项时，会显示出与之相应的图标。

Step 01 打开“选择题”素材文件，选择A选项的×图标，先为其添加一个“出现”进入动画，如图11-27所示。

Step 02 保持该图标的选择状态，打开“自定义动画”窗格，右击该动画选项，在弹出的快捷菜单中选择“计时”选项。打开“计时”选项卡，单击“触发器”按钮，并选中“单击下列对象时启动效果”单选按钮，选择A选项，如图11-28所示。将该动画链接到A选项中。

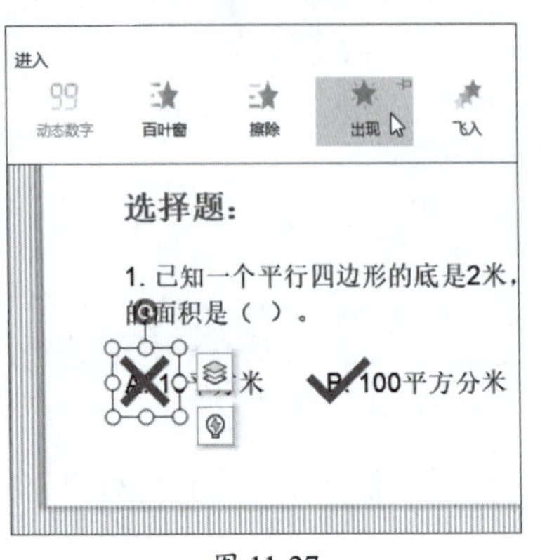

图 11-27

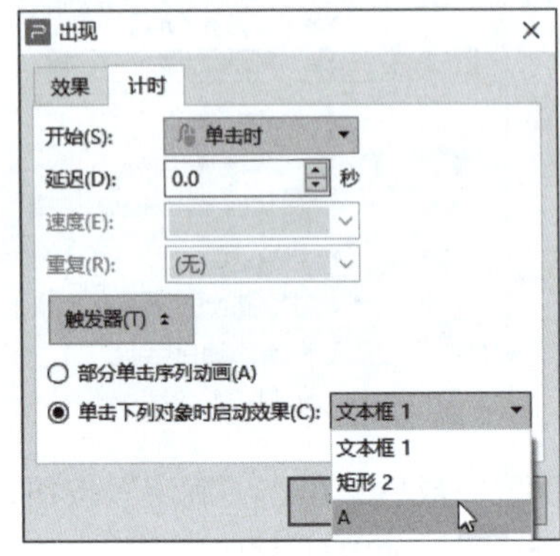

图 11-28

Step 03 设置完成后，单击“确定”按钮，完成触发器的添加操作。此时页面中会显示出触发器图标，如图11-29所示。

Step 04 按照同样的操作，将B选项的√和C选项的×图标都添加“出现”进入动画，然后将B选项的√的触发器链接到B选项，将C选项的×图标的触发器链接到C选项，如图11-30所示。

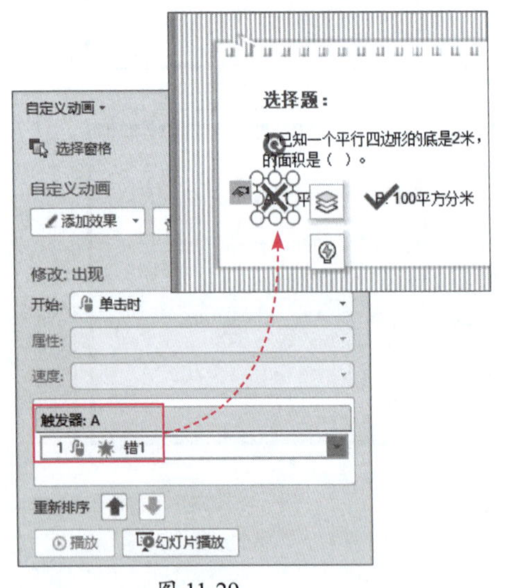

图 11-29

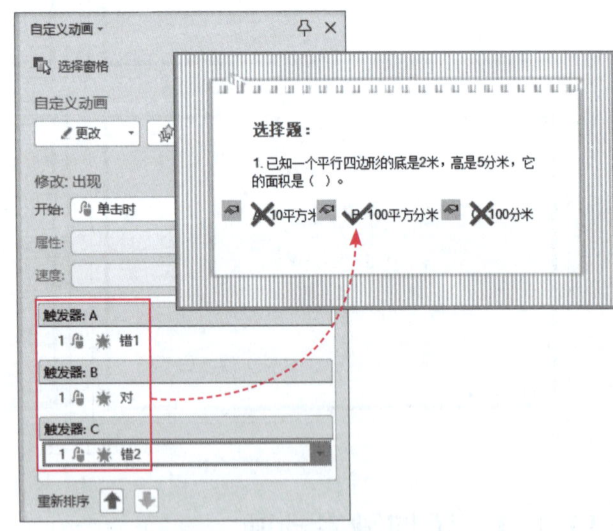

图 11-30

Step 05 设置完成后，切换到阅读视图模式。单击C选项后，会自动显示×图标。而单击B选项后，会自动显示√图标，如图11-31所示。

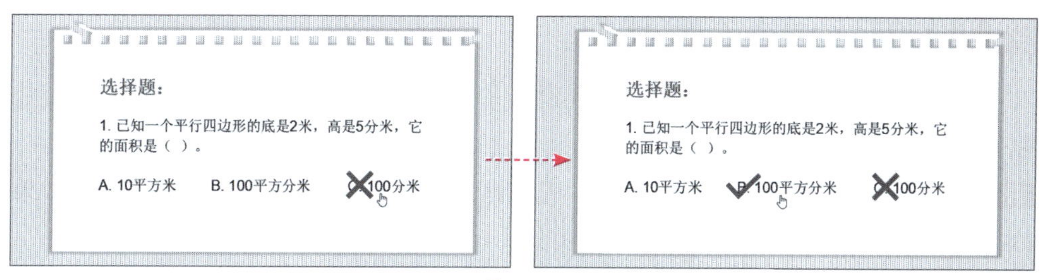

图 11-31

注意事项 触发动画只有在阅读视图模式，或放映放幻灯片时才能执行触发操作，在普通视图中无法执行相关操作。

11.1.5 为幻灯片添加切换动画

WPS演示为用户提供17种页面切换动画，包括平滑、淡出、切出、擦除、形状、溶解、新闻快报、轮辐、随机、百叶窗、梳理、抽出、分割、线条、棋盘、推出、插入，如图11-32所示。

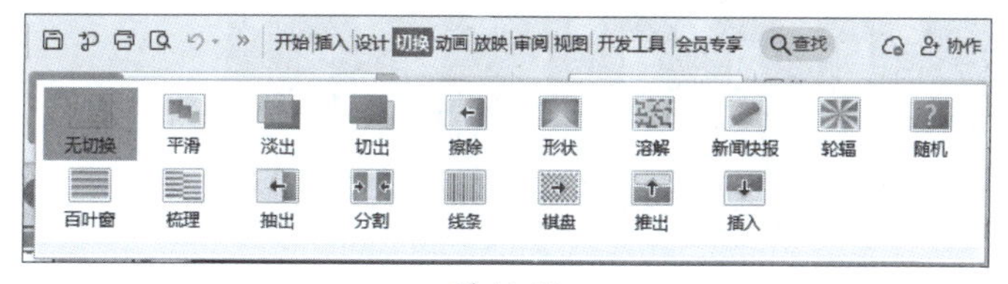

图 11-32

选中所需幻灯片，在“切换”选项卡中选择一款合适的切换动画即可应用，图11-33所示为溶解切换效果，图11-34所示为线条切换效果。

图 11-33

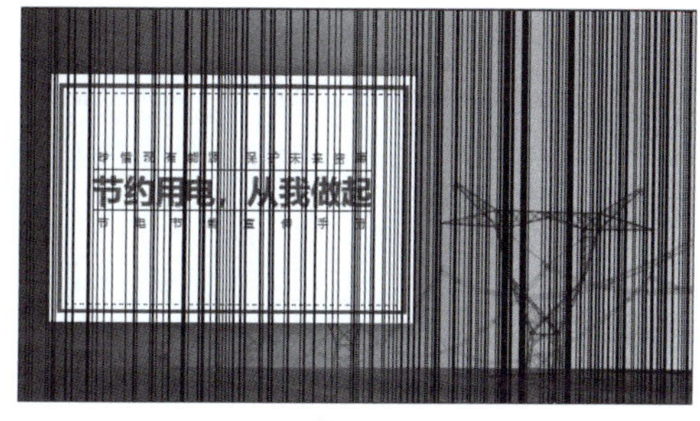

图 11-34

切换动画添加完成后，可单击“效果选项”下拉按钮，通过下拉列表中的选项来调整切换的方向。不同切换动画的“效果选项”内容也不同，图11-35所示是“线条”的“效果选项”内容。

在“切换”选项卡中单击“应用到全部”按钮，可将当前切换动画应用到其他所有幻灯片中，如图11-36所示。

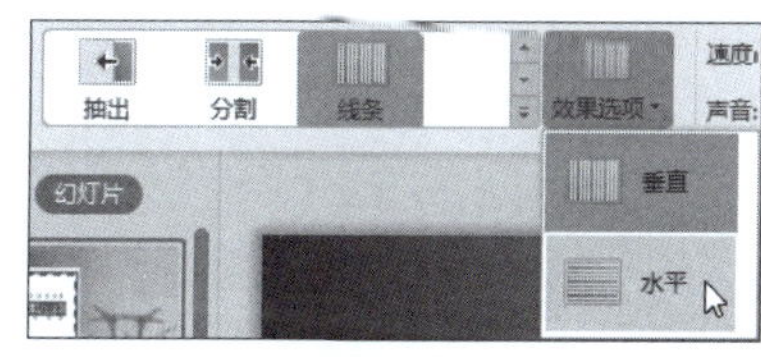

图 11-35

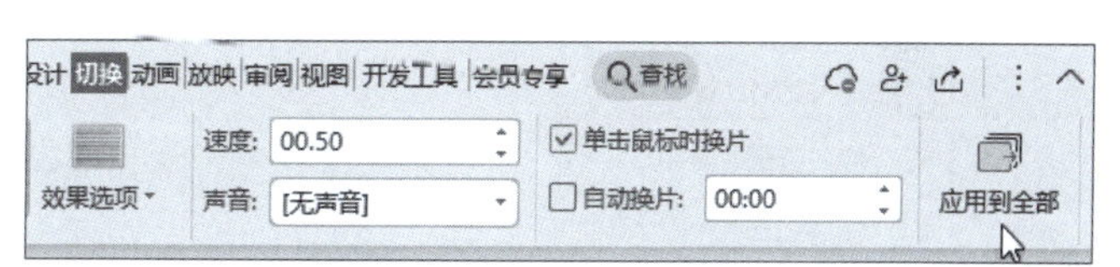

图 11-36

注意事项 演示文稿中如果只有一张幻灯片，是无法添加切换动画的，必须有两张或更多张幻灯片才可以。

动手练 设置自动切换幻灯片

在放映幻灯片时，默认单击后才会切换到下一张页面，如果想要实现自动切换幻灯片，可通过以下方法进行操作。

Step 01 打开“节电宣传”素材文件，选择封面幻灯片，为其应用“棋盘”切换效果，如图11-37所示。

Step 02 在“切换”选项卡中勾选“自动换片”复选框，并将其时间设置为5秒。取消勾选“单击鼠标时换片”复选框，如图11-38所示。

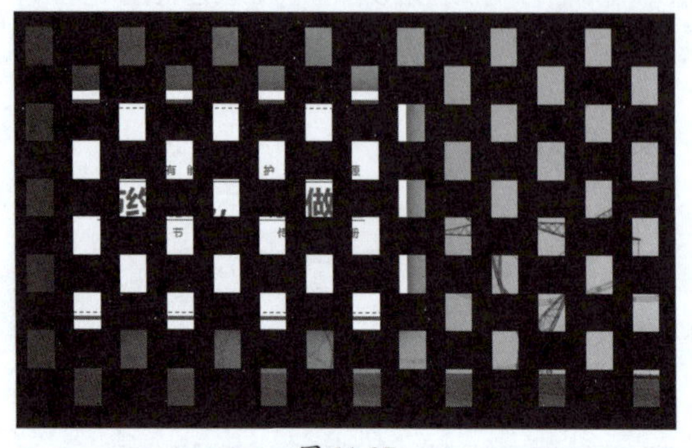

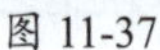

图 11-37

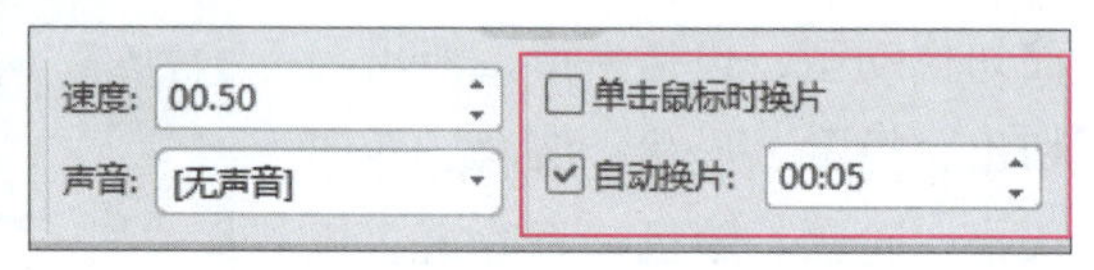

图 11-38

Step 03 在“切换”选项卡中单击“应用到全部”按钮，将设置的切换效果应用到其他幻灯片中。按F5键放映该演示文稿后，系统会按照设定的切换时间自动进行幻灯片的切换操作。

11.2 音频和视频的添加

对于在一些轻松场合中使用的演示文稿，用户可为其添加合适的背景音乐或视频，以烘托现场气氛。

11.2.1 音频的应用

要在演示文稿中插入音频文件，可在“插入”选项卡中单击“音频”下拉按钮，根据需求在下拉列表中选择要插入的方式，一般选择“嵌入音频”选项，在打开的“插入音频”对话框中选择所需音频文件，单击“打开”按钮即可，如图11-39所示。

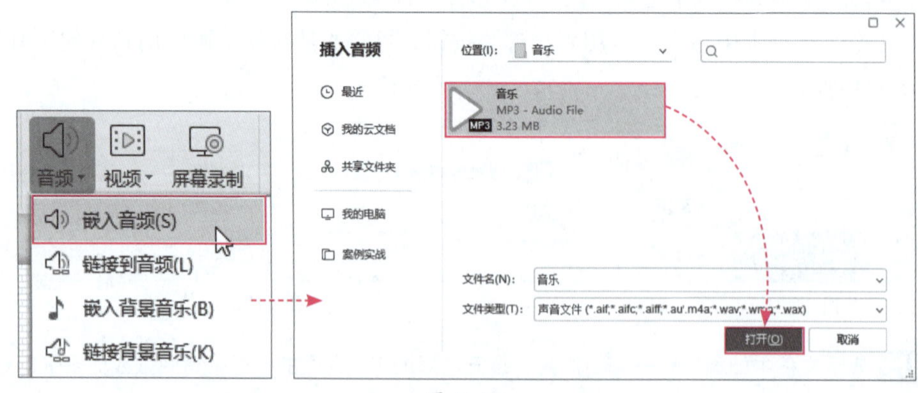

图 11-39

当页面中显示小喇叭图标时，说明音频文件添加成功。音频添加后，用户可以根据要求对音频文件进行编辑，例如设置音频音量、裁剪音频、设置音频播放模式等。在“音频工具”选项卡中即可进行相关操作，如图11-40所示。

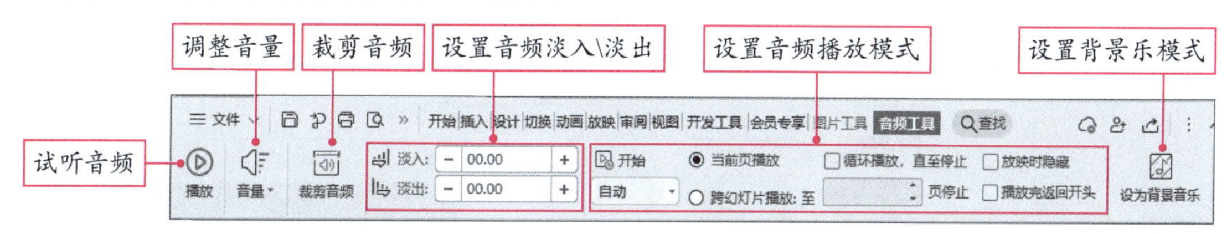

图 11-40

在该选项卡中，若选中“当前页播放”单选按钮，则插入的音频只应用于当前这一张幻灯片；选中“跨幻灯片播放”单选按钮，该音频可从当前页幻灯片开始播放，直至指定页码停止；勾选“循环播放，直至停止”复选框，则可重复播放音频，直至停止；勾选“放映时隐藏”复选框，则播放幻灯片时隐藏音频图标；勾选“播放完返回开头”复选框，音频播放完后自动返回音频开头。

动手练 在幻灯片中添加背景乐

下面以为旅行相册添加背景乐为例，介绍背景音乐的添加与编辑操作。

Step 01 打开“旅行相册”素材文件，在“插入”选项卡中单击“音频”下拉按钮，在下拉列表中选择“嵌入背景音乐”选项，在打开的“从当前页插入背景音乐”对话框中选择音乐素材，单击“打开”按钮，如图11-41所示。

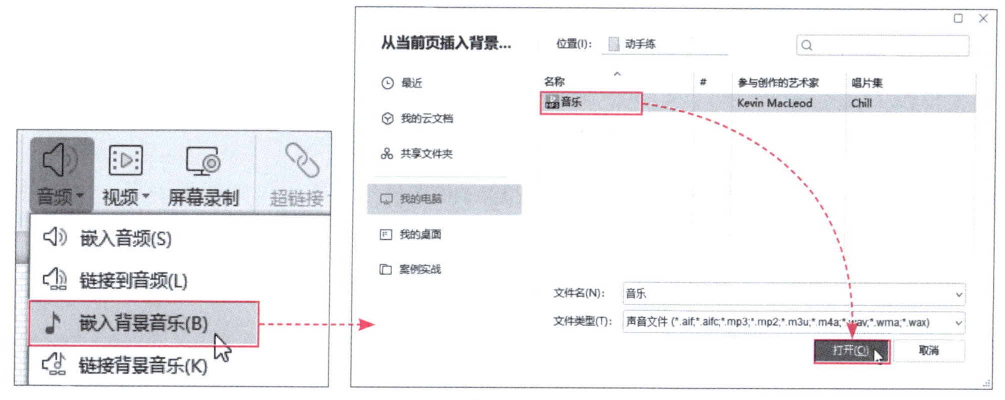

图 11-41

Step 02 选中音乐文件，在“音频工具”选项卡中单击“裁剪音频”按钮，在“裁剪音频”对话框中，分别移动开始滑块和终止滑块，调整要剪掉的区域，如图11-42所示。

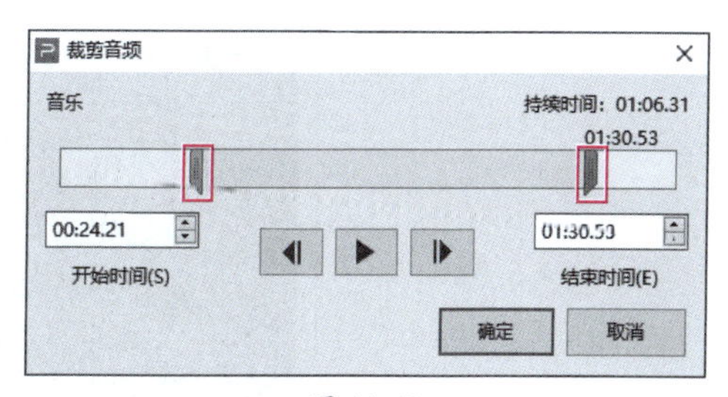

图 11-42

Step 03 单击▶按钮，可试听裁剪后的音频，确认无误后单击“确定”按钮即可。当按F5键放映该演示文稿时，系统会自动播放该背景乐。

注意事项 在“裁剪音频”对话框中，两个滑块之间的区域为保留区域，滑块之外的区域为裁剪区域。

11.2.2 视频的应用

视频的操作与音频相似。用户可在“插入”选项卡中单击“视频”下拉按钮，在下拉列表中选择视频插入的方式，例如选择“嵌入本地视频”选项，在“插入视频”对话框中选择视频文件，单击“打开”按钮即可插入，如图11-43所示。

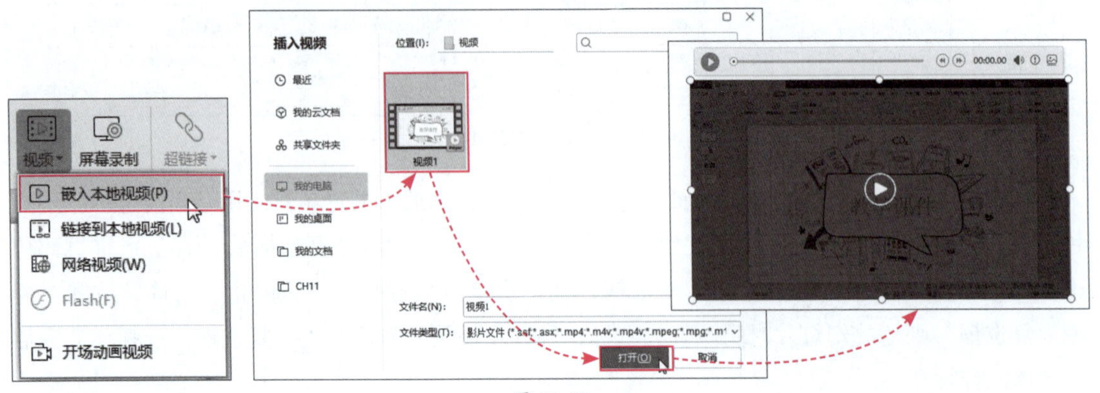

图 11-43

视频插入后，在“视频工具”选项卡中，用户可对视频进行裁剪、设置视频的播放模式、设置视频封面等操作，如图11-44所示。

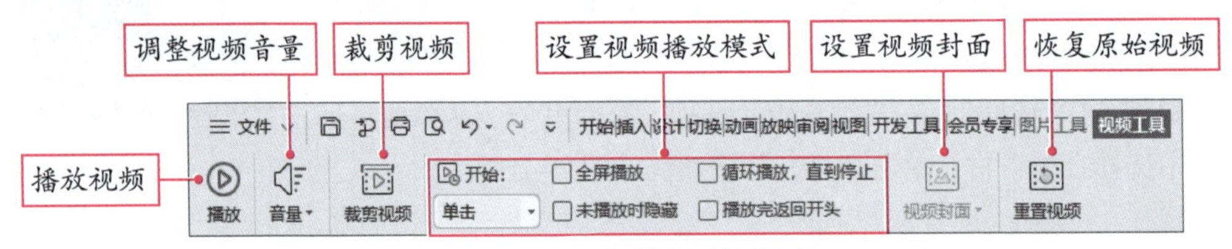

图 11-44

动手练 为视频添加漂亮的封面

视频插入后，默认会以第1帧的画面作为视频封面来显示。如果该画面不美观，用户可以对其进行自定义设置。

Step 01 打开“视频”素材文件，选中页面中的视频文件。单击播放器右侧按钮，如图11-45所示。

Step 02 打开“智能特性”面板，选择“封面图片”选项，并单击“选择图片文件”按钮，如图11-46所示。

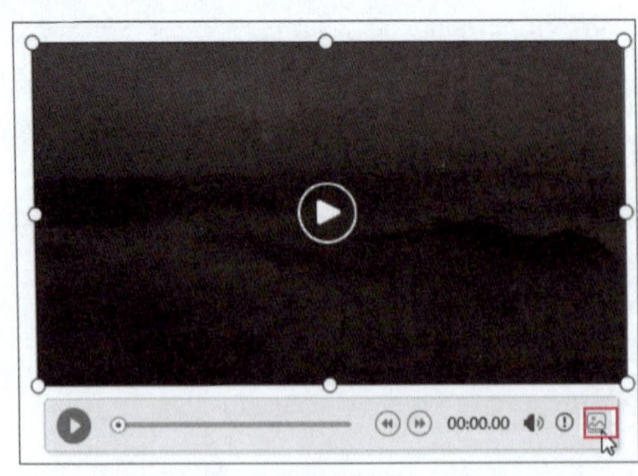

图 11-45

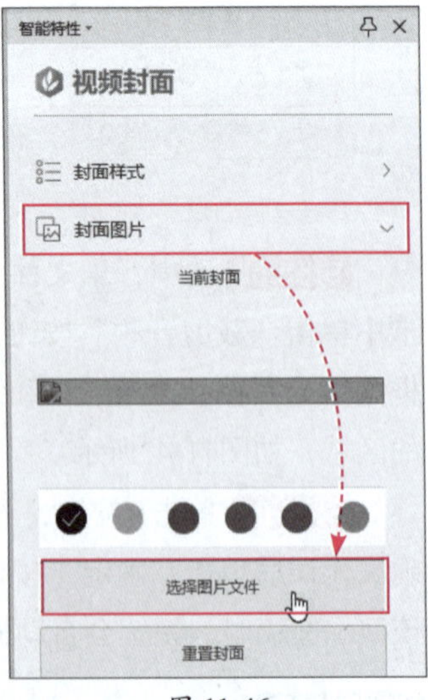

图 11-46

Step 03 在“选择图片”对话框中选择所需的封面图片，单击“打开”按钮，此时视频封面已进行了替换，如图11-47所示。

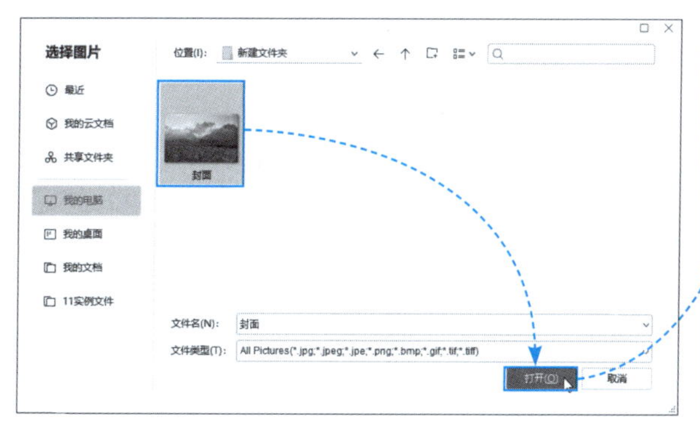

图 11-47

11.3 超链接与动作的设置

在放映幻灯片时，如果需要引用其他内容，可以为幻灯片中的对象添加超链接。用户可以将其链接到指定幻灯片、其他文件、网页等。

11.3.1 添加超链接

WPS演示中的链接功能分两种，一种是内部链接，另一种是外部链接。内部链接是在一个演示文稿中进行幻灯片之间的链接。例如，在放映过程中，单击某对象就可跳转到指定页面的内容。用户可在“插入”选项卡中单击“超链接”下拉按钮，在下拉列表中选择“本文档幻灯片页”选项，在打开的“插入超链接”对话框中进行相关设置操作即可，如图11-48所示。

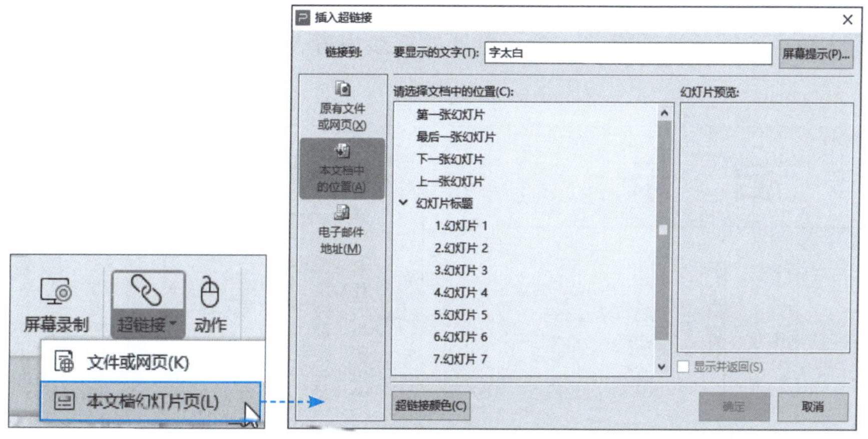

图 11-48

动手练 设置目录页的超链接

下面对目录页中的内容设置相关链接操作。

Step 01 打开“行路难”素材文件。选择第2张目录页，并选择“作者简介”内容，如图11-49所示。

Step 02 在“插入”选项卡中单击“超链接”下拉按钮，在下拉列表中选择“本文档幻灯片页”选项，打开“插入超链接”对话框。选择“3.幻灯片3”选项，单击“确定”按钮，如图11-50所示。

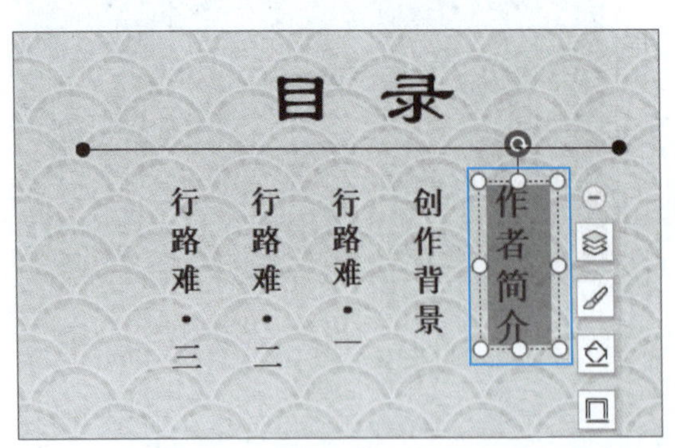

图 11-49

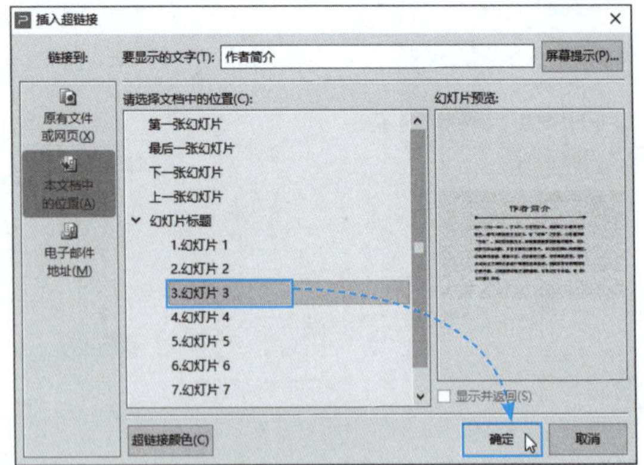

图 11-50

Step 03 此时，被选择的文本格式已发生了变化，如图11-51所示。

Step 04 按照此方法，为该页面其他文本添加相应的链接，如图11-52所示。

图 11-51

图 11-52

Step 05 切换到阅读视图模式，单击设置的链接内容，即可跳转到相关页面，如图11-53所示。

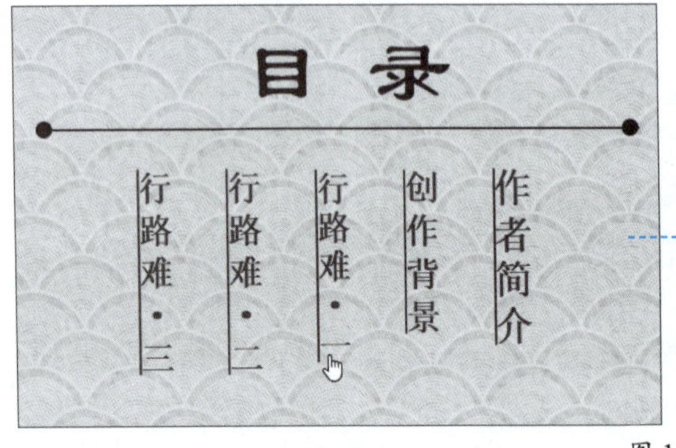

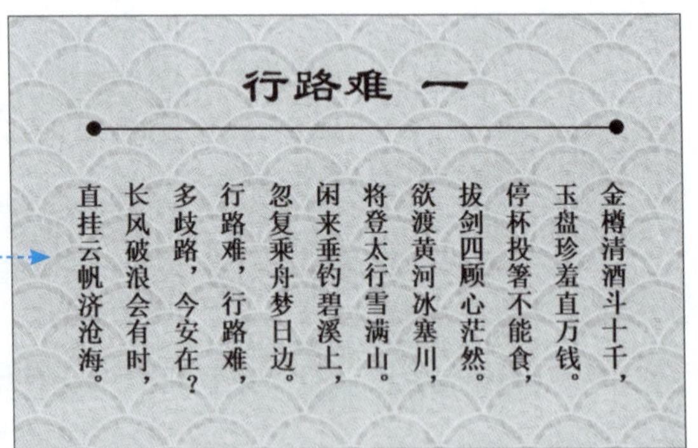

图 11-53

外部链接是将幻灯片中的内容链接到其他应用程序（Word、Excel、PPT、记事本等）或网页上。这样一方面可缩减演示文稿的体积，另一方面则方便用户随时调用。在“插入”选项卡中单击“超链接”下拉按钮，在下拉列表中选择“文件或网页”选项，同样在“插入超链接”对话框中选择要链接到的文件即可，如图11-54所示。

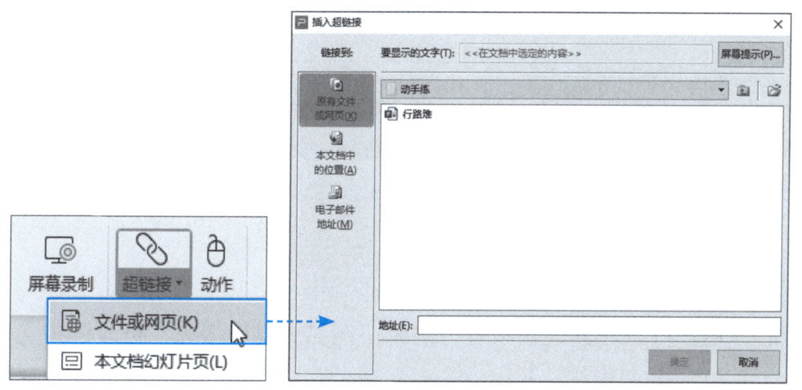

图 11-54

动手练 将幻灯片内容链接到Word文档

下面将幻灯片中指定的文本内容链接到相应的Word文档中。

Step 01 打开"行路难"素材文件。选择目录页中的"行路难 一"内容，如图11-55所示。

Step 02 单击"超链接"下拉按钮，在下拉列表中选择"文件或网页"选项，在"插入超链接"对话框中选择"行路难（一）"Word文档，单击"确定"按钮，如图11-56所示。

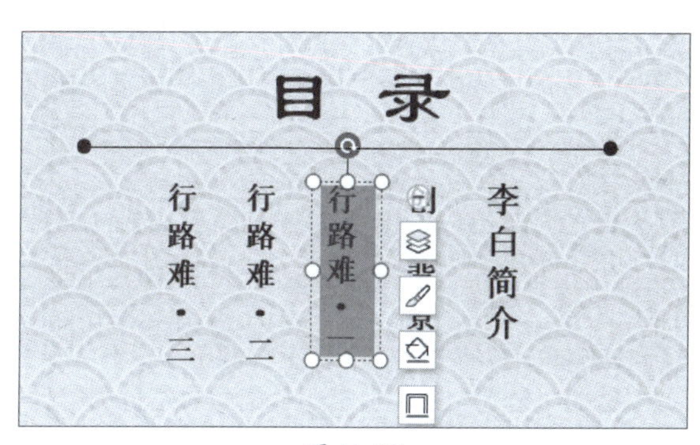

图 11-55

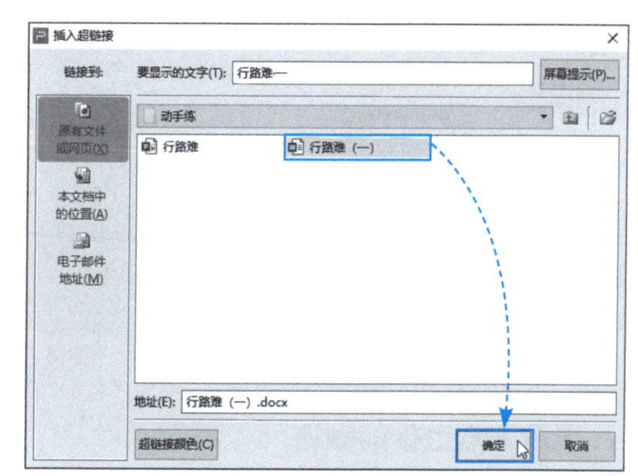

图 11-56

Step 03 此时，被选文本已添加了链接。切换到阅读视图模式，单击该文本即可快速打开相应的Word文档，如图11-57所示。

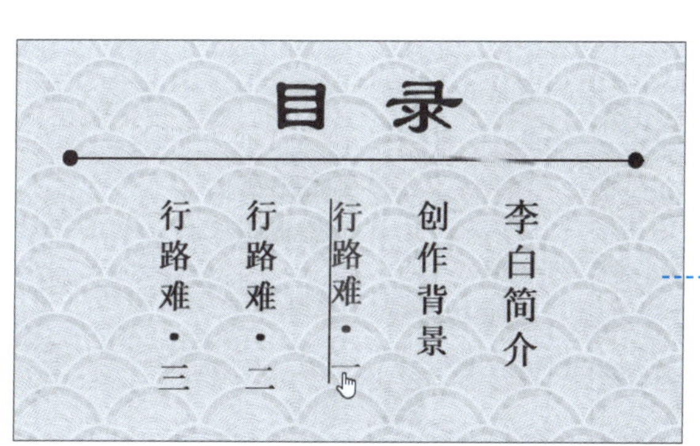

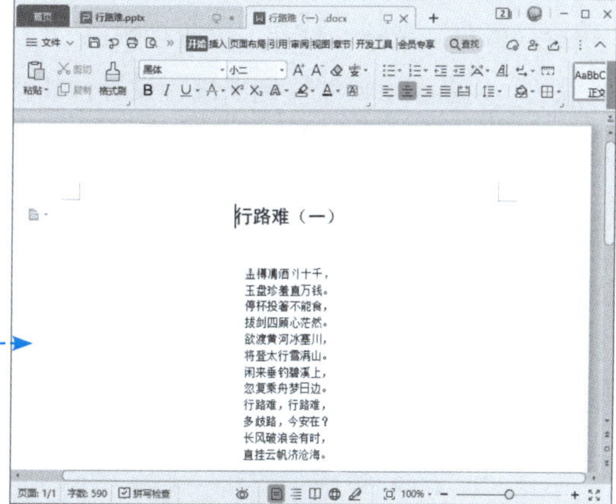

图 11-57

知识点拨

如果要将内容链接到网页，可在“插入超链接”对话框中选择“原有文件或网页”选项卡，在“地址”文本框中输入要链接的网页地址，单击“确定”按钮即可。

11.3.2 编辑超链接

添加链接后，用户可以对其链接项进行编辑。例如更改链接源、更改链接文本颜色、取消链接等。

1. 更改链接源

如果设置的链接源有错误，可以通过编辑超链接选项进行更改。右击链接内容，在弹出的快捷菜单中选择“超链接”选项，并在其子菜单中选择“编辑超链接”选项，打开“编辑超链接”对话框，在此选择正确的链接源选项即可，如图11-58所示。

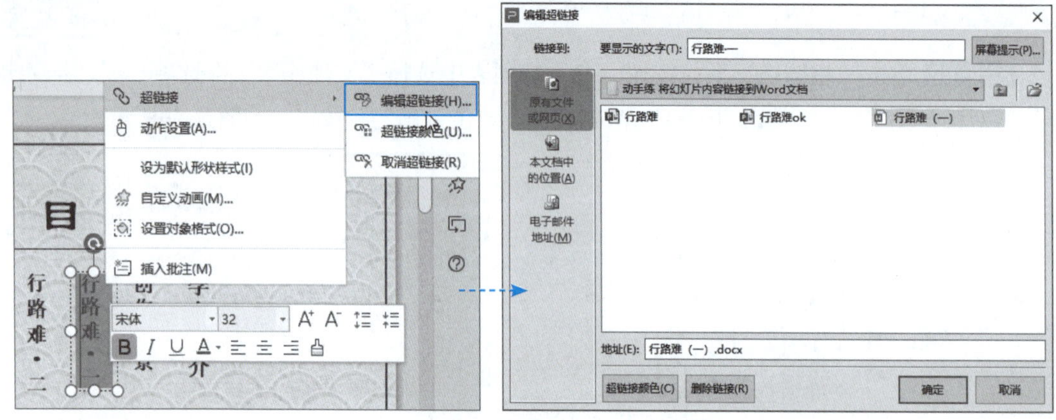

图 11-58

2. 更改文本链接的颜色

默认情况下，有链接的文本为蓝色，访问后变为紫色。如果用户对于链接文本的颜色有要求，可以对其进行更改。

右击设置链接的文本，在弹出的快捷菜单中选择“超链接”选项，并在其子菜单中选择“超链接颜色”选项，打开“超链接颜色”设置窗口，在此可对“超链接颜色”和“已访问超链接颜色”以及“下画线”选项进行设置，如图11-59所示。

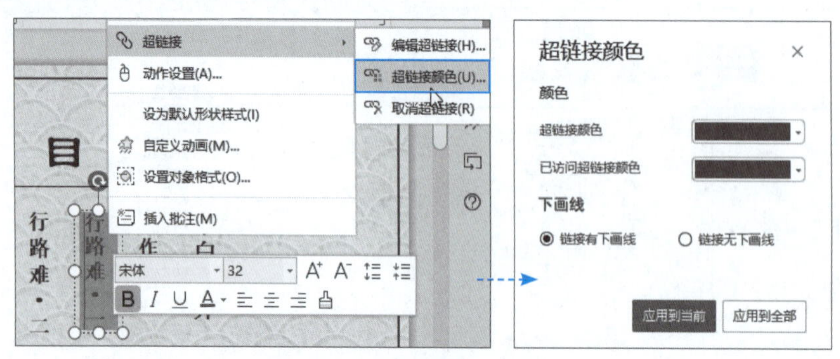

图 11-59

3. 删除超链接

如果想要删除超链接，可在超链接上右击，在弹出的快捷菜单中选择“超链接”选项，并在其子菜单中选择“取消超链接”选项，如图11-60所示。

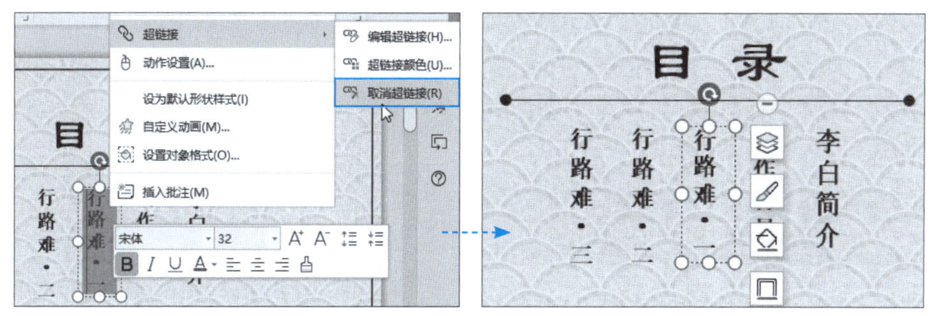

图 11-60

11.3.3 添加动作按钮

为了更灵活地控制幻灯片的放映，用户可以为幻灯片添加动作按钮。单击动作按钮，可快速返回指定页面。

在“插入”选项卡中单击“形状”下拉按钮，在下拉列表中选择“动作按钮：第一张”选项，如图11-61所示。在页面合适位置绘制该按钮，系统会自动打开“动作设置”对话框，如图11-62所示。

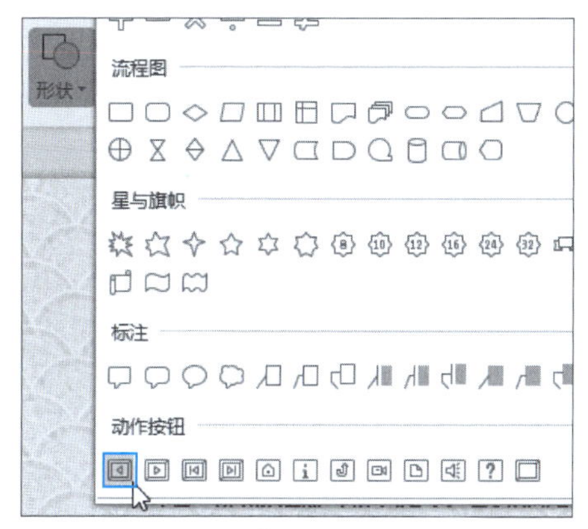

图 11-61

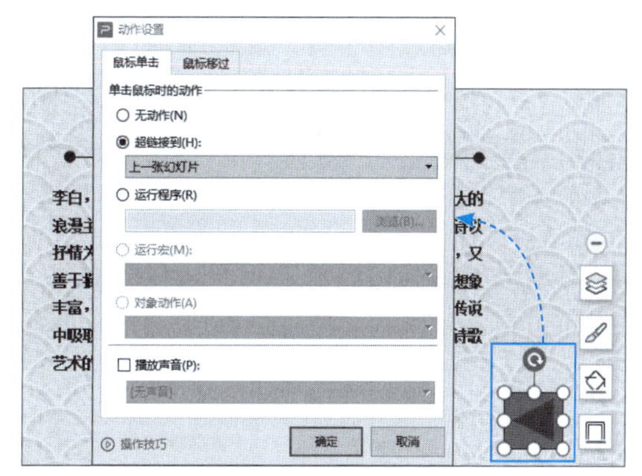

图 11-62

选中“超链接到”单选按钮，在其下拉列表中选择“幻灯片”选项，在“超链接到幻灯片”对话框中选择指定的幻灯片，依次单击“确定”按钮即可，如图11-63所示。

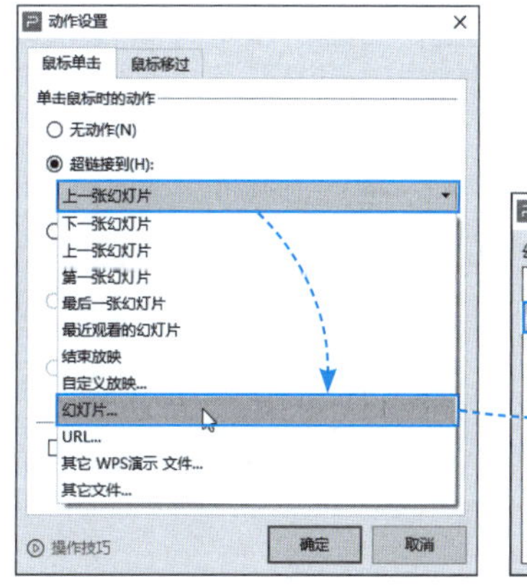

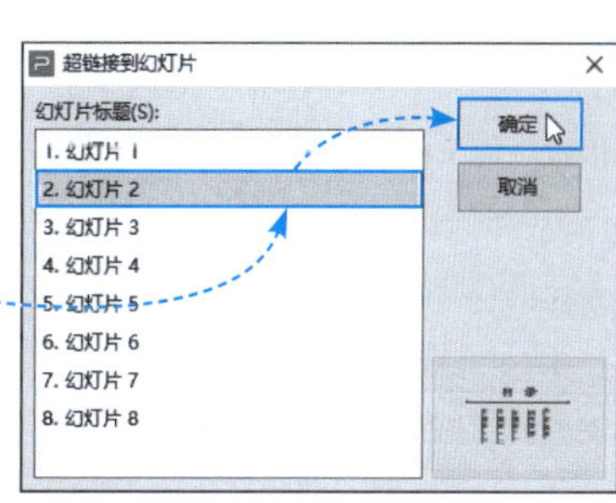

图 11-63

新手答疑

1. Q：可以为切换动画添加切换音效吗？

A：可以。在“切换”选项卡中单击“声音”下拉按钮，在下拉列表中选择合适的音效选项即可，如图11-64所示。如果要插入自己下载的音效，可在音效列表中选择“来自文件”选项，在“添加声音”对话框中选择所需音效文件，单击“打开”按钮即可，如图11-65所示。

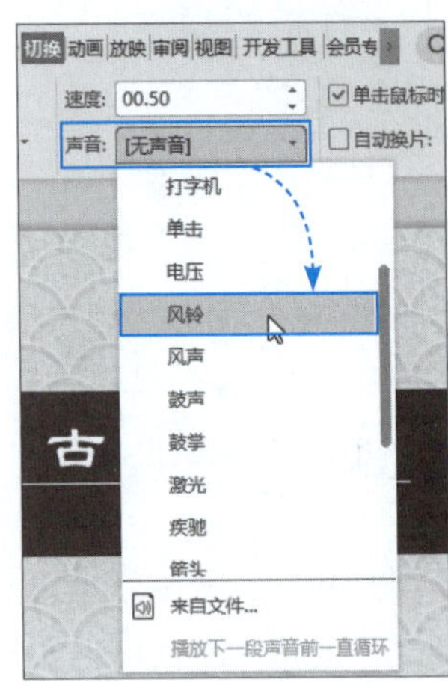

图 11-64

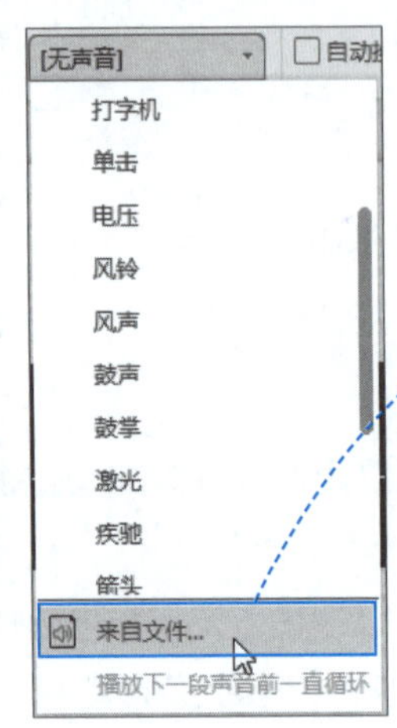

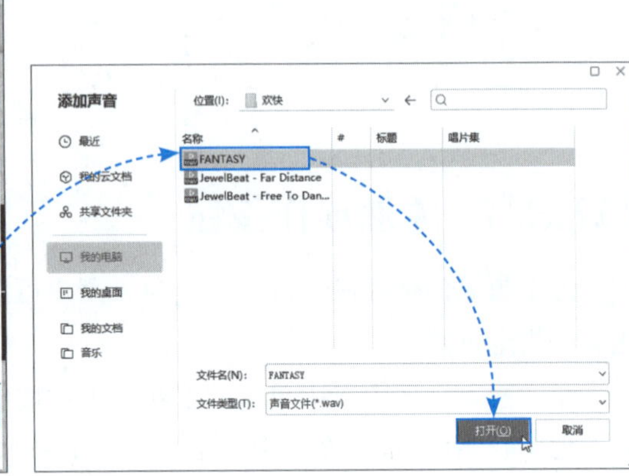

图 11-65

2. Q：设置的动画效果不好，怎样删除？

A：在“自定义动画”窗格中选择所需的动画效果，单击“删除”按钮即可，如图11-66所示。如果想要更换现有动画效果，单击“更改”按钮，在打开的动画列表中重新选择其他动画即可，如图11-67所示。

3. Q：自动预览动画可以取消吗？怎么取消？

A：可以，系统默认是添加动画后，会自动播放该动画的效果。如果要取消该操作，可在“自定义动画”窗格中取消勾选“自动预览”复选框，如图11-68所示。

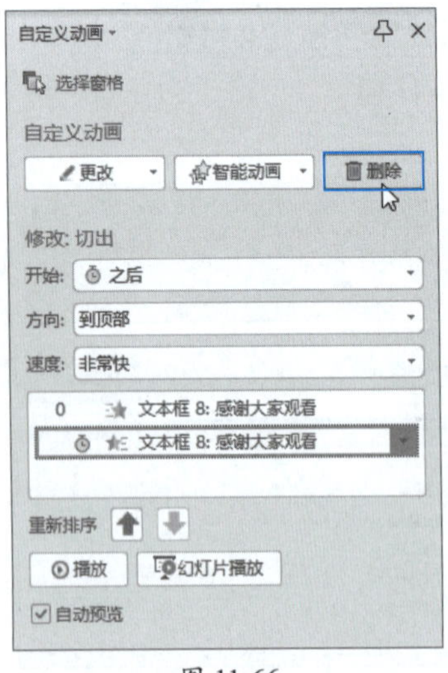

图 11-66

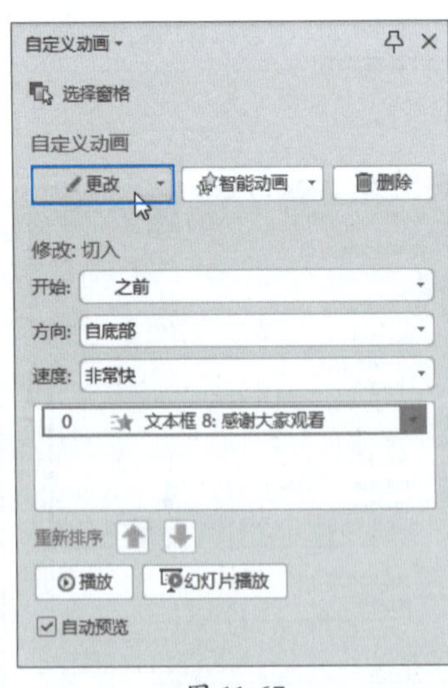

图 11-67

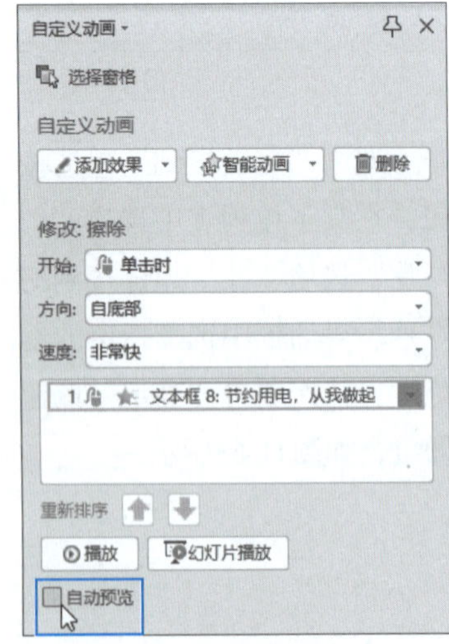

图 11-68

第12章 演示文稿的放映与输出

放映演示文稿是制作的最后一步，当然也是比较关键的一步。掌握一些放映的方法和技巧，可以更好地操控演示文稿的放映。本章介绍一些常用的放映及输出技巧，包括放映的方式、放映时的操作、文稿的输出与打印等。

12.1 放映演示文稿

默认情况下，按F5键可放映当前演示文稿。但是在放映过程中总会遇到各种各样的问题。例如，如何从当前幻灯片开始放映；如何只放映指定内容；如何让它自动放映；如何在放映过程中添加标记等。

12.1.1 设置放映方式

在“放映”选项卡中单击“设置放映方式”下拉按钮，在下拉列表中可以选择“手动放映”和“自动放映”两种方式，默认为手动放映。如果选择“放映设置”选项，则会打开“设置放映方式”对话框，如图12-1所示，从中可以对放映的类型、放映范围以及换片方式进行设置。

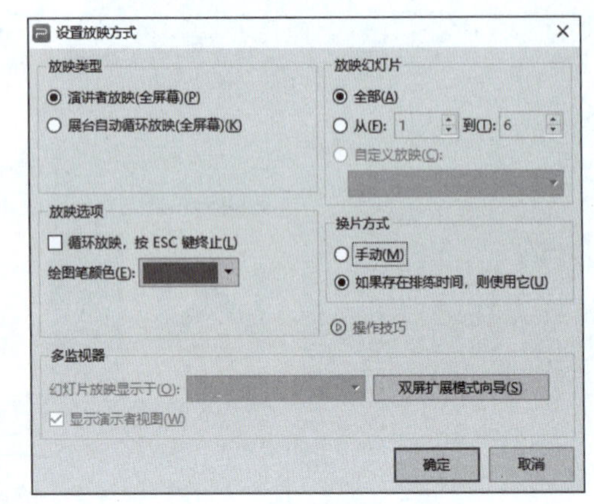

图 12-1

1. 设置放映类型

“放映类型”选项组包含“演讲者放映（全屏幕）”和“展台自动循环放映（全屏幕）”两种放映类型。用户可以根据需要选择合适的放映类型。

- **演讲者放映（全屏幕）：** 以全屏幕方式放映演示文稿，演讲者可以完全控制演示文稿的放映。
- **展台自动循环放映（全屏幕）：** 在该模式下，不需要专人控制即可自动放映演示文稿。用户可以单击动作按钮，或单击超链接进行页面切换。

2. 设置循环播放

勾选“循环放映，按Esc键终止”复选框，可循环播放幻灯片，直到按Esc键退出放映模式。

3. 设置绘图笔颜色

单击“绘图笔颜色”右侧的下拉按钮，在下拉列表中可以选择合适的颜色作为绘图笔颜色。

4. 设置幻灯片放映范围

选中“全部”单选按钮，则会放映演示文稿中的所有幻灯片（除隐藏幻灯片外）。若选中“从…到…”单选按钮，并在右侧输入幻灯片的编号，则可放映指定范围内的幻灯片。

5. 设置换片方式

选中“手动”单选按钮，则在放映过程中需要手动切换幻灯片。若选中“如果存在排练时间，则使用它”单选按钮，则可按照排练时间自动播放。

12.1.2 开始放映

在“放映”选项卡中单击“从头开始”按钮，或按F5键后，无论当前选中的是哪一张幻灯片，系统都会从首张幻灯片开始放映。

如果单击“当页开始”按钮，或按Shift+F5组合键，那么系统会从当前被选中的幻灯片开始放映，直到结束，如图12-2所示。

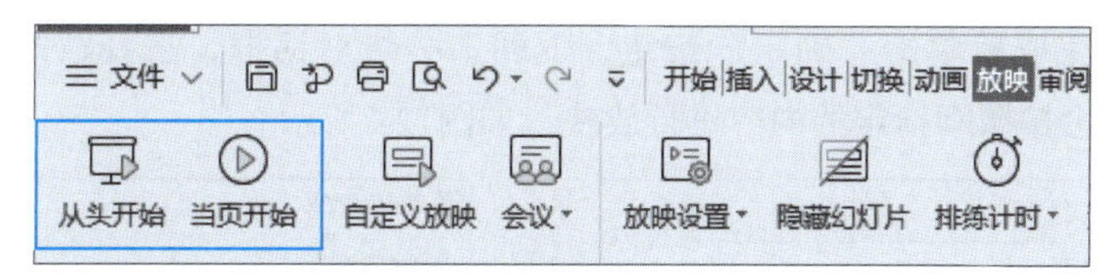

图 12-2

12.1.3 自定义放映

如果只想放映某几张，或在某范围内的幻灯片，则可使用自定义放映功能来操作。在“幻灯片放映”选项卡中单击“自定义放映”按钮，在打开的“自定义放映”对话框中进行相应的设置即可，如图12-3所示。

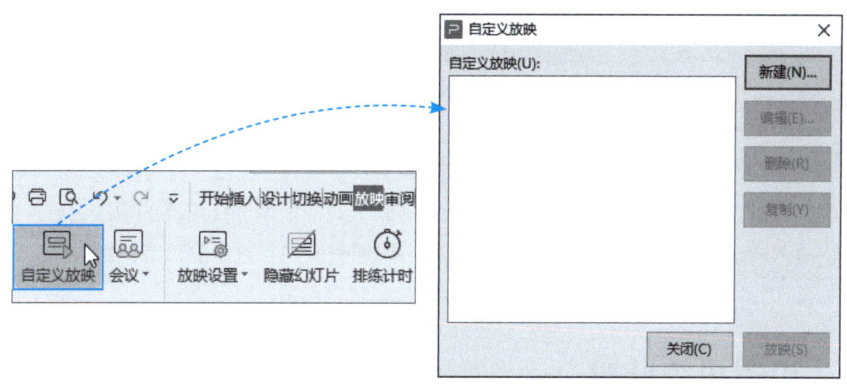

图 12-3

动手练 只放映指定的文稿内容

下面以放映报告文稿中的“政府发布”相关内容为例，介绍自定义放映的具体操作。

Step 01 打开“安全监督报告”素材文件。在“放映”选项卡中单击“自定义放映”按钮，在打开的对话框中单击“新建”按钮，打开“定义自定义放映”对话框，如图12-4所示。

Step 02 在“幻灯片放映名称”条形框中输入放映名称，如图12-5所示。

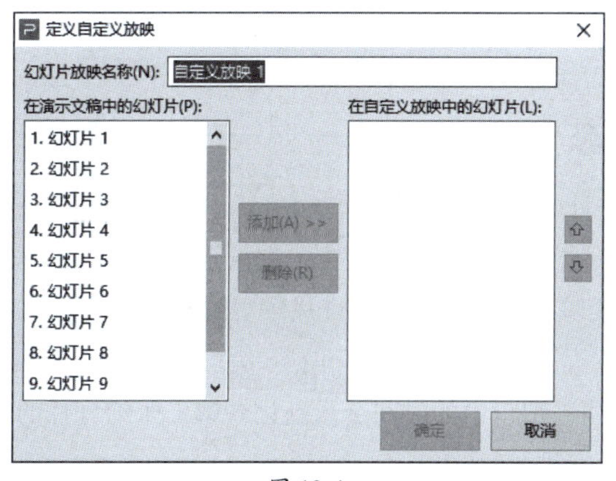

图 12-4

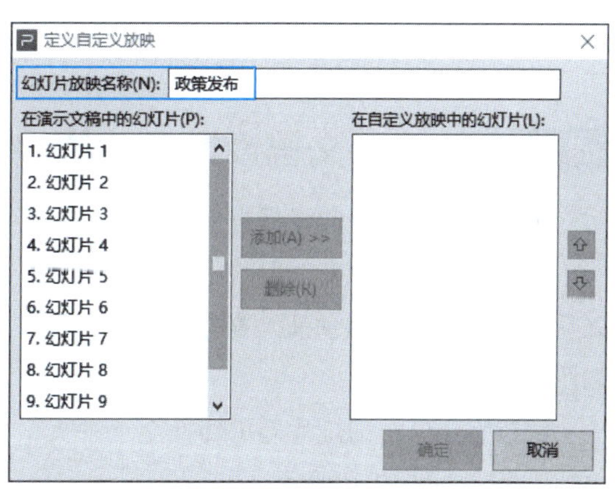

图 12-5

Step 03 在左侧列表中选择“政策发布”的相关幻灯片，单击“添加”按钮，即可将选中的幻灯片添加到右侧放映列表中，如图12-6所示。

Step 04 选择完成后单击“确定”按钮，返回上一级对话框，选择放映名称，单击“放映”按钮，系统将会按照刚指定的内容进行放映，如图12-7所示。

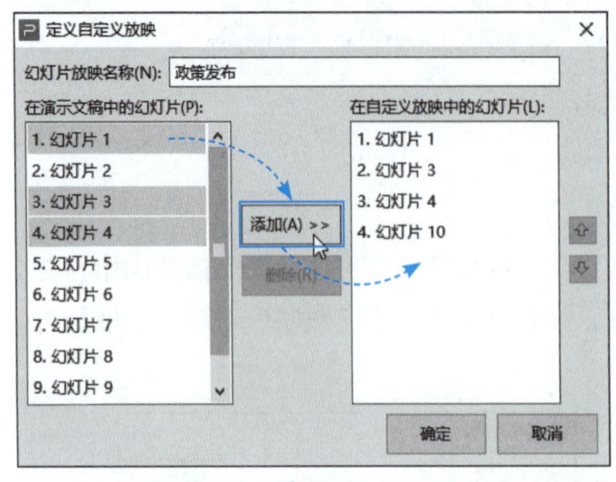

图 12-6

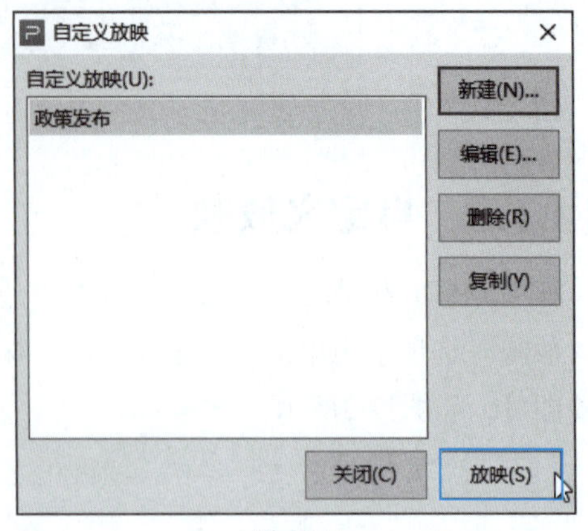

图 12-7

知识点拨

如果需要调整设定的放映内容，可在“自定义放映”对话框中选择所需的放映名称，单击“编辑”按钮，进入“定义自定义放映”对话框，在此可对原有的内容进行删除或新增操作。

12.1.4 设置排练计时

当用户需要控制幻灯片的放映时间时，可以利用“排练计时”功能来实现。在“幻灯片放映”选项卡中单击“排练计时”按钮，会打开“预演”设置窗口，在此可记录当前演示文稿的放映时间，如图12-8所示。

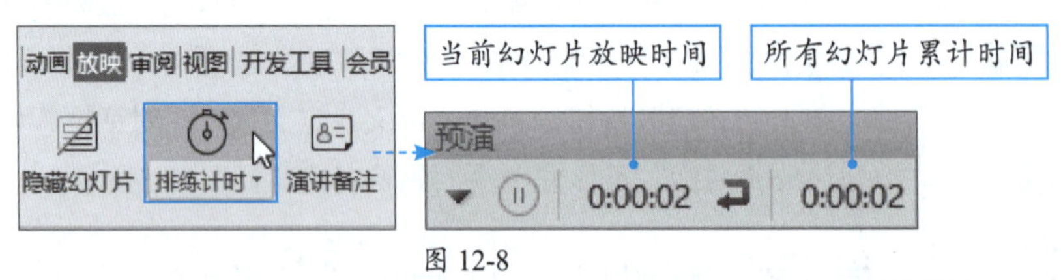

图 12-8

动手练 将演示文稿设为自动放映状态

下面同样以安全监督报告文稿为例，介绍排练计时功能的具体操作。

Step 01 打开“安全监督报告”素材文件。单击“排练计时”按钮，进入全屏放映状态，并从首页幻灯片开始预演。在打开的“预演”设置窗口中会对当前幻灯片停留的时间进行记录，如图12-9所示。

Step 02 单击幻灯片即可切换至下一页，“预演”窗口中的时间会重新记录第二张幻灯片的停留时间，如图12-10所示。

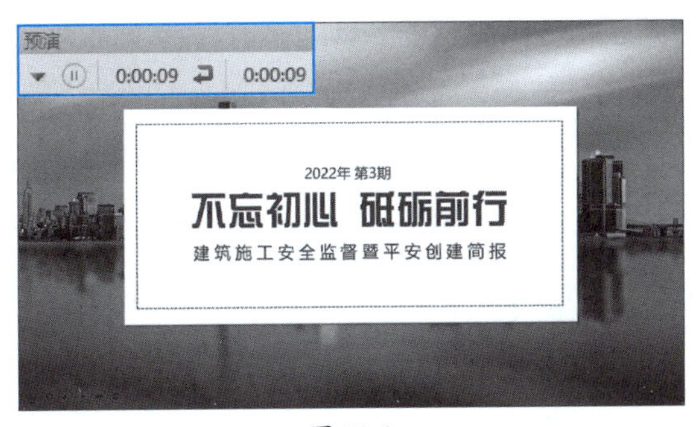

图 12-9

图 12-10

Step 03 照此方法直到放映结束，会打开系统提示对话框，询问是否保留排练计时的时间，单击“是”按钮后，系统会自动切换到幻灯片浏览视图模式，在此用户可以看到每张幻灯片所用的时间，如图12-11所示。

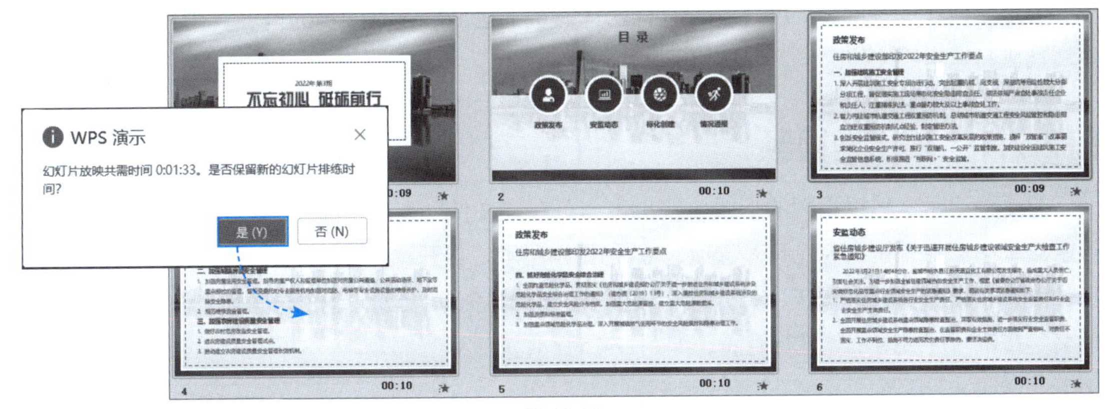

图 12-11

> **知识点拨**
>
> 想要取消排练计时，则需要打开“切换”选项卡，取消对“自动换片”复选框的勾选，然后单击“应用到全部”按钮。

12.1.5 放映时添加标记

在放映过程中，用户可以对文稿内容进行一些必要的标记。在放映状态下，单击左下角✎按钮，在其列表中选择笔类型及颜色，拖动笔即可对所需内容进行标记，如图12-12所示。

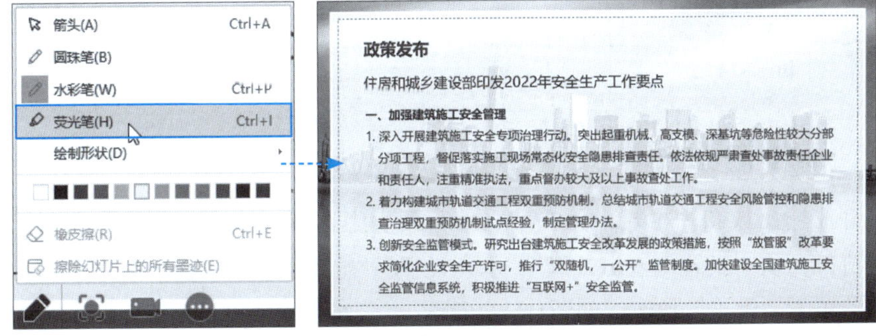

图 12-12

标记完成后，可按Esc键退出操作。此时会打开系统提示对话框，询问是否保存添加的标记，单击“保留”按钮将会保留在当前幻灯片中，单击“放弃”按钮，则会清除所有标记，如图12-13所示。

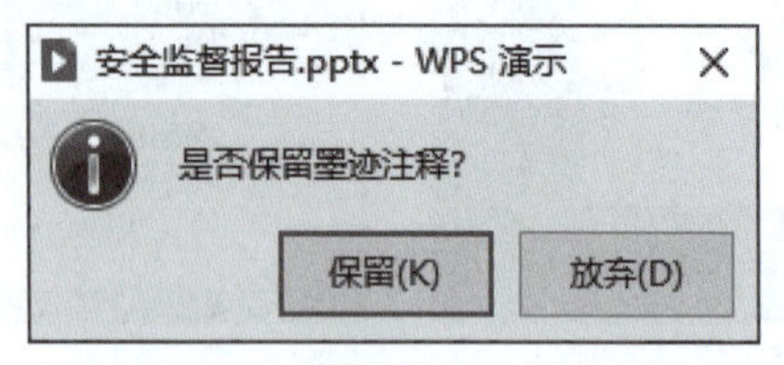

图 12-13

12.2 输出演示文稿

为了方便在没有安装WPS Office软件的计算机上也能够查看文稿的内容，用户可将演示文稿转换成其他格式文档。

12.2.1 输出为视频

想要将演示文稿以视频的形式放映出来，可在“文件”列表中选择“另存为”选项，在其级联菜单中选择“输出为视频”选项，如图12-14所示。打开“另存为”对话框，设置视频的保存位置，单击“保存”按钮，打开输出进度条，输出完成后单击“打开视频”或“打开所在文件夹”按钮，即可对视频进行查看，如图12-15所示。

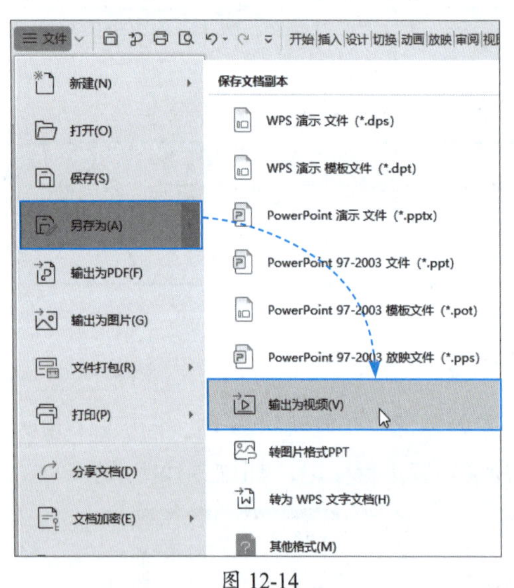

图 12-14

图 12-15

12.2.2 输出为图片

要将幻灯片输出成图片格式，可在“文件”列表中选择“输出为图片”选项，打开“输出为图片”窗口，从中设置“输出方式”“水印设置”“输出页数”“输出格式”“输出品质”和“输出目录”，单击“输出”按钮，如图12-16所示。登录账号后即可将幻灯片输出为图片。

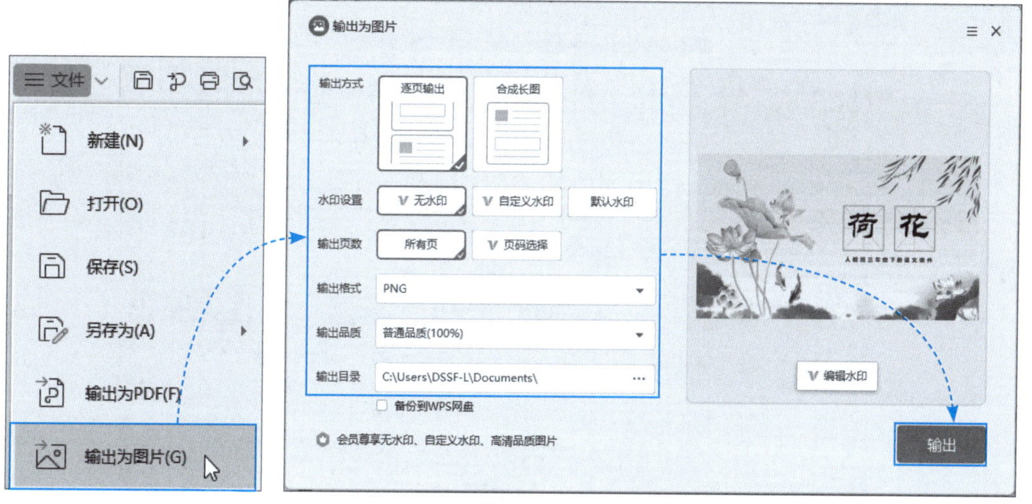

图 12-16

动手练 将演示文稿输出为PDF

下面以输出语文课件为例，介绍如何将演示文稿转换成PDF文档的操作。

Step 01 打开“语文课件”素材文件，在“文件”列表中选择“输出为PDF”选项，如图12-17所示。

Step 02 在“输出为PDF”对话框中设置“输出范围”“输出设置”“保存目录”等选项，如图12-18所示。

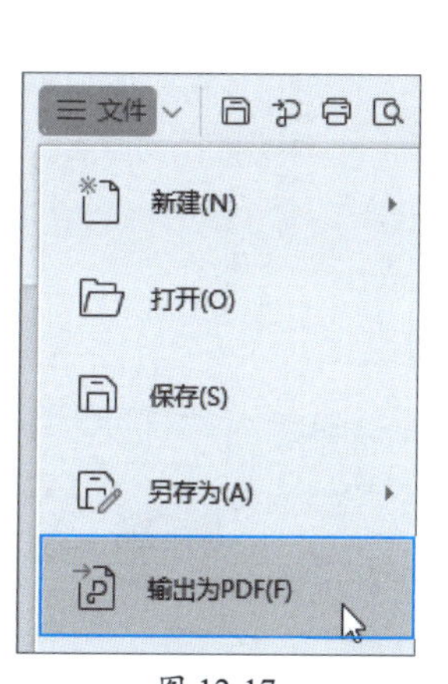

图 12-17

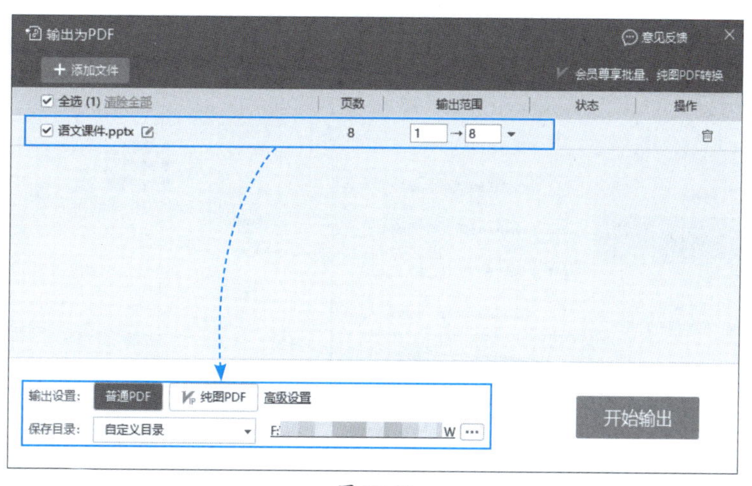

图 12-18

知识点拨

在设置时用户可单击“高级设置”按钮，在打开的“高级设置”对话框中可对输出的权限进行设置，例如文件打开密码、修改权限密码等。

Step 03 单击“开始输出”按钮，稍等片刻即可完成输出操作。用户可打开输出的文件进行查看，如图12-19所示。

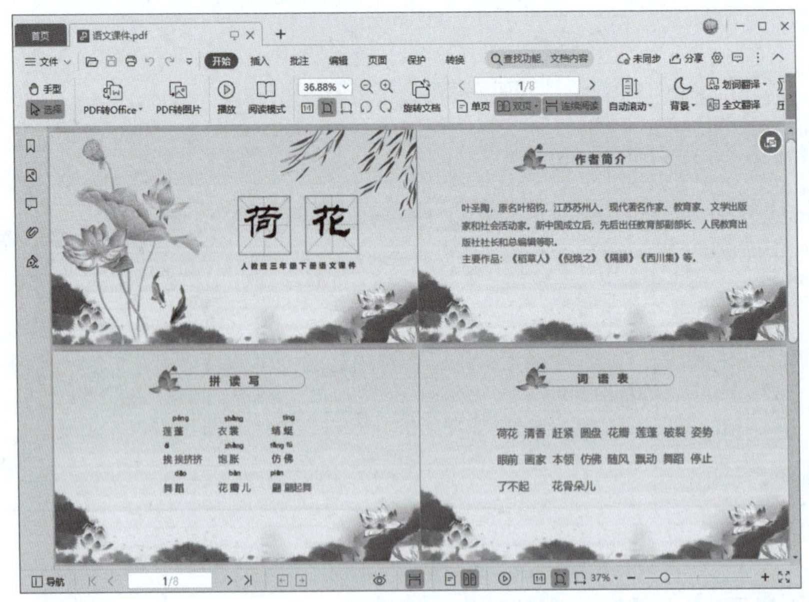

图 12-19

12.2.3　转换放映格式

将演示文稿转换成放映格式后，用户只需双击放映文件即可进入放映状态，无须打开演示文稿后再进行放映操作。在“文件”列表中选择“另存为”选项，在其级联菜单中选择“PowerPoint 97-2003 放映文件”选项，在打开的“另存文件”对话框中设置文件保存的路径，单击“保存”按钮即可，如图12-20所示。

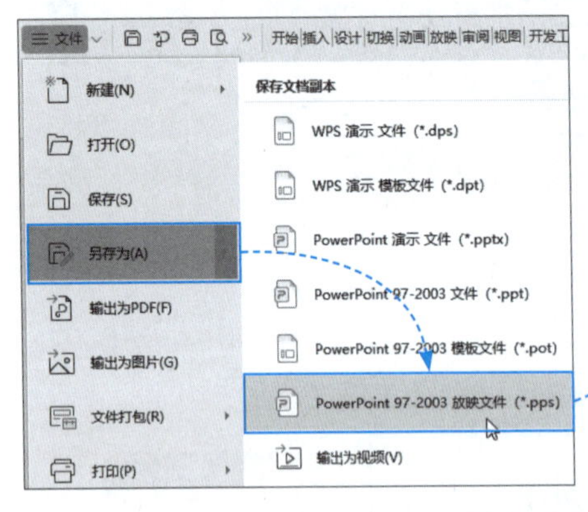

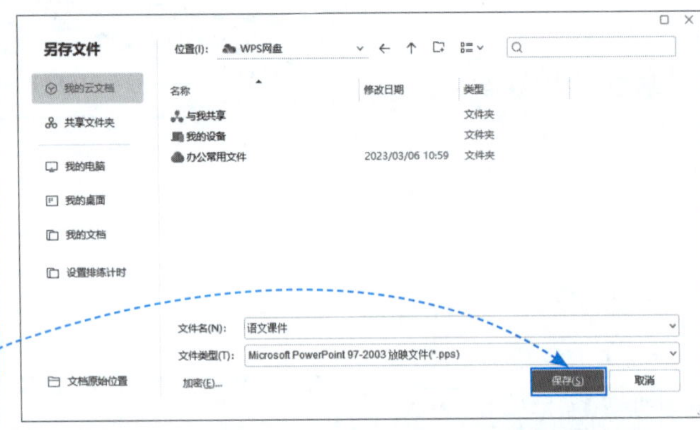

图 12-20

12.2.4　文件打包

为了方便传输演示文稿，用户可以将其打包成文件或压缩文件，以免出现遗漏所用素材，导致无法正常放映的现象。在“文件”列表中选择“文件打包”选项，在打开的“演示文件打包”对话框中根据需要进行相关操作。

动手练 对演示文稿进行打包

下面以打包语文课件为例，介绍文件打包的具体操作。

Step 01 打开“语文课件”素材文件，在“文件”列表中选择“文件打包”选项，并在其级联菜单中选择“将演示文档打包成文件夹”选项，如图12-21所示。

Step 02 在“演示文件打包”对话框中单击“浏览”按钮，在“选择位置”对话框中设置文件的保存位置，如图12-22所示。

图 12-21

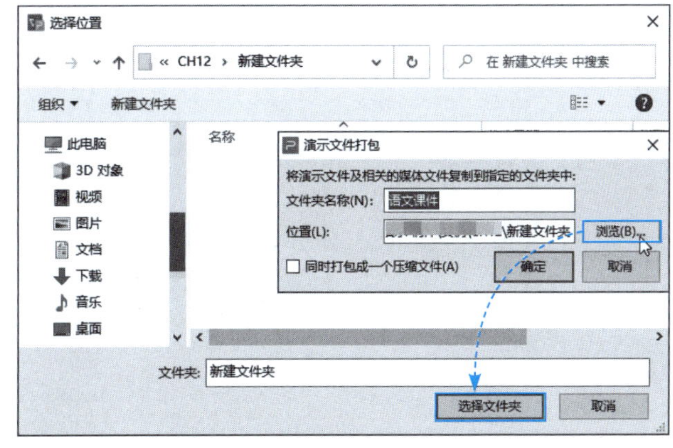

图 12-22

Step 03 单击“选择文件夹”按钮，返回上一级对话框，单击“确定”按钮，稍等片刻，文件打包完成。单击“打开文件夹”按钮，可查看到打包的文件选项，如图12-23所示。

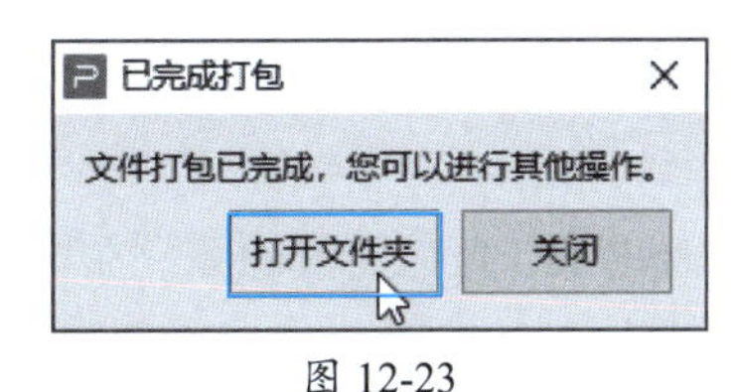

图 12-23

12.2.5 打印演示文稿

除了输出文稿内容外，还可以将演示文稿进行打印。在“文件”列表中选择“打印”选项，在打开的“打印”对话框中，根据需要设置打印机名称、打印范围、打印份数、打印的内容和讲义设置，单击“确定”按钮即可，如图12-24所示。

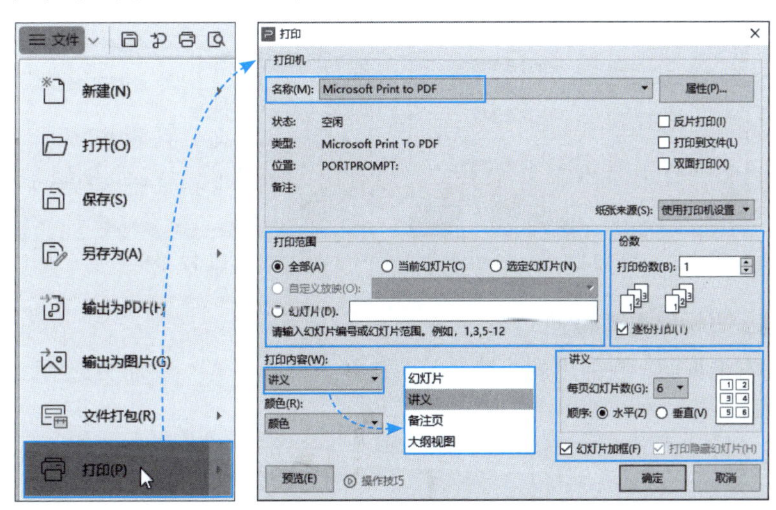

图 12-24

新手答疑

1. Q：在放映幻灯片时怎么能够快速定位到某页内容？

A：在放映状态下，右击页面任意处，在弹出的快捷菜单中可以选择上一页或下一页，也可以选择“定位”选项，在其级联菜单中选择“幻灯片漫游”或“按标题”选项来进行快速定位操作，图12-25所示是用标题定位，图12-26所示是用幻灯片漫游定位。

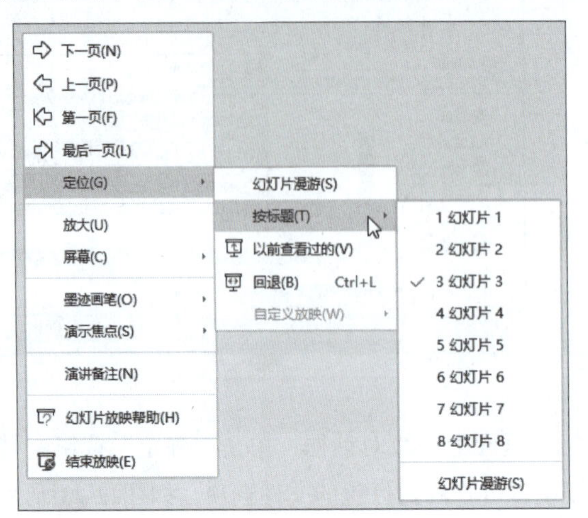

图 12-25

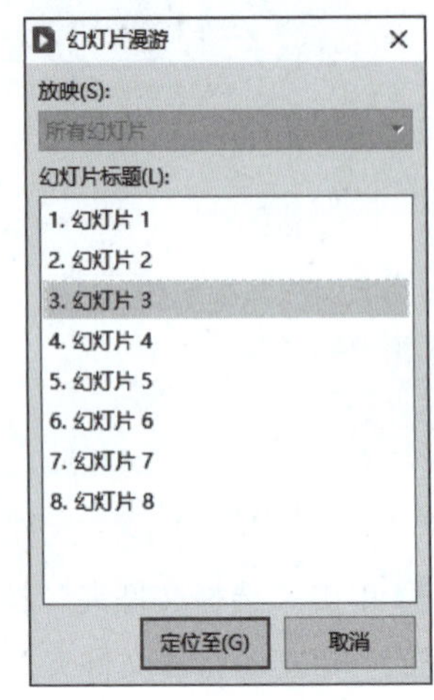

图 12-26

2. Q：如何隐藏幻灯片？

A：如果不想将某张幻灯片放映出来，可以将其隐藏。在导航窗格中右击所需幻灯片，在弹出的快捷菜单中选择“隐藏幻灯片”选项，即可隐藏该幻灯片，如图12-27所示。如果要取消隐藏，可再次右击该幻灯片，在弹出的快捷菜单中再次选择“隐藏幻灯片”选项，可取消隐藏操作，如图12-28所示。

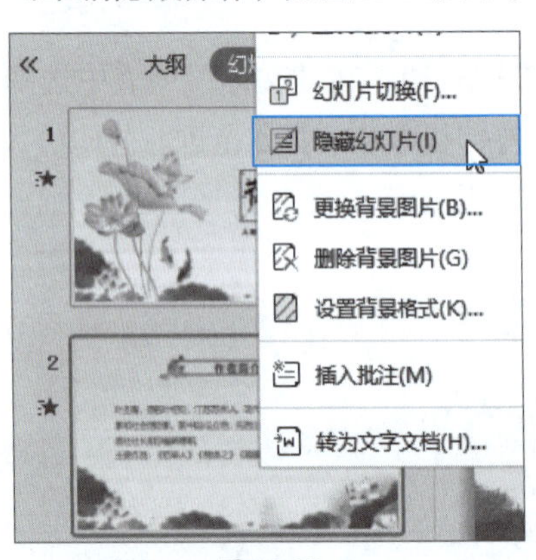

图 12-27

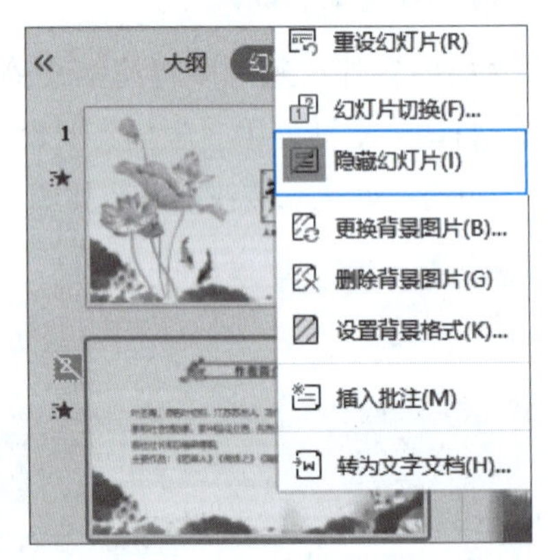

图 12-28

3. Q：放映时，光标能否隐藏？

A：可以。右击页面，在弹出的快捷菜单中选择“墨迹画笔”|“箭头选项”|“永远隐藏”选项即可。